全国优秀教材二等奖

"十三五"职业教育国家规划教材

高等职业教育园林工程技术专业系列教材

园林植物栽培与养护管理
第 2 版

主　编　佘远国
副主编　汪　洋　王　新
参　编　周火明　胡仲义　曹克丽　张　莹
主　审　章承林

U0255122

机械工业出版社

本书体现基于工作过程的高等职业教育课程理念，采用"项目导向，任务驱动"编写体例，以"工学结合"为切入点，以真实的工作场景为载体分成不同的任务，以若干不同类型任务为一个项目。全书共分7个项目，主要内容包括园林植物栽培养护概述、苗圃的建立、园林植物种苗生产、园林植物定植、园林植物保护地栽培、园林植物养护管理、园林植物病虫害防治。

本书可作为高职高专园林工程技术、园林技术、园艺技术、风景园林、观赏园艺、环境艺术等专业教材，也可作为园林企业职工的职业培训教材和园林职业从业人员参考用书。

图书在版编目（CIP）数据

园林植物栽培与养护管理/佘远国主编. —2版. —北京：机械工业出版社，2019.9（2025.1重印）
高等职业教育园林工程技术专业系列教材
ISBN 978-7-111-63859-9

Ⅰ.①园… Ⅱ.①佘… Ⅲ.①园林植物–观赏园艺–高等职业教育–教材
Ⅳ.①S688

中国版本图书馆CIP数据核字（2019）第213260号

机械工业出版社（北京市百万庄大街22号 邮政编码100037）
策划编辑：王靖辉 责任编辑：王靖辉
责任校对：乔荣荣 梁 静 封面设计：马精明
责任印制：郜 敏
中煤（北京）印务有限公司印刷
2025年1月第2版第11次印刷
184mm×260mm·17.5印张·426千字
标准书号：ISBN 978-7-111-63859-9
定价：49.00元

电话服务　　　　　　　　　　网络服务
客服电话：010-88361066　　机 工 官 网：www.cmpbook.com
　　　　　010-88379833　　机 工 官 博：weibo.com/cmp1952
　　　　　010-68326294　　金 书 网：www.golden-book.com
封底无防伪标均为盗版　　机工教育服务网：www.cmpedu.com

关于"十三五"职业教育国家规划教材的出版说明

2019 年 10 月，教育部职业教育与成人教育司颁布了《关于组织开展"十三五"职业教育国家规划教材建设工作的通知》（教职成司函〔2019〕94 号），正式启动"十三五"职业教育国家规划教材遴选、建设工作。我社按照通知要求，积极认真组织相关申报工作，对照申报原则和条件，组织专门力量对教材的思想性、科学性、适宜性进行全面审核把关，遴选了一批突出职业教育特色、反映新技术发展、满足行业需求的教材进行申报。经单位申报、形式审查、专家评审、面向社会公示等严格程序，2020 年 12 月教育部办公厅正式公布了"十三五"职业教育国家规划教材（以下简称"十三五"国规教材）书目，同时要求各教材编写单位、主编和出版单位要注重吸收产业升级和行业发展的新知识、新技术、新工艺、新方法，对入选的"十三五"国规教材内容进行每年动态更新完善，并不断丰富相应数字化教学资源，提供优质服务。

经过严格的遴选程序，机械工业出版社共有 227 种教材获评为"十三五"国规教材。按照教育部相关要求，机械工业出版社将坚持以习近平新时代中国特色社会主义思想为指导，积极贯彻党中央、国务院关于加强和改进新形势下大中小学教材建设的意见，严格落实《国家职业教育改革实施方案》《职业院校教材管理办法》的具体要求，秉承机械工业出版社传播工业技术、工匠技能、工业文化的使命担当，配备业务水平过硬的编审力量，加强与编写团队的沟通，持续加强"十三五"国规教材的建设工作，扎实推进习近平新时代中国特色社会主义思想进课程教材，全面落实立德树人根本任务。同时突显职业教育类型特征，遵循技术技能人才成长规律和学生身心发展规律，落实根据行业发展和教学需求及时对教材内容进行更新的要求；充分发挥信息技术的作用，不断丰富完善数字化教学资源，不断提升教材质量，确保优质教材进课堂；通过线上线下多种方式组织教师培训，为广大专业教师提供教材及教学资源的使用方法培训及交流平台。

教材建设需要各方面的共同努力，也欢迎相关使用院校的师生反馈教材使用意见和建议，我们将组织力量进行认真研究，在后续重印及再版时吸收改进，联系电话：010-88379375，联系邮箱：cmpgaozhi@ sina. com。

机械工业出版社

前　言

园林植物栽培与养护管理是园林景观施工与维护专业的专业核心课。本书紧紧围绕"培养什么人、怎样培养人、为谁培养人"这一教育根本问题，全面落实立德树人根本任务，强化学生素养教育，明确素养教育目标，增设素养育人元素，将"绿色发展""守正创新""科技自立自强""文化自信""法治观念"等有机融入学生素养教育之中，不断提升育人效果。为使教学内容更贴近岗位实际，增强学生就业能力的培养，根据近年来园林景观工程职业岗位对从业人员的知识、技能的要求，本书参照园林绿化职业岗位所包括的项目和方法，以及职业岗位对园林绿化人员的知识能力和素质要求，以园林植物栽培应用为主线，体现基于职业岗位分析和具体工作过程的课程设计理念，围绕园林植物栽培与养护管理活动设计相应的项目、任务而进行编写。

本书坚持"产教融合、科教融汇"，以园林植物产业发展为基础，以高素质技术技能人才培养为目标，开展企业人才需求调研，分析职业岗位，确定职业岗位能力，以园林植物栽培应用为主线、典型园林植物的栽培与养护为载体、典型工作任务和实际工艺流程为依据，打破传统的学科知识体系，按照高职学生的认知特点，体现基于职业岗位分析和具体工作过程的课程设计理念，围绕园林植物栽培与养护管理活动设计相应的项目、任务而进行编写。本书采用并列与流程相结合的结构展示教学内容，让学生在完成具体任务、项目的过程中构建相关理论知识和正确价值观，并发展职业能力，体现园林植物产业发展的新技术、新工艺、新规范、新标准，反映人才培养模式改革方向，将知识、能力和正确价值观的培养有机结合。本书具有以下特点：

1. 以园林植物栽培应用为主线，充分体现"任务驱动、项目导向"的高等职业教育专业课程设计思想，以园林绿化职业岗位为核心，结合岗位职业资格证书的考核要求，合理安排教学内容。

2. 体系得当，注重实际应用与动手能力的培养。在本书体系构建中，内容取舍方面突破了同类教材突出园艺，内容编排过细、过专的局限，增加了园林植物病虫害防治的项目，有助于园林工程技术人员扩展视野。

3. 较好地把握了应试与应用的相互关系。目前，通过考试取得职业资格证书，获得某种职业的从业资格，已成为用人单位录用人才的标准之一。本书在注重理论与实践相结合，把握高职高专教育特色的基础上，较好地解决了应用与应试的关系，每项目备有必要的复习思考题。

本书由湖北生态工程职业技术学院佘远国任主编，湖北生态工程职业技术学院汪洋、咸阳职业技术学院王新任副主编，具体编写分工如下：佘远国编写绪论、项目4、项目5、项目7，汪洋编写项目3的任务1~任务4，王新编写项目3的任务5~任务7，湖北生态工程职业技术学院周火明编写项目1的任务1，宁波城市职业技术学院胡仲义编写项目2，湖北生态工程职业技术学院张莹编写项目1的任务2、任务3，湖北生态工程职业技术学院曹克丽编写项目6。湖北生态工程职业技术学院章承林教授主审全书。

本书配有电子课件，凡使用本书作为教材的教师可登录机械工业出版社教育服务网 www. cmpedu. com 下载。咨询电话：010-88379375。

由于编者水平有限，书中的疏漏和错误在所难免，敬请批评指正。

编　者

目　　录

绪　论

1. 园林植物的概念

园林植物是园林建设的基本材料，是植物造景的基础。园林植物指的是适合风景区、街道、公园、厂矿、村落及居住区等各种园林绿地栽种应用的植物。园林植物具有一定的观赏价值，可以美化环境、净化环境；园林植物具有一定的生态价值，可以改造环境、保护环境、维护生态平衡。园林植物包括木本植物、草本植物和藤本植物，如各种乔木、灌木、花卉、竹类、地被植物、草坪植物、水生植物及古树名木等。园林植物的范围非常广泛，20世纪80年代以来，已经扩大到园林绿化的一切植物材料。随着现代科学技术的发展，人们不断将野生植物和国外植物引种驯化，并通过现代生物技术培育出一些新的植物种类，园林植物的范畴在不断扩大。

2. 园林植物栽培与养护管理的意义

园林植物栽培与养护管理是指包括苗木培育，定植移栽，土、肥、水管理，整形修剪，灾害防治等一系列的理论和技术措施。栽培园林植物具有多方面的意义。

（1）社会效益　园林植物可以美化环境、陶冶情操，其具有丰富的形式美，且有很高的观赏价值。园林植物种类繁多，色彩、形态各异，随着一年四季的变化，同一种植物即使在同一地点也会表现出不同的景色，而同一植物的枝、叶、花、果、刺也会表现出不同的景观效果。通过栽培实践，人们将园林植物的自然美加工成艺术美，为人们生活和工作的环境创造出宜人的景观，增添了情趣和欢乐。人们在欣赏园林植物时寄情其中，提高了文化素养。中国历史悠久、文化灿烂，很多古代诗词及民众习俗中都留下了赋予植物人格化的优美篇章，从欣赏植物的形态美上升到意境美，其含义深邃，如传统的岁寒三友松、竹、梅，它们都是不畏霜雪风寒、坚贞不屈、高风亮节的典范；菊花则被认为高雅飘逸；牡丹具有雍容华贵的气质；荷花出淤泥而不染；桃花象征幸福好运；桑梓代表家乡；牡丹、芍药、桂花象征高贵……凡此种种，不胜枚举。园林植物，特别是鲜花，象征着美好与幸福，花束、花篮等成为现代社会馈赠亲友的高雅礼品；盆花、瓶花等成为室内装饰，尤其是厅堂布置所必需的材料。园林植物是友好、和平的使者，幸福的象征，其具有广泛的社会效益。

（2）生态效益　栽培园林植物可大大提高环境质量，改善生存环境，满足人们对生态环境的需求。园林植物具有调节空气温度、湿度，减少阳光辐射，防风固沙，吸收二氧化碳，制造氧气，保持水土，滞尘，杀菌，减轻污染，降低噪声等多方面的生态作用。因此，人们把园林植物称为"城市绿肺"。如旱柳、臭椿、山桃、卫矛、忍冬、丁香、银杏等植物的叶片有特殊的功能，可吸收空气中的二氧化硫、氟气、氯气等有害气体，减少这些有害气体的含量，从而起到改善空气质量的作用；雪松、黄栌、圆柏、侧柏、黄杨、合欢、女贞、栾树、垂柳等植物可以分泌杀菌素，起到杀菌的作用。据测定，墙面爬有植物的住宅，室内空气含尘量比没有植物的室内空气含尘量降低22%左右；对噪声监测发现，在公路两旁设15m宽的乔木、灌木配置的林带，可减弱噪声一半；雪松、悬铃木、龙柏、鹅掌楸等植物有很强的隔声效果。面对环境问题，人们发现建生态园林是解决环境问题最行之有效的方法。在全球生态环境不断恶化、城市污染日益严重的今天，园林植物在城市风景区中保护环境、改善环境的重要性日益显现出来。正如英国造园学家克劳斯顿（B·Clauston）所说："园林设计归根结底是植物材料的设计，其目的就是改善人类的生态环境。其他的内容只能在一个有植物的环境中发挥作用。"环境科学已经清楚地告诉我们：只有植物创造的环境才是美好的环境，才是适合人类生态要求的环境。在园林建设中，以园林植物为主要素材而构成绿草如茵、繁花似锦、鸟语花香的优美环境，人与自然紧密接触，由此而赏心悦目、消除疲劳、振奋精神、身心受益，这是为世人所公认的生态作用。城市公共绿地既是人们休憩的场所，又是普及生态知识的课堂，它可以激发人们热爱自然、保护环境的热情，从而提高整个社会成员在爱护自然、维护生态平衡方面的自觉性。

（3）经济效益　园林植物栽培是新兴的产业，特别是改革开放以来，园林植物产业蓬勃发展，并且已成为重要的"朝阳产业"，备受人们关注。经过30多年的快速发展，我国园林植物产业已形成了庞大的产销市场和完整的产业链，成为世界最大的花木产销国。当今园林植物产业处于起飞阶段，其增长速度已大大超过了经济发展速度。预计在今后相当长一段时间内，园林植物产业年增长速度将在25%~30%之间。据农业部统计数据，到2015年底，全国园林植物种植面积达130.55万公顷，销售总额1302.57亿元，出口总额6.20亿美元，花卉出口占世界花卉贸易总额的8%，花（苗）农175.11万人，从业人员518.54万人，其中专业技术人员23.36万人。花木作为具有宏观需求的生态产品，其生态低碳功能和观赏美化作用不可替代，且涉及40多个相关行业，影响到上千万人，尤其是农民的就业（仅花木产业直接从业人员就达500多万人，间接从业人员达数千万），花木产销直接经济数据超千亿元，间接经济数据（全产业链及其相关产业）上万亿元。在当今专业化经营规模日趋扩大，科学技术、生产管理水平不断提高的条件下，园林植物的姿、韵、色、香等品质全面提高，园林植物产业已成为欣欣向荣、极富投资价值的产业。我国特产的园林植物如水仙、牡丹、碗莲、山茶等，深受世界各国人民的喜爱，已成为出口的农林产品中极具潜力的产品。随着我国农林业产业结构的调整，园林植物产业成为全国各地花（苗）农就业和增收的重要产业，也必将成为推动"乡村振兴"的支柱产业。

推动绿色发展，促进人与自然和谐共生。园林中没有植物就不能成为真正的园林，在园林建设四要素（园林植物、道路、山石、水体）中，园林植物是最经济、最具生态效益、最易实现、最具灵活机动性、见效最快的重要因素。没有栽培良好、长势旺盛的园林植物做基础材料，很难规划设计和建造出优美的景观。园林植物是活的有机体，园林中的建筑、雕塑、溪瀑、山石等，均需有恰当的园林植物与之呼应才有生趣，要发挥园林植物的造景功能，就必须满足其正常的生长发育条件。首先，必须通过栽培保证园林植物的成活；其次，必须通过养护管理使其健康生长，达到叶色浓绿、花果满枝、姿优韵美、生机盎然，这样才能实现理想的观赏效果和生态效果。园林植物栽培养护管理水平的高低，直接影响园林植物在园林建设中作用的发挥。

3. 园林植物栽培与养护管理的研究对象与任务

园林植物栽培与养护管理是在掌握植物生长发育规律的基础上，对植物的生长发育过程及生长发育环境采取直接和间接的措施，进行人为的调节和干预，促进或抑制其生长发育。

园林植物栽培与养护管理的研究对象主要是城市、宅院、风景区等正在生长和即将栽植的植物。其涉及的植物种类繁多，栽培的环境复杂多样，既有木本植物又有草本植物、藤本植物；既有陆生植物又有水生植物；既有露地栽培植物又有保护地栽培植物。

园林植物栽培与养护管理的任务主要是：首先，加强对现有植物的管理，使其健康生长，充分发挥其应有的功能效益，特别是发挥其保护环境、促进和保持生态平衡方面的综合作用；其次，扩大绿地面积，提高绿化覆盖率；再次，通过科学配置、综合修剪和精心养护，最大限度地利用环境资源，调节植物与环境的关系，使园林植物栽培与养护管理的措施更趋合理，更好地发挥园林植物在植物造景中的作用。

园林植物栽培与养护管理是一门综合性的技术课程。它和植物识别、树木识别、植物生理、植物环境、土壤肥料、植物保护等多门课程紧密联系。因此学习这门课程，必须具备这些课程的相关知识。

园林植物栽培与养护管理又是一门实践性很强的课程。要学好这门课程，必须多操作、多实践。树立岗位能力先行的观念，紧密联系生产实际，重视基本技能训练，增强相关职业岗位的应岗能力和创业能力。

4. 相关职业岗位对本课程教学的要求

高级绿化工、高级花卉工、高级育苗工等工种必须具备园林植物栽培与养护管理的知识与技能。具体来说，各工种对本课程的要求是：高级绿化工重点掌握园林树木大苗的培育技术、园林树木的栽植技术、园林树木的整形修剪技术；高级花卉工重点掌握园林植物的保护地栽培技术、盆栽技术、促成及抑制栽培技术，保护地栽培植物的养护管理技术；高级育苗工重点掌握园林植物的苗木培育技术，包括常规育苗技术、工厂化育苗技术。因此，教学上应从实际出发，根据培养目标，对课程内容有所取舍，尽量以具体实例讲授相关课程内容，提高教学的效果。同时，也可以结合当地园林植物产业现状，直接在企业进行参观、实习、讲课，消化课本知识。这样，一方面可以提高教学效果，增强学生的职业技能，另一方面也可以拓宽学生就业的路径。教学过程中，教与学两方面都应立足专业培养目标，选择重点、突出难点，紧扣相关职业岗位能力，培养能在生产第一线解决实际问题的实用型人才和创业者。

复习思考题

1. 什么是园林植物？它的基本范畴包括哪些？
2. 简述园林植物栽培与养护管理的意义。
3. 园林植物栽培与养护管理的基本内容是什么？

园林植物栽培养护概述

技能目标：能够识别主要栽培的园林植物；能够观察物候；能够正确选择园林植物。

知识目标：了解园林植物的主要分类；了解园林植物生长发育规律；了解园林植物的生态习性；掌握园林植物分类方法；掌握园林植物物候观测的方法。

任务1　园林植物的分类

一、任务描述

地球上的植物约有 50 万种，仅高等植物就有 35 万种以上。这么多的植物，如果没有一个统一的方法来鉴别和分类，就无法对其识别和利用。为了更好地利用园林植物，使其有效地为人类服务，必须科学地进行分类，并且正确识别园林植物，以便对其进行栽培养护。学习的任务是园林植物分类，了解园林植物的主要类别，熟悉各类园林植物的特点，掌握园林植物分类方法，能够对园林植物进行分类，能识别园林植物。

二、任务分析

园林植物类型的不同决定其具有不同的植物学性质，进而决定了其在绿化中的作用。园林植物的分类依据有不同的标准，存在多种分类方法。在栽培上，一般采取人为的分类方法，即以植物的一个或几个特征，或经济的、生态的特性作为分类的依据，将园林植物主观地划归为不同的类别。完成本任务要掌握的知识面有：生活型、气候型、园林用途及观赏部位的含义，按植物生活型、按气候类型、按园林用途及按观赏部位等方法分类。

三、相关知识

（一）按植物生活型分类
生活型是指植物对生存环境条件的长期适应而在外貌上反映出来的植物类型。植物生活型外貌的特征包括植物体的大小、形状、分枝形态，以及植物寿命的长短。

1. 草本园林植物

草本园林植物植株的茎为草质，木质化程度很低，柔软多汁。草本园林植物根据其生活周期可分为三类。

（1）一年生园林植物 在一年内完成其生活周期，即从播种、开花、结实到枯死均在一年内完成，称为一年生园林植物。一年生园林植物多数种类原产于热带或亚热带，故不耐0℃以下的低温，通常在春天播种，夏、秋开花结实，在冬季到来之前即枯死。因此，一年生园林植物又称为春播园林植物，如凤仙花、万寿菊、麦秆菊、鸡冠花、百日草、波斯菊等。

（2）二年生园林植物 在二年内完成其生活周期，称为二年生园林植物。二年生园林植物多数当年只长营养器官，翌年开花、结实、死亡。二年生园林植物多数种类原产于温带或寒冷地区，耐寒性较强，通常在秋季播种，翌年春、夏开花，故又称为秋播园林植物，如紫罗兰、飞燕草、金鱼草、虞美人、须苞石竹等。

（3）多年生园林植物 其寿命超过二年以上，能多次开花结实，称为多年生园林植物。按地下部分形态变化的不同，多年生园林植物可分为两类。

1）宿根园林植物。地下部分形态正常，不发生变态，植物的根宿存于土壤中，冬季可在露地越冬。地上部分冬季枯萎，第二年春天萌发新芽，也有植株整株安全越冬，如菊花、萱草、福禄考等。

2）球根园林植物。地下部分有肥大的变态根或变态茎，植物学上将其称为"球茎""块茎""鳞茎""根茎""块根"等，花卉学上将其总称为"球根"。

① 块茎类。地下部分的茎呈不规则的块状，如大岩桐、花叶芋、马蹄莲等。

② 鳞茎类。地下茎极度缩短并有肥大的鳞片状叶包裹，如水仙、郁金香、百合、风信子等。

③ 根茎类。地下茎肥大呈根状，具有明显的节，节部有芽和根，如美人蕉、鸢尾、睡莲、荷花等。

④ 块根类。地下根肥大呈块状，其上下有芽眼，只在根茎部有发芽点，如大丽花、花毛茛等。

2. 木本园林植物

木本园林植物植株茎部木质化，质地坚硬。根据其形态，木本园林植物可分为三类。

（1）乔木类 树体高大（通常高度大于6m），主干明显而直立，分枝多，树干和树冠有明显区分，如白玉兰、广玉兰、女贞、樱花、橡皮树等。

（2）灌木类 无明显主干，一般植株较矮小，靠地面处生出许多枝条，呈丛生状，如栀子花、牡丹、月季、蜡梅、贴梗海棠等。

（3）藤木类 茎木质化，长而细软，不能直立，需缠绕或攀援其他物体才能向上生长，如紫藤、凌霄等。

根据在园林中的用途，木本园林植物还可分为园景树（孤植树）、绿阴树、行道树、花灌木、攀援植物、绿篱植物及木本地被植物等。

3. 水生园林植物

水生园林植物是指生长在水中或潮湿土壤中的植物，包括草本植物和木本植物。我国水系众多，水生园林植物资源非常丰富，仅高等水生园林植物就有300多种。在园林中，根据其生活习性和生长特性，水生园林植物可分为五类。

（1）挺水植物　其茎叶伸出水面，根和地下茎埋在泥里，一般生活在水岸边或浅水的环境中，常见的有黄花鸢尾、水葱、菖蒲、蒲草、芦苇、荷花、雨久花、半枝莲等。

　　（2）浮叶植物　其根生长在水下泥土之中，叶柄细长，叶片自然漂浮在水面上，常见的有金银莲花、睡莲、满江红、菱等。

　　（3）沉水植物　其根扎于水下泥土之中，全株沉没于水面之下，常见的有玻璃藻、苦草、大水芹、菹草、黑藻、金鱼草、竹叶眼子菜、狐尾藻、水车前、石龙尾、水筛、水盾草等。

　　（4）漂浮植物　其茎叶或叶状体漂浮于水面，根系悬垂于水中漂浮不定，常见的有大漂、浮萍、萍蓬草、凤眼莲等。

　　（5）滨水植物　其根系常扎在潮湿的土壤中，耐水湿，短期内可忍耐被水淹没，常见的有垂柳、水杉、池杉、落羽杉、竹类、水松、千屈菜、辣蓼、木芙蓉等。

4. 多浆、多肉类园林植物

　　这类植物又称为多汁植物，植株的茎、叶肥厚多汁，部分种类的叶退化成刺状，表皮气孔少且经常关闭，以降低蒸腾、减少水分蒸发，并有不同程度的冬眠和夏眠习性。该类植物大多数为多年生草本或木本植物，有少数为一、二年生草本植物，如仙人掌、燕子掌、虎刺梅、生石花等。

（二）按气候类型分类

　　园林植物的种类很多，分布于热带、亚热带和温带，极少数分布于寒带。由于各原产地自然环境条件相差很大，因此植物生长发育及生态习性也有较大差异。

1. 大陆东岸气候型

　　此气候型的特点是冬寒夏热，年温差较大。我国的华北及华东地区属于这一气候型，另外还有日本、北美洲东部、巴西南部、大洋洲东部、非洲东南部等。该气候型又因冬季的气温高低不同，分为温暖型与冷凉型。

　　（1）温暖型　温暖型包括中国长江以南（华东、华中、华南）、日本西南部、北美洲东南部、巴西南部、大洋洲东部、非洲东南部等地区。如中国水仙、石蒜、百合类、山茶、杜鹃、蔷薇类、南天竹、中国石竹、报春、矮牵牛、美女樱、半支莲、三角花、福禄考、天人菊、非洲菊、马蹄莲、唐菖蒲、一串红、猩猩草、麦秆菊等园林植物属于这一气候型。

　　（2）冷凉型　冷凉型包括中国北部、日本东北部、北美东北部等地。如菊花、芍药、翠菊、牡丹、荷包牡丹、荷兰菊、金光菊、鸢尾、百合类、蛇鞭菊、醉鱼草等园林植物属于这一气候型。

2. 大陆西岸气候型

　　大陆西岸气候型又称为欧洲气候型，欧洲大部分、北美西北部、南美西南部、新西兰南部等地属于这一气候型。该气候型的特点是冬季温暖、夏季凉爽，一般气温在15～17℃之间，降雨量较少，但四季较均匀。如三色堇、雏菊、矢车菊、霞草、喇叭水仙、勿忘草、紫罗兰、羽衣甘蓝、洋地黄、铃兰等园林植物属于这一气候型。

3. 地中海气候型

　　地中海气候型以地中海沿岸气候为代表，自秋季至次年春季末降雨较多，为主要降雨期，夏季极少降雨，为干燥期，冬季无严寒，最低温度为6～7℃，夏季凉爽，气温为20～25℃。因夏季气候干燥，多年生花卉常呈球根形态。如风信子、郁金香、水仙类、鸢尾类、仙客来、花毛茛、小苍兰、天竺葵、花菱草、羽扇豆、唐菖蒲、石竹、香豌豆、金鱼草、金盏菊、麦秆菊、蒲包花、君子兰、鹤望兰、酢浆草等园林植物属于这一气候型。

4. 热带高原气候型

热带高原气候型包括热带及亚热带高山地区。该地区的气候特点是温差小，全年温度为14~17℃，降雨量因地区而不同，有的地区雨量充沛、年分布均匀，有的地区则主要集中在夏季。墨西哥高原地区、南美洲的安第斯山脉、非洲中部高山地区、中国云南等地属于这一气候型。如大丽花、晚香玉、百日草、波斯菊、一品红、万寿菊、球根秋海棠、旱金莲、中国樱草、云南山茶、蔷薇类等园林植物属于这一气候型。

5. 热带气候型

热带气候型全年高温、温差小，有的地方年温差不到1℃；雨量大，空气湿度大，有雨季和旱季之分。如鸡冠花、虎尾兰、蟆叶秋海棠、彩叶草、非洲紫罗兰、变叶木、红桑、万带兰、凤仙花、紫茉莉、花烛、长春花、大岩桐、美人蕉、竹芋、牵牛花、秋海棠、水塔花、卡特兰、朱顶红等园林植物属于这一气候型。

6. 沙漠气候型

沙漠气候型全年气候变化极大，昼夜温差大，降雨量少，气候干旱，土壤质地多以沙质或沙砾质为主。这些地区只有多浆、多肉类植物分布。属于这一气候型的地区有非洲、大洋洲中部及南北美洲的沙漠地带。如仙人掌类、芦荟、龙舌兰、十二卷、松叶菊等多浆、多肉类园林植物属于这一气候型。

7. 寒带气候型

寒带气候型气温低，冬季漫长而寒冷，夏季短促而凉爽，光照充足。生长在这一气候型地区的植物植株低矮，生长缓慢。此气候型地区包括西伯利亚、阿拉斯加、斯堪的纳维亚等地区及高山地区。如龙胆、雪莲、镜面草、细叶百合、绿绒蒿、点地梅等园林植物属于这一气候型。

（三）按园林用途分类

按园林植物在园林配置中的位置和用途，可分为绿阴树，行道树，花灌木，垂直绿化植物，绿篱植物，造型、树桩盆景，地被植物，花坛植物等。

1. 绿阴树

绿阴树是指配置在建筑物、广场、草地周围，也可用于湖滨、山坡营建风景林或开辟森林公园，建设疗养院、度假村、乡村花园等的一类乔木。绿阴树可供游人在树下休息之用，如榉树、槐树、鹅掌楸、榕树、杨树等。

2. 行道树

行道树是指成行栽植在道路两旁的植物，如水杉、银杏、朴树、广玉兰、樟树、桉树、小叶榕、葛树、木棉、重阳木、羊蹄甲、女贞、大王椰子、椰子、鹅掌楸、悬铃木、七叶树等。

3. 花灌木

花灌木是指以观花为目的而栽植的小乔木、灌木，如梅、桃、玉兰、丁香、桂花等。

4. 垂直绿化植物

垂直绿化植物是指绿化墙面、栏杆、山石、棚架等处的藤本植物，如爬山虎、络石、薜荔、常春藤、紫藤、葡萄、凌霄、叶子花、蔷薇等。

5. 绿篱植物

绿篱植物是指园林中用耐修剪的植物，成行密集代替篱笆、围墙等，起隔离、防护和美化作用的一类植物，如侧柏、罗汉松、厚皮香、桂花、红叶石楠、日本珊瑚树、丛生竹类、小蜡、福建茶、六月雪、女贞、瓜子黄杨、金叶女贞、红叶小檗、大叶黄杨等。

6. 造型、树桩盆景

造型是指经过人工整形制成各种物象的单株或绿篱，如罗汉松、叶子花、六月雪、瓜子黄杨、日本五针松等。

树桩盆景是在盆中再现大自然风貌或表达特定意境的艺术品，比较常见的种类有银杏、金钱松、短叶罗汉松、榔榆、朴树、六月雪、紫藤、南天竹、紫薇等。

7. 地被植物

地被植物是指用低矮的木本或草本植物种植在林下或裸地上，以覆盖地面，起防尘、降温和美化作用，如金连翘、铺地柏、紫金牛、麦冬、野牛草、剪股颖等。

8. 花坛植物

花坛植物采用观叶、观花的草本植物和低矮灌木，栽植在花坛内组成各种花纹和图案，如月季、红叶小檗、金叶女贞、金盏菊、五色苋、紫露草、红花酢浆草等。

（四）按观赏部位分类

按园林植物可观赏的花、叶、果、茎等器官进行分类，可分为观花类、观叶类、观果类、观芽类、观姿态类等。

1. 观花类

观花类是指主要观赏部位为花朵，以观赏其花色、花形，闻其花香为主的园林植物。木本观花植物如玉兰、梅、樱花、杜鹃等。草本观花植物如兰花、菊花、君子兰、长春花、大丽花、香石竹、郁金香等。

2. 观叶类

观叶类是指以观赏植物的叶形、叶色为主的园林植物。这类园林植物或叶片光亮、色彩鲜艳，或叶形奇特，或叶色有明显的季相变化，如红枫、苏铁、橡皮树、变叶木、龟背竹、花叶芋、彩叶草、一叶兰、万年青等。

3. 观果类

观果类是指以观赏果实为主的园林植物，其特点是果实色彩鲜艳、经久不落，或果形奇特、色形俱佳，如佛手、石榴、金橘、五色椒、金银茄、火棘等。

4. 观芽类

观芽类是指以肥大而美丽的芽为观赏对象的园林植物，如银芽柳、结香、印度橡胶树等。

5. 观姿态类

观姿态类树枝挺拔或枝条扭曲、盘绕，似游龙，像伞盖，如雪松、金钱松、毛白杨、龙柏、龙爪槐、龙游梅等。

四、任务实施

1. 准备工作

1）课前预习相关知识部分。

2）教师准备相关案例，课堂围绕案例讲解。

3）班级学生自由组合（每组5~8人）为几个学习小组，各学习小组自行选出小组长。

4）组长召集组员利用课外时间收集资料，联系植物园、相关绿化企业，制定实施计划。

2. 实施步骤

1）查阅资料（教材、期刊、网络），参观植物园、绿化企业。

2）记载园林植物名称。

3）将园林植物分类。

4）分组讨论。

5）小组代表汇报，其他小组和老师评分。

任务 2　园林植物生长发育规律

一、任务描述

园林植物有其自身的生长发育特点及规律，了解园林植物生长发育规律是对其栽培养护管理的基础。学习的任务是了解园林植物生长发育规律，了解不同园林植物的生命周期、年周期，熟悉园林植物各器官生长发育特点，能够区别木本植物与草本植物的生命周期，会观察物候。

二、任务分析

园林植物在生命活动中，通过细胞的分裂和扩大，导致体积和重量不可逆的增加，称为生长。发育是建筑在细胞、组织、器官分化基础上结构和功能的变化。完成本任务要掌握的知识面有：生命周期、年周期、物候、植物器官的概念，木本植物、草本植物生命周期各阶段特点，草本植物、落叶树木与常绿树木物候，园林植物根、茎、叶、枝、芽、花、果生长发育规律等。

三、相关知识

（一）园林植物的生命周期

园林植物在其生命过程中，经历休眠、萌发、营养生长、生殖生长、衰老、死亡几个阶段，即生命周期。园林植物的种类很多，不同种类园林植物生命周期长短相差甚大，一般木本植物的生命周期从数年至数百年，草本植物的生命周期短的只有几日（如短命菊），长的一至数年。

1. 木本植物

木本植物在个体发育的生命周期中，实生树种从种子的形成、萌发到生长、开花、结实直至衰老等，其形态特征与生理变化明显。从园林树木栽培养护的实际需要出发，将其整个生命周期划分为以下几个年龄时期。

（1）胚胎期　植物自卵细胞受精形成合子开始至种子发芽为止为胚胎期。胚胎期主要任务是促进种子的形成、安全贮藏和在适宜的环境条件下播种并使其顺利发芽。胚胎期的长短因植物而异，有些植物种子成熟后，只要有适宜的条件就发芽；有些植物种子成熟后，给予适宜的条件不能立即发芽，而必须经过一段时间的休眠后才能发芽。

（2）幼年期　从种子萌发到植株第一次开花为止为幼年期。幼年期是植物地上、地下部分进行旺盛的离心生长的时期。植株在高度、冠幅、根系长度、根幅等方面生长很快，体内逐渐积累起大量的营养物质，为营养生长转向生殖生长做好了形态上和物质上的准备。幼年期的长短，因园林树木种类、品种类型、环境条件及栽培技术而异。这一时期的栽培措施是加强土壤管理，充分供应水肥，促进营养器官健康均衡地生长；轻修剪多留枝，使其根深叶茂，形成良好的树形结构；制造和积累大量的营养物质，为早见成效打下良好的基础。对于观花、观果树木则应促进其生殖生长。在定植初期的 1~2 年中，当新梢长至一定长度后，可喷洒适当的抑制剂，促进花芽形成，达到缩短幼年期的目的。

（3）成熟期　植株从第一次开花开始到树木衰老为止为成熟期。

1）青年期。树木从第一次开花到开始大量开花之前为青年期。其特点是树冠和根系加速扩大，是离心生长最快的时期，能达到或接近最大营养面积，达到定型的大小。植株能年年开花和结实，一般树冠先端部位开始形成少量花芽，但数量较少、质量不高，部分花芽发育不完全，坐果率低，但会逐年上升。

这一时期应给予良好的环境条件，加强肥水管理。以观花、观果为目的的树种，轻剪和重肥是主要措施，目标是使树冠尽快达到预定的最大营养面积。同时，要缓和树势，促进树体生长和花芽形成。如生长过旺，可控制水肥，少施氮肥，多施磷肥和钾肥，必要时可使用适量的化学抑制剂。

2）壮年期。从树木开始大量开花结实开始，经过维持最大数量花果的稳定期到开始出现大小年、开花结实连续下降的初期为止为壮年期。其特点是花芽发育完全，开花结果部位扩大、数量增多；叶片、芽和花等的形态都表现出定型的特征；骨干枝离心生长停止；树冠达到最大限度以后，由于末端小枝的衰亡或回缩修剪而趋于缩小；根系末端的须根也有死亡的现象；树冠的内膛开始发生少量生长旺盛的更新枝条。

这一时期首先是加强水、肥的管理，早期施基肥，分期追肥。同时，要细致地进行更新修剪，使其继续旺盛生长，避免早衰；切断部分骨干根，促进根系更新。

（4）衰老期　从骨干枝、骨干根逐步衰亡，生长显著减弱到植株死亡为止为衰老期。其特点是骨干枝、骨干根大量死亡，营养枝和结果母枝越来越少，枝条纤细且生长量很小，树体生长严重失衡，树冠更新复壮能力很弱，抗逆性显著降低，木质腐朽，树皮剥落，树体衰老，逐渐死亡。

这一时期的栽培技术措施，视栽培目的的不同采取相应的措施。对于一般花灌木来说，可以萌芽更新，或砍伐重新栽植；而对于古树名木来说则应采取各种复壮措施，尽可能延续其生命周期，只有在无可挽救、失去任何价值时才予以伐除。

上面对实生树木的生命周期及其特点进行了分析。对于无性繁殖树木的生命周期，除没有胚胎期外，也可能没有幼年期或幼年阶段相对较短。因此，无性繁殖树木生命周期中的年龄时期，可以划分为幼年期、成熟期和衰老期。各个年龄时期的特点及其管理措施与实生树木相应的时期基本相同。

2. 草本植物

（1）一、二年生草本植物　一、二年生草本植物生命周期很短，仅 1~2 年的寿命，但其一生也必须经过几个生长发育阶段。

1）胚胎期。从卵细胞受精发育成合子开始至种子发芽为止为胚胎期。

2）幼苗期。从种子发芽开始到第一个叶芽出现为止为幼苗期。幼苗期一般2~4个月，一、二年生草本植物在地上、地下部分的营养生长期内应精心管理，使植株尽快达到一定的株高和株形，为开花打下基础。

3）成熟期。成熟期植株大量开花，花色、花形定型，具有该品种的特征，是观赏盛期，花期1~2个月，应尽量延长观赏时期，加强肥水管理，进行摘心扭梢。

4）衰老期。从开花大量减少，种子逐渐成熟开始至植株枯死为止为种子成熟期，应及时采收种子，避免种子散落。

（2）多年生草本植物　多年生草本植物的生命周期一般为10年左右，各年龄时期与木本植物相似。多年生草本植物的生长发育阶段没有明显的界限，是渐进的过程，各年龄段的长短受物种本身的基因和外界环境控制。在栽培过程中，通过合理的栽培技术能在一定程度上加速或延缓某一阶段的到来。

（二）园林植物的年周期

1. 年周期的概念

园林植物的年周期是指植物在一年内随环境，特别是气候（如水、热状况等）的季节性变化，在形态和生理上产生与之相适应的生长和发育的规律性变化，如萌芽、展叶、开花、结实等。年周期是生命周期的组成部分，了解植物的年生长发育规律，对植物的栽培养护管理具有十分重要的意义。

2. 物候

植物在一年中随着气候的季节性变化而发生萌芽、抽枝、展叶、开花、结实及落叶休眠等规律性变化的现象，称为物候或物候现象。与之相适应的植物器官动态变化的各具体时期称为生物气候学时期，简称物候期。不同物候期植物器官所表现出的外部形态特征则称为物候相。通过物候认识植物形态与生理机能发生节律性变化及其自然季节变化之间的规律，服务于园林植物的栽培与养护实践。

（1）物候观察　物候观察已有3000多年的历史，通过长期的物候观察，能掌握物候变动周期，为长期天气预报提供依据。多年的物候资料，可作为指导园林植物生产和制定经营措施的依据。

1）利用物候预报农时，比节令、平均温度和积温准确。因为节令的时期是固定的，温度虽能通过仪器精确测量，但对于季节的迟早无法直接表示；积温固然可以表示各种季节冷暖之差，但必须经过农事试验；而物候的数据是从活的生物上得来的，能准确反映气候的综合变化，用来预报农时就很直接，而且方法简单。准确的农时是指导园林植物育苗、栽植、养护管理的依据。

2）物候期的范围可大可小，物候观测记载项目可视生产要求与研究需要而定，并应重复1~2次。木本园林植物物候观察记录见表1-1。

（2）园林植物的物候特性

1）每种植物都有自己的物候期，不同植物存在着明显差异，这些差异是由植物种类、品种遗传特性而决定的，同时受地理环境条件的影响而发生变化。不同的栽培措施也会改变或影响物候期，如落叶树有明显的休眠期，而常绿树则无明显休眠期；多数植物先展叶后开花，而有些植物先开花后展叶。

表 1-1　木本园林植物物候观察记录

名称		树木年龄	
观测地点		生态环境	
地形		同生植物	
萌芽期	树液开始流动期	芽开始膨大期	芽开放期
展叶期	开始展叶期	展叶盛期	全部展叶期
新梢生长期	春梢开始生长期	春梢停止生长期	夏梢开始生长期
	夏梢停止生长期	秋梢开始生长期	秋梢停止生长期
开花期	花蕾或花序出现期	开花始期	开花盛期
	开花末期	二次开花期	
果熟期	果实初熟期	果实盛熟期	果实全熟期
果落期	果实初落期	果实盛落期	果实全落期
叶变色期	叶开始变色期	叶变色盛期	叶全部变色期
落叶期	开始落叶期	落叶盛期	落叶末期

2）同一植物、同一品种的物候期在同一地区，可因各年份的气候条件变化而出现提前或错后的现象，在不同地区这些现象更加明显。

3）植物物候期的共同点。

① 物候期的进行具有顺序性。在年生长周期中，每一物候期都只能在前一物候期通过的基础上才能进行，同时又为下一个物候期的到来打下基础，如萌芽必须在花芽分化的基础上才能发生，同时，萌芽又为抽枝、展叶做好准备。

② 物候期在一定条件下具有重演性。如月季、金柑、葡萄的新梢抽发与开花等物候期在一年内可以重演多次。

③ 物候期有重叠性，即同一时间、同一植株上可同时表现多个物候期。如橘类的枝条在春天可萌发春梢，又可开花，表现为开花和春梢生长两个物候期重叠进行。

3. 草本植物的年周期

植物年周期中表现最明显的有两个阶段，即生长期和休眠期。园林植物种类繁多，休眠期的类型和特点多种多样：一年生植物由于春天萌芽后，当年开花结实，而后死亡，因此，一年生植物仅有生长期各时期的变化而无休眠期，年周期就是生命周期，短暂而简单。二年生植物秋播后，以幼苗状态越冬休眠或半休眠，多数宿根花卉和球根花卉则在开花结实后，地上部分枯死，地下贮藏器官形成后进入休眠状态越冬（如萱草、芍药、鸢尾，以及春植球根类的唐菖蒲、大丽花、荷花等）或越夏（如秋植球根类的水仙、郁金香、风信子等），还有许多常绿性多年生园林植物，在适宜的环境条件下全年生长，保持常绿状态而无休眠期，如万年青、麦冬等。

4. 落叶园林树木的年周期

落叶树的年周期可明显地分为生长和休眠两大时期，从春季开始进入萌芽生长后，在整个生长期表现为生长阶段，到了冬季为适应低温和不利的环境条件，树木处于休眠状态，为休眠期。在生长期和休眠期之间又有过渡期，即从生长转入休眠的落叶期和由休眠转入生长的萌芽期。

（1）萌芽期　从芽萌动膨大开始，经芽的开放到叶展出为止为萌芽期。它是树木由休眠期转入生长期的标志，是休眠转入生长的过渡阶段，芽一般是在前一年夏天形成的，在生长停止状态下越冬，春天萌芽绽开。

　　1）树木由休眠转入生长要求一定的温度、水分和营养条件。当条件具备时，树液开始流动，根系活动，芽萌动，芽鳞片开绽，树木解除休眠。树木的萌芽与温度条件密切相关，北方树种，气温稳定在3℃以上，经一定积温后，芽开始膨大；南方树种，芽膨大要求的积温较高；花芽萌发需要的积温低于叶芽。

　　2）树木的栽植一般应在萌芽期结束之前进行。这一时期，树液流动，芽膨大，叶初展，抗性较差，容易遭受晚霜危害，应采取相应的防范措施。

　　（2）生长期　从树木萌芽到秋后落叶为止为生长期。生长期包括整个生长季，是树木年周期中时间最长的一个时期。在此时期，树木在外形上发生极显著的变化，除细胞增多，体积膨大外，还能形成许多新器官，如萌芽、抽枝展叶或开花、结实等。树木由于遗传特性和生态适应性的不同，其生长期的长短、各器官发育的顺序、各物候期开始的迟早以及持续时间的长短也不同。

　　1）根系活动与萌芽先后顺序。
　　① 发根比萌芽早，如梅、桃、杏、葡萄等。
　　② 发根与萌芽同时进行或稍迟于萌芽，如柿、枇杷、柑橘等。
　　2）展叶与开花的顺序。
　　① 先开花后展叶，如桃、梅、杏、玉兰、辛荑等。
　　② 开花展叶同时，如苹果、梨、海棠等。
　　③ 特殊型，如枇杷秋季混合芽先展叶后开花，冬季盛花，3~4月间再发新叶。
　　3）根系与新梢生长顺序。根系生长与新梢生长交替进行，如温州蜜柑根系生长与新梢生长交替进行，春、夏、秋新梢停止生长后，都会出现一次生长高峰。
　　4）花芽分化与新梢生长顺序。一般果树的花芽分化均在每次新梢停止生长后出现一次高峰。
　　5）果实发育与新梢生长的关系。新梢生长往往抑制坐果和果实发育，抑制新梢生长往往可以提高坐果率和促进果实生长高峰的出现。

　　生长期是落叶树的光合作用生产时期，也是生态效益与观赏功能发挥的最好时期。这一时期的长短和光合效率的高低，对树木的生长发育和功能效益都有较大影响，根据生长期的特点，进行栽培养护，才能取得预期的效果。

　　（3）落叶期　从叶柄开始形成离层至叶片落尽或完全失绿为止，是生长期结束转入休眠的形态标志，说明树木已做好越冬的准备。过早落叶影响树体营养物质的积累和组织的成熟；过迟落叶容易遭受冬季异常低温的危害。树木正常落叶是叶片衰老引起的，叶片的衰老分为自然衰老和刺激衰老两种，自然衰老是叶片随叶龄的增加，生理代谢能力减弱，代谢物质的变化和酶的活性下降引起的；刺激衰老是环境条件恶化引起的，它可以加速自然衰老的过程，从而提前落叶。

　　1）落叶的原因。
　　① 秋季温度下降、日照变短是引起落叶的主要原因，温度下降可以影响光合作用、蒸腾作用、呼吸作用，影响生长素、抑制剂的合成而导致叶片衰老。光是生物合成的重要能

源，它可以影响植物的生理活动，如生长素、抑制剂的合成而改变落叶期。

②　树木所处的环境条件也影响落叶，如干旱、寒潮、病虫害、水分状况等。

③　生长素和乙烯利在树木叶片衰老与脱落控制中起主要作用：生长素防止脱落，乙烯利促进脱落。

2）　在树木的栽植养护中，应该抓住树木落叶物候期的生理特点，在生长后期停止施氮肥，不要过多灌水，多施磷钾肥等，促进组织成熟，增加树体的抗寒性。在大量落叶时，进行树木移栽可以使伤口在年前愈合，第二年早发根、早生长。在落叶开始时，对树干涂白、包裹，基部培土等，可防止形成层冻害。

3）　园林树木因病虫害、环境条件恶化、栽培管理不当等导致树体内部生长发育不协调而引起生理性落叶，应采取有效的防止措施。

①　冬季合理修剪，防止重剪与树体旺长，采用放射沟施肥，使树体内外营养充足，协调树体内部代谢。

②　注意树体合理的负荷，果实成熟期分批采收，以缓和采收导致的衰老，减少采后早期落叶的发生。

（4）　休眠期　休眠期是从叶落尽或完全变色至树液流动、芽开始膨大的时期。树木的休眠是在进化过程中为适应不良环境，如低温、高温、干旱等所表现出来的一种特性。休眠期是相对于生长期而言的一个概念。从树体外部观察，在休眠期，落叶树地上部叶片脱落，枝条变色成熟，冬芽成熟，没有任何生长发育的表现，休眠是生长发育暂时停顿的状态。

1）　在休眠期中，树体内部仍然进行着各种生理活动，如呼吸、蒸腾、根的吸收等，但这些活动比生长期微弱得多，一般可分为自然休眠和被迫休眠两个阶段。

①　自然休眠是树木器官本身生理特性所决定的休眠，又称为生理休眠、长期休眠。它必须经历一定的低温条件才能顺利通过，即使给予适合树体活动的环境条件，也不能使之萌发生长。例如，冬芽是在适宜的夏秋温度，日照条件下形成的，但不会立即萌发。一般落叶树的休眠深度各异，如柿、栗、葡萄于9月下旬至10月下旬开始休眠后，随即转入自然休眠期；而梨、桃、醋栗进入深度自然休眠期较晚，一般于10月下旬至11月上旬开始。

②　被迫休眠是指通过自然休眠后，已经开始完成了生长所需的准备，但因外界条件不适宜，使芽不能萌发而呈休眠状态。

2）　休眠期的长短取决于以下几个方面。

①　与树木的原产地有关。由于在一定的地区形成了一定的生态类型，所以不同地区的树木适应冬季低温的能力也不一致。

②　不同树龄的树木进入休眠的早晚不同。一般幼年树进入休眠晚于成年树，而解除休眠则早于成年树。这与幼树生命力强，活跃的分生组织比例大、表现出生长优势有关。

③　不同的器官和组织进入休眠期早晚不一致。一般小枝、细弱枝形成的芽比主干、主枝休眠早；花芽比叶芽休眠早。

④　同一枝条的不同组织进入休眠期时间不同。皮层和木质部较早，形成层最迟。

3）　休眠的原因。

①　光周期是支配芽休眠的重要原因。一般长日照能促进生长，短日照可抑制枝的伸长生长，促进芽的形成。

②　温度也有一定的作用。有的植物在高温下休眠，有的植物在低温下休眠。

③ 树体缺乏氮素或组织缺水表现生理干旱，会提前减弱生理活动，提早进入休眠期，反之则推迟进入休眠期。

4）解除休眠。有的落叶花木进入自然休眠后需要一定的低温，才能解除休眠，否则花芽发育不良，次年发芽延迟，开花不正常，或虽开花而不能结果。很多树种引种到温暖地区，常因低温不足受到抑制。同一树种的不同品种，也因起源地条件不同，形成了对冬季低温的不同要求。了解这一特性，对品种区域化和引种工作具有重要的参考价值。

5）休眠期是树木生命活动最微弱的时期。在此期间栽植树木有利于成活，对衰弱树进行深挖切根有利于根系更新。因此树木休眠期的开始和结束，对园林树木的栽植养护有重要的影响，根据栽培实践的需要，可以从两个方面考虑：一是提早或推迟进入休眠；二是提早或延迟解除休眠。

5. 常绿树的年周期

常绿树终年有绿叶存在，各器官的物候动态表现极为复杂。在外观上没有明显的生长和休眠现象，无明显的落叶休眠期，常绿树叶片的寿命较长，达一年以上，在春季新叶抽出前后，老叶才逐渐脱落，这种落叶并不是适应了改变的环境条件，而是叶片老化失去正常机能后，新老叶片交替的生理现象。

（三）园林植物各器官生长发育

1. 根系

根是植物的重要器官，也是所有植物在进化中适应定居生活而发展起来的。它除了把植株固定在土壤上，吸收水分、矿质养分和少量的有机物质以及贮藏部分营养外，还能将无机养分合成有机物质。根能分泌酸性物质，溶解土壤养分，使之转变成能有效利用的有机化合物，能创造微生物活动的有利环境，引诱土壤微生物到根系分布区，将氮及其他复杂的有机化合物转变成根系易于吸收的类型。许多植物的根与微生物共生形成菌根或根瘤，增加根系吸水、吸肥、固氮的能力，刺激地上部分的生长。根系还会影响土壤的物理化学性质。许多植物的根系还是良好繁殖材料，是种群生存扩展的重要基础。全部根系约占植株总重量的25%～30%。

（1）根系的起源与结构　根据植物根系的发生及其来源，可分为实生根系、茎源根系、根蘖根系。实生根系是实生繁殖和用实生砧嫁接繁殖的植物根系。茎源根系是由茎、枝或芽发出的根系，如扦插、压条、埋干等繁殖苗的根系。根蘖根系是根段（根蘖）上的不定芽形成独立植株的根系，如泡桐、香椿、石榴、樱桃等形成的根蘖苗，或用根插形成的独立植株所具有的根系。

（2）根系的构成　植物的根系通常由主根、侧根和须根构成。主根由种子的胚根发育而成，它上面产生各级较粗大分支，统称侧根，在侧根上形成的较细分支称为须根。

（3）根系的分布　根系在土壤中分布形态变异很大，但可概括为三种类型，即主根型、侧根型和水平根型，如图1-1所示。

组成不同根型的根，依其在土壤中的伸展方向，可分为水平根和垂直根两种。水平根多数沿土壤表层呈平行生长，它在土壤中的分布深度和范围，依地区、土壤、植物及繁殖方式不同而变化。杉木、落羽杉、刺槐、桃、樱桃、梅等树木水平根分布较浅，多在40cm的土层内；苹果、梨、柿、核桃、板栗、银杏、樟树、栎树等树木水平根系分布较深。在深厚、肥沃及水肥管理较好的土壤中，水平根系分布范围较小，分布区内的须根特别多。但在干旱

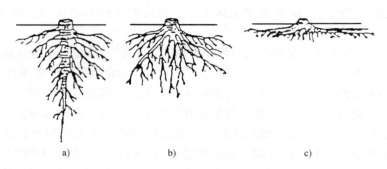

图1-1　根系的形态类型

a）主根型　b）侧根型　c）水平根型

瘠薄的土壤中，水平根可伸展到很远的地方，但须根很少。垂直根是大体垂直向下生长的根系，大多是沿着土壤裂隙和某些生物体形成的孔道伸展，其入土深度取决于植物种类、繁殖方式和土壤的理化性质。

（4）土壤物理性质对植物根系的影响　植物根的形态，在不同土壤性质的影响下，会表现出很大的差异。在具有良好结构的土壤中，树木根系比较发达；反之，在大孔隙少、土壤坚实、水分过多或过少的情况下，根系发育不良。但反过来说，树木根系在土壤中的生长也会改善土壤的结构。树木的根具有很强的穿插能力，能扎入较坚实的土层，而一旦这些老根枯死腐烂，便在土壤中留下不少管壁较为稳定的孔道，成为通气透水以及新根发展的场所，从而改良土壤的结构。

（5）根颈与特化根　根和茎的交接处称为根颈。实生根系的根颈是由下胚轴发育而成的，称为真根颈；而茎源根系和根蘖根系没有真根颈，其相应部分称为假根颈。根颈处于地上部与地下部交界处，是营养物质交流必经的通道。在秋季它最迟进入休眠，而在春季又最早解除休眠，对环境条件变化比较敏感，在栽培上应注意保护。所以，苗木定植时，如果根颈部深埋或全部裸露，对植物生长均不利。很多植物具有特化而发生形态学变异的根系，它包括菌根、气根、根瘤和贮藏根等。

（6）根系生长的速度与周期　植物的根系没有生理自然休眠期，只要满足其所需要的条件，全年均可生长。在植物的一生中，根系也要经历发展、衰老、死亡和更新的过程与变化。

2. 芽

芽是多年生植物为适应不良环境延续生命活动而形成的重要器官。它是枝、叶、花等器官的原始体，与种子有相似的特点，在适宜的条件下，可以形成新的植株。同时，芽偶尔也由于物理、化学及生物等因素的刺激而发生遗传变异，芽变选种正是利用了这一特性。因此，芽是植物生长、开花结实、修剪整形、更新复壮及营养繁殖的基础。

（1）芽的类型　根据芽生长的位置、性质、结构和生理状况的不同，可将芽分为以下几种类型。

1）叶芽、花芽、混合芽。能发育成枝条的芽称为叶芽；能发育成花和花序的芽称为花芽；如果一个芽开放后既产生枝条又有花和花序生成，称为混合芽，如丁香、海棠、苹果等。花芽和混合芽一般比叶芽大。

2）定芽和不定芽。在茎上有固定生长位置的芽称为定芽，如顶芽、腋芽。着生位置不定，多发生在枝干或根部皮层附近，肉眼不易看见的芽称为不定芽，如秋海棠和大岩桐的叶生芽，刺槐和泡桐的根出芽等。

3）主芽和副芽。位于腋芽中心的芽，芽体较大、充实称为主芽；着生在主芽两侧或上、下部位的芽称为副芽，如桃、梅、枫杨、胡桃等。

4）鳞芽和裸芽。有芽鳞包被的芽称为鳞芽，芽鳞是叶的变态，常具绒毛或蜡质，可保护幼芽越冬；无芽鳞包被的芽称为裸芽，草本植物和生长在热带的木本植物多为裸芽。

5）活动芽和休眠芽。活动芽是当年形成，当年萌发长成枝、叶、花和花序的芽；芽形成后不萌发而处于休眠状态称为休眠芽或潜伏芽。休眠芽经一年或多年潜伏后才萌发，也可能始终处于休眠状态或逐渐死去。

（2）芽的特性　芽的形成与分化要经过数月，长的近两年。其分化程度和速度与植株营养状况和环境条件密切相关。栽培措施在很大程度上可以改变芽的发育进程和性质，提高芽的发育质量，使其饱满健壮。

1）芽的异质性。同一枝条上不同部位的芽在发育过程中，由于所处的环境条件不同以及枝条内部营养状况的差异，造成芽的生长势以及其他特性的差别称为芽的异质性。如枝条基部的芽发生在早春，此时正处于生长开始阶段，叶面积小，气温又低，枝条基部的芽最不充实，多为盲芽或隐芽；其后气温升高，叶面积增大，光合作用增强，芽的发育状况也得到改善，在枝条缓慢生长后期，叶片合成并积累大量的养分，这时形成的芽极为充实饱满。秋季以后气温降低，枝梢生长弱，芽的质量较差。

2）芽的早熟性和晚熟性。有些植物当年新梢上的芽能够连续抽生二次梢或三次梢，芽的这种不经过冬季低温休眠，能够当年萌发的特性称为芽的早熟性。如紫叶李、红叶桃、柑橘等的芽均具早熟性。具有早熟芽的树种，一般分枝较多，树冠容易形成，进入结果期早。另一些植物的芽，当年一般不萌发，要到第二年春天才能萌动抽枝，芽的这种必须经过冬季低温休眠，翌年春天才能萌发的特性，称为芽的晚熟性。如苹果、梨的多数品都具有晚熟芽。芽的早熟性和晚熟性还受植物年龄及栽培地区的影响，如株龄增大，晚熟芽增多，副梢形成的能力减退。如北方树种南移，早熟芽增加，发梢次数增多。

3）萌芽力及成枝力。生长枝上的芽萌发抽枝的能力称为萌芽力，枝上萌芽数多的萌芽力强，反之则弱。萌芽力一般以萌发的芽数占总芽数的百分率表示。生长枝上的芽，不仅萌发而且能抽成长枝的能力称为成枝力。抽长枝多的则成枝力强，反之则弱。成枝力一般以长度大于5cm的枝条数占萌芽数的百分率表示。

4）芽的潜伏力。枝条基部的芽或某些副芽，在一般情况下不萌发而呈潜伏状态，这类芽称为潜伏芽。植株衰老或因某种刺激，使潜伏芽（即隐芽）萌动发出新梢的能力称为潜伏力。芽的潜伏力可用芽保持萌芽抽枝的年限即潜伏寿命表示，芽潜伏力强的树种，枝条恢复能力强，容易进行树冠的复壮更新。芽潜伏力弱的树种，枝条恢复能力也弱，容易衰老。

3. 茎枝

茎以及由它长成的各级枝、干是组成园林树木树冠的基本部分，也是扩大树冠的基本器官，枝干是长叶和开花结果的部位，枝干是整形修剪的基础。保持枝与干的正常生长是园林植物栽培中的一项重要任务。

（1）枝条的加长生长和加粗生长　枝和干的形成与发展来自芽的生长与发育。在一定条件下，芽的生长点发生快速的细胞分裂，产生初生分生组织，经过分化与成熟，形成具有表皮、皮层、韧皮部、形成层、木质部、中柱鞘和髓等各种组织的嫩枝或嫩茎，开始年周期内枝的生长活动。

1）枝条的加长生长。枝条的加长生长，一般是通过枝条顶端分生组织的活动——分生细胞群的细胞分裂伸长而实现的。加长生长的细胞分裂只发生在顶端，伸长则延续至几个节间。随着距顶端距离的增加，伸长逐渐减缓。在细胞伸长过程中，也发生细胞大小形状的变化，胞壁加厚，并进一步分化成各种组织。

2）枝条的加粗生长。树干、枝条的加粗，都是形成层细胞分裂、分化、增大的结果。加粗生长比加长生长稍晚，其停止也稍晚，在同一株树上，下部枝条停止加粗生长比上部枝条晚。春天当芽开始萌动时，在接近芽的部位，形成层开始活动，然后向枝条基部发展。由于形成层的活动，枝干出现微弱的增粗，此时所需要的营养物质主要靠上年的贮备。随着新梢不断地加长生长，形成层活动也持续进行。新梢生长越旺盛，则形成层活动的越强烈。秋季叶片积累大量的光合产物，枝干明显加粗。当加长生长停止、叶片老化至落叶时，形成层活动也随之逐渐减弱至停止。因此，为促进枝干的加粗生长，必须在枝上保留较多的叶片。

（2）顶端优势与垂直优势

1）顶端优势。顶端优势是指活跃的顶部分生组织或茎尖常常抑制其下侧芽发育的现象，也包括对侧枝分枝角度的控制，一般乔木树种都有较强的顶端优势。顶端优势在树木上的表现是：枝条上部的芽能萌发抽生强枝，依次向下的芽生长势逐渐减弱，最下部的芽甚至处于休眠状态。如果去掉顶芽和上部芽，即可使下部腋芽和潜伏芽萌发。顶端优势也表现在分枝角度上，枝条自上而下，分枝角度逐渐开张。如果去掉尖端对角度的控制效应，所发侧枝就呈垂直生长的趋势。顶端优势还表现在树木的中心干生长势要比同龄的主枝强，树冠上部的枝条要比下部的强。树木乔化现象越明显，顶端优势也越强；反之则弱。

2）垂直优势。枝条与芽的着生方位不同，生长势的表现有很大的差异。直立生长的枝条生长势旺，枝条长；接近水平或下垂的枝条，生长势弱；枝条弯曲部位的上位芽，其生长势超过顶端。这种因枝条着生方位背地程度越强生长势越旺的现象，在园林植物栽培上称为垂直优势。

（3）茎枝的生长类型　茎的生长方向与根相反，多数是背地性的。除主干延长枝，突发性徒长枝呈垂直向上生长外，多数因不同枝条对空间和光照的竞争而呈斜向生长，也有向水平方向生长的。依植物茎枝的伸展方向和形态可分为以下几种生长型，如图 1-2 所示。

1）直立生长。茎有明显的负向地性，一般都有垂直地面生长、处于直立状态的趋势。但枝条伸展的方向取决于背地角的大小。多数树种主干和枝条的背地角在 0°～90°之间，处于斜生状况，但也有许多变异类型。枝条直立生长的程度，因植物特性、营养状况、光照条件、空间大小、机械阻挡等不同情况而异，如图 1-2a 所示。

2）下垂生长。这类植物的枝条生长有十分明显的向地性，当萌发呈水平向或斜向伸出以后，随着枝条的生长而逐渐向下弯曲，有些树种甚至在幼年都难形成直立的主干，必须通过高接才能直立。这类树种容易形成伞形树冠，如垂柳、柏木、龙爪槐、垂枝樱、垂枝榆等。

3）缠绕茎。这类植物细长柔软，不能直立，需缠绕其他物而向上生长，如牵牛、紫藤等，如图 1-2b、c 所示。

4）攀援生长。这类植物茎细长柔软，自身不能直立，但能缠绕或附有适应攀附他物的

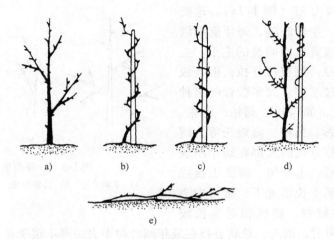

图 1-2　茎的类型

a）直立茎　b）左旋缠绕茎　c）右旋缠绕茎　d）攀援茎　e）匍匐茎

器官——卷须、吸盘、吸附气根、钩刺等借他物支撑，向上生长，如图 1-2d 所示。

5）匍匐生长。这类植物茎蔓细长，自身不能直立，又无攀附器官的藤木或无直立主干的灌木，常匍匐于地生长。这种生长类型的植物，在园林中常用作地被植物，如图 1-2e 所示。

（4）树木的层性与干性

1）层性是指中心干上主枝分层排列的明显程度，层性是顶端优势和芽的异质性共同作用的结果。中心干上部的芽萌发为强壮的中心干延长枝和侧枝，中部的芽抽生弱枝或短小的枝条，基部的芽多数不萌发成隐芽。同样，随着树木年龄的增长，中心干延长枝和强壮的侧枝也相继抽生出生长势不同的各级分枝，其中强的枝条成为主枝（或各级骨干枝），弱的枝条生长停止早、节间短，单位长度叶面积大，生长消耗少，营养积累多，易成为花枝或果枝，成为临时性侧枝。随着中心干和骨干枝上有若干组生长势强的枝条和生长势弱的枝条交互排列，形成了各级骨干枝分布的成层现象。有些树种的层性，一开始就很明显，如油松等；而有些树种则随年龄的增大，弱枝衰亡，层性才逐渐明显起来，如雪松、马尾松、苹果、梨等。具有明显层性的树冠，有利于通风透气。

2）干性指树木中心干的长势强弱及其能够发芽的时间。凡中心干（枝）明显，能长期保持优势生长者叫"干性强"，反之"干性弱"。不同树种的层性和干性强弱不同。凡是顶芽及其附近数芽发育特别良好，顶端优势强的树种，层性、干性就明显。裸子植物的银杏、松、杉类干性很强；柑橘、桃等由于顶端优势弱，层性、干性均不明显。干性强弱是构成树干骨架的重要生物学依据，对研究园林树形及其演变和整形修剪有重要意义。

（5）植物的分枝方式　分枝是植物生长的普遍现象，是顶芽和腋芽活动的结果。树木按照一定的分枝方式构成庞大的树冠，使尽可能多的叶片避免重叠和相互遮阴。枝叶在树干上按照一定的规律分枝排列，可更多地接受阳光，扩大吸收面积。植物在长期进化的过程中，为适应自然环境形成了一定的分枝规律。此外，分枝方式不仅影响枝层的分布、枝条的疏密、排列方式，而且还影响总体株形。每种植物都有一定的分枝方式，常见的有以下几种类型，如图 1-3 所示。

1）总状（单轴）分枝（图1-3a）。这类植物顶芽优势极强，生长旺盛，每年能继续向上生长，从而形成直立而明显的主干，主茎上的腋芽形成侧枝，侧枝再分枝，但各级分枝的生长均不超过主茎。大多数针叶树种属于这种分枝方式，如雪松、圆柏、龙柏、罗汉松、水杉、池杉、黑松、湿地松等。阔叶树中属于这一分枝方式的大都在幼年期表现突出，如杨树、栎、七叶树、薄壳山核桃等。但因它们在自然生长情况下，维持中心主枝顶端优势年限较短，侧枝相对生长较

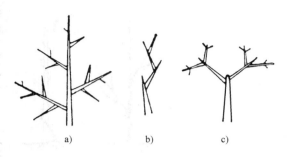

图1-3 分枝类型图解
a）单轴分枝 b）合轴分枝 c）假二杈分枝

旺，而形成庞大的树冠。因此，总状分枝在成年阔叶树中表现得不很明显。这类树木中有很多名贵的观赏树，若任其自然生长，往往形成多杈树形，影响主干高度，树冠也不易抱紧而变得松散，易形成较多竞争枝，降低观赏价值。这种情况在罗汉松、龙柏等树种中极为普遍。

2）合轴分枝（图1-3b）。顶芽发育到一定程度生长缓慢，瘦小或不充实，到冬季干枯死亡，有的形成花芽，不能继续向上生长，而由顶端下部的腋芽取而代之，继续向上生长形成侧枝，经过一段时间又被其下方的腋芽代替，每年如此循环往复，均由侧芽抽枝逐段合成主轴，故称为合轴分枝。合轴分枝主干曲折、节间短、能形成较多花芽，并且地上部分呈开张状态，有利于通风透光。木本园林植物中很多树种属于这一类，如白榆、悬铃木、榉树、樟树、柳树、杜仲、槐树、香椿、石楠、苹果、犁、桃、梅、杏、樱花等。

3）假二杈分枝（图1-3c）。在对生叶（芽）序的植物中，顶芽停止生长或分化成花芽后，由下面对生的两个腋芽萌发抽生为两个外形大致相同的侧枝，这种分枝方式称为假二杈分枝，如泡桐、黄金树、梓树、楸树、丁香、女贞、卫矛、桂花等。

4）多歧式分枝。顶芽在生长期末，生长不充实，侧芽之间的节间短或在顶梢直接形成三个以上势力均等的侧芽，到下一个生长季节，梢端附近能抽出三个以上同时生长新梢的分枝方式。具有这种分枝方式的树种，一般主干低矮，如苦楝、臭椿、结香等。

有些植物，在同一植株上有两种不同的分枝方式，如杜英、玉兰、木莲、木棉等，既有单轴分枝，又有合轴分枝；女贞有单轴分枝又有假二杈分枝。很多树木，在幼苗期为单轴分枝，长到一定时期以后变为合轴分枝。

单轴分枝在裸子植物中占优势，合轴分枝则在被子植物中占优势。所以合轴分枝是进化的性状。因为顶芽的存在，抑制了腋芽的生长，顶芽依次死亡或停止生长，从而促进腋芽的生长和发育，保证枝叶繁茂，光合作用面积扩大。同时，合轴分枝还有形成较多花芽的特性。对于以花、果为主要栽培目的植物来说，它是"丰产的分枝"方式。

4. 叶和叶幕

叶是植物进行光合作用的场所，是制造有机养分的主要器官，植物体中90%左右的干物质是由叶片合成的。植物叶片还执行着呼吸、蒸腾、吸收等多种生理机能，常绿植物的叶片还是养分贮藏器官。叶片的活动是植物生长发育形成产量的物质基础。因此，研究植物叶片及叶幕的形成，关系到植物本身的生长发育与生物量的多少，关系到园林植物生态效益与观赏效益的发挥。

（1）**叶片的形成与生长**　叶片一般在芽中已经形成，它的生长开始于茎端生长点的叶原基，经过叶片、叶柄（或托叶）的分化，直到叶片的展开和叶片停止增长为止，构成了叶片的整个发育过程。枝条基部的叶原基是在冬季休眠前冬芽内出现的，至翌年休眠结束后再进一步分化，叶片和叶柄进一步延伸，萌芽后叶片展开，叶面积迅速增大，同时叶柄也继续伸长。

1）叶片具有相对稳定性，叶的生长期有限，一般经历短时间达到一定大小，叶面积停止增大。生长量大小因不同植物或品种、枝条上的不同部位而异。栽培措施和环境条件也影响叶片的生长发育，特别是对叶片的大小有显著的影响。叶片的大小和厚度以及营养物质的含量在一定程度上反映了植物的发育状况。在肥水不足、管理粗放的条件下，一般叶小而薄，营养元素含量低，叶片的光合效能差；在肥水过多的情况下，叶片大，植株趋于徒长。每一种植物在正常条件下，叶片大小和营养物质的含量都有一个相对稳定的指标。

2）单个叶片自展叶到叶面积停止增长，不同植物和同一植物的不同枝梢是不一样的。从长梢来看，一般中下部叶片生长时间较长，而中上部较短；短梢叶片除基部小叶发育时间短外，其他叶片大体比较接近。单叶面积的大小，一般取决于叶片生长的日数，以及旺盛生长期的长短。如生长日数长，旺盛生长期也长，叶片则大，反之则小。

3）同一枝条上不同节位的叶片在大小和厚度上是不同的。多数植物新梢基部的3～5片叶都远小于正常叶，叶腋也无正常腋芽。这种小叶是由于叶芽在上年秋季分化时，只在雏梢上形成几片雏叶而未形成小叶，节间很短，叶腋无芽，这就是枝上的"盲节"。此外在春梢停止生长后，如果顶芽又萌发形成秋梢，其基部也有小叶和盲节。

4）有些植物的叶随着各类新梢的出现而不断产生，一年抽几次梢就发几次叶。一年内每次新梢的长势有所不同，叶的生长量也随之各异。一般春、夏两季为叶的生长盛期，此期发叶的数量最多，叶片较大。一般常绿树木的叶寿命很长，可达3～5年，有些针叶树叶的寿命可达10年，如云杉、紫杉、冷杉等，落叶树叶的寿命在1年左右。

5）叶的生长除受肥水条件影响外，与光照和温度条件的关系也十分密切。如华盛顿脐橙在光照长、温度低的情况下，叶片数量增加，但在高温下不明显。光照延长，有利于叶面积的增加。不同光照条件华盛顿脐橙的叶数与叶面积比较见表1-2。

表1-2　不同光照条件华盛顿脐橙的叶数与叶面积比较

气温（日/夜）	24/19℃			30/25℃			最小显著差异概率 $P < 0.05$
光照长度/h	8	12	16	8	12	16	
叶数/片	54.8	81.5	85.5	84.2	76.8	86.0	30.4
叶面积/cm²	15.1	16.3	25.7	16.8	20.3	21.4	2.7

由于叶片出现的时间有先后，因此一株树上就有各种不同叶龄的叶片，并处于不同的发育阶段。在春天，因枝梢处于开始生长阶段，基部叶的活动较活跃，但随着枝条的伸长，活跃中心不断向上转移，下部的叶片趋于衰老。因此，不同部位和不同年龄的叶片，其光合能力也不一样。幼嫩的叶中，叶组织量少，叶绿素含量低，光合产量低；随着叶龄的增加，叶面积扩大，生理处于活跃状态，光合效能大大提高，直到一定的成熟程度为止；以后，因叶片的衰老而降低。

（2）**叶幕**　叶幕是指园林树木的叶片在树冠内集中分布的群集总体，它具有一定的形状和体积，如图1-4所示。

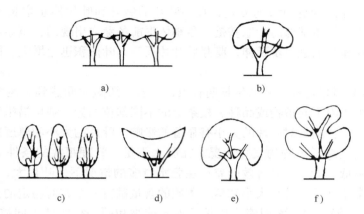

图1-4 树冠叶幕的示意图

a）平面形 b）杯形 c）篱壁形 d）弯月形 e）半圆形 f）层状形

（3）叶面积指数 园林植物栽培中，常用叶面积指数表示叶片生长状况。叶面积指数（LAI）即一株植物叶的面积与其占有土地面积的比率。叶面积指数受植物的大小、年龄、株行距等因素的影响。

许多落叶木本植物的叶面积指数为3～6；常绿阔叶树高达8。大多数裸子植物的叶面积指数比被子植物高得多（可达16）。沙漠植物的叶面积指数较低，而一些速生被子植物的叶面积指数可比上面所述的高得多。例如，在集约栽培下的某些杂种杨，依据株行距不同，叶面积指数竟高达16～45。

从植物生产的角度看，群植树木的生产量与叶面积指数密切相关，即在一定叶面积指数范围内，其总初级生产量（GPP）和净初级生产量（NPP）随叶面积指数的增加而增加，到一定指数值后，总初级生产量增长缓慢，逐渐维持在一个比较稳定的水平，而净初级生产量从缓慢增长到逐渐下降，即单位土地面积上的产量就会逐渐减少。在生产实践中，应通过各种技术措施，使叶面积指数维持在最佳范围内。

5. 花芽分化

花芽分化是植物茎生长点由分生叶芽向分生花芽转变的过程。植物经过一定时间的营养生长，植株长到一定的大小后才能进行花芽分化。花芽分化是植物开花的前提，在正常情况下，一旦花芽分化完成，环境条件适宜，植物就会开花。对于观花观果的园林植物来说，了解其花芽分化的规律，对促进花芽的形成、提高花芽的质量、增加花果的产量具有重要的意义。花芽分化规律为园林植物的促成及抑制栽培提供了生物学依据。

（1）花芽分化的阶段 根据花芽分化的指标，可以把花芽分化过程分为三个阶段，即生理分化阶段、形态分化阶段、性细胞成熟阶段，三者顺序不可改变，缺一不可。

1）生理分化阶段，指芽内生长点的生理代谢向花芽方向变化的过程，又称为花芽分化临界阶段。此阶段内，芽的生长点原生质处于不稳定状态，对内外因素的反应极为敏感，是易于改变代谢方向的时期，或者说此阶段决定芽的性质与发展方向，是控制花芽分化的关键时期。各种促进花芽分化的技术措施应着重在此阶段进行，才能取得良好的效果。园林植物生理分化阶段开始时间与长短因种类、品种的不同而不同。生理分化延续时间可用枝梢顶芽发育情况来衡量，大部分短枝开始形成顶芽至大部分长枝顶芽形成的这段时间为生理分化延续阶段，此阶段一般 4 周左右。

2）形态分化阶段，指花和花器的各个原始体发育过程，一般可分为以下五个阶段。

① 分化初期。芽内生长点开始变平变宽，逐渐肥大，苞片开始松开，花芽形态分化由此开始。

② 萼片形成期。生长点平宽，四周突起，出现萼片原始体。

③ 花瓣形成期。在萼片原始体伸长的同时，其内侧基部发生新的突起，即花瓣原始体。

④ 雄蕊形成期。萼片原始体进一步发育伸长，花瓣原始体肥大，在花瓣原始体内下方发生的突起，即为雄蕊原始体。

⑤ 雌蕊形成期。花瓣原始体中心底部所发生的突起，即雌蕊原始体。多数园林植物花芽分化初期的共同点是：生长点肥大高起，略呈扁平半球体状态，花芽分化一旦开始，就将继续分化下去，此过程通常是不可逆转的。

3）性细胞成熟阶段，指花粉和柱头内的雌雄两性细胞的发育形成阶段。多数园林树木性细胞要经过冬春一定低温（温带树木 0~10℃，暖带树木 5~15℃）的累积，形成花器和进一步分化完善与生长，再在第二年春季萌芽至开花前，在较高温度下完成。一年多次开花的园林植物，可在较高温度下形成花器和进一步分化完善与生长。

（2）花芽分化的类型 园林植物的花芽分化与气候条件有着十分密切的关系，而不同植物对气候条件有不同的适应性。因此，花芽分化的时期、延续时间的长短、对环境条件的要求，因植物种类与品种、地区、年龄的不同而异。根据不同植物花芽分化的季节特点，可以分为以下五种类型。

1）夏秋分化型。花芽分化每年 1 次，于 8~9 月高温季节进行，至秋末花器的主要部分完成，第二年早春和春季开花，性细胞的形成必须经过低温积累。许多木本花卉类如牡丹、丁香、梅花、榆叶梅等属于此类。秋植球根类花卉也在夏季进行花芽分化，进入夏季后，地上部分全部枯死，停止生长，进入休眠状态，而花芽分化却在此时进行，通常花芽分化最适的温度是 17~18℃。

2）冬夏分化型。花芽从 12 月至翌年 3 月完成分化，其分化时间较短且连续进行。原产温暖地区的某些花灌木，一些一、二年生花卉及春季开花的宿根花卉仅在春季温度较低时进行。

3）当年分化型。一些当年夏天开花的种类，在当年枝的新梢上或花茎顶端形成花芽，如萱草、菊花、芙蓉葵等属于此类。

4）多次分化型。一年中多次发枝，每次枝顶均能形成花芽并能开花，如茉莉、月季、倒挂金钟、香石竹等四季开花的花木及宿根花卉，在一年中都可继续分化花芽。在顶花芽形成过程中，其他花芽又继续在基部生出的侧枝上形成，如此可在四季开花不绝，这些花卉通常在花芽分化过程中，其营养生长仍继续进行。

5）不定期分化型。花芽每年只分化一次，但无一定时期，只要达到一定叶面积就能开花，主要因植物体自身养分的积累程度而异，如凤梨科和芭蕉科的某些种类。`

6. 开花

一个正常的花芽，在花粉粒和胚囊发育成熟后，花萼和花冠张开露出雌蕊和雄蕊，这种现象称为开花。开花时雄蕊的花丝挺立，花药呈现该植物花朵特有的颜色；雌蕊柱头分泌黏液以利于接受花粉。园林植物开花的好坏，直接关系到园林种植设计美化的效果。

园林植物的开花习性是植物在长期系统发育过程中形成的一种比较稳定的习性。开花习性主要受花序的结构、花芽分化程度的影响。

（1）开花期　开花期是指植株上花开始开放到花谢落的时期。习惯上将开花期划分为四个阶段。

1）初花期，植株上有 5%～25% 的花开放。

2）盛花期，每株有 25%～75% 的花开放。

3）末花期，75% 以上的花开放。

4）落花期，花瓣全部凋谢。

植物种类不同，开花期不同。具纯花芽的植物，花期最早；而具混合芽的植物花期最晚。长江以南常见木本植物花期早晚顺序一般是梅、樱桃、李、桃、梨、柑橘、猕猴桃、柿、板栗、石榴、枇杷。同种植物不同品种花期迟早有一定差别，如碧桃中的早花白碧桃 3 月下旬开花，亮碧桃 4 月中下旬开花。同一植株不同的枝条类型，花期也有先后之别。

（2）花叶开放先后类型　不同的植物开花和新叶展开的先后顺序不同，概括起来可分为三类。

1）先花后叶类。此类植物在春季萌动前已完成花芽分化，花芽萌动不久即开花，先开花后展叶，如银芽柳、迎春花、连翘、桃、梅、杏、李、紫荆、玉兰、木兰等，常形成一树繁花的景观。

2）花、叶同放类。此类植物的花器分化也是在萌芽前完成的，开花和展叶几乎同时，如榆叶梅、桃、紫藤的某些品种。

3）先叶后花类。此类植物是由上一年形成的混合芽抽生相当长的新梢，于新梢上开花，花器多数是在当年生长的新梢上形成并完成分化的，一般于夏秋开花，如刺槐、木槿、紫薇、苦楝、凌霄、槐、桂花、珍珠梅等。

（3）花期长短　花期长短受植物种类和品种、外界环境条件以及植株营养状况的影响。

1）种类和品种的影响。园林植物种类繁多，几乎包括各种花器分化类型的植物，加上同种植物品种多样，同地区植物花期延续时间差别很大。如杭州地区，开花短者 6～7d（白丁香 6d，金桂、银桂 7d）；长的可达 100～240d（茉莉可达 112d，六月雪可达 117d，月季最长可达 240d）。一般春夏开花型，花期短而整齐；夏秋开花型，花期长。

2）植物年龄、株体营养的影响。同一植物，年青植株比年老植株开花早、花期长，株体营养状况好，开花延续时间长。

3）天气状况、小气候条件的影响。花期遇冷凉、潮湿天气可以延长，遇干旱、高温天气则缩短。在不同的小气候条件下，花期长短不同。阴坡阴面和树阴下，阴凉湿润，花期比阳坡阳面和全光下长。

（4）开花次数　植物每年开花的次数因植物种类、品种、株体营养状况、环境条件的不同而不同。

1）因种类与品种而异。多数植物种类或品种每年只开一次花，但也有一些种类或品种每年有多次开花的习性，如茉莉花、月季、怪柳、四季桂、佛手、柠檬等。紫玉兰中有多次开花的品种。

2）二次开花。一年只开一次花的植物，有时发生二次开花的现象，如桃、杏、连翘、梨、甜橙等。其主要由两种情况引起：一是花芽发育不完全或因植株营养不足，而延迟到春末夏初开花；另一种情况是秋季发生第二次开花现象，这种现象即可以由"不良条件"引起，也可以由"条件的改善"引起。

7. 授粉受精

开花以后，花药裂开，花粉粒通过各种方式传到雌蕊柱头的过程称为授粉。授粉是植物生殖生长过程的重要环节，花粉只有落到柱头上以后，雌、雄配子才有可能实现彼此接近和完成受精作用。受精就是花粉中的精核与子房胚囊里的卵核、极核融合的过程。影响授粉和受精的因素有以下几个方面。

（1）传粉媒介　传粉的媒介有的是风媒花，借助风力进行授粉，如松柏类、榆树、悬铃木、槭、核桃、板栗、桦木、杨柳科和壳斗科树木等；有的是虫媒花，借助昆虫进行授粉，如大多数花木和果木、泡桐、油桐等。但是风媒和虫媒并不是绝对的，有些虫媒植物如椴树、白蜡也可借风力传播。虫媒中以蜜蜂传粉效率最高，蜂身绒毛多，每分钟访花朵数多。

（2）授粉适应　在长期自然选择过程中，植物对传粉有不同的适应。同花、同品种或同一植株（包括无性系）雄蕊的花粉落到雌蕊柱头上，称为自花授粉。自花授粉并结实，不论种子有无，称为自花结实，如大多数桃、杏的品种，部分李、樱桃品种和具完全花的葡萄等。自花授粉无种子者称为自花不育。不同品种或不同植株间（包括无性系）的传粉称为异花授粉。能自花授粉的植物经异花授粉后，产量更高，后代生活力更强。除少数能在花蕾中进行闭花授粉（如豆科植物和葡萄等）外，许多植物适应异花授粉，其适应性状有以下几个方面。

1）雌雄异株，如杨、柳、杜仲、羽叶槭、银杏、构树等。

2）雌雄异熟，有些植物雌雄同株或同花，但常有雌雄异熟的适应性。如核桃为雌雄同株异花，多为雌雄异熟型。还有些植物，如柑橘虽雌雄同花，但常为雌蕊先熟型，可减少自花授粉的机会。

3）雌雄不等长，有些植物雌雄虽同花同熟，但其雌雄不等长，影响自花授粉与结实，如杏、李的某些品种。

4）柱头的选择性，柱头分泌液在对不同花粉的刺激萌发上有选择性，或抑或促。

8. 坐果与落花落果

坐果是经过授粉、受精后，子房膨大以及子房外的花托、花萼发育成果实。开花数并不等于坐果数，坐果数也不等于成熟的果实数。因为中间还有一部分花、幼果要脱落，这种现象叫落花落果。

（1）坐果机制　发育着的子房，往往在开花前突然停止生长，授粉受精后促使子房内形成激素，即可重新生长，花粉中也含有少量生长素、赤霉素、芸苔素（类似赤霉素的物质）。当花粉管在花柱内伸长时可使形成激素的酶系统活化，受精后的胚乳也能合成生长素、赤霉素，都有利于坐果。坐果的机制是高浓度的内源激素提高了植物调运营养物质的能力，促使基因活跃。

（2）落花落果　落果的机制是由于生长素不足或生长素的不平衡而引起果柄形成离层。生长素主要是由种胚产生，在未能受精和受精不完全的情况下，由于种子数量少，生长素产生很少，不能满足果实发育的需要，同时由于其他器官产生的生长素，如果与种胚产生的生长素不平衡，也容易促进离层的形成而造成脱落。

9. 果实

（1）研究的目的　果实生长发育的好坏，直接影响园林中观果植物的观赏效果。园林中对果实的观赏，常有"奇""丰""巨""色"这四个方面的要求。

1）"奇"指果的外形奇特，如佛手、脐橙、串果藤等。

2）"丰"指看上去给人有丰收的景象。园林观景强调树体外围表现结果，尽管实际产量并不高，但能给人以丰收的景象。

3）"巨"指果大给人以惊异的感觉，如木菠萝，果大如肥羊，有的两个果一般人挑不动。

4）"色"指果色鲜艳，如公园欲种苹果，可选红金丝、锦红、倭锦等果色鲜艳的品种，并要创造条件，用肥合适，光照充足，使果色充分表现。其他观果植物各色均有，如忍冬类，果实虽小，艳红的颜色很是可爱；紫球果呈黑紫色也很好看等。

（2）果实生长发育的规律

1）果实生长发育所需的时间。果实生长发育已达到该品种固有的形状、风味、质地等成熟特征时，称为果实成熟。果熟期长短因植物种类或品种的不同而异，榆树、柳类等最短；桑、杏次之。此外，同一种类或品种，果实成熟所需的时间也因地而异。

一般早熟品种发育期短，晚熟品种发育所需的时间长。果实受外伤或被虫蛀食后成熟早。同时还受自然条件的影响，高温干燥则果熟期缩短，反之则长；山地条件、排水好的地方果熟早些。

不同植物从开花到果实成熟，所需的时间不同。如蜡梅约需6周，香榧约需74周，伏令夏橙约需50～60周，但大多数树木需要15周左右。不同类型的果实，生长速度和成熟时的大小也有差异。果实的生长速度随季节、环境条件以及不同的栽培措施而变化。

2）果实生长。果实生长包括体积的增大和重量的增加，从幼小的子房到果实成熟其增长的原因主要是细胞的分裂与膨大。有些植物和品种在整个果实生长发育过程只有一次细胞分裂，即花前子房的分裂，但多数果实有两个分裂期，即花前分裂与花后幼果期分裂。细胞的数目和大小是决定果实最终体积和重量的两个重要因素，它们可以反映果实的外观品质。果实外形可用果形指数来表示，即果实纵径和横径之比。

3）果实的着色。果色因种类、品种而异，由遗传特性决定。同时色泽的浓淡和分布受环境条件影响较大。决定果实色泽的物质主要有叶绿素、胡萝卜素、花青素以及黄酮素等。随着果实发育，绿色减退，花青素增多，但也有随果实发育接近成熟而果皮内花青素下降的，如菠萝。

四、任务实施

1. 准备工作

1）课前预习相关知识部分。

2）教师准备相关案例，课堂围绕案例讲解。

3）班级学生自由组合（每组5～8人）为几个学习小组，各学习小组自行选出小组长。

4）组长召集组员利用课外时间收集资料，讨论制定实施计划。

5）材料：选取当地有代表性的树木、一年生花卉、多年生花卉各一种。

6）用具：钢卷尺、放大镜、笔、游标卡尺、笔记本等。

2. 实施步骤

1）查阅资料（教材、期刊、网络），选取长、中、短寿命的植物，比较它们的生命周期。

2）以小组为单位观察记载：校园内3种树木的萌芽期、展叶期、开花期、结果期、落叶期。

3）分组讨论3种树木的生命周期、物候期特点。

4）分别叙述3种树木的枝、叶、花、果等器官生长发育特点。

5）小组代表汇报，其他小组和老师评分。

任务3　园林植物的生态习性观察

一、任务描述

每一种园林植物都生长在一定的环境中，园林植物与环境之间存在极其密切的相互关系。观察园林植物的生态习性，其目的在于揭示园林植物与其环境之间的关系，适地适用和科学管理园林植物。学习的任务是观察园林植物的生态习性，了解园林植物的生态因子，熟悉园林植物的生态型，能够正确选择园林植物。

二、任务分析

植物生活的外界条件的总和称为环境。在环境中，包含许多性质不相同的单因子，如气候因子、土壤因子、地形地势因子、生物因子等，这些因子与植物的生长发育关系密切，称为生态因子。植物生长离不开环境，环境对植物起着综合的生态作用，植物长期生长在环境中，经过生存竞争而存活下来，与此同时形成了植物对环境的要求及一定程度的适应性，即生态习性。具有相同或相似生态习性的一类植物叫做生态类型。完成本任务需要掌握的知识有：温度因子、光因子、水分因子、空气因子、土壤因子和城市环境的概念，各生态因子对园林植物的影响，植物对温度、光照、水分、土壤和城市环境的生态适应型等。

三、相关知识

（一）温度因子

各种植物的生长发育、生理活动、生化反应都必须在一定的温度条件下才能进行，作为植物的生态因子，温度因子的变化对植物的生长发育和栽培分布具有极其重要的作用。

1. 基点温度

在植物生活所需要的温度范围内，不同的温度对植物生命活动所产生的作用是不同的。在 $0 \sim 35℃$ 的范围内，一般植物生长的速度随着温度的上升而加快，随着温度的降低而减慢。低温可以明显减少植物对水分和矿质养分的吸收。每种植物的生长发育都有"三基点"温度，即最低温度、最适温度和最高温度。

2. 气温

气温的高低对植物的生长发育有着极大的影响，当温度超过某植物所能忍耐的限度时，植物就会受到冻害和寒害。不同植物对极端温度的抗性不一样，一般乡土植物的抗性比引种植物的抗性强些。在植物引种实践中，常见许多南方植物北移后，因不能忍受低温，而受到冻害或冻死；北树南移后，则发生因冬季不够寒冷而引起叶芽很晚萌发和开花不正常的现象，或因不适应南方的高温而受到灼伤。

3. 土温

土温对植物的生长发育有很大影响。土温过高会使植物灼伤，过低则产生冻害。土温的高低还影响土壤气体交换、土壤水分运动及土壤水分存在的状态。土温在一天的不同时间和一年的不同季节也都在发生变化。

4. 温度对植物的分布

植物对温度的适应能力均有一定范围，植物长期生长在不同气候带地区，受气候带温度的长期作用，形成了一定的地理分布。根据植物分布区域温度高低状况，可将植物分为以下生态型。

（1）耐寒性植物　一般能耐 −5℃ 以下的低温，在我国寒冷地区能在露地越冬而不受害，如三色堇、蛇目菊、樟子松、水杉、圆柏、东北红豆杉等。

（2）半耐寒性植物　这类植物一般原产于较暖的温带地区，耐寒力介于耐寒植物与不耐寒植物之间，在较寒冷的北方需加防寒措施才可越冬，如金盏菊、紫罗兰、米兰、白兰花、苏铁、含笑等。

（3）不耐寒性植物　这类植物一般原产于热带或亚热带，生长期间要求较高的温度，不能忍受 0℃ 以下的低温，一般在无霜期内生长发育，在秋季有霜期内停止生长发育，过低的温度甚至导致死亡，如仙客来、天竺葵、花叶万年青、秋海棠、假连翘、榕树等。

（4）耐热性植物　这类植物一般原产于热带地区和沙漠地区，生长期间要求温度在 15℃ 以上，在高达 30℃ 以上也可生长，但不能忍受低温，如美洲铁、变叶木、筒凤梨、热带睡莲、蝴蝶兰等。

（二）光因子

光是绿色植物进行光合作用的能量来源，没有充足的光照，绿色植物就不能生存，其结果是氧的来源受到抑制，整个食物链被破坏，人类及一切生物的生存受到威胁，从这个意义上讲，光不仅是绿色植物，也是地球生命生存条件之一。

1. 以光照强度为主导因子植物的生态类型

根据植物对光照强度的要求，可分为喜光植物、耐阴植物及中性植物三类。

（1）喜光植物　在强光的环境中生长健壮，而荫蔽和弱光的条件下生长不良的植物，一般需要 70% 以上光强。阳性植物一般枝叶稀疏、透光，在自然群落中生长在空旷之处或植物群落的下层。如松、杉、杨、刺槐、椰树、木棉、多数一、二年生的植物等。

（2）耐阴植物　能忍受庇荫，在较弱的光照下比在强光下生长良好，受强烈的直射光会受伤害，一般需光度为全日照的 20% ~ 50%。这类植物一般枝叶浓密，透光度小，在自然植物群落中一般处于中下层或生长在潮湿背阴处，如蕨类、兰科、天南星科、秋海棠科、红豆杉、铁杉、杜鹃等。

（3）中性植物　对光照强度的需求介于喜光植物和耐阴植物之间，对光的适应幅度较大，在全日照下生长良好，也能忍受适当的荫蔽。大多数植物属于中性植物，如白兰花、南洋杉、罗汉松、棣棠、珍珠梅、竹柏、群迁子、鸡冠花、菊花、大丽花等。

2. 以日照长度为主导因子植物的生态类型

一日中光照时间的长短对植物的休眠、生长、形成层的活动，花芽的形成和开花有重要影响。这种因昼夜长短周期性的变化对植物所产生的影响，称为光周期现象。根据植物对光周期的不同反应，可将植物分为长日照植物、短日照植物、中日照植物、中间型植物。

（1）长日照植物　这类植物要求较长时间的光照（每天 14～16h）才能成花，而在较短的日照下便不开花或延迟开花。二年生的花卉及春季开花的多年生花卉多属于此类。

（2）短日照植物　这类植物要求较短时间的光照（每天 8～12h）就能成花，而在较长的光照下便不能开花或延迟开花。一年生的花卉及秋季开花的多年生花卉多属于此类。

（3）中日照植物　昼夜长短时数近于相等时才能开花的植物，如大丽花、凤仙花、矮牵牛、扶桑等。

（4）中间型植物　对光照时数没有严格要求，只要发育成熟，在各类日照时数下都能开花的植物，如香石竹、月季、马蹄莲等。

（三）水分因子

水是植物生存的物质条件，它对植物的形态结构、生长发育、繁殖等具有重要的影响。植物体内一般都含有 60%～80% 的水，有的甚至高达 90%。水对植物的影响主要表现在空气湿度与土壤含水量上。根据植物与水分的关系，可将植物分为旱生植物、湿生植物、中生植物、水生植物、气生植物几大生态类型。

1. 旱生植物

这类植物耐旱力较强，能长期忍受空气或土壤的干燥。为了适应干旱环境，这类植物的外部形态及内部结构都发生了适应性的变化，如叶片变小、变厚或退化变成毛状、刺状、针状或角质化，大大减少了水分的蒸腾，根系发达，吸水力强。旱生植物，如樟子松、侧柏、柽柳、夹竹桃、木麻黄、仙人掌等植物。

2. 湿生植物

湿生植物需生长在潮湿环境中，若在干燥土壤中则生长不良甚至死亡，一般生活于沼泽、河滩低洼地、山谷湿地、林下潮湿地区等陆地上最潮湿的环境中。湿生植物叶面很大，叶子光滑无毛、角质层薄、无蜡质等。湿生植物，如水松、池杉、落羽杉、蕨类、凤梨科、天南星科等植物。

3. 中生植物

中生植物生长在水湿条件适中的土壤中，它们对水分的要求介于旱生植物和湿生植物之间。它们的根系、输导系统、机械组织比湿生植物发达，但又不如旱生植物。大多数园林植物属于此类。

4. 水生植物

水生植物的植物体一般全部或大部分浸没在水中，它们一般不脱离水环境。水生植物的所有水下部分都能吸收养料，根系不发达，输导系统衰退。水生植物，如荷花、睡莲、水葱、萍蓬草等。

5. 气生植物

气生植物也称为附生植物，是指附生在其他植物或土壤少而贫瘠的岩珐、石缝中，依靠本身独特的结构从潮湿的空气中吸收水分而生活。这类植物没有坚实的土壤基础，一般存在于较阴蔽且空气湿度较高的地方，一般空气湿度高达 80%。气生植物，如鸟巢蕨、岩姜蕨、星蕨、石槲兰、蝴蝶兰、大花蕙兰、独蒜兰等。

（四）空气因子

空气是许多气体的混合体，主要有氮、氧、氩、二氧化碳、水汽及少量的氢。另外，随着工业的发展，空气还含有氨、二氧化硫、烟尘等。空气成分的变化对植物的生长发育起直接影响的作用，而植物在生命活动中又能起平稀大气成分和净化大气中污染物的作用。空气中二氧化碳和氧都是植物光合作用的主要原料和物质条件。

1. 风对植物的生态作用

风是空气流动形成的。风可以改变气温和湿度，又可以增强蒸发，对植物既有利又有害。

（1）有利的生态作用　风可以帮助授粉和传播种子，以及减少病害发生的环境。

（2）有害的生态作用　强风的危害：沿海城市每年都会因为多次的台风造成大量植物的倾倒、折断等；干燥的风能导致植物枯萎；在寒冷地区，风能加重冻害，风害显著的地区，迎风面的芽和幼枝常会枯死。

2. 大气污染对植物影响

随着现代工业的发展，工厂排放的有毒气体越来越多，空气污染越来越严重。对植物造成危害的有毒气体主要有二氧化硫、氟化氢、氯气等，危害症状见表1-3。

表1-3　各种有毒气体对植物的危害症状

气体名称	危害症状
二氧化硫（SO_2）	叶脉间、叶缘间出现点状或块状伤斑，产生失绿漂白或褐色变黄的条斑，叶脉一般保持绿色。严重时，叶片萎蔫下垂或卷缩
氟化氢（HF）	叶片先端和边缘呈环带状斑枯，逐渐向内发展，严重时叶片枯焦脱落
氯气（Cl_2）	破坏叶绿素，叶片产生褐色伤斑，严重时全叶漂白脱落，伤斑与健康组织之间无明显界限
光化学烟雾	破坏叶绿素，叶片背面变成银白色、棕色、古铜色或玻璃状，叶片下面出现一条横贯全叶的坏死带，严重时整处变色

（五）土壤因子

土壤是植物生长发育的主要基质。它为植物提供空气、水分、矿质营养元素，并对植物起支撑作用。土壤中的水、肥、气、热及酸碱度对植物的生长发育和繁殖起着决定性作用。

1. 以土壤酸度为主导因子的植物生态类型

（1）酸性土植物　在酸性土（pH < 6.5）上生长最好，而在碱性土或钙质土上生长不良的植物，如白兰花、杜鹃、山茶、茉莉、栀子花、八仙花、棕榈科、兰科、凤梨科、蕨类等。

（2）碱性土植物　在碱性土（pH > 7.5）上生长最好的植物，如柽柳、木麻黄类、沙枣、文冠果、丁香、黄刺玫、石竹等。

（3）中性土植物　在中性土（pH为6.5～7.5）上生长最好的植物，绝大多数植物均属于此类。

2. 土壤物理性质与植物的关系

（1）土壤质地　土壤质地是指土壤中粗细不同的土粒所占的比例，可分为砂土、黏土和壤土三种。

1）砂土。砂土含砂粒较多，土质疏松，土粒间隙大，通透性强，排水畅通，但保水性差，土壤容易干燥，不耐旱，土温升降明显，昼夜温差大，有机质含量少，肥力强但肥效短，对小苗生长好，但不利于大苗生长。

2）黏土。黏土颗粒间隙小，通气不良，透水性差，保水性强，含有较丰富的矿质养分，有机质和氮素一般比砂土高，肥效迟缓，肥力稳长。黏土增温降温慢，昼夜温差小，对幼苗生长不利。

3）壤土。这类土壤的砂粒、粉砂粒和黏粒含量适宜，兼有砂土、黏土的优点。通气透水，蓄水保肥，水、肥、气、热状况比较协调。壤土有机质含量多，土温较稳定，适合各种园林植物生长，是比较理想的土壤质地。

（2）土壤容重　土壤容重是指单位体积自然状态土壤的干重。土壤容重的变化主要取决于土壤质地、结构和土壤的松紧情况。砂土的容重较大，黏土的容重较小，壤土则介于两者之间。容重太大的土壤对植物根系的发育不好。

（3）土壤持水量　土壤持水量是指土壤在排去重力水后所能保持的水分含量。在田间，当土壤持水量质量百分数为25%左右时，植物的根系生长不受限制。

（4）土壤孔隙度　土壤孔隙度是指土壤中各种形状和大小的土粒相互重叠，在土粒之间形成形状和大小不同的空隙。土壤孔隙性质取决于土壤质地、有机质含量和土壤结构，不同的园林植物对土壤通气孔隙有不同的要求。

（六）城市环境

城市是人类对自然环境进行改造的产物。城市改变了原有的自然环境，形成了城市居民独特的生活、工作和生产环境，形成了园林植物独特的生存环境。城市园林植物生存环境与自然界主要的不同在于城市的气候条件、土壤和地下条件以及城市的环境污染。

1. 城市气候和小气候

城市下垫面多为大量的水泥或沥青铺装地面和鳞次栉比的建筑，使得城市中的日照和热辐射状况发生了明显的变化，引起空气温度与湿度、气流方向与流速发生相应的变化。这些变化使得城市地区的气候和小气候不同于城市周围地区的特点。

（1）温度差异　城市市区气温总的趋势是略高于郊区。气温日较差比郊区小。城市中春季到来得比郊区早，秋季结束得比郊区迟。在建筑物附近两侧气温存在明显差异，建筑南侧气温一般高于北侧，两侧气温一般相差2℃左右。城市水泥、沥青铺装的路面、广场及建筑体的墙壁热容量小，夏季受强烈的日晒后增温快、反射辐射热高。

（2）湿度差异　建筑南北两侧相对湿度差异夏季无明显规律，在其他季节通常南侧高于北侧，一般白天相差3%～5%，夜间相差7%～9%。

（3）风力差异　城市中高低错落的建筑群对阻挡大风有明显的作用，总的说来，市区风速比郊区低。城市内不同局部风速存在很大差异，在建筑群的楼间狭道，风速可增大数倍，在建筑物迎风面会形成强劲的回头风。城市建筑物造成风向、风速的变化使园林树木偏冠、倾斜或倒伏。

（4）光辐射　城市建筑遮挡了太阳辐射，在建筑的不同方位造成地面遮阴区，直接影响日照时间。遮阴范围的大小及遮阴时间受太阳高度角，建筑物的大小、高度、方位等因素的制约。夏至时，正午遮阴区北缘位于楼北相当于建筑高度0.4倍的地方，这时从日出至日落在楼北这一距离范围内受到0~4h不等的遮阴。春分和秋分时，正午遮阳区北缘位于楼北相当于建筑高度0.9倍的地方，楼北这一范围内从3~9月的半年内，每天至少有4h以上的遮阴，另外半年时间内则全部得不到光照。冬至时，正午遮阴区北缘位于楼北相当于楼高2.2倍的地方。因此，室外地面很少有不受影响的地方。在楼房的东、西两侧地面，全年内每天约可获得半日的日照。

对于大多数喜光树种，在建筑北侧日照不足的条件下栽植，生长发育受到不同程度的影响，表现为：萌动期、开花期推迟，提早落叶枝叶稀疏，开花量减少甚至无花实。

2. 城市土壤

（1）土壤渣化　城市建筑经过多次拆建，废弃的渣土就地消纳，人们在生活和生产中利用能源、物资而产生的废弃物也多就地填垫。城市土壤中混杂着多种渣砾，含量较多的是砖瓦渣、煤球灰渣、石灰渣、砾石。各类渣砾基本不含可供植物吸收的养分，且pH较本地自然土壤普遍偏高。土壤中渣砾夹杂过多时，就会降低土壤持水能力，提高pH，加剧了土壤贫瘠化，对植物生长十分不利。

（2）土壤密实度高　在城市环境里由于人流践踏、建筑及市政施工的机械、车辆的碾压，使土壤密实度增高。密实的土壤硬度大，土壤通气性差，影响植物根系的生长和分布。

（3）土壤贫瘠　土壤中的渣砾基本不含供植物吸收的养分，树木的落叶、残枝当作垃圾清除，枯枝落叶的养分不能回归土壤，土壤有机质含量偏低，土壤密实、透气性差、水分不足等影响土壤肥力，造成植物生长缓慢，提前衰老。

（4）地面铺装和地下设施　城市内除建筑和绿化用地外，剩余地面多进行铺装。铺装地面的封闭阻碍降水的渗透和气体交换，影响植物生长。地下设施把植物根系生长的空间限制在狭小的范围内，影响根系的伸展，阻断土壤毛管水。

3. 城市环境污染

（1）空气污染　城市空气污染主要有粉尘、二氧化硫，机动车尾气中的一氧化碳、氮氧化合物，氯气、氟化氢等。在多种有害气体污染物中，对园林植物产生明显危害的主要是含二氧化硫的烟尘。

（2）土壤污染　人类在进行生产活动和日常生活中，排放和产生一些有害物质，随雨水、喷洒、渗漏、沉降等不同方式进入土壤。当土壤物质含水量超过土壤的自净能力时，就会造成土壤污染。土壤污染会直接影响植物的生长甚至造成植物死亡。

四、任务实施

1. 准备工作

1）课前预习相关知识部分。

2）教师准备相关案例，课堂围绕案例讲解。

3）班级学生自由组合（每组5~8人）为几个学习小组，各学习小组自行选出小组长。

4）组长召集组员利用课外时间收集资料，讨论制定实施计划。

5）调查场所：校园、公园、林场、环境监测站等。

6）用具：钢卷尺、放大镜、笔、皮尺、笔记本等。

2. 实施步骤

1）查阅资料（教材、期刊、网络），列出有代表性的植物生态型。

2）以小组为单位野外观察记载：植物对光、热、水、气、土等生态因子的适应，植物对大气污染的指示监测作用。

3）分组讨论。

4）编写调查报告。

5）小组代表汇报，其他小组和老师评分。

小　结

本项目主要介绍了园林植物的分类，园林植物生长发育规律，园林植物的生态习性观察。本项目的具体内容见下表。

任　务	基 本 内 容	基 本 概 念	基 本 技 能
园林植物的分类	按植物生活型分类　按气候类型分类　按园林用途分类　按观赏部位分类	草本园林植物　木本园林植物　宿根　球根	识别主要栽培的园林植物
园林植物生长发育规律	园林植物的生命周期　园林植物的年周期　园林植物各器官生长发育	生命周期　年周期　物候相关性　根系　须根　根毛　干性　层性　花芽分化　开花	园林植物物候观察
园林植物生态习性观察	温度因子　光因子　水分因子　空气因子　土壤因子　城市环境	生态因子　生态习性　耐寒植物　长日照植物　湿生植物　土壤容重　土壤孔隙度	园林植物的生态习性观察

复习思考题

1. 将下列园林植物按植物生活型进行分类：

一串红　菊花　唐菖蒲　睡莲　广玉兰　牡丹　紫藤　虎刺梅　苏铁

2. 简述树木年周期中物候形成的原因及其变化的一般规律。

3. 简述梅花、三色堇、紫薇、月季、凤梨等园林植物的花芽分化特点。

4. 简述根系的生长习性、分布的形态类型及其与园林植物栽培养护的关系。

5. 简述园林植物开花与放叶先后的类型、相互关系及其观赏意义、花期养护途径与措施。

6. 简述促进果实着色的途径和方法。

苗圃的建立

~~~~~~

学习目标

技能目标：能够编写苗圃规划设计说明书；能够进行园林苗圃施工管理，会整地作床；会建立苗圃技术档案。

知识目标：了解园林苗圃规划设计；了解苗圃建立的整个过程；掌握整地的基本方法；掌握技术档案的基本知识。

~~~~~~

任务1 苗圃的规划

一、任务描述

园林苗圃是生产优质苗木的基地。建立苗圃、培育苗木是园林植物栽培生产的重要环节。学习的任务是苗圃规划，了解园林苗圃的生态条件和经营条件，熟悉园林苗圃区划的步骤，会编写苗圃规划设计说明书。

二、任务分析

园林苗圃一般可分为固定苗圃和临时苗圃两种，其中以固定苗圃为主。固定苗圃的优点是：经营时间长，面积比较大，生产的苗木种类也比较多，劳动力固定，能够集约经营，充分利用投资和先进的生产技术，便于实行机械化作业。完成本任务需要掌握的知识面有：园林苗圃区划的概念，苗圃地的经营条件和自然条件，苗圃生产用地、辅助用地的划分等。

三、相关知识

（一）苗圃地的选择

1. 经营条件

园林苗圃应选择在城市边缘或近郊交通方便的地方，以保证苗圃所需的物资材料、能源、电力能及时得到供应，也能方便苗木及时外运，保证劳动力供应。同时，园林苗圃的选择应注意远离大量排放有毒气体及污水的厂矿。长期积水的低洼地、过水地、风口和光照不足的地方，也不宜建苗圃，以免影响苗木生长。

2. 自然条件

（1）地形　苗圃地应设在排水良好的平坦地或坡度为1°~3°的缓坡地上。坡度过大容易引起水土流失，降低土壤肥力，并给灌溉和机械化作业带来困难。一些城市处于丘陵地区，受条件限制，苗圃应尽量选择在山脚下光照条件较好的缓坡地上，如坡度仍较大时，应修成水平梯田。

（2）土壤　土壤是供给苗木生长所需水分、养分和根系所需氧气、温度的场所和介质。土壤对苗木的质量，尤其是对根系的生长影响很大。因此，选择苗圃必须认真考虑土壤条件，包括土壤水分、土壤肥力、土壤质地、土壤理化性质等。土壤酸碱度的改良，不像土壤水分和土壤肥力那样，通过灌溉、施肥就能解决，更需加倍重视。

1）土壤质地。苗圃土壤一般应选择肥力较高的沙质土壤、轻土壤或壤土。这些土壤结构疏松，透水透气性能好，土温较高，苗木的根系生长阻力小，种子容易出土，耕作阻力小，起苗也较省力。黏土结构紧密，透水透气性差，土温较低，种子发芽困难，中耕阻力大，起苗易伤根。沙土过于疏松，保水保肥能力差，苗木生长阻力小，根系分布较深，给起苗带来困难。

不同的苗木适应不同的土壤，但是大多数园林苗木都能在沙质壤土、轻壤土上正常生长。由于黏土、沙土的改造难以在短期内见效，一般情况下不宜选作苗圃地。

2）土壤酸碱度。土壤的酸碱度对苗木生长影响很大，不同植物适应土壤酸碱度的能力不同。一般阔叶树和大多数针叶树适宜在中性或微酸性土壤上生长。土壤过酸或过碱都不利于苗木生长。土壤过酸（pH小于4.5）时，土壤中植物生长所需的氮、磷、钾等营养元素的有效性下降，铁、镁等溶解度增加，危害苗木生长的铝离子活性增强，这些都不利于苗木生长。土壤过碱（pH大于8）时，磷、铁、铜、锰、锌、硼等元素的有效性显著下降，苗木发病率增高。过高的碱性和酸性能抑制土壤中有益微生物的活动，影响氮、磷、钾和其他营养元素的转化和供应。

（3）水源　水是苗木的命脉。苗圃必须有充足的水源以供灌溉。河流、湖泊、池塘、水库等天然水源较好，水质柔和，污染少，还可以降低灌溉成本。苗圃距上述水源不宜过近，以防地下水位过高，土壤水分过多，影响苗木生长。如果没有天然水源，苗圃必须具备打井条件。北方苗圃打深水井，设蓄水池，以增加水温。

水质也应给予足够重视。被污染的水，含盐量超过0.15%的水，不宜用来灌溉。此外，还应考虑地下水位的深浅。因土壤质地不同，一般沙壤土约2.5m，壤土3~3.5m。

（4）病虫和鼠兔危害　建立苗圃时，应详细调查苗圃和苗圃所在地的病虫害情况及鼠兔危害程度，如详细调查地下害虫蛴螬、蝼蛄、地老虎等的危害程度和立枯病的感染程度。地下病虫危害严重的地区，或长期种植烟草、蔬菜、棉花、玉米的土地，都要进行有效的防治，才能选作苗圃地。此外，苗圃地附近不能有传染病原及病虫害的中间寄生植物。鼠兔危害严重的地区应采取有效的捕杀措施。

（二）苗圃区划

苗圃地确定后，为了合理布局，充分利用土地，便于生产管理，必须对其进行区划。首先，对苗圃进行测量，绘出1/1000~1/500的平面图，并注明地形、水文、土壤等情况，作为区划工作的依据。然后，根据生产任务，各类苗木的培育特点，品种特性和苗圃地自然条件，进行区划。一般以主要道路为区划界线。区划内容分生产用地区划和辅助用地区划两个方面。

（1）生产用地区划 生产用地包括播种苗区、营养繁殖区、移植苗区、大苗区、采条区、引种区、珍贵苗区、展览区和温室区等。生产用地的区划，首先要保证各个生产小区的合理布局，每个生产小区的面积和形状，应根据各小区的生产特点和苗圃地形来决定。一般大中型机械化程度较高的苗圃，小区可呈长方形，长度可视使用机械的种类来确定，中小型机具200m，大型机具500m。小型苗圃以手工和小型机具为主，小区长度以 50～100m 为宜，宽度一般为长度的1/2。

1）展览区是苗圃中最有特色的生产小区，多设在办公室和温室附近。通过展览区内苗木的生产状况，有目的、有重点地向参观者和商客展示本苗圃的生产经营水平和产品特色。因此，展览区内所培育的苗木应是本苗圃的特色品种，或在当地较难培育的品种，或引种和自育成功的新品种。展览区内的苗木管理应特别精细，生长苗壮，无病虫害。区内还可以栽植一些草花，设置藤架，做到四季有花、色彩鲜艳、吸引客商。

2）播种苗区。园林植物大多数用种子繁殖，播种区是生产区的主要部分。播种苗幼年阶段对不良环境条件的抵抗能力弱，对水、肥、气、热条件要求高，而且需要精细管理。因此，播种区应设在土壤质地良好，土壤肥沃，排灌及管理方便的地段。

3）营养繁殖区是用无性繁殖方法培育扦插、埋条、嫁接、压条、分蘖等苗木的生产区。此区要求较肥沃的土壤和较好的灌溉排水条件，常安排在苗圃中土壤、水分条件中等的地方。

4）移植区是培育移植后的播种苗或营养繁殖苗的生产区。由于苗木苗龄较大，根系已基本形成，不需要特殊管理。此区常设在土壤、水、肥等条件稍差的地段。

5）大苗区是用来培育各种规格园林绿化苗木的生产区。经过移植区的培育，尚未达到出圃要求的移植苗，将定植在此区继续培育。大苗区苗木高大，适应性较强，对土壤的要求不十分严格，可安排在苗圃边缘、土层较厚的地段。本区还可设移植区，供来不及运走的苗木移植之用，但应尽可能靠近苗圃出口处。

6）采条母树区是培育专供采条（或接穗）的母树区，管理较粗放，可安排在苗圃边缘、土层较厚的地段。

7）引种区和珍贵苗木区。引种区的特点是品种多，每种苗木的数量少。该区一般设在苗圃中地形和土壤比较复杂的地段，使引进的苗木尽可能在与各原产地条件相似的地方生长。珍贵苗木是指在当地能够生长，但数量少，品种优良或繁殖较难又迫切需要的植物品种。这些品种常需要精细管理，多安排在办公室附近。

8）温室区。温室区用于培育从南方引种的花木，它们大多数不能露地越冬，需在温室内度过寒冷的季节。为方便管理，温室也常设在办公室附近。

（2）辅助用地区划 辅助用地包括道路系统、排灌系统、各种用房、蓄水池、积肥场、晒种场、停车场、绿篱、围墙和防护林等。辅助用地的设计与布局，既要方便生产、少占土地，又要整齐、美观、协调、大方。

1）道路系统。在不影响交通和经营管理的原则下，应尽量减少道路的长度和宽度。道路最好和排灌系统、防护林带营造相结合。道路一般由主道、副道、小道和周界道组成。

① 主道是运输和耕作机具通行的主要道路。主道一般位于苗圃中央，纵贯全圃，并与大门、仓库相连接。大型苗圃的主道应能使汽车对开，一般宽 6～8m，中小型苗圃的主道宽

2~4m。

② 副道起辅助主道的作用。副道在主道两侧与主道垂直，或沿生产区的长边设置，其宽度为1~4m。

③ 小道是为便于作业和人员通行，在生产区内划分小区时所设置的道路。小道一般宽0.5~1.0m。

④ 周界道是环绕苗圃地周围边界，供作业机具和车辆回转与通行而设置的道路。周界道一般宽6~10m（小型苗圃可不必设置）。

2）排灌系统。

① 灌溉系统。苗圃应有和水源相连接又通向所有生产区的灌溉网。如用井水，灌溉渠应和蓄水池相连接。灌溉网由主渠、支渠、毛渠和必需的灌溉机械组成，灌溉渠道可以是明渠，也可以由暗渠或管道组成。暗渠可减少水分渗漏和蒸发，节约用水，但施工工程和投资都较大。

喷灌也是苗圃中常用的一种灌溉方法。喷灌省水，灌溉均匀又不使土壤板结，灌溉效果好。

有条件的苗圃，可安装间歇喷雾繁殖床，用于扦插一些生根困难的植物，它既能满足插穗生根所需的水分，又能有效地提高插床的空气湿度。

滴灌是通过滴头，将水直接滴入植物根系附近。滴灌省水，在干旱地区尤其适宜。滴灌还能提高水温，当水从黑色塑料管道中流过并到达滴头附近时，水温最高可提高10℃以上。滴灌适宜株行距规整的苗木灌溉，是十分理想的灌溉设备。滴灌需要一套完整的部首枢纽、管道、滴头等设备。

② 排水系统。为了排除雨季苗圃内积水和灌溉剩余尾水，苗圃应设置排水沟。地下水位高、降雨量多和地势低洼的苗圃，更应重视苗圃排水工作。

排水沟常设在苗圃中地势低洼的地方，多位于道路两侧，方向和灌溉沟垂直，无论是明沟、暗沟都应有0.4%的比降，形成主渠、支渠、毛渠配套的排水网。

3）防护林系统。苗圃防护林设在苗圃周围，一般选用由高大乔木和灌木组成的较为透风的防护林系统。防护林应选择生长迅速、高大、无病虫害、非苗木病虫害中间寄主的当地速生树种，下层灌木可选用萌芽力强、根系不大扩展的带刺灌木，以防人畜对苗木的危害。

4）建筑物。苗圃建筑物应尽量设在地势高、土壤较差、便于经营管理的地段。大型苗圃为管理方便也可设在苗圃的中央。所有建筑物都要求布局合理，经济实用，少占耕地和好地，并与环境相协调。

5）积肥场。积肥场是苗圃中不可缺少的部分，应设在苗圃的后半部分，位于当地主风方向的下风口，无碍观瞻并远离办公室和生活区，以减少污染。

四、任务实施

1. 准备工作

1）课前预习相关知识部分。

2）教师准备相关案例，课堂围绕案例讲解。

3）班级学生自由组合（每组5~8人）为几个学习小组，各学习小组自行选出小组长。

4）组长召集组员利用课外时间收集资料，讨论制定实施计划。

5）场所：指导老师结合本地特点和学校苗圃地规模的现状，安排学生进行苗圃规划。

6）用具：钢卷尺、皮尺、量角器、罗盘仪等。

2. 实施步骤

1）踏查选址。

2）圃地实测。

3）植被调查、土壤调查、病虫害调查、气象资料收集。

4）圃地区划、编写圃地规划报告。

5）小组代表汇报，其他小组和老师评分。

任务2　苗圃的施工

一、任务描述

园林苗圃施工指开建苗圃的一些基本建设工作，其主要内容包括各类房屋的建筑、路、沟、渠的修建，防护林带的种植，土地平整和整地作床等工作。学习的任务是了解苗圃基本建设工作的内容，熟悉园林苗圃建立的步骤，能够进行园林苗圃施工管理，会整地作床。

二、任务分析

园林苗圃施工涉及土建项目，如各类房屋的建筑、路、沟、渠修建和土地平整，一般请专门的建筑公司施工，在其他建设项目之前进行。完成本任务需要掌握的知识面有：园林苗圃施工、整地的概念，苗圃施工步骤，苗圃地的耕作等。

三、相关知识

（一）土建施工

1. 圃路的施工

施工前先在设计图上选择两个明显的地物或两个已知点，定出主干道的实际位置，再以主干道的中心线为基线，进行圃路系统的定点放线工作，然后方可进行修建。建圃初期，主干道可以简单实用一些，如土路、石子路即可，以防止建设过程中对道路的损坏。待整个苗圃施工基本结束后，可以重新修建主干道，提高道路等级，如柏油路、水泥路等，使交通更加便捷，苗圃形象更好。大型苗圃中的高等级主干路可外请建筑部门或道路修建单位负责建造。

2. 房屋建造

苗圃建设初期，可以搭建临时用房，以满足苗圃建设前期的调查、规划、道路修建等基本工作的需要。以后，逐步建设长期用房，如办公大楼、水源站点、温室等。

3. 灌溉渠道的修筑

灌溉系统中的提水设施即泵房和水泵的建造、安装工作，应在引水灌渠修筑前，请有关单位协助建造。在圃地工程中修筑引水渠道最重要的是渠道纵坡落差要求均匀，符合设计要求。在渗水力强的沙质土地区，水渠的底部和两侧要求用黏土或三合土加固。修筑暗渠应按一定的坡度、坡向和深度的要求埋设。

4. 排水沟的挖掘

一般先挖掘向外排水的总排水沟。中排水沟与道路的边沟相结合，可以结合修路进行。小区内的小排水沟可结合整地进行挖掘，也可用略低于地面的步道来代替。要注意排水沟的坡降和边坡都要符合设计要求。为了防止边坡下塌堵塞排水沟，可以在排水沟挖好后，种植一些护坡树种。排水系统的挖掘建议尽量与市政排水系统进行沟通。

5. 防护林的营建

为了尽早发挥防护林的防护效益，根据设计要求，一般在苗圃路、沟、渠施工后立即进行。根据环境条件的特点，选择适宜的树种，树种规格适当大些，最好使用大苗栽植，栽后要注意养护。

6. 土地平整

土地平整要根据苗圃的地形、耕作方向、排灌方向等进行。坡度不大者可在路、沟、渠修成后结合翻耕进行平整；坡度过大时，一般要修水平梯田，尤其是山地苗圃；总坡度不太大，但局部不平的，选用挖高填低，深坑填平后，应灌水使土壤落实后再进行平整的措施。

7. 土壤改良

苗圃土壤理化性质比较差的，要进行土壤改良。如在圃地中有盐碱土、砂土、重黏土或城市建筑垃圾等情况的，应在苗圃建立时进行土壤改良工作。对盐碱地可采取开沟排水、引淡水冲碱或刮碱、扫碱等措施加以改良；轻度盐碱土可采用深翻晒土、多施有机肥料、灌冻水和雨后（或灌水后）及时中耕除草等农业技术措施，逐年改良；对砂土，最好用掺入黏土和多施有机肥料的办法进行改良，并适当增设防护林带；对重黏土则应用混砂、深耕、多施有机肥料、种植绿肥和开沟排水等措施加以改良。对城市建筑垃圾或城市寥荒地的改良，应以除去耕作层中的砖、石、木片、石灰等建筑废弃物为主，清除后再进行平整、翻耕；有条件的，可适度填埋客土。

（二）整地作床

1. 整地

土壤是苗木生长发育的场所。通过精耕细作、合理施肥等措施来提高土壤肥力，改善土壤的水分、温度和空气状况，为种子发芽、苗木生长创造良好的环境，是培育壮苗首先应当解决的问题。整地的基本要求是及时平整，全面耕到，土壤细碎，清除草根石块，并达到一定深度。概括起来就是"四字"要诀：平、松、匀、细，其具体操作过程如下：

（1）浅耕灭茬　针对不同土壤状况，应采用不同的灭茬措施。如果在农田或寥荒地、生荒地上新建苗圃，主要实行以消灭杂草、农作物、绿肥茬口等为主要目的的表土耕作措施。如果是苗圃进行轮作，以农作物、绿肥等前茬为主要消灭对象，在春播的前一个秋季，作物收获后就要进行浅耕灭茬。浅耕的深度农田一般 4～7cm，荒地 10～15cm。浅耕可以防止土壤水分蒸发，消灭杂草和病虫害，增加土壤有机质含量，切碎盘根错节的根系，减少耕作阻力。

（2）耕地　耕地是整地的中心环节，具有整地的全部作用。

1）耕地深度。耕地深度应根据育苗要求和苗圃地条件而定。播种苗区一般为 20～25cm，扦插苗区为 25～35cm。耕地深度也与土壤条件有关：南方土壤黏重，北方土壤干旱，适当深耕，可改良土壤，增加蓄水；沙土地和土层薄的地方，适当浅耕可以防止风蚀，减少蒸发；土层薄的地方，逐年增加耕地深度 2～3cm，可加厚土层。耕地深度还和季节有关：

一般秋耕深一些，春耕浅一些。耕地最好能达到上层翻土，下层松土的目的。

2）耕地季节。耕地一般在春秋两季进行，具体时间应视土壤含水量而定。土壤含水量达饱和含水量的50%～60%时，耕地效果好又省力。实际工作中，可以通过经验来判断，用手抓一把土捏成团，在1m高处自然落下，土团摔碎，即可耕作。北方一般在浅耕后的半个月进行。秋耕能消灭病虫害和杂草，改良土壤，还能有效地利用冬季积雪，增加土壤含水量。秋季风蚀严重的地方，可进行春耕。春耕常在土壤解冻后立即进行，耕后及时耙地，以防止水分散失。冬季土壤不冻结的地区，可在冬季或早春耕作。

3）耙地。耙地是在耕地后进行的土表耕作措施。耙地的目的是把土壤耙碎，切断土壤表层毛细管，混拌肥料，平整土地，消除杂草，保蓄土壤水分。耙地一般在耕地后立即进行，有时也要根据苗圃地的气候和土壤条件灵活掌握。土壤黏重的地方，也可在翌年春耙地，通过土壤晒垡来改良土壤。耙地要求耙平耙透，达到平、松、碎。

4）镇压。镇压的作用是破碎土块，压实松土层，减少土壤中较大的缝隙和空间，减少水分蒸发，促进耕作层的毛细管作用。镇压可在耙地后，或作床、作垄后，或播种前、后进行。黏重的土地或含水量较大时，一般不能镇压，以防土壤板结，不利于出苗。

5）中耕。中耕是在苗木生长季节进行的松土作业，一般结合除草进行。中耕的目的是除草、破碎土壤、疏松表层土壤、切断土壤毛细管、减少土壤水分蒸发、改善通气条件，为根系生长创造良好的土壤环境条件。

2. 作床或作垄

育苗方式又称为作业方式，园林苗圃中的育苗方式分为苗床式育苗和大田式育苗。

（1）苗床式育苗　苗床式育苗在园林苗圃生产中应用最广，多适用于生长缓慢、需要细心管理的小粒种子以及量少或珍贵树种的播种，如金钱松、油松、侧柏、桉树、杨柳、紫薇、连翘等。苗床式育苗的作床时间应在播种前1～2周，以使作床后疏松的表土沉实。作床前应先选定基线，区划好苗床与步道，然后作床。苗床走向以南北向为好。常用的苗床分为高床和低床。

1）高床。床面高于地面的苗床称为高床。一般床高15～25cm，床面宽约1m，步道宽为30～50cm；苗床的长度依地形而定，在灌溉和土壤管理方便的前提下，苗床越长土地利用率越高。高床一般用于地面灌溉，其长度为10m。高床可促进土壤通气，提高土温，增加肥土层的厚度，可采用侧方灌溉，床面不易板结。高床适用于我国南方多雨地区，黏重土壤易积水或地势较低排水条件差的地区，以及要求排水良好的植物，如木兰、油松、金钱松等。

2）低床。床面低于地面的苗床称为低床。一般床面低于步道15～20cm，床面宽约1.0～1.5m，步道宽为40～50cm；苗床长度确定的原则同高床。低床作床比高床省工，灌溉省水。低床多适用于湿度不足和干旱地区育苗，以及喜湿的中小粒种子的植物，如悬铃木、水杉、侧柏、圆柏等。

（2）大田式育苗　大田式育苗采用与农作物相似的作业方式育苗。我国自20世纪50年代中期，大田式育苗在生产中得到推广。大田式育苗便于使用机械，工作效率高，节省人力，成本低，被各苗圃普遍采用。大田式育苗由于株行距大，光照通风条件好，所以苗木质量好，但苗木产量比苗床式育苗略低。大田式育苗分为垄作和平作两种。

1）垄作。垄底宽一般为60～80cm，垄的宽度对垄内土壤水分影响大，在干旱地区宜用宽垄，在湿润地区可用窄垄。垄高 16 ~ 20cm，垄长 20 ~ 25m。垄作除具有高床的优点外，可节约土地，还有垄距大，通风透光好，苗木根系较发达，质量好，便于实行机械化或用畜力工具生产，成本低等优点。目前，各大苗圃在生产中越来越多的植物采用此种作业方式。

2）平作。平作就是不作床或不作垄，将苗圃地整平后直接进行播种或移植育苗。平作可用于多行式带状配置，能提高土地利用率和单位面积的苗木产量，也便于机械化作业。平作适用植物与低床相同。

四、任务实施

1. 准备工作

1）课前预习相关知识部分。

2）教师准备相关案例，课堂围绕案例讲解。

3）班级学生自由组合（每组 5 ~ 8 人）为几个学习小组，各学习小组自行选出小组长。

4）组长召集组员利用课外时间收集资料，讨论实施计划。

5）场所：指导老师结合本地特点和学校苗圃地规模的现状，安排学生进行一定面积的整地。

6）用具：钢卷尺、皮尺、锄头、耙子等。

2. 实施步骤

1）查阅资料（教材、期刊、网络），列出有代表性的苗圃类型。

2）以小组为单位完成 1 ~ 2 个苗床的耕地、耙地、镇压、苗床（种类由指导老师确定）制作、土壤处理（消毒材料由指导老师确定）等整地过程。

3）分组讨论。

4）编写实施报告。

5）小组代表汇报，其他小组和老师评分。

任务 3　苗圃技术档案的建立

一、任务描述

技术档案是人们从事生产实践活动和科学研究的真实历史记录和经验总结。学习的任务是建立苗圃技术档案，了解苗圃技术档案的概念，熟悉苗圃技术档案的主要内容，能够建立苗圃技术档案。

二、任务分析

苗圃技术档案是园林生产档案的一个重要组成部分，应当经常连续不断地记录、整理、统计分析和总结苗圃的土地、劳力、机具、物料、药料、肥料、种子等的利用情况，各项育苗技术措施的应用情况，各种苗木的生长状况以及苗圃其他一切经营活动等。完成本任务需要掌握的知识面有：苗圃技术档案的概念，苗圃技术档案的主要内容、建立苗圃技术档案的要求等。

三、相关知识

1. 苗圃技术档案的主要内容

（1）圃地的利用档案　圃地的利用档案可以用表格的形式，把各作业区面积，土质，育苗植物，育苗方式和方法，整地方法，施肥和施用除草剂的种类、数量、次数和时间，病虫害的种类和危害程度，苗木的产量和质量等进行逐年记载，并每年绘出一张苗圃土地利用情况平面图，一并归档备用。

（2）育苗技术措施档案　把每年苗圃所育各种苗木，在整个培育过程中所采取的一系列技术措施，分种类填表登记，以便分析总结育苗经验，提高育苗技术。

（3）苗木生长调查档案　观察苗木生长状况，用表格形式，记载各种苗木的生长过程，以便掌握其生长周期，以及自然条件和人为因素对苗木生长的影响，适时采取正确的培育措施。

（4）气象观测档案　记载气象的变化，可以分析气象与苗木生长和病虫害发生发展之间的关系，并确定适宜的措施及实施的时间，利用有利的气象条件，防止自然灾害，确保苗木优质高产。在一般情况下气象资料可从附近气象站抄录，必要时可自行观测，按气象记载的统一表式填写。

（5）作业日记　记录苗圃每日工作，便于检查总结。根据作业日记，统计各种植物的用工量和物料使用情况，核算成本，制定合理的定额。

2. 建立苗圃技术档案的要求

为了促进育苗技术的发展和苗圃经营管理水平的提高，充分发挥苗圃技术档案的作用，必须做到：

1）认真落实，长期坚持，不能间断，以保持技术档案的连续性、完整性。

2）设专职或由负责安排生产的技术人员兼管，把档案的管理和使用结合起来。

3）观察、记载要认真负责，及时准确，要求做到边观察边记载，力求文字简练，字迹清晰。

4）一个生产周期结束后，对记载材料要及时汇集整理、分析总结，从中找出规律性的东西，及时提供准确、可靠的科学数据和经验总结，指导今后苗圃生产和科学试验。

5）按照材料形成时间的先后顺序或重要程度，连同总结分类装订，登记造册，长期妥善保管。

6）管理档案人员要尽量保持稳定。工作调动时，要及时另配人员，做好交接工作。

四、任务实施

1. 准备工作

1）教师准备相关案例，课堂围绕案例讲解。

2）教师讲解安全注意事项、参观要求和报告撰写要求。

3）班级学生自由组合（每组5~8人）为几个学习小组，各学习小组自行选出小组长。

4）收集资料，联系相关种苗企业。

2. 实施步骤

1）查阅资料（教材、期刊、网络），到种苗企业访谈调研，查阅企业的苗圃技术档案。

2）小组讨论企业苗圃的类型，苗圃技术档案的内容。

3）编写报告。

4）小组代表汇报，其他小组和老师评分。

小　　结

本项目主要介绍了苗圃规划、苗圃施工及建立苗圃技术档案，本项目的具体内容见下表。

任　务	基本内容	基本概念	基本技能
苗圃的规划	苗圃地的选择、苗圃区划	苗圃　苗圃区划　生产用地　辅助用地	编写苗圃规划设计说明书
苗圃的施工	土建、整地作床	高床　低床　垄作　平作	苗圃施工管理　整地作床
苗圃技术档案的建立	苗圃技术档案的主要内容　建立苗圃技术档案的要求	苗圃技术档案	建立苗圃技术档案

复习思考题

1. 苗圃的选址需要注意些什么？

2. 苗圃区划内容包括哪些？

3. 整地的基本要求是什么？

4. 苗圃技术档案的主要内容是什么？

园林植物种苗生产

学习目标

技能目标：能够生产种子；能够培育壮苗；能够进行苗木调查出圃。

知识目标：了解园林苗木的主要类别；了解育苗新技术与工厂化育苗；了解园林大苗培育技术；熟悉园林植物播种、扦插、嫁接育苗方式；掌握园林植物播种、扦插、嫁接育苗技术；掌握苗木调查出圃技术。

任务1　园林植物种子生产

一、任务描述

种子是指播种材料，包含直接用来播种的种子和果实这两部分。种子是园林植物繁殖及栽培的物质基础。生产数量多、品质优的园林植物种子，以保证培育园林植物壮苗、栽培计划的顺利实施。学习的任务是了解园林植物种实的概念，掌握种实的采收、调制及贮藏方法；掌握园林植物种子品质检验的主要方法，会采种、会调制种实、会贮藏种子、会检验种子品质。

二、任务分析

种子生产包括种实的采收、调制及贮藏，种子品质检验等内容。完成本任务需要掌握的知识面有：种实成熟和脱落的规律，种实采集与调制方法，种子贮藏方法，种子品质检验方法等。

三、相关知识

（一）种实的采收、调制及贮藏

1. 种实的采收

种子成熟有两个指标，生理成熟和形态成熟。生产上总是以形态成熟作为种子成熟的标记，来确定采种时间，部分树种的种实成熟特征、采种期、种子调制和贮藏方法见表3-1。

表 3-1　部分树种的种实成熟特征、采种期、种子调制和贮藏方法

树　种	种实成熟特征	采　种　期	种子调制和贮藏方法
桂花	果实紫黑色	4～5月	搓洗，阴干；沙藏
油松	球果黄褐色	10月	曝晒球果，翻动，种子脱出；干藏
落叶松	球果浅黄褐色	9～10月	曝晒球果，翻动，种子脱出；干藏
侧柏	球果黄褐色	10～11月	曝晒球果，敲打，种子脱出；干藏
马尾松	球果黄褐色	11月	堆沤后曝晒，翻动，种子脱出；干藏
杨树	蒴果变黄，部分裂出白絮	4～5月	阴干，揉搓过筛，种子脱出；密封干藏
白榆	果实浅黄色	4～5月	阴干，筛选；密封干藏
麻栎	壳斗黄褐色	10月	阴干，水选；沙藏或流水藏
国槐	果实暗绿色，皮紧缩发皱	11～12月	水浸搓洗，阴干后略晒；干藏
桉树	蒴果褐色	8～9月至翌年2～5月	阴干，翻动，种子脱出；密封干藏
木荷	蒴果黄褐色	10～11月	阴干，翻动，种子脱出；干藏
臭椿	翅果黄色	10～11月	日晒，筛选；干藏
刺槐	荚果褐色	9～11月	日晒，敲打，筛选；干藏
香椿	蒴果褐色	10月	阴干，揉搓去壳；干藏
苦楝	核果灰黄色	11～12月	水浸搓洗，阴干后略晒；沙藏
白蜡	翅果黄褐色	10～11月	日晒，筛选；干藏
枫杨	翅果褐色	9月	稍晒，筛选；沙藏
悬铃木	聚合果黄褐色	11～12月	日晒，轻敲脱粒；干藏
泡桐	蒴果黑褐色	9～10月	摊晒脱粒；干藏
紫穗槐	荚果红褐色	9～10月	日晒，风选或筛选；干藏
五角枫	翅果黄褐色	10～11月	阴干，轻敲脱粒；干藏
乌桕	果实黑褐色	11月	日晒；干藏
杜仲	果壳褐色	10～11月	阴干；干藏
棕榈	果实青黄色	9～10月	阴干脱粒；沙藏
女贞	果实紫黑色	11月	搓洗，阴干筛选；沙藏
香樟	浆果紫黑色	11～12月	搓洗，阴干水选；沙藏
枇杷	果实黄色	5月	取果肉后洗净，稍晾；沙藏或即播
广玉兰	蒴果黄褐色	10月	阴干，翻动，种子脱出；沙藏或即播
紫薇	蒴果黄褐色	11月	阴干搓碎取种，筛选；干藏
石楠	果实红褐色	11～12月	搓洗去果皮，阴干；沙藏
雪松	球果浅褐色	9～10月	曝晒球果，翻动，种子脱出；干藏
合欢	荚果黄褐色	9～10月	日晒，敲打，种子脱出，风选；干藏
紫荆	荚果黄褐色	10月	日晒，敲打，种子脱出，风选；干藏
海棠	果实黄色或红色	8～9月	除去果肉，洗净，水选，阴干；沙藏
无患子	果实黄褐色有皱纹	11～12月	搓洗去果皮，阴干；沙藏
青桐	果实黄色有皱纹	9～10月	阴干，风选；沙藏
南洋楹	荚果变黑色，干燥开裂	7～9月	日晒，敲打，种子脱出；干藏
金钱松	球果淡黄或棕褐色	10月中下旬	日晒，翻动，种子脱出；干藏

采种工具以手工和简易工具为主，如高枝剪、剪枝剪、采摘刀、采种钩、采种镰、软梯、木竹梯、折叠梯等。具体的采种方法有以下几种：

1）立木采集。树干低矮的树种，可直接用手或借助采种钩、采种镰等工具，在地面采摘。高大乔木需上树采摘。常用的上树工具有单梯、绳梯、绳套、脚踏等。在行道树、种子

园等地势开阔的地方，可用装在汽车上的升降机和折叠梯代替绳梯、脚踏等上树采摘种子。

2）地面采集。脱落后不易被风吹散的大粒果实如七叶树、麻栎、银杏等，可以摇动树干或敲打枝条使果实落地面后收集，事前应除去地面杂草或地面铺放塑料布。

3）水面收集。生长在水边的树种，果实脱落后漂于水面，可在水面收集，如赤杨等。

4）花卉种子要求品种纯正，应按要求，分品种、花色、花期等逐株采收，脱粒与储藏，避免相互混杂。

2. 种实的调制

采集的果实常常带翅、带球果，或者多浆不宜储藏，必须进行干燥、脱粒、净种和分级等调制，才能取得适合运输、储藏和使用的纯净种子和果实。

（1）种子的干燥与脱粒　干燥、脱粒的方法因果实特性不同而各异。果实可分为几类，一类是肉质果，种子被较厚的肉质包被，如银杏、核桃、杏、女贞等，果肉多汁，必须除去果肉才能取出种子；一类是果实干燥不开裂的，又称闭果，如榆、桦、枫杨、杜仲等翅果和栎类等坚果，它们往往无需去翅，播种时连同种翅一起播入苗床；还有一类是果实干燥开裂的如各种球果、蒴果、荚果等，这类种子需要从开裂的果实中取出。

1）闭果类。这类果实常常根据种子含水量的高低，采取自然干燥的方法，即在太阳下摊晒或在阴凉处晾干。多数翅果可以摊晒，但桦木、杜仲等种子，宜用阴干法。对含水较高的板栗、栎类等坚果，只能用阴干法。把果实平摊在阴凉处，厚度20～25cm，常翻动，注意通风，直至达到所需的含水量。

2）裂果类。多数裂果很容易开裂，只要根据种子含水量，选择"阳干法"或"阴干法"，果实即会自动开裂，或经人工轻轻敲打开裂，种子脱出，这样处理不会损伤种子。丁香、木槿、紫薇等蒴果，紫荆、紫藤等荚果，绣线菊、珍珠梅等菁葖果，都可取"阳干法"获得种子。一些含水量较高的种子，如油茶、油桐等蒴果，玉兰、牡丹、八角等果实，只能阴干。杨、柳等种子，中粒细小，又带絮状绒毛，易飞散，应在室内阴干脱粒，当蒴果开裂约2/3时，套上袋用枝条抽打，待种子脱落后再收集。

3）球果类。球果类在生产上常用自然或人工干燥法，使球果开裂，种子脱落。多数球果，如杉木、油松、侧柏、落叶松等，球果鳞片易开裂，在太阳下暴晒3～10d，种鳞即开裂，种子自然脱出。一些球果，如红松、华山松等，种鳞开裂困难，可在暴晒后，用木棍敲打球果，使之破碎、过筛、水选，即可得到种子。马尾松等球果，用一般方法摊晒，果鳞仍难开裂，可用堆沤法。将球果堆成堆，浇清水或石灰水，经10d左右，再摊开暴晒。冷杉、金钱松等球果受高温后种鳞易分泌出大量油脂，影响球果开裂。这类球果可摊开阴干，注意翻动，几天后种子可脱出。

4）肉质果类。为了避免鸟兽危害，这类果实采收时往往尚未充分成熟，其果肉很硬，种子和果肉尚未分离，种子难以取出。生产上常用堆沤或水浸的方法，使果肉腐烂发酵，待肉果软熟后，再行搓擦，去掉果肉，用水反复冲淘，取出洁净种子晾干。在堆沤时，要防止温度过高而降低种子发芽率，对果肉松软的种子如樱桃、枸杞等，可用木棒将果实捣烂，再加水搅拌，捞出沉入缸底的种子晾干。

（2）净种　种子脱粒后，就要净种。净种以手工操作为主，常见的方法有以下几种：

1）风选。用自然或人工风力，扬去和种子重量不同的夹杂物。风选还能对种子大致分级。风选常用于中粒种子，小粒种子用簸箕风选。

2）筛选。利用不同孔径的筛子，筛去和种子体积不同的夹杂物。

3）水选。利用种子和夹杂物比重不同，将种子浸入水中或其他溶液如盐水、硫酸铜溶液中，种子下沉，剔除浮在水面的空粒和夹杂物。水选种子浸水时间不宜过长，水选后阴干种子。海棠、杜梨、樱桃常用水选法。

（3）种子分级　将种子按大小或轻重，分为大、中、小三级。分级一般用不同孔径的筛子选种子。种子分级只在同一批次中有意义。一般认为，同一批种子，种子越大，出苗率越高，幼苗越健壮。经过分级的种子，播种后出苗整齐，便于管理。

3. 种子的贮藏

种子贮藏就是创造种子最适宜的环境条件，使种子处于休眠状态，保持其新陈代谢处于最微弱的程度，并设法消除导致种子变质的一切因素，最大限度地保持种子的生命力，保证种子发芽率，延长种子的寿命，以适应生产的需要。大多数园林植物种子贮藏在温度为 0 ~ 5℃的密闭容器中，保持干燥的环境。含水量高的种子或休眠期长需要催芽的种子贮藏在湿润、低温而通气的环境中，如银杏、栎属、栗属、核桃、樟树、油桐、椴树、玉兰、七叶树等。

（1）干藏法　将经过适当干燥的种子贮藏于干燥的环境中。此法要求一定的低温和适当干燥的环境，适用于安全含水量低的种子。根据对种子贮藏时间长短的要求和采用的具体措施不同可分为普通干藏法和密封干藏法。

1）普通干藏法。大多数园林植物种子短期贮藏都可用此法。将干燥过的种子装入袋、箱、桶、缸等容器中，放在低温、干燥、通风的室内。对富含脂肪且有香味的种子如松、柏等，最好装入加盖的容器中，以防鼠害。易遭虫害的种子如刺槐、皂荚等，可用石灰、木炭等拌种，用量约为种子重量的 0.1% ~ 0.3%。

2）密封干藏法。对于用普通干藏法易丧失发芽能力的种子如杨、柳、榆、杉木、桉等，以及需长期贮藏的珍稀种子采用此法。有条件的，可在密封的容器中充以氮、氢、二氧化碳等气体以减少氧气的浓度，抑制呼吸作用。另外，还可以采用化学保管法，即用磷化氢、硫化钾等活力抑制剂抑制种子生霉发热。

（2）湿藏法　湿藏法即将种子贮藏在湿润、低温并且通气的环境中，适用于安全含水量高的种子或休眠期长需要催芽的种子，如银杏、栎属、栗属、核桃、樟树、油桐、椴树、玉兰、七叶树等。

1）露天埋藏法。露天埋藏法应选择地势高燥、排水良好、土质疏松并且背风的地方挖贮藏坑。贮藏坑宽 1 ~ 1.5m，长视种子量而定，深根据当地气候和地下水位而定，原则上要求将种子贮放在土壤结冻层以下，地下水位以上，一般 80 ~ 150cm；在坑底铺一层石砾，加铺一层粗沙，厚约 10 ~ 20cm，再铺 5cm 细砂（沙子湿度 60% 左右），坑中央插一束高出坑面20cm 的秸秆或带孔的竹筒以利通气。将种子与湿沙按 1 : 3 的比例（体积比）混合后放入坑内，或一层沙子一层种子交替层积，每层厚 5cm 左右。将种子堆到离地面 20cm 左右为止，用湿沙填满坑，再用土培成屋脊形，坑上覆土厚度根据各地气候而定。在坑的四周挖排水沟，搭草棚用来遮阳挡雨，如有鼠害四周可设铁丝网。露天埋藏法贮藏种量大，无须专门设备，但不便随时检查，在我国北方采用较多，在多雨潮湿和地温较高的南方较少采用。露天埋藏法如图 3-1 所示。

2）室内堆藏法。室内堆藏法应选择干燥、通风、阳光直射不到的室内、地下室或草

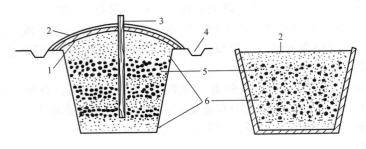

图 3-1　露天埋藏法

1—覆土　2—薄膜或稻草　3—通气秸秆　4—排水沟　5—种子　6—沙子

棚，并进行清洁消毒；在地上洒水，铺一层 10cm 厚的湿沙，然后将种子与湿沙分层堆积，每层厚约 5～10cm，或将种沙以 1∶3 混合后堆积，堆高 50～60cm，堆内插通气草把，上覆湿沙后再盖草帘；种子数量不多时，也可在木箱或花盆内混合或层积堆藏，置于室内通风、阴凉处。

3）窖藏法。窖藏法应选择地势干燥、阴凉、排水良好处挖地窖；将种子用筐装好放入地窖内；或先在窖底铺 10cm 左右的竹席或草毯，再把种子倒在上面，窖口用石板盖严，再用土堆封好；四周挖排水沟。此法在我国华北地区和南方山区贮藏含水量高的大粒种子时采用，如河北一带群众贮藏板栗常用窖藏法。

4）流水贮藏法。将种子装在竹篓或麻袋中，放入水流较缓又不冻结的溪涧或河流贮藏。此法适用于含水量高，又需保持水分种子，如栎类、板栗等。此外，种子贮藏还可采用雪藏、真空贮藏、低温贮藏等方法，尤其低温贮藏，近年来随冷藏技术的发展，应用越来越多。

（二）种子品质检验

种子品质检验是指对园林植物种子的播种品质进行检验。国家制定的《林木种子检验规程》（GB 2772—1999），其检验内容包括净度、重量、含水量、发芽力、生活力、优良度、种子健康状况等的测定。主要树种种子检验技术规定见表 3-2。

表 3-2　主要树种种子检验技术规定

树　　种	送检样品重/g	净度测定样品重/g	含水量送检样品重/g	发芽测定			备　　注
				温度/℃	初次计数/d	末次计数/d	
柏木	35	15	30	25	24	35	
侧柏	200	75	50	25	14	28	
日本落叶松	35	15	30	20～25	14	21	0～5℃层积21d
华北落松	60	15	30	25	12	21	始温45℃水浸种24h
云杉	35	15	30	20～25	10	24	始温45℃水浸种24h
华山松	1000	700	100	20～30	14	42	染色法测定生活力
湿地松	200	100	50	20～30	10	28	
马尾松	85	35	30	25	10	21	
油松	250	100	50	20～25	10	21	始温45℃水浸种24h

（续）

树　种	送检样品重/g	净度测定样品重/g	含水量送检样品重/g	发芽测定 温度/℃	发芽测定 初次计数/d	发芽测定 末次计数/d	备　注
杉木	50	30	30	25	10	21	
柳杉	35	20	30	25	18	28	
水杉	15	5	30	25	10	21	
池杉	600	300	100	20～30	14	28	1%柠檬酸浸24h后，1～5℃层积60～90d
木麻黄	15		30	30	7	14	重量发芽法
沙棘	85	35	30	20～30	5	14	0～5℃层积60d，染色法测定生活力
枫杨	400	200	50	25～30	10	21	0～5℃层积30d
檫木	400	200	50	25	14	28	
香椿	85	40	30	25	7	21	温水浸种24h
柠檬桉	35		30	25	7	14	重量发芽法
大叶桉	6		30	25	7	14	重量发芽法
刺槐	200	100	50	20～30	5	10	80℃水浸种24h，剩余硬粒反复进行，染色法测生活力
杨属	6		30	20～30	7	14	重量发芽法
臭椿	200	80	50	30	10	16	去翅，始温45℃水浸种24h
油茶	>500 粒	>500 粒	>120 粒	25	8	12	取胚片，染色法测定生活力，解剖法测定优良度
紫穗槐	85	50	30	20～25	7	14	始温45℃水浸种24h，去种皮
白榆	60	35	30	20	5	7	
毛竹	85	50	30	25	14	28	染色法测定生活力
栎属	>500 粒	>500 粒	>150 粒	20～25	14	28	取种胚
棕榈	1000	800	100	25	14	21	5～10℃层积30d，染色法测定生活力，解剖法测定优良度

1. 净度测定

净度（纯度）是指测定样品中纯净种子的重量占测定样品重量的百分率。它是种子品质的重要指标之一，也是划分种子品质等级标准和确定播种量的重要依据。净度越高，说明种子品质越好。

（1）样品抽取　检样品按规定的种子检验净度所需的数量，用四分法或分样器法抽取检验样品。

（2）测定 将样品倒在桌面上或搪瓷盘等容器内，认真观察，区分出纯净种子、夹杂物和其他种子三类。分别称量纯净种子、废种子和夹杂物的重量，填入表3-3中。

表3-3 净度分析记录表

树种：　　　　　　　　　　　　　　　　　　　　　　　　　　　　样品号：

测定样品重/g	纯净种子重/g	废种子重/g	夹杂物重/g	总重/g	净度(%)	备 注
实际 差距			容许 差距			

检验员：　　　　　　　　　　　　　　　　　　　　　　测定日期＿＿＿＿年＿＿月＿＿日

（3）计算 净度计算公式如下：

$$净度（\%）= \frac{纯净种子重}{纯净种子重 + 废种子重 + 夹杂物重} \times 100\%$$

2. 重量测定

种子重量测定是指在气干状态下，1000粒纯净种子的重量，一般以g为单位。千粒重量能说明种子的大小及饱满程度。同一植物的不同批种子，千粒重数值大，说明种子大而饱满，内部贮藏营养物质多，播后发芽整齐，发芽率高，苗木生长健壮。种子重量测定的测定方法有百粒法、千粒法和全量法。

（1）百粒法

1）取样。将净度测定后的纯净种子铺在光滑的桌上，充分混合后用四分法分为4份，每份随机抽取25粒组成100粒，共取8个100粒，即8个重复，或用数粒器随机取8个100粒。

2）称重。分别称8个重复的重量（精度要求与净度测定相同），填入千粒重测定记录表（百粒法），见表3-4。

表3-4 千粒重测定记录表（百粒法）

树种：　　　　　　　　　　　　　　　　　　　　　　　　　　　　样品号：

重复号	1	2	3	4	5	6	7	8	9	10	11	12	13	14	15	16
X/g																
标准差(S)																
平均数($\bar{x}$)																
变异系数(C)																
千粒重/g																

检验员：　　　　　　　　　　　　　　　　　　　　　　测定日期＿＿＿＿年＿＿月＿＿日

3）计算测定结果。计算8组的平均重量（$\bar{x}$）、标准差（S）、变异系数（C），计算公式为：

$$\bar{x} = \frac{\sum\limits_{i=1}^{n} x_i}{n}$$

$$S = \sqrt{\frac{\sum\limits_{i=1}^{n} x_i^2 - n\bar{x}^2}{n-1}}$$

$$C = \frac{S}{\bar{x}} \times 100$$

式中　x——各重复组的重量（g）；

　　　n——重复次数；

　　　$\sum$——总和；

　　　$\bar{x}$——100 粒种子的平均重量（g）。

4）确定种子千粒重。一般种子的变异系数不超过 4（种粒大小悬殊的不超过 6），则 8 组的平均重量乘以 10 即为种子千粒重。若变异系数超过 4（种粒大小悬殊的超过 6），则重做。若重做结果仍超过，可计算 16 组的平均重量及标准差，凡与平均重量之差超过 2 倍标准差的略去不计，未超过的各组的平均重量乘以 10 为种子千粒重。测定结果填入表 3-4 中。

（2）千粒法　千粒法适用于种子大小不同或轻重极不均匀的种子。

1）取样。将净度测定所得的纯净种子按四分法分成 4 份，从每份中随机取 250 粒，共计 1000 粒为 1 组，取 2 组。

2）称重。分别称 2 组的重量（精度要求与净度测定相同），填入千粒重测定记录表（千粒法），见表 3-5。

3）计算测定结果。当 2 组重量差异小于平均值的 5% 时，则平均数即为千粒重。若差异大于平均值的 5% 时，重新取样再做。如仍然超过，则计算 4 组的平均值。测定结果填入表 3-5。

表 3-5　千粒重测定记录表（千粒法）

树种：　　　　　　　　　　　　　　　　　　　　　　　　　　　　样品号：

组　　号	1	2	3	4
样品重/g				
平均重/g				
容许差距/g				
实际差距/g				
千粒重/g				
备　　注				

检验员：　　　　　　　　　　　　　　　　　　　测定日期_____年___月___日

（3）全量法　获得的纯净种子不足 1000 粒时，将其全部称重，再换成千粒重。

3. 含水量测定

种子含水量是指种子中所含水分的重量占种子重量的百分率。种子含水量的多少是影响种子寿命的重要因素之一。测定种子含水量的目的是为妥善贮存和调运种子时控制种子适宜含水量提供依据。因此，在收购、贮藏、运输前，必须测定种子含水量。

种子含水量的测定方法常用的有烘干法、甲苯蒸馏法和水分速测仪测定法等。一般常用烘干法，即测出测定样品烘干前的重量，经低温或高温烘干后，再测出烘干后的重量，依此算出种子含水量。计算公式如下：

$$种子含水量 = \frac{测定样品烘干前重 - 测定样品烘干后重}{测定样品烘干前重} \times 100\%$$

（1）称样品盒重（V）　分别称两个预先烘至恒重并编号的样品盒的重量。

（2）取样　用四分法或分样器法从含水量送检样品中分取测定样品。种粒小的及薄皮种子可以原样干燥，种粒大的种子（1kg种子少于5000粒）和种皮坚硬的种子要切开或打碎，充分混合后取测定样品。测定样品重：大粒种子20g、中粒种子10g、小粒种子3g，取两个重复。

（3）称样品湿重（W）　分别将两个重复的样品盒及其中的测定样品称重。

（4）烘干

1）低温烘干法。将装有样品的容器置于烘箱中，打开盖搭在盒旁，升温至（105±2）℃后烘17h左右。

2）高温烘干法。将装有样品的容器置于烘箱中，升温至130～133℃后烘1～4h。

如果测定样品的含水量高于17%，可采用二次烘干法。即将测定样品放入70℃的烘箱内预烘2～5h，取出后置于干燥器内冷却、称重。再以（105±2）℃进行二次烘干，测得其含水量。

（5）称样品干重（U）　将装有烘干样品的样品盒放入干燥器中冷却30～45min，然后分别称重。

上述称量精度要求达3位小数，各次称重要求使用同一架天平。

（6）计算测定结果　计算两个重复的含水量，精确到1位小数。计算公式如下：

$$含水量 = \frac{W - U}{W - V} \times 100\%$$

式中　W——样品盒和盖及样品的烘前重量（g）；

U——样品盒和盖及样品的烘后重量（g）；

V——样品盒和盖的重量（g）。

若两个重复的差距不超过容许差距范围，则计算平均含水量，如超过需重做。如果第二次测定的差异不超过容许差距，则按第二次结果计算含水量。如果第二次测定的差异仍超容许差距，则从四组中抽出在容许差距范围内的两组，以其平均值的含水量作为本次测定结果。

4. 发芽率测定

室内测定种子发芽是指幼苗出现并发育到某个阶段，其基本结构的状况表明它能否在正常的田间条件下进一步长成一株合格的苗木。种子发芽率是种子播种品质中最重要的指标，可以用来确定播种量和一个种批的等级价值。发芽试验一般只适用于休眠期较短的种子。种子发芽率计算公式如下：

$$发芽率 = \frac{供检种子发芽数}{供检种子总数} \times 100\%$$

（1）取样　将净度测定后的纯净种子用四分法分为 4 份，每份中随机抽取 25 粒组成 100 粒，共重复 4 次；或用数粒器提取 4 个 100 粒。如种粒特小，也可用称量发芽测定法，不同树种，样品质量不等，一般在 0.25~1.00g。

（2）预处理　预处理包括对发芽器皿和发芽床的衬垫材料、基质进行洗涤和高温消毒，对培养箱、测定样品等分别用福尔马林或高锰酸钾进行消毒灭菌，并对测定样品进行浸种催芽处理，一般用 40℃ 的温水浸种 24h。

（3）发芽床的准备　先在培养皿或专用发芽皿底盘上铺一层脱脂棉，然后放一张大小适宜的滤纸，加入蒸馏水浸湿。

（4）置床　将处理过的种子以组为单位整齐地排列在发芽床上，种子之间应保持一定的距离，以减少病菌侵染。另外，种子要与基质密切接触，忌光种子要压入沙床并覆盖。大粒种子若一个发芽床排不下一组，可分到两个或四个发芽床上排列。置床后贴上标签，将发芽床放在培养箱或发芽箱中，也可放在人工气候室里。

（5）观察记载与管理

1）测定持续时间。发芽测定时间自置床之日算起，如果测定样品在规定时间内发芽粒数不多，或已到规定时间仍有较多的种粒萌发，可适当延长测定时间。延长时间最多不超过规定时间的 1/2，或当发芽末期连续 3d 每天发芽粒数不足供试种子总数的 1% 时，即算发芽终止。

2）管理。测定期间应经常检查样品及光照、水分、温度和通气条件。除忌光种子外，发芽测定每天要保证有 8h 的光照，水分供应要适宜，温度控制在 25℃ 左右或按不同植物种子的要求控制，保持通气良好。另外，轻微发霉的种子用清水洗净后放回原发芽床，若发霉种子较多时要及时更换发芽床。

3）观察与记载。发芽测定期间要定期观察记载。当幼苗生长到一定阶段，必要的基本结构都已具备，已符合正常幼苗条件的，记载后从发芽床拣出。严重腐坏的幼苗也拣出，以免感染其他幼苗和种子。呈现其他缺陷的不正常幼苗保留到末次记数。

测定结束后，分别对各重复的未发芽粒逐一切开剖视，统计新鲜粒、腐坏粒、硬粒、空粒、无胚粒、涩粒、虫害粒，并将结果填入发芽测定记录表，见表 3-6。

表 3-6　发芽测定记录表

树种：　　　　　　　　　　　　　　　　　　　　　　　　样品号：

测定项目		正常发芽种子数			未萌发种子分析							
		样品重/g	初次计数	末次计数	合计	新鲜粒	腐坏粒	硬粒	空粒	无胚粒	涩粒	虫害粒	合计
重复	1											
	2											
	3											
	4											

组间最大差距＿＿＿＿＿＿　　　容许差距＿＿＿＿＿＿　　　　　测定结束日期＿＿＿＿年＿＿月＿＿日

（6）计算测定结果　发芽试验结束后，根据记录的资料，分别重复计算四个正常幼苗的百分率（种子发芽率）。如果各重复发芽率的最大值和最小值的差距没有超过容许差距范围，则各重复发芽率的平均数为该次测定的发芽率。若各重复发芽率的最大值和最小值的差距超过容许差距范围，必须重新测定。

种子发芽率计算公式如下：

$$发芽率(\%) = \frac{供检种子发芽数}{供检种子总数} \times 100\%$$

（7）重新测定　如果由于不明原因使得各重复间的差距超过容许差距时，应按原测定方法重新测定。若第二次和第一次的测定结果之差不超过容许差距，则以两次测定结果的平均数作为测定结果。若第一次和第二次的测定结果之差超过容许差距，则需再做第三次测定。在三次测定结果中选比较接近的两次平均数作为测定结果填报。

5. 生活力测定

种子生活力是指种子潜在的发芽能力。生活力测定的目的是快速估测种子的生活力，特别是休眠期长和难于进行发芽试验或是因条件限制不能进行发芽试验的，可采用染色法、X光照射法和紫外线荧光法等进行测定，其中以染色法最为常用且易行。

1）取样。从净度测定后的纯净种子中随机抽取100粒作为一个重复，共取4个重复。

2）浸种催芽。多数种子通常用始温30～45℃的水浸种24～48h，每天换水。硬粒种子和种皮致密的种子可用始温80～85℃的水浸种，在自然冷却中浸种24～72h，每日换水。将水浸后的种子置于温暖、湿润的环境下催芽24～48h，提高种子活力。豆科植物吸水后发芽速度较快，浸水后不再催芽。

3）剥取种仁或"胚方"。将种子纵向剖开，剥掉内外种皮，取出种仁。取种仁时既要露出种胚，又不能切伤种胚。大粒种子（如银杏、板栗、核桃等）切取大约1cm²包括胚根、胚轴、子叶和部分胚乳的方块（胚方）。剥取种仁或"胚方"时，腐烂粒、涩粒、病虫粒、空粒、染色粒数、染色结果、生活力等记入表3-7中。

表3-7　生活力测定记录表

树种：　　　　　　　　　　　　　　　　　　　　　　　　　样品号：

重复	测定种子粒数	种子解剖结果				染色粒数	染色结果				生活力（%）	备注
		腐烂粒	涩粒	病虫粒	空粒		无生活力		有生活力			
							粒数	%	粒数	%		
1												
2												
3												
4												
平均												

测定方法

实际差距_____　　　　　　　容许差距_____

检验员_____　　　　　　　测定日期_____年___月___日

4）染色鉴定。

① 将剥取的种仁或"胚方"浸在四唑溶液中，上浮者要压沉，置黑暗处，保持30～35℃，处理时间随树种而定。染色结束后，沥去溶液，用清水冲洗，置湿滤纸上备查。凡被

染上红色的为有生活力的种子，没有染色的为无生活力的种子，部分染色的种子需根据染色部位和程度区分有无生活力。

② 将剥取的种仁或"胚方"浸在靛蓝溶液中，处理时间和温度随树种而定。染色结束后，沥去溶液，用清水冲洗，置湿滤纸上备查。未染色的为有生活力的种子，染上颜色的为无生活力的种子，部分染色的种子需根据染色部位和程度区分有无生活力。

5）计算测定结果。根据记录的资料，分别重复计算四个有生活力种子的百分率。

种子生活力计算公式：

$$生活力 = \frac{有生活力种子数}{供测定种子数} \times 100\%$$

6）确定种子生活力。检查各重复间的差异是否为随机误差，重复间最大容许差距与发芽测定相同。若各重复中最大值与最小值的差距没有超过容许差距范围，则平均数为种批生活力。若各重复之间的最大值和最小值的差距超过容许差距范围，必须重新测定，处理方法同发芽测定。

四、任务实施

（一）种实采收、调制及贮藏

1. 准备工作

（1）材料　选择 2~3 种当地主要的园林植物。

（2）工具　采种梯、高枝剪、铁钩、竹竿、麻袋、筛子、水桶等。

2. 实施步骤

（1）采种　采种人员可利用采种梯和高枝剪、铁钩等工具摘取果实，填写园林植物采种登记表。

（2）种实调制

1）脱粒。将果实摊放在清洁、干燥通风处晾晒，或人工干燥。干燥后进行敲打脱粒或用脱粒机脱粒。

2）净种。根据种子和所混杂的夹杂物选择合适的净种方法净种。

3）干燥。用晒干法或人工干燥法干燥种子。

4）分级。按大、中、小三级分类。

（3）种子贮藏　对安全含水量高的种子进行湿藏，对安全含水量低的种子进行干藏。

（二）种子品质检验

1. 准备工作

（1）材料　适量选择 2~3 种当地主要的园林植物种子。

（2）工具　1/1000 天平、种子检验板、直尺、毛刷、药匙、镊子、放大镜、中小培养皿、盛种容器、干燥箱、温度计、称量瓶、人工气候箱、烧杯、单面刀片、吸水纸等。

2. 实施步骤

（1）净度测定

1）测定样品的提取。将送检样品用四分法或分样器法进行分样，取得 1 份全样品。

2）测定样品分离。将测定样品铺在种子检验板上，仔细观察，区分出纯净种子、废种子及夹杂物，用天平分别称重。

3）计算。计算测定结果，分析误差，填写种子净度分析记录表。

（2）千粒重测定（百粒法）

1）取样。将纯净种子铺在种子检验板上，用四分法分样，充分混合后分为4份。

2）点数称量。每份中随机抽取25粒组成100粒，共取8个100粒，即8个重复，或用数粒器随机取8个100粒，用天平分别称重。

3）计算。计算测定结果，分析误差，填写种子千粒重测定记录表。

（3）生活力测定

1）取样。从净度测定后的纯净种子中随机抽取100粒作为一个重复，共取4个重复。

2）浸种催芽。

3）剥取种仁或"胚方"。将种子纵向剖开，剥掉内外种皮，取出种仁。将空粒、腐烂粒、病虫粒等记入生活力测定记录表。

4）染色鉴定。

① 将剥取的种仁或"胚方"浸在四唑溶液中，上浮者要压沉，置于黑暗处，保持30～35℃，处理时间随树种而定。

② 将剥取的种仁或"胚方"浸在靛蓝溶液中，处理时间和温度随树种而定。

5）计算。根据记录的资料，分别对4个100粒重复计算有生活力种子的百分率。

任务2 播种苗生产

一、任务描述

播种育苗是指将种子播在苗床上培育苗木的育苗方法，凡由种子播种长成的苗称为播种苗或实生苗。学习的任务是了解园林植物播种苗培育的主要方法，了解园林植物种子品质检验的主要方法，掌握种子消毒、种子催芽方法，会播种、能够管理播种苗。

二、任务分析

种子繁殖又称为有性繁殖，是种子植物特有的、主要的自然繁殖方式。种子繁殖的后代，细胞中含有来自双亲各一半的遗传信息，常会产生新的变异类型，并具有强大的生命力，它具有简便、快捷、量大的优点。完成本任务需要掌握的知识面有：播前种子处理、育苗地准备、播种技术和播后管理等。

三、相关知识

（一）播种前的准备工作

1. 种子处理

（1）种子消毒 在播种前要对种子进行消毒，一方面消除种子本身携带的病菌；另一方面防止土壤中病虫危害。常用的种子消毒方法有：紫外光消毒、药剂浸种、药剂拌种等。

1）紫外光消毒。种子放在紫外光下照射，能杀死一部分病毒。由于光线只能照射到表层种子，所以种子要摊开，不能太厚。消毒过程中要翻搅，每0.5h翻搅一次，一般消毒1h即可。翻搅时人要避开紫外光，避免紫外光对人的伤害。

2）硫酸铜浸种。播种前，用0.3%~1%的溶液浸种4~6h，用清水冲洗后晾干播种。

3）高锰酸钾浸种。高锰酸钾浸种适用于尚未萌发的种子。播种前，用0.5%的溶液浸种2h，或用3%的溶液浸种30min，然后用清水冲洗。

4）甲醛浸种。播种前，用0.15%的甲醛溶液浸种15~30min，然后闷2h，用清水冲洗后，将种子摊开晾干即可播种。

5）药剂拌种。药剂有防治病菌的药剂，有防治虫害的药剂，还有综合防治药剂，根据不同需要选择使用。如用敌克松药剂混合10倍左右的细土，配成药土后进行拌种，这种方法对预防立枯病有很好的效果。此外，药剂拌种也可结合杀菌剂和种肥，制作种衣，可以保护种子，提高种子抗性，提高发芽率，防止病虫害发生。

（2）种子催芽技术

1）低温层积催芽。将种子与湿润物质（沙子、泥炭、蛭石等）混合放置，在0~10℃的低温下，解除种子休眠，促进种子萌发的方法，称为低温层积催芽。部分园林树种种子低温层积催芽天数见表3-8。

表3-8　部分园林树种种子低温层积催芽天数

树　　种	催芽天数/d	树　　种	催芽天数/d
银杏、栾树、毛白杨	100~120	山楂、山樱桃	200~240
白蜡、复叶槭、君迁子	20~90	桧柏	180~200
杜梨、女贞、榉树	50~60	椴树、水曲柳、红松	150~180
杜仲、元宝枫	40	山荆子、海棠、花椒	60~90
黑松、落叶松	30~40	山桃、山杏	80

① 种子预处理。干燥的种子需要浸种，一般浸种24h，种皮厚的种子浸种时间可适当长一些。浸种后要对种子进行消毒处理，消毒后需用清水冲洗。

② 催芽坑准备。选择地势高、地下水位低、向阳的地方挖催芽坑。催芽坑的构筑方法与种子湿藏的方法相同。

③ 种子层积。种子与干净湿润的沙子比例为1:3（或泥炭、木屑），沙子含水量为60%。按种子湿藏的方法，将种子入坑，保持低温、湿润、通气状态。

另外，也可采用室内自然温度堆积催芽法。其方法是：种子按上述方法预处理后混2~3倍湿沙，置室内地面上堆积，高度不超过60cm，利用自然气温变化促进种子发芽。种沙混合物要始终保持60%左右的湿度。如果气温较高每周要翻动2~3次。

低温层积催芽适用于休眠期长、含有抑制物质、种胚未发育完全的种子，如银杏、白蜡，对于强迫休眠的种子也同样适用。经过低温层积催芽，可使幼苗出土早、出土整齐，苗木生长健壮，抗逆性强。

少量种子、珍贵种子或科学研究用种子可在人工气候箱中催芽。人工气候箱可人为控制温度、湿度和通气条件。

2）混雪催芽。混雪催芽其实也是低温层积催芽，只不过与种子混合的湿润物质是雪。在冬季积雪时间长的地区可以采用。混雪催芽在冬季有积雪的地方是一种简单易行的催芽方法，由于雪水的独特作用，对一些种子的效果很好。

混雪催芽的操作方法是：土地冻结之前，选择排水良好、背阴的地方挖坑，深度一般在100cm左右，宽1m，长按种子数量而定。先在坑底铺上蒲席或塑料薄膜，再铺上10cm厚的雪，然后将种子与雪按1:3的比例混合均匀，放入坑内，上边再盖20cm雪并使顶部形成屋脊状。来年春季播种前将种子取出，将雪自然融化，并在雪水中浸泡1~2h，然后高温催芽，当胚根露出或种子裂口达到30%左右时，即可播种。

3）水浸催芽。将种子放在水中浸泡，使种子吸水膨胀，软化种皮，解除休眠，促进种子萌发的方法，称为水浸催芽。水浸催芽有冷水、温水和热水浸种法。浸种前种子要进行消毒。

① 冷水浸种。只需将种子放入冷水中浸泡1~3d，即可捞起，作进一步催芽。浸种后的种子催芽方法是：将湿润种子放入容器中，用湿布或苔藓覆盖，放温暖处催芽。发芽困难的种子，可采用前述低温层积催芽法。

② 温水浸种。一般作初始温度40℃的温水催芽。将种子倒入温水中，不停地搅动，使种子受热均匀，使其冷却至自然温度。催芽时间一般在24~48h之间，催芽后即可播种。仙客来、秋海棠等种子在45℃温水中浸泡10h，滤干，可顺利发芽。

③ 热水浸种。热水浸种适用于种皮坚硬、含有硬粒的种子，如刺槐、皂荚、合欢等，可用初始温度90℃的热水浸种。浸种时将种子倒入盛热水的容器中，不停地搅动使水和种子在容器中旋转，使种子受热均匀，直到热水冷却，然后捞出装入蒲包中催芽，每天洒水，直到种子胚露出或裂口即可播种。火炬松种子可用热水浸种，搅拌至水凉，捞出放入湿蒲包中催芽，每天洒水，直到种子萌动，即可播种。开水处理椰子类的植物种子，用开水烫种处理后，可顺利发芽。

种皮软薄的种子可用冷水浸种，种皮较厚的种子可用温水或热水浸种，例如香豌豆、黑眼苏珊预先浸种一夜可以提高发芽率，使发芽更快。硬粒种子，如孔雀椰子需52~108d发芽，古巴银榈37d，芳香银榈45~237d，油椰子64~147d。按常规播种发芽期较长，短则数月，长则一年。因此，播种前种子需进行浸种、挫伤种皮等处理，可缩短发芽期。

4）药剂催芽。

① 化学药剂催芽。对种皮具有蜡质、油脂的种子，如乌桕、黄连木等种子，用1%的碱水或1%的苏打水溶液浸种后脱蜡去脂。对种皮特别坚硬的种子，如油棕、凤凰木、皂荚、相思树、胡枝子等，可用60%以上的浓硫酸浸种0.5h，然后用清水冲洗。漆树可用95%的浓硫酸浸种1h，再用冷水浸泡2d，第3d露出胚芽即可播种。此外，用柠檬酸、碳酸氢钠、硫酸钠、溴化钾等分别处理池杉、铅笔柏、杉木、桉树等种子，可以加快发芽速度，提高发芽率。

② 植物生长激素浸种催芽。用赤霉素、吲哚乙酸、吲哚丁酸、萘乙酸、2,4—D等处理种子。如用赤霉素发酵液(稀释5倍)处理，浸种24h，对臭椿、白蜡、刺槐、乌桕、大叶桉等种子，有较显著的催芽效果，不仅提高了出苗率，而且显著提高了幼苗长势。

③ 微量元素浸种催芽。用钙、镁、硫、铁、锌、铜、锰、钼等微量元素浸种，可促进种子提早发芽，提高种子发芽率和发芽势。如用0.01%的锌、铜或0.1%的高锰酸钾溶液浸泡刺槐种子一昼夜，出苗后一年生幼苗保存率比对照提高21.5%~50.0%。

5）机械损伤催芽。对于种皮厚而坚硬的种子，可利用机械的方法擦伤种皮，改变其透水、透气性，从而促进种子萌发。小粒种子混沙摩擦，大粒种子混碎石摩擦(可用搅拌机进行)，或用锤砸破种皮、用剪刀剪开种皮，如油橄榄和芒果种子顶端剪去后再播种，能显著提高发芽率。

2. 土壤准备

（1）整地　播种前，结合施基肥，对播种苗床进行最后的整理。整地时，要求土壤细碎，床面平整。如果墒情不好，还需播前灌溉。对春季降雨少、土壤疏松干旱的，还要进行播前镇压。

（2）土壤消毒　苗圃地的土壤消毒是一项重要的工作，生产上常用药剂进行土壤消毒，其方法有：

① 硫酸亚铁。硫酸亚铁不仅具有杀菌作用，而且还可以改良碱性土壤，供给苗木可溶性铁质，在生产上应用极为普遍。一般播种前 $5 \sim 7d$，在床面喷洒 $2\% \sim 3\%$ 硫酸亚铁水溶液 $3 \sim 4.5 kg/m^2$；也可将硫酸亚铁粉均匀地撒于床面或播种沟内。

② 硫化甲基胂。硫化甲基胂是常用的土壤消毒剂，用量为施用 30% 的粉剂 $2g/m^2$，先与细砂土混合均匀作为药土，播种前撒入播种沟底，并用药土覆盖种子。药土中的加土量以满足上述需要为准。注意此药对人畜有毒害作用。

③ 五氯硝基苯混合剂。以五氯硝基苯为主加代森锌（或硫化甲基胂，敌克松等）。混合比例：五氯硝基苯占 75%，其他药剂为 25%，用药量为 $4 \sim 6g/m^2$。用法同硫化甲基胂。五氯硝基苯对人畜无害。

④ 甲基托布津。甲基托布津是难溶于水、性质稳定的广谱性内吸杀菌剂，对人畜安全。常见剂型为 70% 可湿性粉剂，常用浓度为 $1000 \sim 2000$ 倍。甲基托布津不能与含铜制剂混用，需在阴凉、干燥的地方贮存。

⑤ 消石灰。结合整地同时施入，用量为 $150kg/hm^2$。在酸性土壤上，可适当增加。

⑥ 福尔马林（甲醛）。播种前 $10 \sim 20d$ 用浓度为 40% 的福尔马林，按照 $50mL/m^2$ 用药，加水 $6 \sim 12kg$，喷洒在播种地上，并用塑料薄膜加以覆盖，到播种前一周揭去。

（3）杀虫　一般通过作业措施及化学药剂对土壤进行处理。如采用秋冬深耕，不施未充分腐熟的有机肥料，进行清除落叶等措施，以减少或消灭地下害虫。常用的化学处理药剂有西维因、氨甲萘、辛硫磷、呋喃丹、甲基异柳磷等。

3. 圃地施基肥

在土壤耕作前，将基肥均匀地施到地表，再经过耕、耙使肥料混合在耕作层的土壤中，即全层施肥。基肥的主要作用是保障苗木在整个生长期养分的供应，提高土壤肥力并同时改良土壤。基肥施放的深度要根据植物的特性和育苗的方式而定，一般控制在苗木根系生长可及的范围之内，以保证苗木根系的吸收。基肥的施用量一般为：饼肥 $1500 \sim 2250kg/hm^2$，厩肥、堆肥 $60000 \sim 75000kg/hm^2$。

4. 苗木密度与播种量

（1）苗木密度　苗木密度是指单位面积上种植苗木的数量。苗木密度关系到生产苗木的质量和数量。适宜的苗木密度是培养质量好、产量高、抗性强苗木的重要条件之一。苗木密度要根据植物的生物学特性、育苗环境和育苗目的来确定。对苗期生长快、占用营养面积大的树种密度要小。土壤水肥好的育苗地，根据育苗目的的不同，选择合适的密度，如作砧木的苗子可适当稀疏一些，播种后第二年移植的苗木可适当密一些。生产上，针叶树一年生播种苗产苗量为 200 株/m 左右，阔叶树一年生苗产苗量为 100 株/m 左右。

（2）播种量的计算　播种量是单位面积或单位长度播种沟上播种种子的数量。大粒种子可用粒数来表示，如核桃、山桃、山杏、七叶树、板栗等。

计算播种量要考虑以下因素：

1）植物的生物学特性，苗圃地条件，育苗技术水平。

2）单位面积的产苗量。

3）种子品质指标，种子纯度、千粒重、发芽率等。

4）种苗的损耗系数。

播种量的计算公式如下：

$$X = C\frac{AW}{PG \times 1000^2}$$

式中　X——单位面积的播种量(kg)；

　　　C——损耗系数；

　　　A——单位面积的计划产苗量；

　　　W——种子千粒重(g)；

　　　P——种子纯度；

　　　G——种子发芽率；

　　1000^2——常数。

损耗系数 C 因树种、苗圃地条件、育苗技术水平等有较大差异，一般变化范围：$C \geq 1$，适用于千粒重在700g以上的大粒种子；$1 < C \leq 5$，适用于千粒重在 3~700g 的中、小粒种子；$C > 5$，适用于千粒重在3g以下的极小粒种子。

以上公式计算得出的是理论值，生产上还应考虑自然条件下正常的损耗，C 值还需增大一些。

（二）播种

1. 播种时期

从全国来讲一年四季均可播种，但大部分地区一般园林植物的播种常以春秋两季为多。在南方温暖湿润地区多数园林植物以秋播为主；在北方冬季寒冷，多数种类以春播为主，但具体时间应根据当地土壤、气候条件和种子的特性来确定。如果是保护地栽培或营养钵育苗则全年都可播种，不受季节限制。

（1）春播　春季是主要的播种季节，适合于绝大多数园林植物种子播种。春季要适时早播，当土壤5cm深处的地温稳定在10℃左右时，即可播种，对晚霜敏感的种类应适当晚播。

（2）秋播　种皮坚硬、休眠期长、发芽困难的种子可选择秋播。秋播要在土壤结冻前播完，土壤不结冻地区，在植物落叶后播种。

（3）夏播　夏季成熟易丧失发芽力的种子，宜随采随播，如白榆、蜡梅、杨、柳、桑等。

2. 播种方法

（1）播种方式　常见的播种方式有撒播、点播、条播三种。

1）撒播是将种子均匀地播撒在苗床上的播种方式。撒播适用于小粒种子，如杨树、桉树、梧桐、悬铃木等。其优点是产苗量高，缺点是浪费种子，且不便管理。

2）点播是按一定株行距挖穴将种子播在穴内的播种方式。点播适用于大粒种子或种球，如板栗、银杏、核桃、香雪兰、唐菖蒲等。

3）条播是按一定株行距开沟，然后将种子均匀地播撒在沟内的播种方式。条播适用于中粒种子，如紫荆、合欢、国槐、五角枫、刺槐等。条播幅宽 10~15cm，行距 10~25cm，其优点是用种量少，通风透光，苗木生长好，管理方便。

（2）播种步骤

1）播种。播种前将种子按单位面积的用量分开，用手工或播种机播种。撒播时，为使播种均匀，可分数次播种，要近地面操作，以免种子被风吹走，若种粒很小，可提前用细砂或细土与种子混合后再播；条播或点播时要先在苗床上拉线开沟或划行，开沟深度根据土壤性质和种子大小而定，开沟后立即播种，以免风吹日晒土壤干燥。

2）覆土。播种后立即覆土，覆土厚度视种子大小、土质、气候而定，一般覆土深度为种子直径的 2~3 倍。

3）镇压。播种覆土后应及时镇压，将床面压实，使种子与土壤紧密结合，便于种子从土壤中吸收水分而发芽。

（三）播后管理

1. 覆盖

播种后一般需要覆盖。覆盖材料可以就地取材，一般用稻草、麦秆、茅草、苇帘、松针、锯末、谷壳、苔藓等。覆盖材料不要带有杂草种子和病原菌，覆盖厚度以不见地面为度，也可用地膜覆盖或施土面增温剂。覆盖材料要固定在苗床上，防止被风吹走、吹散。塑料薄膜和土面增温剂是近 20 多年发展起来的覆盖材料。特别是薄膜覆盖在农业上应用较多，对保持土地湿度、调节地温有很大的作用，可使幼苗提早出土，防止杂草滋生。种子发芽后，要及时揭去覆盖物。有 60%~70% 的种子在子叶展开后应将膜揭去，以免幼苗徒长。同时仍然要保持基质的湿度，从而使未发芽的部分种子的子叶从种壳中成功伸出。撤覆盖物最好在多云、阴天或傍晚。对有些植物，覆盖物也可分几次逐步撤除。覆盖物撤除太晚，会影响苗木受光，幼苗徒长、长势减弱。注意撤除覆盖物时不要损伤幼苗。在条播地上可先将覆盖物移至行间，直到幼苗生长健壮后，再全部撤除。但对细碎覆盖物，则无须撤除。

2. 遮阴

植物幼苗组织幼嫩，对地表高温和阳光直射抵抗能力很弱，容易造成日灼，幼苗受害，需要采取遮阴降温措施。遮阴同时可以减轻土壤水分蒸发，保持土壤湿度。遮阴方法很多，主要是苗床上方搭遮阴棚，也可用插枝的方法遮阴。

遮阴在覆盖物撤除后进行。采用苇帘、竹帘或遮阴网，设活动阴棚，其透光度以 50%~80% 为宜。阴棚高 40~50cm，每天上午 9:00 到下午 4:00~5:00 时放帘遮阴，其他时间或阴天可把帘子卷起。也可在苗床四周插树枝遮阴或进行间作。如采用行间覆草或喷灌降温，则可不遮阴。对于耐阴树种和花卉及播种期过迟的苗木，在生长初期要采用降温措施，减轻高温热害的不利影响，如搭阴棚等。有条件的可采用遮阴网，避免日灼危害苗木。

3. 松土除草

灌溉等原因引起土壤板结和圃地有杂草的情况下，需要进行松土除草。幼苗出齐后即可进行松土除草。一般松土与除草结合进行。

（1）松土要求　松土宜浅，保持表土疏松，要逐次加深，但要注意不伤苗、不压苗。

松土常在灌溉或雨后 1~2d 进行。但当土壤板结、天气干旱或是水源不足时，即使不除草也要松土。一般苗木生长前半期每 10~15d 进行一次，深度为 2~4cm；后半期每 15~30d 进行一次，深度为 8~10cm。松土要求全面松到，深度均匀，不伤苗木。

（2）除草要求　除草要做到除早、除小、除了。除草采用人工除草和化学除草。

1）人工除草应尽量将草根挖出，以达到根治效果，并应做到不伤苗，草根不带土，除草后使土壤疏松。撒播苗不便除草和松土，可将苗间杂草拔掉，再在苗床上撒盖一层细土，防止露根透风。

2）化学除草。根据苗木种类、除草剂的种类、杂草种类及环境状况，参考小面积试验取得的数据和他人使用经验，严格掌握用药量。茎叶处理一般使用水溶液喷雾，喷雾时溶液要均匀，防止药物沉淀；土壤处理可使用水溶液喷雾或用沙土作毒土，将除草剂与沙土混合后闷一段时间，效果更好。背负式喷雾器一般用水为 450L/hm^2，毒土为 450kg/hm^2。

4. 灌溉

（1）播前灌溉　一般在播种前灌足底水，将圃地浇透，使种子能够吸收足够的水分，促进发芽。播种后灌溉易引起土壤板结，使地温降低，影响种子发芽。在土壤墒情足以满足种子发芽时，播后出苗前可不进行灌溉。

（2）苗期灌溉

1）苗木出齐后灌水。此时灌水不宜过大，以保持圃地湿润、提高地温为原则。

2）苗木追肥后灌水。此时灌透水，不仅能防止苗木产生肥害，而且能使肥料尽快被苗木吸收。

3）苗木封头后灌水。此时灌水有利于提高苗木地径，延长落叶时间。

4）苗木冬眠后灌水。此时灌水既能保护苗木根系，使之继续吸收营养，又能渗透于土壤中，使苗木不被冻伤。

5. 间苗与定苗

尽管经过理论计算和实际工作经验确定了播种量，但为保证出苗率，往往要适量增加播种量，使幼苗过密，如不间苗，将导致苗木生长细弱，降低苗木质量。间苗是调节光照、通风和提高营养面积的重要手段，与苗木质量、合格苗产量密切相关。

（1）间苗原则　间苗的原则是"适时间苗，留优去劣，分布均匀，合理定苗"。间苗宜早不宜迟，间苗早，苗木之间相互影响较小。间苗的具体时间要根据植物的生物学特性、幼苗密度和苗木的生长情况确定。针叶树幼苗生长较慢，密集的生态环境对它们生长有利，一般不间苗。播种量过大、生长过密、幼苗生长快的植物要适当进行间苗，如落叶松、杉木可在幼苗期中期间苗，在幼苗期末期定苗。生长较慢的植物在速生期初期定苗。

（2）间苗次数　间苗分次进行，一般两次。

1）阔叶树第一次间苗一般在幼苗长出 3~4 片真叶、相互遮阴时开始，第一次间苗后，比计划产苗量多留 20%~30%。

2）第二次间苗一般在第一次间苗后的 10~20d。间苗后应及时灌溉，防止因间苗松动暴露、损伤留床苗根系。第二次间苗可与定苗结合进行，确定保留的优势苗和苗木密度，即确定了单位面积苗木的产量，定苗时的留苗量可比计划产苗量高 6%~8%。

（3）间苗方法　间苗与补苗应结合进行。间苗时用手或移植铲将过密苗、病弱苗及生长不良和不正常的幼苗间除，还有"霸王苗"也要及时去除。选生长健壮、根系完好的幼苗，用小棒锥孔，补于稀疏缺苗之处。

6. 苗期追肥

（1）土壤追肥　一般采用速效肥或腐熟的人粪尿。苗圃中常见的速效肥有草木灰、硫酸铵、尿素、过磷酸钙等。施肥次数宜多但每次用量宜少。一般苗木生长期可追肥2~6次。第一次宜在幼苗出土后1个月左右，以后每隔10d左右追肥一次，最后一次追肥时间要在苗木停止生长前1个月进行。对于针叶树种，在苗木封顶前30d左右，应停止追施氮肥。追肥要按照"由稀到浓，少量多次，适时适量，分期巧施"的原则进行。

（2）根外追肥　根外追肥是将液肥喷雾在植物枝叶上的方法。对需要量不大的微量元素和部分速效化肥做根外追肥效果好，既可减少肥料流失又可收效迅速。在进行根外追肥时应注意选择适当的浓度。一般微量元素浓度为0.1%~0.2%，化肥为0.2%~0.5%。

7. 苗木防寒

在冬季寒冷、春季风大干旱、气候变化剧烈的地区，对苗木特别是对抗寒性弱和木质化程度差的苗木危害很大，为保证其免受霜冻和生理干旱的危害，必须采取有效的防寒措施。

8. 病虫害防治

苗木发生立枯病、根腐病等可喷洒敌克松、波尔多液、甲基托布津等药物防治。防治食叶、食芽害虫可喷洒敌敌畏、敌百虫等药剂。地下害虫金龟子、蝼蛄、蟋蟀等可用敌百虫、乐果喷洒，也可用辛硫磷稀释后灌根防治或进行人工捕捉。

四、任务实施

1. 准备工作

（1）材料、用具准备

1）材料：种子、肥料、农药、地膜、遮阴网等。

2）工具：铁锹、锄头、水桶、喷水壶等。

（2）土壤准备

1）整地作床。

2）土壤消毒。

3）杀虫。

（3）圃地施基肥

（4）种子处理

1）种子消毒。

2）种子催芽。

2. 实施步骤

1）将种子按单位面积的用量分开。

2）播种后立即覆土。

3）播种覆土后及时镇压。

4）管理　覆盖、撤除覆盖物、遮阴、松土除草、灌溉、间苗与定苗、苗木防寒、病虫害防治。

任务3　扦插苗生产

一、任务描述

扦插育苗，即从母株上切下一部分营养器官如根、茎、叶，插入基质中，使之生根，成为一个完整植株的方法。用扦插法培育的苗木叫作扦插苗。学习的任务是园林植物扦插苗生产，了解扦插育苗的原理，掌握扦插育苗方法，会扦插、能够管理扦插苗。

二、任务分析

扦插是植物无性繁殖的重要手段之一，通常包括茎（枝）插、根插和叶插，扦插是目前园林植物繁殖时最常用的方法。扦插繁殖的优点是能保持母本的遗传性状，材料来源广泛，成本低，成苗快，开花结实早。完成本任务需要掌握的知识面有：扦插成活的原理、影响扦插成活的因素、插穗采集及制穗、扦插的种类和方法、促进插穗生根的措施、插后管理等。

三、相关知识

1. 扦插成活的原理

扦插繁殖的生理基础是植物的再生作用（植物细胞全能性）。切口部位的分生组织细胞分裂，形成新的不定根和不定芽，称为植物的再生作用。

切口位置受愈伤激素刺激，薄壁细胞分裂，形成一种半透明的、不规则的瘤状突起物，这是具有明显细胞核的薄壁细胞群，称为初生愈伤组织，进一步分化出与插穗组织相联系的形成层韧皮部、木质部，起保护伤口的作用。同时吸收水分、养分，在适宜的水、温条件下，从生长点或形成层中分化出根原始体，进一步发育成不定根。

2. 影响扦插成活的因素

（1）内在因素　内因有多方面，有些是已知的，有些是未知的，有些因子是相互作用的，要在生产实践中认真分析研究，找到能使插穗生根的培育方法

1）植物本身的条件。由于遗传特性不同，枝条生根的难易程度不同，有些树种含有抑制物质，插穗在受伤的情况下产生的植物生长激素被插穗产生抑制物质所抵消，导致插穗难以生根。不易生根的植物如松树、核桃、板栗、栎等；比较难生根的植物如侧柏、刺槐、泡桐、枫杨、白蜡、槭树等；容易生根的植物如黑杨派、青杨派、柽柳属、大叶黄杨等。

2）母株及枝条的年龄。母株及枝条年幼，再生能力强，枝、茎插穗生根能力强，成活率高。年龄越大，其插穗成活率越低，如雪松用4～5年生幼树枝条扦插成活率高。雪松10年生以上一般不采用插穗，通常用5年生以下幼树枝条扦插，容易成活；少数树种（杨、柳）能用多年生枝条扦插繁殖，大多数树种扦插通常用一年生枝条剪插穗，杉、水杉、池杉一年生枝条再生能力强，二年生次之（不定芽萌发能力弱），生长慢的针叶树，一年生枝条短、纤细，可用二、三年生枝条。

3）枝条的营养物质含量。扦插材料营养状况良好对生根是有利的，扦插尽量在生长旺盛时期进行。

4）枝条的部位及生长发育状况。枝条部位以中段最好，中段发育充实，内含营养多，芽饱满均匀。顶端发育不充实，组织幼嫩，扦插成活率不高，有些植物枝条基段生根困难，芽瘦小，发芽晚，愈合能力差。但也有例外，如水杉、油橄榄，梢段最好，基部较差；池杉以枝条基部为好；杨、柳枝条有较多的根原始体，各个部位都能生根。

5）插穗留叶数。叶子能进行光合作用供给枝条营养物质及生长激素，能促进插穗生根。另外，当插穗的新根系未形成时，叶片过多，蒸腾量过大，易造成插穗失水枯死。故插穗带一定数量的叶片，有利于生根，但带叶数不能太多。一般阔叶植物留2～3片叶；叶片宽大的可留半片叶，剪除先端部分；叶片小的植物可留1/3左右。

（2）外界环境因素

1）温度。插穗生根需要一定的温度，适宜的温度因植物的不同而有差异。多数植物生根温度在15～25℃之间，针叶树在20～25℃之间。有的植物插穗生根温度较低，有资料显示，毛白杨在7℃左右即可生根。一般土壤温度略高于气温对插穗生根有利。

2）湿度。湿度指两方面，一是土壤湿度；二是空气湿度。扦插基质要经常保持湿润，使插穗开始生根前基质与插穗内部水分保持平衡，不使插穗失水；在不定根形成阶段，水分促进根原体发育，形成不定根，同时促进愈伤组织形成；插穗长出根系后，基质中的水分及时地供插穗吸收。基质干燥，插穗水分散失快，影响插穗生根，长时间不能生根造成插穗死亡。空气湿度大可以减少插穗水分蒸腾，保持插穗活力，促进插穗生根发芽。

3）通气。扦插育苗要求有良好的通气条件，基质通气不良将影响插穗生根。因此，扦插时多选用通气状况好、保水能力强的蛭石、珍珠岩作扦插基质。

4）光照。光照对扦插育苗非常重要，硬枝扦插育苗，光照能提高地温，促进生根；嫩枝扦插育苗，适宜的光照强度有利于光合作用，制造营养物质、促进生根。但光照过强，水分又不能及时补充时，容易使插穗失水，要适当遮阴。

5）扦插基质。扦插基质要求干净、卫生，没有病害；通气性能好，有足够的氧气保证插穗生根、成活。常用的基质有如下几种。

① 土壤。圃地大田扦插育苗均以土壤为基质，但要选择通气、保水性能好的沙壤土为佳。容易生根的植物一般都采用土壤作为扦插基质。

② 沙子也是常用的扦插基质。其优点是通气性好，干净，但保水性差，温度变化较大，常辅以其他措施，如喷水等解决基质水分问题。

③ 蛭石保水、保温性能好，干净卫生。常用作珍贵树木和难生根树木的扦插繁殖。必要时采取全光喷雾、增加地热等办法促进插穗生根。

④ 腐殖质与沙或蛭石混合效果好。其适用于难生根的植物。

3. 插穗采集及制穗

（1）插穗的来源　插穗的来源对插穗生根影响很大。以健壮的一年生实生苗的干茎做插穗成活率较高，因此培育好的插穗是提高扦插成活率的基础。以幼龄植株建立采穗圃是培育健壮插穗的好方法，这样培育的插穗能够保持母株的优良遗传特性，生命力强、质量高、容易生根。在生产上，利用扦插苗或实生苗的干茎或选择生长健壮、干直、无病虫害的枝条制作插穗。

（2）采穗时间　阔叶落叶树种春季采用硬枝扦插时，采穗时间应在树木落叶后，至翌年树液流动前。这段时间枝条内营养物质含量达到最高，插穗容易生根。常绿树种春季扦插，一般在芽萌动前采穗较好。采穗时要选择幼树的一年生枝条，老树树冠上的枝梢不宜采穗。

生长季嫩枝扦插，随采随插，避免放置时间过长，使插穗失水而影响其成活。一般应在早上或晚上采穗，避免在中午阳光强烈时采穗。

（3）插穗的截取及贮藏　截取插穗时，原则上要保证上部第一个芽发育良好，组织充实。插穗长度一般为15～20cm，剪口要平滑，以利于愈合。树木落叶后采集的插穗，不立即扦插时，可贮藏在地窖中。地面铺5～10cm的湿沙，将捆扎好的插穗直立码放在沙子上，码一层插穗铺一层沙，最后一层用沙覆盖。地窖要干净、卫生，沙子含水量宜在50％～60％之间，地窖的温度保持在5℃左右。另外，也可在室外挖沟，沟底铺一层湿沙，将插穗成捆码放，一层沙子，一层插穗，最上一层用沙子盖严。像贮藏种子一样，插入秸秆把，以利通气。顶层沙面低于地面30cm，保持沙子湿度，寒冷时覆盖稻草防冻。

4. 扦插的种类和方法

（1）扦插的种类　扦插有枝（茎）插、根插、叶插等，主要是枝（茎）插，根插在生产中应用较少，叶插在园林树木育苗中采用更少，仅在花卉繁殖中有应用。

（2）扦插的方法

1）生长季扦插。生长季扦插的种类有嫩枝扦插、叶芽插、叶插。这类扦插一般在温室、阴棚等地方，采用专门的扦插苗床进行扦插。另外，可以做电子控温、控湿苗床，根据不同植物的具体要求，调节温度、湿度。

嫩枝扦插适用于多种乔灌木。在生长季，采取未木质化或半木质化的嫩枝。采下的枝条注意保持新鲜湿润状态，置阴凉处，防止失水，最好随采随插。枝条长度和扦插深度视树种、基质和气象条件而定，插穗应有3～4个芽，一般长15～20cm，保留少量叶片。扦插深度一般2～3cm。嫩枝扦插要定时给苗床喷水，生产上常采用全光喷雾方法，保持扦插基质和周围空气的湿度。给苗床加温可使插穗早生根，提高成活率。生产上常用电热加温自动控制方法，提高苗床基质温度，促进插穗生根。

叶插多用于草本花卉的繁殖，如秋海棠叶插时，可取成熟的叶片，将主叶脉割伤，将叶片平放并固定在基质上，保持基质和空气湿润，可使其生根、发芽。

2）休眠期扦插。休眠期扦插一般是硬枝扦插。硬枝扦插大多在春季进行，一般在大田用高垄或平床扦插，适用于容易生根的植物。在苗床上硬枝扦插时搭塑料小棚，以保证温度和湿度，插穗生根后可撤掉。难以生根的植物，为了提高其成活率，可在温室扦插。

用仅含有一个芽的短枝作插穗扦插称为短枝插或单芽插，通常插穗不足10cm。此方法多用于扦插极易成活、插穗缺少又急需大量苗木时。由于插穗短、含营养物质及水分少，扦插后要加强管理，注意喷水，保持湿度。短枝插在温室内效果较好。

根插多在早春进行，根部有再生不定芽能力的植物都可以采用根插法繁殖。如山楂、紫藤、玫瑰、凌霄等，其根系粗壮、容易产生不定芽。根插时，把根切成10～20cm的根段，按株行距摆放在苗床中，埋土，灌水保湿，插穗即可生根发芽。

5. 促进插穗生根的措施

园林植物的扦插繁殖，有的很容易生根，有的较难生根。要提高扦插繁殖的成活率，常对插穗采取一定的措施。

（1）损伤处理　用机械的办法对将要作插穗的枝条进行环剥、环割、刻伤等处理，目的是阻碍营养物质向下运输，将营养物质积累在伤口部位，将此部位作插穗的基部，插穗易于生根。

（2）浸泡法　一些植物的插穗难生根，是由于该植物含有的抑制物质起了主导作用，特别是在组织受伤时，产生更多的抑制物质。用水浸泡插穗，可以溶解或稀释抑制物质，使插穗生根。

（3）软化法　软化法又称为黄化处理，采穗前2~3周，用不透明的纸袋或塑料将枝条包裹进行遮光处理，使枝条内营养物质发生变化，根的生长发育需要暗环境，因此促进了根原始体的形成。

（4）生长激素　把插穗基部速蘸或浸泡一定浓度的生长激素，可提高成活率。常用的生长激素有 ABT 生根粉、萘乙酸（NAA）、吲哚乙酸（IAA）、吲哚丁酸（IBA）、赤霉素（GA）等。

（5）化学药剂处理　用化学药剂处理插穗，可增强新陈代谢作用，促进插穗生根。常用的化学药剂有蔗糖、高锰酸钾、二氧化锰、磷酸等。蔗糖处理插穗的含量一般在1%~10%之间，蔗糖主要为插穗提供营养物质。用高锰酸钾含量为0.05%~0.1%的溶液浸插穗12h，既可提高成活率，又可对插穗消毒。

6. 扦插后的抚育管理

在有专门设施的苗床上进行的扦插（嫩枝扦插、带叶扦插），一般配备有加温、灌溉（喷雾）设施，可根据需要调节温度、湿度。这类苗床基质是专门配制的，干净卫生，不生或很少有杂草。扦插后的管理虽然要求严格，但容易操作。大田扦插的苗木，插后抚育管理措施要及时。

（1）灌溉　扦插后要及时灌溉。灌溉的目的是补充土壤水分，防止土壤干燥使插穗失水而影响其成活。灌溉的另一个作用是使插穗与土壤紧密结合，促进生根。

（2）中耕除草　插穗未生根以前，一般不进行中耕除草，以免影响生根成活。一般阔叶树地上部分长到10cm左右，可进行中耕。生长季可中耕除草2~3次，视苗木生长和土壤及灌溉情况确定。

（3）病虫害防治　扦插苗由于生长旺盛，与播种苗比较少感染病虫害。当发现病虫危害时要及时防治。

7. 扦插育苗要注意的事项

（1）扦插基质　基质要透水、透气，保持温度在20~23℃之间，少数可达28℃，空气相对湿度为80%~90%。

（2）光照　光照对插穗生根影响较大。由于嫩枝扦插在夏季，必须进行遮阴，有条件的地方最好用全光雾插。

（3）插穗与基质密接　为防止碰伤切口，插穗时应先用细竹竿或木棍在插床面上扎孔后再插（特别是嫩枝扦插），并用手指在四周压紧，不留空隙，再喷一次透水。如果基部与基质不密接，则易干枯。

（4）插穗保湿　嫩枝扦插应随剪随插，如大量采集时必须用湿麻袋包裹，置冷凉处，保持新鲜状态。插入基质的深度越浅越好，用较长的插穗时，可斜插，使插穗插入基质部分较多但又不过深。

（5）水插法　嫩梢或绿枝也可采用水插法。具体做法是，将插穗插于有孔的木块上，使其浮于水面，或直接插于广口瓶中。水插生根后迅速上盆，否则在水中过久再上盆，根部易受损伤。

（6）生长素的浓度　生长刺激素处理插穗时，浓度不能太大，否则对生根起抑制作用。

（7）根插的方向　根插时上、下的方向不可颠倒，上端与土面平。待新芽长出后，再适当培土。

四、任务实施

1. 准备工作

（1）材料、用具准备

1）材料：插穗、插穗处理药剂、杀菌剂等。

2）用具：枝剪、喷壶、利刀、遮阴网等。

（2）插床准备　按要求准备好扦插床。

2. 实施步骤

1）截取插穗。

2）扦插。

3）管理：灌溉与遮阴、中耕除草、病虫害防治。

任务4　嫁接苗生产

一、任务描述

嫁接育苗是把优良母本的枝条或芽接到遗传特性不同的另一植株上，使其愈合生长成为一株苗木的方法。嫁接是砧木与接穗的结合，供嫁接用的枝或芽称为接穗，而承受接穗的植株称为砧木，用嫁接方法繁殖所得的苗木称为嫁接苗。学习的任务是了解嫁接育苗的原理，掌握嫁接方法，会嫁接、能够管理嫁接苗。

二、任务分析

嫁接苗和其他营养繁殖苗所不同的特点是借助了另外一种植物的根，因此嫁接苗也称它根苗，综合了砧木与接穗的优点，能够保持母本的优良性状、提早开花结实，在生产实践中得到广泛应用。完成本任务需要掌握的知识面有：嫁接成活的原理、影响嫁接成活的因素、嫁接方法、嫁接后管理等。

三、相关知识

1. 嫁接成活原理

嫁接是利用植物的再生能力的繁殖方法。植物再生能力最旺盛的地方是形成层。它位于植物的木质部和韧皮部之间，可从外侧的韧皮部和内侧的木质部吸收水分和矿物质，使自身不断分裂，向内产生木质部，向外产生韧皮部，使植株的枝干不断增粗。嫁接就是使接穗和砧木各自削伤面形成层相互密接，因创伤而分化愈伤组织，发育的愈伤组织相互结合，填补接穗和砧木间的空隙，勾通疏导组织，保证水分、养分的上下相互传导，形成一个新的植株。

2. 影响嫁接成活的主要因素

（1）嫁接的亲和力　嫁接的亲和力是指砧木和接穗在内部组织结构、生理生化与遗传特性上彼此相同或相近，从而能够相互结合在一起，进行正常生长的能力。亲和力越高嫁接越容易成功，成活率越高，它是嫁接成活的关键。亲和力主要取决于砧木和接穗的亲缘关系。一般亲缘关系越近，亲和力越强；同科异属之间嫁接亲和力较小，嫁接不容易成功；不同科之间的亲和力更小，嫁接很难成功。

（2）砧、穗的生长状态及植物特性　植物生长健壮，营养器官发育充实，体内贮藏的营养物质多，生命力强，嫁接成活率高，一般说，植物生长旺盛时期，形成层细胞分裂最活跃，进行嫁接容易成活。生命力是指砧木和接穗的生命活动能力的强弱。在有亲和力的前提下，选择生活力强的砧木和接穗。一般选择木质化好的冠条，不选择成长枝，因为成长枝容易失水。砧木和接穗形成愈伤组织后，进一步分化形成输导组织，当砧木和接穗的生长速度不同时，常形成"大脚"和"小脚"现象，砧、穗结合部位的疏导组织呈弯曲生长，或粗细不一致，输导组织受到一定的阻碍。

（3）外界环境条件

1）温度。温度高低影响愈合组织的生长，不同植物对温度都有一个特定的要求。一般植物愈伤组织生长的最适温度在25℃左右。

2）湿度。愈伤组织生长本身需一定的湿度条件。接穗要在一定湿度条件下，才能保持生活力，砧木根系能吸收水分，一般枝接后需一定的时间（15～20d），砧、穗才能愈合。在这段时间内，应保持接穗及接口处的湿度，可用塑料袋或蜡封的方法保持接穗和砧木的湿度。

3）空气。空气是愈伤组织生长的必要条件之一。砧、穗接口处的薄壁细胞增殖、形成愈伤组织都需要有充足的氧气。并且，愈伤组织生长，代谢作用加强，呼吸作用也明显加大，若空气供应不足，代谢作用受到抑制，愈伤组织便不能生长。因此，低接用培土保持湿度时，应注意土壤含水量不宜过湿。

4）光照。光照对愈伤组织的生长有较明显的抑制作用。在黑暗条件下，接口上长出的愈伤组织多，呈乳白色，很嫩，砧、穗容易愈合，愈伤组织生长良好。而在光照条件下，愈伤组织少而硬，呈浅绿色或褐色，砧、穗不易愈合，这说明光照对愈伤组织是有抑制作用的。在生产实践中，嫁接后创造黑暗条件，采用培土或用不透光的材料包捆，以利于愈伤组织的生长，促进成活。

5）嫁接成活的关键是接穗和砧木形成层的紧密结合，两者结合面越大，越易成活。实践证明：为使两者形成层紧密结合，必须使接触面平滑且大，嫁接时砧、穗要对齐，贴紧并捆紧，有利于成活。

3. 嫁接方法

（1）枝接　用枝条作接穗进行的嫁接叫枝接。根据嫁接形式可以分为切接、劈接、插皮接、腹接、靠接、髓心形成层对接等。枝接是嫁接的主要方法，其特点是成活率高，苗木生长快，苗木健壮整齐，当年即可成苗。

1）切接法。切接法适用于直径为1～2cm的砧木，是枝接中较常用的方法。将砧木在距地面3～5cm处剪断，削平切面，在砧木一侧用刀垂直下切，深2～3cm；将带有2～3个完整芽的接穗一侧带木质部削一切面，长度2～3cm，下端背面切成一小斜面；将削好的接穗插入砧木的切口，使砧、穗的形成层对准，削面紧密结合，用马蔺或塑料带等捆扎严实，用泥将切口封严，再用土埋至不露接穗，保持湿润，如图3-2所示。

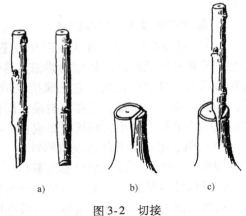

图 3-2　切接

a）削接穗　b）切砧木　c）砧穗接合

2）劈接法。劈接法又称为割接法，适用于大部分落叶树种。砧木粗大而接穗细小时，采用劈接法。砧木在距地面5cm处切断，在其横切面上中央垂直下切一刀，切口深2～3cm。接穗削成楔形，切口长2～3cm，将接穗插于砧木中，插入后使双方形成层密接。砧木粗时可只对准一边形成层或在砧木劈口左右侧各接一穗，也可在粗大砧木上交叉劈两刀，接上四个接穗，成活后选留发育良好的一枝。接后用嫁接膜或麻绳绑缚。山茶、松树一类嫩枝劈接可套袋保湿（嫩枝多用劈接），其他操作要领与切接基本相同，如图3-3所示。

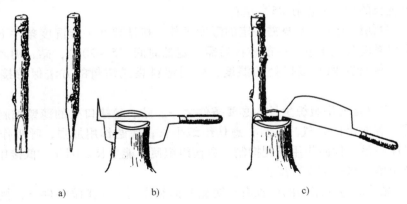

图 3-3　劈接

a）削接穗　b）劈砧木　c）插入接穗

3）插皮接。插皮接是枝接中最易掌握，成活率最高的方法。砧木粗度在1.5cm以上，距地面5cm处截断，接穗削成长达3.5cm的斜面，厚度0.3～0.5cm，背面削一小斜面，将大的斜面向木质部，插入砧木的皮层中，若皮层过紧，可在接穗插入前先纵切一刀，将接穗插入中央，如图3-4所示。

4）腹接法。在砧木腹部进行枝接，砧木不去头，待嫁接成活后再剪除上部枝条。一般在砧木侧面根际处嫁接，多在生长季4～9月间进行。腹接法适用于五针松、锦松嫁接繁殖，针柏、龙柏、翠柏也采用，近年来也试用于杜鹃和山茶。腹接的具体方法很多，在花木生产中以普通腹接、撕皮腹接和单芽腹接应用最多，如图3-5所示。

5）靠接法。此法主要用于其他嫁接方法难以成活的树种。嫁接前要提前调整两植株的距离和高度，生产中大多将欲嫁接的植株两方或一方植入花盆中。选粗细相近的砧穗，接口的切削长度相同，使砧穗的形成层对准（如粗细不一致时，要对准一面）最后捆扎。待嫁接成活

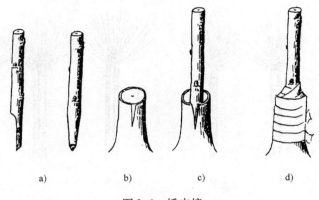

图 3-4　插皮接

a）削接穗　b）切砧木　c）插入接穗　d）绑扎

后，将砧木由接口上端剪去，把接穗由接口下部剪断，成为一个新的植株，如图 3-6 所示。

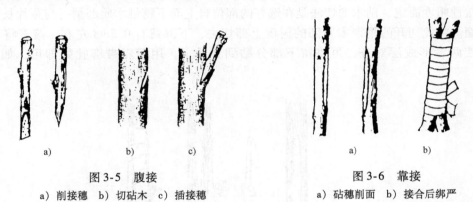

图 3-5　腹接　　　　　　　　　　图 3-6　靠接

a）削接穗　b）切砧木　c）插接穗　　　　a）砧穗削面　b）接合后绑严

6）髓心形成层对接。髓心形成层对接多用于针叶树种的嫁接。以砧木的芽开始膨胀时嫁接最好，也可在秋季新梢充分木质化时进行嫁接。削接穗时，剪取带顶芽长 8～10cm 左右的一年生枝作接穗。除保留顶芽以下十余束针叶和 2～3 个轮生芽以外，其余针叶全部摘除。然后从保留的针叶 1cm 左右以下开刀，逐渐向下通过髓心平直切削成一削面，削面长 6cm 左右，再将接穗背面斜削一小斜面。利用中干顶端一年生枝作砧木，在略粗于接穗的部位摘掉针叶，摘去针叶部分的长度略长于接穗削面。然后从上向下沿形成层或略带木质部处切削，削面长、宽皆同接穗削面，下端斜切一刀，去掉切开的砧木皮层，斜切长度同接穗小斜面相当。将接穗长削面向里，使接穗与砧木之间的形成层对齐，小削面插入砧木面的切口，最后用塑料薄膜绑扎严密，如图 3-7 所示。

（2）芽接　用芽作接穗进行的嫁接称为芽接。芽接的优点是节省接穗，一个芽就能繁殖成一个新植株；对砧木粗度要求不高，一年生砧木就能嫁接；技术容易掌握，效果好，成活率高，可以迅速培育出大量苗木。根据取芽的形状和结合方式不同，芽接的具体方法有嵌芽接、丁字形芽接、方块芽接、环状芽接等。

1）嵌芽接。嵌芽接又叫带木质部芽接。这种方法嫁接结合牢固，有利于嫁接苗生长，在生产中被广泛应用。切削芽片时，自上而下切取，在芽上部 1～1.5cm 处稍带木质部往下

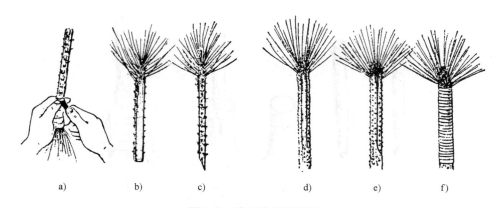

图 3-7　髓心形成层对接

a）削接穗　b）接穗正面　c）接穗侧面　d）切砧木　e）砧、穗贴合　f）绑扎

切一刀，再在芽下部 1.5cm 处横向斜切一刀，即可取下芽片，一般芽片长 2～3cm，宽度不等，依接穗粗度而定。砧木的切法是在选好的部位自上而下稍带木质部削一与芽片长宽均相等的切面。将此切开的稍带木质部的树皮上部切去，下部留有 0.5cm 左右。接着将芽片插入切口使两者形成层对齐，再将留下部分贴到芽片上，用塑料带绑扎好即可，如图 3-8 所示。

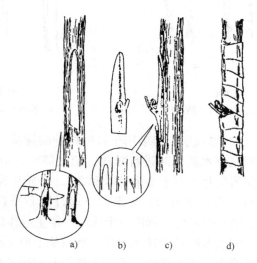

图 3-8　嵌芽接

a）取芽片　b）芽片形状　c）插入芽片　d）绑扎

2）丁字形芽接。丁字形芽接又叫盾状芽接、"T"字形芽接，是育苗中芽接最常用的方法。砧木一般选用一、二年生的小苗。采当年生新鲜枝条为接穗，立即去掉叶片，留叶柄。先从芽上方 0.5cm 左右横切一刀，刀口长约 0.8～1cm，深达木质部，再从芽片下方 1cm 左右连同木质部向上切削到横切口处取下芽，芽片一般不带木质部，芽居芽片正中或稍偏上一点。距地面 5cm 左右，选取光滑部位横切一刀，深度以切断皮层为准，然后从横切口中央切一垂直口，使切口呈 "T" 字形。把芽片放入切口，往下插入，使芽片上边与 "T" 字形切口的横切

口对齐。然后用塑料带把切口包严，注意将芽和叶柄留在外面，如图3-9所示。

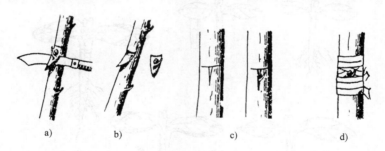

图3-9　丁字形芽接
a）削取芽片　b）芽片形状　c）切砧木　d）插入芽片和包扎

（3）草本植物嫁接　草本植物的植株一般比较嫩，嫁接工具用双面刀、嫁接荚等。通常采用劈接和靠接等方法。

1）瓜类、茄果类嫁接。瓜类为双韧维管束构造，以木质部为中心内外都有韧皮部，以同心方式分布于茎的周围。嫁接后砧木与接穗的另一侧也轻轻地破皮再接，可增加愈合面积，提高成活率。

① 靠接是目前瓜类、茄果类植物嫁接中最普遍采用的一种方法。其操作过程为：在接穗苗第一片真叶展开时进行，将接穗子叶正下方距子叶 1.5cm 处，向上切一个 30°角的斜口，深度达茎粗的 4/5。在砧木子叶完全展开，苗高 5～7cm 时进行，切下砧木的生长点，在与子叶伸展方向相平行的子叶下方 0.5～1.0cm 处，向下 40°角切一个长 0.7cm 左右的切口，深达茎粗的 3/5。将两个斜口对合在一起，使接穗子叶排在砧木子叶之上，并呈"十"字形，然后用嫁接夹固定，如图3-10所示。

② 劈接是成活率较靠接更高的一种嫁接方法。劈接的优点是嫁接部位较高，浇水不会造成接口进水。其操作过程为：在瓜类接穗长出二、三片真叶、茄果类接穗长出五片真叶时进行嫁接，在子叶下方约 1.5cm 左右处截断接穗，削一个长 1cm 左右的楔形切口。在砧木长出一片真叶时进行，将砧木的生长点用双面刀片小心去掉，注意要去除干净。然后用竹刀在两片子叶中间纵刺，不要把砧木表皮刺破。将两片真叶的接穗下部楔形部分插入切口，将竹刀取出即可，如图3-11所示。

2）菊花嫁接。用黄蒿、铁杆蒿等生长旺盛的植物做砧木，用大立菊做插穗，进行多次枝接，并通过扎制的方法，做成菊花伞、菊花宝塔、菊花圆镜、菊花球等各种大造型，提高观赏价值。接穗选用中花型的品种，有利于增

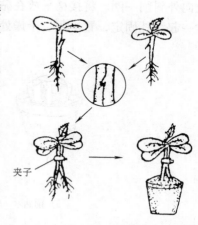

图3-10　瓜类、茄果类靠接

加花朵的数量和大小，可单一，也可多色品种配置。将接穗前端部分叶片剪去，减少水分蒸发，离顶 5～6cm 处向下削成楔形。在 3～4 月份将生长健壮的黄蒿等，从陆地移进大花盆中，加强水分管理，并按所需高度摘心定形，培养成主枝粗壮、侧枝茂盛，符合设计要求的砧木。砧木需要嫁接的部分，把枝条的顶剪去，留 5～10cm，但要注意枝条不宜过老，以

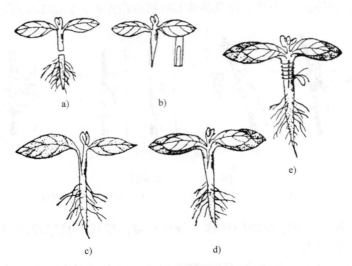

图 3-11　瓜苗劈接

a）截接穗　b）削接穗　c）劈砧木　d）插入　e）绑扎

免造成枝条空心，嫁接成活率下降。砧木横断面纵切一刀，将接穗插入砧木中，用塑料条绑扎紧。根据实际情况，每隔10d，一层一层地嫁接，最后封顶。

（4）仙人掌类植物嫁接　仙人掌类植物嫁接应使维管束相接才能成活。5～6月是嫁接的适宜时期。嫁接方法有平接、劈接和斜插接三种。

1）平接。球形仙人掌类多采用平接的方法。先把砧木的顶部横切削平，再把四周的皮肉呈30°角向外向下削掉，然后把接穗下部平整地切掉1/3，并按切削砧木的方法将接穗向上向外斜削一圈。将接穗平放在砧木的切口上，髓部对准，维管束相接，然后用线绳连同花盆一起绑扎固定，置半阴、干燥处养护，如图3-12所示。

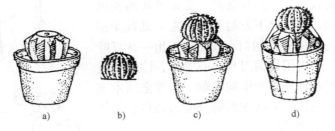

图 3-12　仙人掌平接

a）削砧木　b）削接穗　c）接穗与砧木对准确　d）绑扎

2）劈接。劈接常用于柱状仙人掌类作砧木，嫁接具有扁平茎节的悬垂性种类。劈接的方法是：先将砧木留一定高度横切，并劈开约3cm左右，将接穗削成楔形，长度与砧木切口相等，露出维管束。然后，将接穗插入砧木髓部，使两者维管束对齐并固定，放置在半阴半干处养护，如图3-13所示。

3）斜插接。斜插接多用于仙人掌或三棱剑作砧木，嫁接仙人指或蟹爪兰等扁平接穗。先用利刃从砧木顶部插入2～3cm，将用作接穗的仙人指或蟹爪兰基部两面皮层削掉1～

2cm，插入砧木切口内，无需绑扎，用较长的仙人球刺或细牙签在插接处横刺固定即可，置荫蔽无风处养护。

4. 嫁接苗的管理

（1）检查成活、解除绑缚物及补接　枝接一般在接后 20～30d 可进行成活率检查。成活后接穗上的芽新鲜、饱满，甚至已经萌发生长；未成活则接穗干枯或变黑腐烂。芽接一般接后 7～14d 即可进行成活率检查，成活的叶柄一触即掉，芽体与芽片呈新鲜养成状态；未成活则芽片干枯变黑。在检查时如发现绑缚物太紧，要松绑或解除

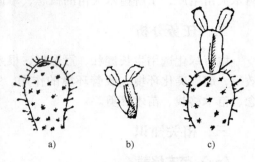

图 3-13　仙人掌劈接
a）砧木　b）接穗　c）固定

绑缚物，以免影响接穗的发育和生长。一般当芽长到 2～3cm 时，即可全部解除绑缚物，生长快的植物，枝接最好在新梢长到 20～30cm 时解绑。如果过早，接口仍有被风吹干的可能。嫁接未成活应在其上或其下错位及时进行补接。

（2）剪砧、抹芽、除蘖　嫁接成活后，凡在接口上方仍有砧木枝条的，要及时将接口上方砧木部分剪去，以促进接穗生长。可采取一次剪砧，即在嫁接成活后，春季开始生长前，将砧木自接口上方剪去，剪口在接芽上方 0.5～1cm 处，向芽的反侧略倾斜。嫁接成活后，砧木常萌发许多蘖芽，要及时抹除，以免与接穗争夺水分和养分。

四、任务实施

1. 准备工作

（1）材料、用具准备

1）材料：接穗、供嫁接用的砧木苗或树木等。

2）用具：枝剪、嫁接刀、嫁接膜（塑料条）等。

（2）砧木准备　按播种苗要求，培育好砧木苗。

（3）选择嫁接季节　根据实习基地条件，选择适宜的嫁接季节，重点操练切接、劈接、靠接等方法。

2. 实施步骤

（1）切砧木　切口大小与接穗削面相当。

（2）削接穗　削面要光滑，长度适当，速度快。

（3）接入　砧木与接穗的形成层对齐。

（4）绑扎　封严接口，松紧适度。

（5）管理　检查成活、解除绑缚物、补接、剪砧、抹芽、除蘖。

任务 5　园林树木大苗生产

一、任务描述

大苗是指经移栽、修剪和多年培育，成为符合城市绿化要求的苗木。学习的任务是园林

树木大苗生产，了解树木大苗的概念，掌握树木大苗培育方法，会移栽，会修剪。

二、任务分析

城市绿化选用生长健壮、冠形好、根系发达的大苗，可以很快达到绿化、防护等的预期效果，起到美化环境、改善环境的作用。完成本任务需要掌握的知识面有：树木大苗的概念、苗木移栽、苗木修剪。

三、相关知识

（一）苗木移栽

1. 移栽苗的苗龄

用播种或营养繁殖方法培育的小苗，苗木密度大，每个苗木所占营养空间小，要培育大苗必须进行移栽。根据园林绿化对各种规格苗木的要求和培育方式需要，可移栽一次或多次。移栽能够扩大苗木生长的营养空间，如光照空间，通风空间，枝干生长空间，根系生长、吸收水分和营养的空间。移栽时对根系的修剪，还能刺激苗木根系发育，多生须根，提高绿化成活率。

苗木开始移栽的苗龄，视树种和苗木生长情况确定。速生的阔叶树，播种后第二年即应移栽，如刺槐、国槐、元宝枫、香椿等；银杏由于播种苗生长缓慢，可以两年后移栽；白皮松、油松等苗期生长较慢，第二年可移栽，也可留床一年，第三年再移栽。同一种苗木由于培育环境的差异，幼苗的年生长量不同，视苗木生长情况确定移栽苗龄。

2. 影响移栽苗成活的因素

影响移栽苗成活的因素有两方面。一是由不同树种的遗传特性决定，有些苗木侧根和须根很少，影响移栽的成活；二是环境因素，移栽苗根系受损严重、起苗后放置时间过长、太阳曝晒、移栽后土壤干燥等，都容易使苗木失水，而影响苗木移栽成活。

3. 移栽时间

（1）春季移栽　一般在春季土壤解冻、苗木萌动前进行。苗木根系萌动生长要求的温度比地上部分低，萌动比地上部分早。在北方，早春土壤解冻时含水量较大，这时移栽苗的根系伤口在土壤中很快愈合、长出新根。待天气变暖，地上部分开始萌动时，给根系及时提供水分，使苗木成活。移栽后及时灌溉，使苗木吸收充足的水分，保证苗木有更高的成活率。

（2）秋季移栽　秋季苗木地上部分生长停止后，根系还在生长时进行移栽。这时地上部分停止生长，消耗养分较少，移栽后根系受伤部分在土壤结冻前还可以愈合、长出新根，使苗木成活。秋季移栽不可太晚，否则根系停止生长，对苗木成活不利。移栽后需要及时浇水，越冬前需要采取覆土等保护措施，防止苗木受冻害。

（3）夏季移栽　一般常绿树在夏季多雨时移栽较好，这时土壤水分充足，空气湿度较大，易于保持苗木水分平衡，成活率高。阔叶树夏季移栽时要对树冠进行修剪，防止水分大量蒸发，影响苗木生长和成活。有些苗木还要遮阴，防止曝晒，影响成活率。

4. 移栽次数

移栽次数要根据绿化用苗的具体要求确定。培养行道树苗木、风景林苗木等，苗木规格大，从幼苗培育到大苗要移栽多次。培育绿篱等小规格苗木移栽的次数要少一些，如桧柏培养大苗，从播种苗培育到符合绿化要求，需要移栽三次以上；同是桧柏，培养绿篱用苗一般移栽两次即可符合要求。苗木多次移栽可以促进根系的生长发育，有利于以后的绿化定植成活。

5. 移植密度（株行距）

移植密度（株行距）取决于苗木生长速度、气候条件、土壤肥力、苗木年龄、培育年限、抚育管理措施等。一般阔叶树的株行距比针叶树的大；速生树种的株行距比慢生树种的大；培育年限长的株行距比短期培育的要大；以机械化进行苗期管理的比人工管理的要大；另外苗冠开张，侧根和须根发达的株行距也应大。

6. 移栽方法

（1）**人工移栽**　人工移栽有穴植法、沟植法。穴植法适用于移栽大苗；沟植法适用于移栽小苗。

1）穴植就是根据规定的株行距，挖坑栽植，坑的大小依苗木根系大小确定。栽植深度要求下不窝根，上不露原地径痕印（深 1~2cm），以防止土壤下沉根系外露。为防止栽植窝根，裸根移栽时先覆一部分土后轻轻提一下苗木，使根舒展，然后再覆土踩实。

带土球移栽适合大苗，土球大小视苗木大小确定，一般以干径的 7~10 倍做参考，能将主要根系包裹在土球中即可。小的土球可不包扎，移栽时要轻拿轻放。大的土球要包扎，可用蒲包、草绳等材料，包扎程度以土球不散为准。栽植时将苗木放到栽植坑后应去掉包扎材料，以便根系的生长。

2）沟植法有两种方式，一种是栽在垄上，适用于小苗，垄间的沟作灌溉和排水用，特点是侧方灌溉，容易排水，垄上的土壤温度较高有利于苗木的生长。另一种是栽植在垄沟里，特点是灌溉方便，但不易排水，这种方式适合干旱地区使用。

（2）**机械移栽**　机械移栽即穴植和沟植，视机械的功能确定。有些机械要辅以人工方法，如挖坑机械，挖好坑后，可以人工栽植，小苗可以裸根移栽，大苗可以带土球移栽。

7. 抚育措施

苗木移植后，为了确保移植成活率，促进苗木快速生长，生产上应做好抚育管理工作，主要包括施肥、灌水、中耕、修剪及病虫害防治等内容，将在项目6中讲述。

（二）苗木修剪

园林苗木培育主要是培养良好的树干和冠形即养干、养冠，可以通过修剪完成。常用的大苗培育方法有如下几种。

1. 逐年养干法

落叶树种中的银杏、柿树、水杉、落叶松等乔木，在幼苗培育过程中干性比较强，又不容易弯曲，而且生长速度较慢，一般采用逐年养干的方法。逐年养干必须注意保证主梢生长的绝对优势，当侧梢太强、超过主梢，或与主梢发生竞争时，要抑制侧梢的生长，可以采取摘心、拉枝等方法加以抑制。同时应注意人为、自然等因素损坏主梢。

2. 平茬催干法

平茬催干法是快速培养树干的重要措施之一。对于已经过根系培养的苗木，可以在早春将树干自地面平截，用肥土覆盖堆成5cm高的小土堆。当萌蘖长到15~20cm时，选留一个健壮、旺盛、较为直立的枝条作为主干培养，剪去其余萌蘖枝条。在常发生风害的地区，可选取留两个枝条培养，到5月份枝条开始木质化后，再留一去一，培养主干。加强田间管理和水分供应，一般平茬当年即可达到干高要求。平茬当年主要是加强肥水管理，剪去萌蘖及树干下部分枝，当高度达到要求后，剪去顶梢促发分枝，增加苗木枝叶量，加速营养物质的制造和积累，使干径快速增粗。平茬催干法适宜萌蘖强、生长较快的树种，如楸树、刺槐、法桐、合欢等。对于平茬当年形成干形较差、不具备继续培养价值的苗木，也可于翌年采用此法重新养干。

3. 斩梢截干法

苗木萌芽前，在苗干有饱和芽处，剪去以上细弱梢部，抹去剪口芽下的3~5个侧芽，促使剪口芽萌发向上生长，形成新的主梢，培养较顺直的主干。斩梢截干法适宜生长速度较慢的树种，如皂荚、国槐、白蜡等较为耐寒的树种。对于平茬未达到干高要求的苗木，可采取此法继续接干培养。

4. 高桩插干法

高桩插干法也称为长干插、长枝扦插。可结合树木修剪，截取1~2m甚至更长一至多年生枝干做插穗，进行扦插，使其生根发芽，在短时间内培养成具有主干的大苗。此法适用于较易生根的树种，如柳树类及法国梧桐等。

5. 高接换头法

园林苗木有很多品种都是用嫁接法繁殖的，高接换头法是选用具有良好树干的大规格苗木做砧木，采用嫁接方法换头，以培养树冠。为了加快育苗速度、缩短育苗时间，可以采用多头嫁接法进行大苗培育。高接换头法适用的树种有广玉兰、樱花、碧桃、紫叶李、海棠类、美人梅和紫叶矮樱等。

6. 分株养冠法

许多园林苗木能够萌生根蘖，具有丛生的特性，可以把根蘖或丛生枝从母株上分割下来，进行栽植，培育成新的植株。分割下来的植株因带有根系易于快速培养成形。许多丛生性灌木和部分乔木可以进行分株，如丁香、石榴、紫荆、椿树、刺槐、枣树和紫玉兰等。

7. 成苗改造法

成苗改造法也称为废苗改造法，是对树形较差、价值较低或不适合在园林上使用的大规格苗木进行树形改造、培育园林大苗的一种方法。一些丛生型花木在一定时间内未能出售，其树形过大，生长衰退，其主枝已较为粗大，可选留一主枝作为主干，去除其余枝条，进行复壮及树形培养，短时间内即可育成具有较高价值的大规格独干苗，此方法既为废苗找到出路，又可卖出更高价格，如丁香、榆叶梅等。许多果园初建时进行密植，几年后则需间伐。此类树木规格较大，经过改接换头或改形，很快即可育成价值较高的园林观赏树种，如桃、李、杏等可改接成樱花、碧桃、紫叶李、美人梅等。还有许多果树可作为园林树种应用，但作为果园生产时定干低，树形多为开心形，不便于园林使用。对这类苗进行简单的提干处理和树形改造，即可成为园林中可以应用的大苗，创造较高的经济价值。

四、任务实施

1. 准备工作

（1）材料准备　当地苗圃需要培育大苗的各种苗木。稻草（或麦秸）、草绳、蒲席（或草帘）、筐篓、塑料袋、塑料薄膜、标签、（或木牌）等。

（2）工具准备　铁锹、剪枝剪、喷壶等。

2. 实施步骤

（1）苗木移栽　根据苗木大小采取穴植法、沟植法移栽。

（2）苗木修剪　根据苗木的干形和冠形采取相应的修剪方法养干、养冠。

任务6　苗木调查及出圃

一、任务描述

培育的各类苗木达到绿化要求的质量标准，即可出圃。学习的任务是了解苗木的质量标准，熟悉苗木调查方法，会统计苗木数量，掌握出圃苗木的规格要求，能够对苗木分级，会起苗、捆扎、包装、假植操作。

二、任务分析

苗木出圃是育苗作业的最后一道工序，为了保证绿化苗木的质量和观赏效果，需要调查苗木，确定苗木的产量和苗木出圃的规格要求。完成本任务需要掌握的知识面有：苗木调查、苗木分级、起苗、修剪、统计、包装运输、假植和贮藏。

三、相关知识

（一）苗木调查

出圃前必须掌握苗木的产量和质量，因此要进行苗木调查，以便做好苗木出圃、移植和生产计划等工作，并为总结育苗经验提供科学依据。苗木调查时间通常在苗木停止生长后至出圃前进行，按植物种类、育苗方式、苗木种类和苗木年龄分别进行。苗木调查方法有标准行法、标准地法、计数统计法等。

1. 标准行法

（1）抽标准行(垄)　在育苗区内，采用随机抽样办法，每隔几行抽取一行。隔的行数视这种苗木面积确定，面积小的隔的行数少一些，面积大的隔的行数多一些，一般是"5"的倍数。

（2）抽标准段　在抽出的标准行上，隔一定距离，机械地抽取一定长度的标准段。一般标准段长1m或2m，大苗可长一些，样本数量要符合统计抽样要求。

（3）统计、测量　在标准段中统计苗木的数量，测量每株苗木的苗高和地径(大苗如杨树、柳树、国槐、杜仲、白蜡、栾树等测量胸径)，记录在苗木调查统计表中。

（4）计算　根据标准段计算每米平均的苗木数量。统计所有标准段每株苗木的苗高和地径，给出规格范围，统计各种规格的数量。最后推算出每公顷和整个育苗区苗木的数量和各种规格苗木的数量。

2. 标准地法

标准地法与标准行法相比较，其统计方法、步骤相似，本方法适用于苗床育苗，以面积为标准计算，以 1m×1m 为标准样方，在育苗地上机械地抽取若干个样方，样方数量符合统计要求，数量多，结果准确。统计每个样方上的苗木数量，测量每株苗木的高度和地径，记录在苗木调查统计表中。根据标准行法的统计方法，计算出每公顷和整个育苗区苗木数量和各种规格苗木的数量。

3. 计数统计法

计数统计法是逐一统计法，适用于珍贵的苗木和数量比较少的苗木。逐一统计，测量高度、地径和冠幅，填入苗木调查统计表中，根据规格要求分级。根据育苗地的面积，计算出单位面积产苗量和各种规格苗木的数量。

（二）苗木质量要求及苗龄表示方法

1. 苗木质量要求

苗木质量是指苗木的生长发育能力和对环境的适应能力以及由此产生的在同一年龄、相同培养方式、相同培育条件下的较大生物量和美观的树姿树形。在园林苗圃生产中，常用一些形态指标评价苗木质量（苗木必须有相同的培育方式和培养条件），如苗高、地径、高径比（苗高与地径之比，高和径均采用 cm 为单位）、茎根比（苗木地上部分与根系的重量或体积之比，反映苗木地上部分和地下部分的平衡关系）、冠幅、冠形、根系长度等。

（1）苗木生长健壮　株形美观，株体结构合理，苗高、胸径（或地径）等符合绿化要求。

（2）根系发育良好　主根短而直，侧根、须根多，绿化栽培易成活。

（3）苗木茎根比小、高径比适宜、苗木重量大　茎根比小，反映出根系较大，一般表明苗木生长强壮。高径比反映苗木高度与苗木粗度之间的关系，高径比适宜的苗木，生长匀称、干形好、质量高。苗木重量反映苗木的生物量，同样条件下生长的苗木，生物量大的，表明苗木质量高。

（4）无病、虫感染，无机械损伤　顶端优势明显的树种，如针叶树，顶梢顶芽不能损伤。有的树种的苗木树梢、顶芽一旦受损，不能形成良好完整的树冠，影响绿化效果。

2. 苗木出圃的规格要求

苗木出圃的规格根据绿化任务的不同要求来确定，北京市园林局园林苗木出圃的规格见表3-9，各地可参照制定相应的标准。

表3-9　苗木出圃的规格标准

苗木类别	代表树种	出圃苗木的最低标准	备　注
大中型落叶乔木	合欢、槐树、毛白杨、元宝枫	要求树形良好，干直立，胸径在3cm 以上（行道树在4cm 以上），分枝点在2～3m 以上	干径增加 0.5cm 提高一个规格级
常绿乔木	雪松、桂花、广玉兰、深山含笑	要求树形良好，主枝顶芽苗壮、明显，保持各树种特有的冠形，苗干下部枝叶无脱落现象。胸径 5cm 以上，苗木高度在 1.5m 以上	高度每增加 50cm 提高一个规格级

（续）

苗木类别		代表树种	出圃苗木的最低标准	备　注
有主干的果树，单干式灌木，小型落叶乔木		苹果、柿树、榆叶梅、紫叶李、碧桃、西府海棠	要求主干上端树冠丰满，地际直2.5cm以上	地际直径每增加0.5cm提高一个规格级
多干式灌木	大型灌木类	丁香、黄刺玫、珍珠梅	要求地径分枝处有三个以上的分布均匀的主枝，出圃高度80cm以上	高度每增加30cm提高一个规格级
	中型灌木类	紫薇、木香、玫瑰、棣棠	要求地径分枝处有三个以上的分布均匀的主枝，出圃高度50cm以上	高度每增加20cm提高一个规格级
	小型灌木类	月季、郁李、小檗	要求地径分枝处有三个以上的分布均匀的主枝，出圃高度30cm以上	高度每增加10cm提高一个规格级
绿篱苗木		黄杨、侧柏	要求树势旺盛，全球成丛，基部丰满，灌丛直径20cm以上，高50cm以上	高度每增加20cm提高一个规格级
攀援类苗木		地锦、凌霄、葡萄	要求生长旺盛，枝蔓发育充实，腹芽饱满、根系发达，每株苗木必须带有2~3个主蔓	以苗龄为出圃标准，每增加一年提高一级
人工造型苗		黄杨球、龙柏球	出圃规格不统一，应按不同要求、不同使用目的而定	

3. 苗龄表示方法

中华人民共和国国家标准《主要造林树种苗木质量分级》（GB 6000—1999）适用于林业苗木，但该标准对苗龄的定义园林苗圃可做参考。

苗木的年龄是指从播种、插条、埋根到出圃，苗木实际生长的年龄。一个年生长周期为一个苗龄单位。

苗龄用阿拉伯数字表示，第一个数字表示播种苗或营养繁殖苗在原地的年龄；第二个数字表示第一次移植后培育的年数；第三个数字表示第二次移植后培育的年数，数字间用横短线间隔，各数字之和为苗木的年龄，称几年生。如：1—0 表示一年生播种苗，未经移植；2—0 表示二年生播种苗，未经移植；2—2 表示四年生移植苗，移植一次，移植后继续培养两年；$1_{(2)}$—0 表示一年生干二年生根未经移植的插条苗、插根苗或嫁接苗；$1_{(2)}$—1 表示二年生干三年生根移植一次的插条苗、插根苗或嫁接苗。

（三）苗木出圃

苗木出圃的内容包括起苗、苗木分级、假植和统计苗木数量等。

1. 起苗

（1）起苗季节　起苗季节原则上是在苗木休眠期进行，生产上常分秋季起苗和春季起苗，但常绿树若在雨季栽植时，也可在雨季起苗。

1）秋季起苗。秋季起苗，苗木地上部分生长虽已停止，但起苗移栽后根系还可以生长一段时间。若随起随栽，翌春能较早开始生长，且利于秋耕制，能减轻春季的工作量。

2）春季起苗。大多数苗木的起苗一般在早春进行，起苗后立即移栽，成活率高。常绿树种及根系含水量较高不适于长期假植的树种，如泡洞、枫杨等可在春季起苗。

另外一些常绿树种在雨季起苗后立即栽植，成活率高，效果也好，可安排在雨季起苗。

（2）起苗规格　苗木根系好坏是苗木质量等级的重要指标，直接影响苗木栽植后成活及苗木的生长。因此，应确定合理的起苗规格。规格过大，花工多，挖掘、搬运困难；规格过小，伤到根系，影响苗木的质量。起苗规格主要根据苗高或苗木胸径的大小来确定。

（3）起苗方法　起苗要达到一定的深度，要求做到少伤侧根、须根，保持比较完整根系和不折断苗干，不伤顶芽。一般针、阔叶树起苗深度为 20～30cm，扦插苗为 25～30cm。为防止风吹日晒，将起出的苗木根部加以覆盖或作临时假植。起苗方法分裸根苗和带土苗两种，具体操作将在项目4讲述。

2. 苗木分级

参照《主要造林树种苗木质量分级》（GB 6000—1999）中的规定，以地径为主要指标，苗高为次要指标，根系作为参考，将苗木分为三级：Ⅰ级苗为发育良好的苗木；Ⅱ级苗为基本上可出圃的苗木；Ⅲ级苗为不能出圃的弱苗，应留圃后继续培养一段时间，达到一定规格后方可出圃。另外还有一种不宜出圃，无继续培养价值的弱小苗即为废苗。Ⅰ、Ⅱ级苗是合格苗，可以出圃。

3. 统计苗木的数量

分级之后即将苗木加以统计并算出总数，苗木产量包括Ⅰ、Ⅱ、Ⅲ级苗木数量的总和。没有达到出圃规格，无继续培养价值的弱小苗不计入苗木的产量。

4. 苗木包装

苗木分级以后，通常是按级别，以25株、50株、100株等数量捆扎、包装。包装是苗木出圃的重要环节。据有关试验结果表明，许多一年生播种苗春季在阳光下晒60min绝大多数苗木死亡，而且经过日晒的苗木即使成活后再生长也受影响。由此可见，苗木运输时间较长时，要进行细致的包装(详见项目4)。

5. 检疫与消毒

（1）苗木检疫　为了防止危险性的病虫害随着苗木的调运传播蔓延，把危险性病虫害限制在最小范围内。对于出圃的苗木，特别是在调往不同地区的苗木，按有关规定要进行检疫，以防止病虫害及有毒物质传播。苗木检疫由国家植物检疫部门进行，检疫地点限在苗木出圃地。一般可按批量的10%左右随机抽样进行质量检疫，对珍贵、大规格苗木和有特殊规格质量要求的苗木要逐株进行检疫。如需外运或行国际交换时，涉及出圃苗木产品进出国境检验时，应事先与国家口岸植物检疫主管部门和其他有关主管部门联系，按照有关规定，履行植物进出境检验手续。通过检验取得有关证明合格并经批准，方可调运苗木。检验证明见《苗木检验合格证书》（表3-10），发现检疫对象应立即停止调动，并及时进行处理。

表 3-10　苗木检验合格证书

编号		发苗单位			
树种名称		学名			
繁殖方式		苗龄		规格	
批号		种苗来源		数量	
起苗时期		包装日期		发苗日期	
假期或贮藏日期		植物检疫证号			
发证单位		备注			

检验人（签字）　　　　负责人（签字）　　　　　　　　　　签证日期：　　年　月　日

（2）苗木消毒　苗木除在生长阶段用农药进行杀虫灭菌外，苗木出圃时最好对苗木进行消毒。消毒方法有药剂浸渍、喷洒或熏蒸等。药剂消毒可用石硫合剂、波尔多液等，对地上部分喷洒消毒和对根系浸根处理，浸根 20min 后，用清水冲洗干净。消毒可在起苗后立即进行，消毒完毕，苗木可做后续处理，如对根系蘸泥浆、包装、假植等。用氰酸钾气熏蒸，能有效地杀死各种虫害。熏蒸时先将硫酸倒入水中，再倒入氰酸钾，立即离开熏蒸室，并密闭所有门窗，严防漏气，以免中毒。熏蒸后要打开门窗，等毒气散尽后，方能入室。熏蒸的时间依植物种类的不同而异。

6. 苗木假植和贮藏

（1）苗木假植　苗木起苗后，如不及时栽植，应进行假植或采取相应措施进行贮藏。假植就是将苗木根系用湿润土壤进行临时性的埋植，目的在于防止根系干燥或遭其他损害。当苗木分级后，如果不能立即栽植，则需要进行假植。根据假植时间长短，分为临时假植（短期假植）和越冬假植（长期假植）。

1）临时假植。临时假植是指起苗后若不能马上进行栽植，临时采取保护苗木的措施。假植时间短，也称为短期假植。其方法是选择地势较高、排水良好、避风的地方，采取人工挖一条浅沟，沟一侧用土培成斜坡，将苗木沿斜坡逐个放置（小苗也可成捆排列），树干靠在斜坡上，把根系放在沟内，用土埋实。

2）越冬假植。越冬假植是指秋季起苗，春季栽植，需要越冬的苗木临时栽植。假植时间长，也称为长期假植。其方法是选择背风向阳、排水良好、土壤湿润的地方挖假植沟。沟的方向与当地冬季主风方向垂直，沟深一般是苗木高度的一半，长度视苗木数量而定。沟形状与短期假植相同，沟挖好后将苗木逐个整齐排列靠在斜坡上，排一排苗木盖一层土，把根系全部埋入土中，盖土要实，并用草袋覆盖假植苗的地上部分。假植要做到"疏排、深埋、实踩"，使根土密接。

（2）苗木贮藏　苗木贮藏是指将苗木置于低温下保存，主要目的是为了保证苗木安全越冬，不致因长期贮存而降低苗木质量，并能推迟苗木萌发期，延长栽植时间。低温贮藏的条件：温度控制为 0～3℃，以适于苗木休眠，而不利于腐烂菌的繁殖；空气相对湿度为 85%～90% 以上，并有通风设备。可利用冷藏库、冰窖以及能够保持低温的地下室和地窖等进行贮藏。

（3）假植贮藏应注意的事项

1）假植时放苗不可过密，埋土要严实。

2）出圃的灌木已经成丛，根部不易埋严，在埋土操作时，一定要细致，务必把根部全部用土埋好；对易干梢条的树种，如花椒、紫薇、木槿等，假植后还应进行灌水，灌水后再用湿土把裸露的根埋严。

3）为了有利于苗木栽植成活，同时也易于假植工作，对苗木要进行修剪，主要以短截为主，对要求有轴的树种，要注意保护主尖，此次作为粗剪，待苗木栽植后再进行细剪。

四、任务实施

1. 准备工作

（1）材料准备　针阔树种的各种苗木。稻草（或麦秸）、草绳、蒲席（或草帘）、筐篓、塑料袋、塑料薄膜、标签、（或木牌）等。

（2）工具准备　起苗犁、起苗锄、锹、钢卷尺、量径卡尺、剪枝剪等。

（3）调查方法的确定　调查方法在一定程度上影响着调查结果的准确性，故必须根据绿化工程、苗圃面积、育苗方式来确定苗木的调查方法。

2. 实施步骤

（1）苗木调查　测量高度、地径和冠幅，填入苗木调查统计表中，根据规格要求分级。根据育苗地的面积，计算出单位面积产苗量和各种规格苗木的数量。

（2）起苗　人工起苗或机械起苗。

（3）分级和统计

（4）包装

（5）假植和贮藏

任务7　育苗新技术与工厂化育苗

一、任务描述

育苗新技术包括压条、埋条、分株育苗，穴盘育苗，全光喷雾扦插育苗，组织培养育苗与工厂化育苗。学习的任务是了解育苗新技术与工厂化育苗，了解组织培养育苗与工厂化育苗，熟悉压条、埋条、分株育苗方法，掌握穴盘育苗、全光喷雾扦插育苗的规格要求，会压条、埋条、分株育苗。

二、任务分析

为了提高苗木的质量和育苗效率，实现规模化的苗木生产，苗木生产中不断进行技术革新，产生了一些新的技术，很多企业实现了工厂化育苗。完成本任务需要掌握的知识面有：压条、埋条、分株育苗、穴盘育苗、全光喷雾扦插、植物组织培养、工厂化育苗。

三、相关知识

（一）压条、埋条、分株育苗

1. 压条育苗

压条育苗是将未脱离母株的枝条压入土壤中，待其生根后再把它从母体上切断，使其成为一株独立的新植株的方法。此法多用于观赏树，如桂花、雪松、玉兰、白兰花、桧柏等。压条幼苗所需的水分、养分都由母体供应，而埋入土中部分又有黄化作用，故生根可靠，且成苗快。对插条不易生根的植物，采用此法育苗效果较好。压条育苗的方法可分低压法和高压法两种。

（1）低压法　将离地面近且柔软可弯曲的枝条，在准备生根处进行刻伤或环剥（只剥去一圈韧皮部）然后弯至地面埋入土中压实，待被埋部分生根后，即可使其与母体脱离，成为独立的苗木，如图3-14所示。

（2）高压法　对木质坚硬、枝条不易弯曲或树冠过高无法进行低压的树种，应采用高压法。先在准备生根处割伤枝条表皮，深达木质部，用湿润的苔藓或肥沃的泥土均匀敷于枝条上，外面用草、塑料薄膜或对开的竹筒包扎好，注意保持湿润，待其生根后与母体分离，再继续培育，如图3-15所示。

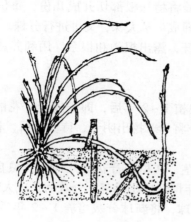
图3-14　低压压条繁殖

图3-15　空中压条法

2. 埋条育苗

埋条育苗是将整个枝条或带根的苗木横埋入土中，使其生根成苗的方法，是扦插育苗的一种特殊形式。对于某些插条不易生根的树种，如毛白杨、泡桐等，用埋条育苗效果良好。埋条生根的原理与插条育苗相同，只是埋条育苗所用枝条长、所含营养物质多，有利于生根和生长，且一处生根全条成活，能同时生长出几株苗木。

为了提高埋条的成活率，春季可随采随埋。也可在落叶后适时采条，所采条子应按粗细分级，如截成段，则要按基部、中部、梢部分别窖藏和育苗。埋条育苗的方法有不带根和带根两种。

（1）不带根埋条　埋条前可先进行浸水催根处理。埋条时，将整好的苗床顺行开沟，沟距40cm，深2~3cm。开沟后一边将枝条平放沟内，一边覆土。覆土厚度随树种、季节和土壤条件不同而异。幼苗顶土力弱的树种稍浅；春埋稍浅，冬埋稍深；土壤黏重稍浅，土壤疏松稍深。一般覆土厚度为种条粗度的1.5倍左右。然后顺行踩实、灌水，保持苗床湿润。

（2）带根埋条　带根埋条适用于干旱地区。将带根的一年生苗，整株平埋在苗床内，使根和梢部弯入土中，苗干和土壤全部密贴，然后覆土2cm，并稍加镇压。

无论带根埋条和不带根埋条，幼苗出土后，苗高20~30cm时，为了促进埋条基部生根要及时培土。待苗高达 50cm 时，用锋利的铁锹从苗木株间截断埋条，使苗木成单株生长，形成完整独立的植株。

3. 分株繁殖育苗

对于丛生、萌蘖性强的灌木和宿根、球根类园林植物进行分离栽植以繁殖新个体的方法，统称为分株繁殖。如牡丹、棕竹、玫瑰、芍药、秋菊、宿根福禄考等。分株繁殖育苗方法简单易行，成活率高。

（1）灌木及宿根类植物分株法

1）分株时期。灌木及宿根类植物分株主要在春、秋季进行，一般春季开花植物宜在秋季落叶后，如牡丹、芍药等。秋、冬花植物应在春季萌芽之前，如蜡梅。

2）分株方法。

① 掘分法。将母株连根挖起，用利刀或斧将植株根部切开成几份，每份上带根系和数根枝条，略修剪后栽植，经培养 2~3 年后，即成一丛大株，又可进行分株。

② 侧分法。将母株根部一侧或两侧土挖开，露出根颈和根系，用利斧劈下一些带根的小株丛，另行栽植，如蜡梅、石榴。

（2）球根植物分株法

1）鳞茎类。取母球上的旁蘖（小鳞茎）栽植 1~2 年后，即长成能开花的大鳞茎。为促使多发旁蘖，如百合、水仙、郁金香等，春季将母球挖出阴干，待变软后，将鳞片分开，填入沙土后再栽，即可形成多个小鳞茎。

珠芽是某些百合茎秆叶腋处气生的小鳞茎，在植株开花后几周即成熟自落。行将脱落时，采收播种在苗床内，覆土 3cm 左右，当年即形成小鳞茎，分栽后长成大球。

2）球茎类。母球栽植后，能形成多个新球，将新球分栽培养 1~2 年后，即长成大球。有些植物如唐菖蒲，用短日照处理可增加小球数。

3）块茎类。将块茎分切成几个带芽眼的小块栽种，每一小块即长成一个植株，如菊芋。

4）块根、根茎类。将肥大的块根或根茎，分切成小块，每块上带 1~2 个芽种植。

（二）穴盘育苗

穴盘育苗是近几年发展起来的一种新的育苗方式，被广泛应用于花卉育苗。它是指用一种有很多小孔的育苗盘（也称为穴盘），在小孔中盛装泥炭和蛭石等混合基质，然后在其中播种育苗，一孔育一苗，亦称普乐格育苗技术。依据植物种类的不同，可一次成苗或仅培育小苗供移植用，这种育苗技术与我国从 20 世纪 70 年代开始到现在仍在普遍使用的"容器育苗"有很大的区别。

1. 穴盘育苗的特点

（1）技术要点 穴盘育苗的主要技术要点有以下几个方面：

1）穴盘中的孔穴呈"倒金字塔"形，这种形状的空间最有利于植物根系迅速而充分地发育，而发达的根系是植物幼苗移栽后生长的首要条件。根据需要，穴盘上的孔穴可大可小，一个约为 70cm×35cm 的穴盘上，可有 72~800 个穴孔。

2）专业化的育苗基质是穴盘育苗技术的关键。穴盘育苗所用的育苗基质，主要是由泥炭苔组成的，同时还加入了珍珠岩、蛭石、树皮、保湿剂以及基本养分。在花卉业发达的国家和地区，穴盘育苗所用的基质已高度专业化，不同的花卉采用不同的穴盘育苗基质，以保证幼苗生长的特殊需要。

3）精致的栽培技术是穴盘育苗技术的核心。根据品种的不同，穴盘育苗的育苗时间通常是 3~6 周，这段时间又可分为四个时期，而不同的时期对养分、水分、pH 值、温度、光照以及植物激素的管理也不尽相同。

（2）穴盘育苗技术的优点　穴盘育苗技术的优点主要有以下几个方面：

1）提高种植苗栽培品质，缩短生产周期。穴盘所育的苗最突出的优点是优良的栽培品质，由于育苗时采用了最适宜的栽培环境和施肥措施，幼苗生长健壮，根系发达。移栽时不会对根系造成伤害，没有缓苗期。与普通自繁苗相比，生产周期可缩短 20%~40%。

2）提高种子和种苗的利用率。通常种子或种苗在生产成本中所占的比例为 30% 左右，穴盘育苗技术可以使种子出苗率和移栽成活率近乎 100%，在一定程度上减少了栽培者引进新品种时投资的风险。

3）使用方便，降低劳动成本。穴盘育苗基质密度小，而且富于弹性，发达的根系将基质固定在一起，移栽和定植十分方便、快捷。穴盘育苗还便于苗木的长途运输。

穴盘育苗技术已成为现代园林植物产业最重要的生产技术之一。目前穴盘育苗技术不仅可以用于实生苗，也可以用于扦插繁殖和组培苗的炼苗。这项现代化的育苗技术已广泛应用于花卉业，美国和欧洲的花卉几乎 100% 使用穴盘育苗，80% 的花卉公司使用的是由专业公司生产的穴盘苗，20% 的公司自产部分穴盘苗。

2. 穴盘育苗的方法

（1）专业穴盘种苗生产　专业穴盘种苗生产企业多采用精量播种生产线，完成从基质搅拌、消毒、装盘、压穴、播种、覆盖、镇压到喷水的全过程。

（2）人工播种穴盘种苗生产　播种量少时也可采取人工播种方法。将草炭、蛭石、珍珠岩按 1:1:1 混合，填满育苗盘，稍加镇压，喷透水。播前 10h 左右处理种子，可用 0.5% 高锰酸钾浸泡 20min 后，再放入温水中浸泡 10h 左右，取出播种，也可晾至表皮干燥后播种。一次处理的种子应尽量当天播完。播种时可用筷子打孔，深约 1cm，不能太深，播种完一盘后覆盖基质，然后喷透水，保持基质有适宜的湿度。

（3）穴盘育苗的管理　穴盘播种后，重叠放入催芽室，保持适当高温（根据不同植物要求适当调整）、高湿，促进发芽。出苗后再转移到温室或大棚内，进行环境调控下的育苗。育成的苗根系发达，与基质紧密结合成锥状坨体，定植后没有缓苗期。穴盘育苗便于采用标准化装置和配套育苗技术，可实现商品化、工厂化生产。

（4）穴盘的规格　穴盘的规格大致有以下几种：72 穴盘（穴孔长 × 宽 × 高 = 4cm × 4cm × 5.5cm，下同）、128 穴盘（3cm × 3cm × 4.5cm）、392 穴盘（1.5cm × 1.5cm × 2.5cm）、200 穴盘（2.3cm × 2.3cm × 3.5cm）等。同时，也有为木本植物育苗设计的专用穴盘，主要是在普通穴盘的基础上，增加盘壁的厚度，增强抗老化性，其使用寿命可达 10 年以上；加深穴孔的深度，并在穴孔内设置棱状突起，能有效防止根系缠绕。木本园林植物育苗穴盘规格见表 3-11。

（三）全光喷雾扦插育苗

全光喷雾扦插育苗是指在自然光照条件下，不加任何遮阳设施，在苗床上安装自动喷雾设备，使其按需要自动喷雾，以降低空气温度，保持叶面湿度，其既能保持插穗体内水分平衡，又能保证叶面进行光合作用的育苗方式。采用这种育苗方式较好地解决了光照与湿度的矛盾，大大提高了扦插成活率，缩短了育苗周期，其已被我国南北地区广泛使用。

园林植物栽培与养护管理　第2版

表 3-11　木本园林植物育苗穴盘规格

型　号	外观规格/cm	穴盘高度/cm	穴孔大小/cm	容积/mL³	育苗数/(株/m²)	包装数/个
96T	335×515	75	38×38	75	560	25
60T	310×530	170	50×50	240	350	10
60T	310×530	150	50×50	220	350	10
60T	310×530	90	50×50	170	350	10
35T	280×360	115	50×50	200	350	20

1. 全光照苗床工作的原理

扦插床能自动喷雾，关键在于电子叶输运的信号。电子叶上有两个电极，当电子叶上的水分挥发，电子叶的两极短路，使湿度自控仪的电源接通，电磁阀打开，接通水源，喷头喷雾；当插穗叶面上喷满水分时，电子叶上也形成了水膜，电子叶就中断了信号，电源断开，停止喷雾。另外，还可用程控仪设置定时喷雾，如喷雾1min，间歇3~5min，这样自动反复循环，使叶面上的湿度始终保持饱和状态，降低温度，有利于生根。

2. 苗床及基质

全光照喷雾苗床多在夏季应用，一般设在向阳，水源、电源方便的地方。苗床面积根据设施和育苗需要而定，为便于排水和通气，苗床的底层用炉渣、石子和粗砂平铺4~10cm，其上再铺10~15cm厚的蛭石、珍珠岩、细沙等作扦插基质。

3. 插穗

插穗要健壮，并保留枝叶，扦插深度4~8cm，扦插不能过密，以叶片展开不重叠为宜。

（四）组织培养育苗

植物组织培养简称组培，是在无菌环境和人工控制的条件下，将植物的器官、组织和细胞进行离体培养，使其形成完整植株的过程，从而达到快速繁殖和脱毒的目的。

1. 组培繁殖的基本原理

植物组织培养是根据细胞全能性的理论发展起来的一项新技术。植物上每个具有完整细胞核的细胞，都具有该植物的全部遗传信息和产生新的完整植株的能力。植物的体细胞也具备遗传信息的传递、转录和翻译能力。体细胞一旦脱离原来所在的器官或组织，成为离体状态时，在一定的营养、激素和环境条件的作用下，就表现出全能性，从而生长发育成完整的植株。

2. 组培室的建设

组培室分为三部分：准备室、接种室、培养室。

（1）准备室　一般将准备室分成两间，一间用作器具的洗涤、干燥、存放，蒸馏水的制备，培养基的配制、分装、包扎、高压灭菌等，同时兼顾试管苗的出瓶、清洗与整理工作；一间用于药品的存放、天平的放置及各种药品的配制。

（2）接种室　接种室主要用于无菌条件下工作，也称无菌操作室，用于材料的表面灭菌、无菌材料的继代转苗等。

（3）培养室　培养室是培养试管苗的场所，温度要求在25~27℃之间，一般通过空调机自动调节温度。

3. 常用设备及器材

（1）准备室的设备与器材

1）天平。组培室中，应备有感量为0.1g的药物天平及0.01g的扭力天平和精密度为

0.0001g 的分析天平。

2）酸度计。酸度计用来测定和调整培养基的 pH 值。

3）蒸馏水器。植物组织培养所用的蒸馏水可用金属蒸馏水器大批制备，重蒸馏水可用硬质玻璃双蒸馏水器制备。

4）烘箱和玻璃仪器烘干器。其用于干燥器皿。

5）电炉。电炉供加热用。

6）药品柜。药品柜供放置药品用。

7）冰箱。冰箱用来保存试剂和母液，贮藏种子、种质等。

8）水槽。水槽用来洗涤器皿。

9）晾干架。晾干架用来放置器皿用。

10）废物桶。废物桶用来暂时放置废弃物。

（2）无菌操作设备与器材 无菌操作设备与器材包括超净工作台、高压蒸汽灭菌锅和接种工具等。

1）超净工作台。超净工作台由鼓风机、滤板、操作台、紫外线灯和照明灯等部分组成。

2）接种工具。接种工具包括镊子、剪刀、解剖刀、酒精灯、双筒实体显微镜。

3）高压蒸汽灭菌锅。高压蒸汽灭菌锅用于培养基、无菌水和接种器械的灭菌消毒。

（3）培养设备 培养设备为培养物创造适宜的光照、温度、湿度、气体等条件的设备。

1）空调机。空调机用于升温降温。

2）定时器。定时器用于控制光照时间。

3）温度控制器。温度控制器用于调节温度。

4）增湿或去湿机。增湿或去湿机用于调节培养室的湿度。

5）培养架。培养架用于放置培养瓶。

6）摇床。摇床作液体培养用。

7）荧光灯。荧光灯为试管苗提供光照。

8）光照培养箱。光照培养箱用于外植体分化培养和试管苗生长。

4. 培养基的成分及配制

生产中常用的培养基常以 MS 培养基为基础，MS 培养基的组成和配方见表 3-12。

表 3-12 MS 培养基成分及母液配制

母液序号	母液名称	母液成分	浓度/(g/L)	培养基中的用量/(mL/L)
Ⅰ	大量元素	硝酸铵	33.0	50
		硝酸钾	38.0	
		氯化钙	8.8	
		硫酸镁	7.4	
		磷酸二氢钾	3.4	
Ⅱ	微量元素	碘化钾	0.166	5
		硼酸	1.24	
		硫酸镁	4.46	
		硫酸锌	2.72	
		钼酸钠	0.05	
		硫酸铜	0.005	
		氯化钴	0.005	

（续）

母液序号	母液名称	母液成分	浓度/(g/L)	培养基中的用量/(mL/L)
Ⅲ	铁盐	硫酸亚铁	2.78	10
		EDTA—Na$_2$	3.73	
Ⅳ	有机物类	肌醇	20.0	5
		烟酸	0.1	
		盐酸吡哆醇	0.1	
		盐酸硫胺素	0.02	
		甘氨酸	0.4	

（1）培养基的成分　培养基由无机盐、有机化合物、铁盐配合剂、植物激素组成。

1）植物激素对于组织培养的成功至关重要，常用的有两大类：

① 细胞分裂素包括激动素（KT）、6—苄基氨基嘌呤（6—BA）、玉米素（ZT）。

② 生长素包括吲哚乙酸（IAA）、吲哚丁酸（IBA）、萘乙酸（NAA）、2,4—D 等。

2）培养基中的糖主要使用蔗糖，少数情况下也可用葡萄糖，主要作用是提供碳源。

3）琼脂在培养基中起支持作用，加入量一般为每升水中含 6～8g。

（2）母液的配制　将各种所需药品先配成高浓度溶液，贮备起来，配制培养基时，按要求的浓度取一定量稀释即可。这种高浓度的贮备液称为母液。母液在配制过程中应注意以下几点：

1）准确称量。药品称量要尽可能的准确，大量元素用 1/1000 的分析天平称取，微量元素、有机物类、植物激素等用 1/10000 的分析天平称取。

2）母液装瓶后，一定要标明母液的名称、序号、浓度和配制日期等。

3）配制好的母液应放置在冰箱内保存。

（3）培养基的配制

1）将容器洗净，加入培养基总量 3/4 的蒸馏水，放入所需的琼脂，然后加热溶解。

2）待琼脂溶解后，加入蔗糖，使之溶解，按表 3-12 所列的顺序加入贮备液及所需的植物激素，搅拌均匀。

3）用蒸馏水定容，用 1mol/L 的 NaOH 或 HCl 调节 pH 值。

4）用漏斗或下口杯将培养基注入三角瓶或试管中，注入量为瓶容积的 1/4 左右。

5）用棉塞或塑料封口膜将瓶口或试管口封严。

6）将包扎好的三角瓶或试管放在高压灭菌锅内，在 121.6kPa、121℃灭菌 20min。

7）对于一些受热易分解的物质，可采取过滤灭菌法，在培养基冷却前加入。

5. 接种与培养

（1）培养材料的选择与表面灭菌　从外面采回的准备接种的材料称为外植体，对外植体进行表面灭菌获得无菌材料，是组织培养成功与否的重要环节。

1）外植体的采取。外植体一般为植物的茎尖、侧芽、叶片、叶柄、花瓣、花萼、胚轴、鳞茎、根茎、花粉粒、花药等器官。准备好工具，在晴天上午 10 时左右，从健壮无病植株上剪取。

2）外植体的表面灭菌包括预处理和接种前的灭菌。

① 预处理。先将外植体多余的部分分掉，用软刷清除表面泥土、灰尘。然后将材料剪成小块或小段，放入烧杯中，用干净纱布将瓶口封住扎紧，将烧杯置于水龙头下，让流水通

过纱布，冲洗杯中材料，连续冲洗2h以上。

②灭菌。先用70%的酒精浸泡材料30s，然后用0.1%的升汞溶液浸泡3～10min，取出后用无菌水冲洗3～5遍。

（2）接种　接种操作必须在无菌条件下进行，操作要领如下：

1）接种前30min打开超净工作台和接种室内的紫外灯，照射20min，然后打开超净工作台的风机，吹风20min。

2）操作人员进入接种室前应消毒，接种前用70%的酒精棉球仔细擦手，擦超净工作台面。

3）三角瓶、试管盖的开关，都应先在酒精灯火焰上方烤一下瓶口。

4）每项操作均应严格保持在操作台面以内，且不远离酒精灯。

（3）培养　培养过程包括初代培养、继代培养、生根培养。

1）初代培养。初代培养也称为诱导培养，一般为液体培养。将培养组织放到转速为1r/min或2r/min的摇床上晃动，产生愈伤组织，当愈伤组织长到0.5～1.5cm时再转入固体分化培养基，给光培养，分化出不定芽。

2）继代培养。初代培养所获得的芽、胚状体、原球茎等材料称为中间繁殖体。中间繁殖体的数量较少，个体较小，通过调整培养基配方，扩大中间繁殖体数量，这个过程称为继代培养。培养物在良好的环境条件、培养供应和激素调节下，排出与其他生物竞争，能够按几何级数增殖。

3）生根培养。切取3cm左右的无根嫩茎，茎上部具有3～5个叶片，转接到1/2MS+NAA（或IBA）0.1mg/L的培养基上，约经两周，试管苗长出1～5条白色的根，根逐渐伸长并长出侧根和根毛。

6. 组培苗的炼苗与移栽

（1）炼苗　试管苗出瓶前先打开瓶盖，锻炼1～3d，在炼苗的最初7d内，保持90%以上的空气湿度，7d后逐渐降低空气湿度使之接近自然湿度。温度保持在23～28℃，光照不易过强，适当通风，每隔7～10d喷一次50倍的MS稀释液和1000倍的多菌灵、百菌清等杀菌剂。经2～3周，根系扩大，茎叶生长后，移栽上盆在室外或温室栽培。

（2）移栽　炼苗基质宜选用透气性好、保水力强的基质。基质以河沙、蛭石、珍珠岩为好。移栽前将基质压平，用喷雾器喷透水，待水渗透后进行移栽。用细木棍在基质上扎一个小孔，放入苗木栽好，再喷一遍透水。

（五）工厂化育苗

工厂化育苗是在人为控制环境污染的条件下，运用规范化的技术措施，采取工厂化管理手段，实现育苗操作机械化、生产过程自动化、工艺流程程序化，进行批量优质种苗生产的一种先进育苗方式。植物工厂化育苗是20世纪50～60年代开始发展起来的一项新兴技术，特别是近几十年发展很快。容器育苗和无土栽培的研究和广泛应用，推动了工厂化育苗的发展。例如美国、泰国、马来西亚等国形成了兰花的工厂化生产；荷兰、意大利，以及其他欧美国家在香石竹、非洲菊、月季、唐昌蒲等花卉上，应用组织培养技术进行育种、脱毒、快繁，已形成了种苗大规模、专业化、商品化、工厂化生产。我国不少城市及企业也在着力培育种苗产业，逐步实现种苗生产工厂化。

1. 工厂化育苗的主要特征

由手工操作发展到机械操作，是育苗标准化和提高苗木生产数量及质量的根本措施；从一个生产环节到下一个生产环节，都是由固定的程序指示下的控制系统自动完成，而不是由手工完成，如温度、湿度及二氧化碳浓度等都由光电系统自动控制；工厂化育苗都有一套严格的工艺流程，各个环节紧密衔接，形成一套完整的流水线，特别是利用组织培养技术生产的试管苗及人工种子经移植到容器中，再送到温室培养，温室中设有严密的环境控制系统，使得整个生产过程分成几个连续的阶段，每个阶段都有相应的程序设计，而且可以通过改变某阶段中的某些程序，控制苗木生产的数量和质量。

2. 工厂化育苗的应用

工厂化育苗，目前生产上主要用于以下几个方面。

（1）组培快繁育苗　组培快繁育苗，我国从20世纪80年代初开始在较大范围推广应用，如今已成为植物工厂化育苗的重要手段之一。如昆明某花卉公司投资4000多万元，在昆明近郊建成占地6hm^{2}多的种苗工厂。种苗工厂拥有自动控制连栋温室8座，温室内部设有双向反射遮光保温网、无土栽培育苗床、喷滴灌系统、防虫网等先进设施。其中喷滴灌系统包括一整套水肥控制装置，灌溉水经净化后可与七种肥料相混合，以适当的比例，在适当的时机准确运送到植物需水部位。所有这些内部设施均由控制中心的电脑自动控制，专业人员通过控制中心的电脑，可控制所有温室中的温度、光照、水分、空气及养分等影响植物生长的条件。

（2）播种育苗　工厂化播种育苗多应用于一二年生的草本园林植物育苗。一般都是季节性的生产，在温室、塑料大棚等设施内用点播机、育苗盘进行批量生产。

（3）扦插育苗　扦插育苗是繁殖园林植物种苗的主要手段之一。建立植物扦插育苗工厂化生产线，利用自控温室和塑料大棚，建立良种繁育车间、扦插车间及半成苗、成苗培育圃，采用规范化的扦插容器、扦插基质及育苗容器，配备喷灌设施，全光照喷雾扦插育苗，形成生产流水线。

小　结

本项目主要介绍了园林植物种子生产、播种苗生产、扦插苗生产、嫁接苗生产、园林树木大苗生产、苗木调查及出圃、育苗新技术与工厂化育苗。通过对传统育苗技术和现代育苗技术的全面介绍，调动学生的学习积极性和学习参与度，增强学生动手实践的能力，提升学生的团队合作能力以及应有的职业精神，为国家建设园林工程技术领域的大国工匠、高技能人才做好储备。本项目的具体内容见下表。

任　务	基本内容	基本概念	基本技能
园林植物种子生产	种子的采收　调制及贮藏　种子的品质检验	种子成熟　净度　发芽率　种子生活力	采种、调制种实、贮藏种子、检验种子品质
播种苗生产	播种　苗木的管理	层积催芽　种子休眠　种子消毒　条播　点播　撒播	种子催芽、消毒播种、播种苗的抚育管理

（续）

任　务	基本内容	基本概念	基本技能
扦插苗生产	扦插苗的原理　影响扦插的因素　扦插方法	扦插　愈伤组织　皮部型生根	枝插
嫁接苗生产		嫁接　砧木　接穗	劈接、芽接
园林树木大苗生产	苗木移栽　移栽的次数　大苗培育的方法	移植　大苗　穴植	园林大苗移栽、修剪
苗木调查及出圃	苗木调查　苗木质量要求及苗龄表示法　苗木出圃	标准行调查　标准地调查苗木假植　苗木分级	苗木调查、起苗、包装
育苗新技术与工厂化育苗	压条、埋条、分株育苗　穴盘育苗　全光喷雾扦插育苗　组织培养育苗　工厂化育苗	压条　埋条　分株　穴盘育苗　工厂化育苗　组织培养　全光喷雾	

复习思考题

1. 苗圃的选址需要注意些什么？
2. 常用的种子处理方法有哪些？
3. 苗木的繁殖方法有哪些？
4. 如何确定种子的采收时间和采收方法？
5. 种子贮藏的常用方法有哪些？
6. 播种育苗应作好哪些准备工作？
7. 种子催芽的方法有哪些？
8. 播种育苗的工序是怎样的？
9. 营养繁殖常用的方法有哪些？
10. 常用的扦插方法有哪几种？
11. 影响扦插成活的因素有哪些？
12. 嫁接成活的原理及影响嫁接成活的因素有哪些？
13. 苗木移栽需要注意哪些问题？
14. 穴盘育苗的意义及技术革新要点有哪些？
15. 举例说明扦插育苗的技术要点。
16. 举例说明芽接的技术要点。
17. 举例说明枝接的技术要点。
18. 苗木出圃前要进行哪些调查？调查的方法有哪些？

项目 4

园林植物定植

学习目标

技能目标：能够定植草本园林植物；能够定植木本园林植物；会建植草坪。

知识目标：了解草本园林植物的主要类别；了解水生园林植物定植方法；了解木本园林植物栽植季节；熟悉园林植物起苗、挖穴、定植方法；掌握木本园林植物定植技术；掌握大树移栽技术。

任务 1　草本园林植物定植

一、任务描述

草本植物是一类植物的总称，但并非植物科学分类中的一个单元，与草本植物相对应的概念是木本植物，人们通常将草本植物称作"草"，而将木本植物称为"树"，但是偶尔也有例外，比如竹，就属于草本植物，但人们经常将其看作是一种树。学习的任务是定植草本园林植物，了解草本园林植物的特性，了解水生园林植物的特性，熟悉草本园林植物定植方法，会定植草本园林植物。

二、任务分析

草本植物包括一、二年生草本植物、多年生草本植物和水生园林植物。完成本任务需要掌握的知识面有：起苗、沟植法、孔植法和穴植法。

三、相关知识

（一）一、二年生草本园林植物定植

1. 起苗

起苗应在土壤湿润状态下进行，以使湿润的土壤附在根群上，同时避免根系受伤。如天旱土壤干燥，应在起苗前一天或数小时充分灌水。裸根苗，用手铲将苗带土掘起，然后将根群附着的土块轻轻抖落。注意不要将根拉断或拉伤，也不要长时间暴露于强光之下或强风吹击之处，以免细根干缩，影响成活。带土苗，先用手铲将苗四周铲开，然后从侧下方将苗掘起，并尽量保持完整的土球。起苗后，为保持水分的平衡，可摘除一部分叶片以减少蒸腾作

用，但不宜摘除过多，以免影响新根的生长和幼苗以后的生长。

2. 定植

定植方法可分为沟植法、孔植法和穴植法。沟植法是依一定的行距开沟定植；孔植法是依一定的株行距打孔定植；穴植法是依一定的株行距掘穴定植。

裸根定植时应使根系舒展，避免根系卷曲，然后覆土。为使根系与土壤充分接触，必须妥为镇压。镇压时压力应均匀向下，不能用力按压茎的基部，以免压伤。带土球的苗定植时，填土于土球四周并镇压，不可镇压土球，以免将土球压碎而影响植物成活和恢复生长。定植深度应与移植前的深度大致相同。定植完毕后，应用细喷壶充分灌水。第一次充分灌水后，在新根未发之前不可过多灌水，否则根部易腐烂。此外，移植后数日应遮住强烈日光，以利于其恢复生长。

对于有些不耐移栽的一、二年生草本花卉可将种子直接播种于花钵、花坛或花圃中。播种方法与普通种子播种方法类似，但播种后要注意间苗。露地花卉间苗通常分两次进行，最后一次间苗也称为定苗。第一次间苗在幼苗出齐、子叶完全展开并开始长真叶时进行，第二次间苗在出现 3~4 片真叶时进行。间苗时要细心操作，不可牵动留下的幼苗，以免损伤幼苗的根系，影响其正常生长。间苗时间最好在雨后或灌溉后进行。间苗后需根据土壤湿度决定是否灌水。最后一次间苗后，应确保苗的密度约为 400~1000 株/m^2。

（二）多年生草本园林植物定植

1. 宿根花卉类植物的定植

宿根花卉（如萱草、芍药、玉簪等）的地下部分形态正常，不发生变态。它们一般生长健壮，根系较一、二年生花卉强大，入土较深，抗旱和适应不良环境的能力强，一次定植后可多年持续开花。在定植时应深翻土壤，深度应达 30~40cm，并大量施入有机肥料，以维持较长时期的良好土壤结构。宿根花卉须定植于排水良好的土壤中，一般在幼苗期间喜腐殖质丰富的轻松土壤，在第二年以后则以黏质土壤为好。

宿根花卉在育苗期间应注意灌水、施肥、中耕、除草等养护管理措施，但在定植后一般管理比较简单。为使其生长茂盛、花多、花大，最好在春季新芽抽出时追施肥料，花前和花后再各追肥一次。秋季叶枯时，可在植株四周施以腐熟的厩肥或堆肥。

2. 球根花卉类植物的定植

（1）整地松土及施肥　球根花卉对整地、松土及施肥的要求较宿根花卉高，特别是对土壤的疏松度及耕作层的厚度要求较高。因此，栽植球根花卉的土壤应适当深耕，深度达 40~50cm，并通过施用有机肥料，掺骨粉等含磷基质材料，以促使球根的充实和改善土壤结构。栽植球根花卉施用的有机肥料必须充分腐熟，否则易招致球根腐烂。磷肥对球根的充实和开花极为重要，钾肥需要中等，氮肥不宜过多。对于土壤呈酸性反应的地区，需施用适量的石灰石加以中和。另外，床土在整地后应适当均匀镇压，保证栽植花卉后不致下陷。

（2）定植　球根较大或数量较少时可进行穴栽，球小而多时可开沟定植。穴或沟底要平整，不宜过于狭窄而使球根底部悬空。如果需要在定植穴或沟中施基肥，要适当加大穴或沟的深度，撒入基肥后覆盖一层园土，然后定植球根。球根定植的深度，通常为球高的 3倍，也就是说覆土约为球高的 2倍，具体深度因土质、定植目的及植物种类的不同而异，黏质土壤可浅些，疏松土壤应略深；为繁殖子球或每年挖起采收者，定植宜浅，需开花大而多或准备多年采收者，定植可略深。晚香玉及葱兰以覆土至球根顶部为适度，朱顶红需要将球根的 1/4～1/3 露出土面，百合类中的多数种类要求定植深度为球高的 4 倍以上。

定植的株行距视植株大小而异，如大丽花为 60～100cm，风信子、水仙为 20～30cm，葱兰、番红花等仅为 5～8cm。

（三）水生园林植物定植

1. 种植槽定植

在池底砌筑种植槽，铺上至少 15cm 厚的培养土，将水生园林植物植入土中。定植水生园林植物的池塘最好是池底有丰富的腐草烂叶沉积，并为黏质土壤；在新挖掘的池塘定植时，必须先施入大量的肥料，如堆肥、厩肥等。耐寒的水生花卉直接定植在深浅合适的水边和池中，冬季不需保护。休眠期间对水的深浅要求不严；半耐寒的水生花卉栽在池中时，应在初冻结冰前提高水位，以便使根丛位于冰冻层以下，安全越冬，少量定植也可掘起贮藏，或春季用缸定植，沉入池中，秋末连缸取出，倒除积水，冬天保持缸中土壤不干，放在没有冰冻的地方。

2. 容器定植

将水生园林植物种在容器中，再将容器沉入水中。

水池建造时，在适宜的水深处砌筑种植槽，再加上腐殖质多的培养土。土壤要用干净的园土细细筛过，去掉土中的小树枝、杂草、枯叶等，尽量避免用塘里的稀泥，以免掺入水生杂草的种子或其他有害生物菌。以此为主要材料，再加入少量粗骨粉及一些缓释性氮肥。种植器一般选用木箱、竹篮、柳条筐等，一年之内不致腐烂。选用时应注意装土栽种以后，在水中不致倾倒或被风浪吹翻。一般不用有孔的容器，因为培养土及其肥效很容易流失到水里，甚至污染水质。不同水生植物对水深要求不同，容器放置的位置也不相同。一般是在水中砌砖石方台，将容器放在方台的顶托上，使其稳妥可靠。另一种方法是用两根耐水的绳索捆住容器，然后将绳索固定在岸边，压在石下。如水位距岸边很近，岸上又有假山石散点，要将绳索隐蔽起来，否则会影响景观效果。不耐寒的水生花卉通常均用容器定植，沉入池中，也可直接栽入池中，秋冬掘起贮藏。

四、任务实施

1. 准备工作

（1）材料准备　校园内需移植的草本植物或绿化工程中待移植的草本植物。稻草（或麦秸）、草绳、蒲席（或草帘）、筐篓、塑料袋、塑料薄膜、有机肥等。

（2）工具准备　手铲、起苗锄、锹、钢卷尺、剪枝剪、喷壶等。

2. 实施步骤

（1）起苗　用手铲将苗带土掘起。

（2）定植　根据实际情况采用沟植法、孔植法或穴植法，开沟、打孔或挖穴，将苗木按照规定的株行距栽植，覆土、镇压、浇定根水。

任务2　木本园林植物定植

一、任务描述

木本园林植物定植，就是按园林设计要求，根据木本园林植物的生长发育规律和生态环境条件，将苗木移栽定植在园林绿地中的技术。学习的任务是了解木本园林植物定植的季节，熟悉木本园林植物定植的准备工作，掌握木本园林植物定植的方法，能够定植树木，能够移栽大树，能够定植竹类及棕榈类。

二、任务分析

木本园林植物定植包括苗木掘起、搬运和种植三个环节。关键是提供相应的栽植条件和管理措施，保持和恢复树体内水分代谢的平衡，协调地上部和地下部的生长发育矛盾，使之成活。完成本任务需要掌握的知识面有：植树季节、定植方法、大树移栽、竹类及棕榈类移栽等。

三、相关知识

（一）植树季节

木本植物的植树季节取决于树木的种类、生长状态和外界环境条件。新栽的树木极易发生水分亏缺，正常的代谢功能受到影响。如果植树后根系的生长环境和树冠周围的大气条件不适应，植株就会发生的"移栽休克"，其休克程度取决于栽植地的土壤和大气条件以及植株的生长状况。如在干旱而炎热的天气，全叶裸根定植会使树木经受较大的干扰，其成活的机会比在休眠期凉爽而湿润的天气带土定植小得多。因此，应在休眠期进行裸根定植，而其他时期则应进行带土或容器定植。

1. 春季植树

春季植树是指自春天土壤化冻后至树木发芽前进行的植树。此时树木仍处在休眠期，蒸发量小，消耗水分少，定植后容易达到地上、地下部分的生理平衡；多数地区土壤处于化冻返浆期，水分充足，有利于成活；土壤已化冻，便于掘苗、刨坑。春季植树适合于大部分地区和几乎所有的树种，对成活最为有利，故称春季是植树的黄金季节。但是有些地区不适合春季植树，如春季干旱多风的西北、华北部分地区，春季气温回升快，蒸发量大，适栽时间短，往往造成根系来不及恢复，地上部分已发芽，从而影响成活。另外，西南某些地区（如昆明）受印度洋干湿季风的影响，秋冬、立春至初夏均为旱季，蒸发量大，春季植树往往成活率不高。

2. 夏季植树

在我国，夏季植树只适合某些地区和某些常绿树种，主要用于山区小苗造林，特别是春季及秋冬干旱，夏季为雨季且雨期较长的西南地区。该地区海拔较高，夏季不炎热，定植成活率较高，常绿树尤以雨季定植为宜。雨季植树一定要掌握当地历年雨季降雨规律和当年降雨情况，抓住连阴雨的有利时机，栽后下雨最为理想。

3. 秋季植树

秋季植树是指树木落叶后至土壤封冻前进行的植树。此时树木进入休眠期，生理代谢转弱，消耗营养物质少，有利于维持生理平衡。另外，气温逐渐降低，蒸发量小，土壤水分较稳定，而且树体内贮存的营养物质丰富，有利于断根伤口愈合，如果地温尚高，还可能发生新根。经过一个冬季，根系与土壤密切结合，春季发根早，符合树木先生根后发芽的物候顺序。对于不耐寒的、髓部中空的或有伤流的树木不适宜秋季种植，而对于当地耐寒落叶树的健壮大苗应安排秋季种植，以缓和春季劳动力紧张的矛盾。

4. 冬季植树

在冬季土壤基本不冻结的华南、华中和华东长江流域等地区，可以冬季植树。以广州为例，一月份最低气温平均仍在13℃以上，故无气候上的冬季，从一月份开始就可以定植樟树、白兰花等常绿深根性树种，二月份即可全面开展植树工作。在北方气温回升早的年份，只要土壤化冻就可以开始栽种部分耐寒树种。在冬季严寒的华北地区北部、东北大部，由于土壤冻结较深，对当地乡土树种可以利用冻土球定植法进行定植。

（二）定植方法

1. 定植前的准备

树木定植前的准备工作主要是苗木准备、种植穴准备。每一个工作都必须进行周密的计划和及时的处理，才能防止因种植穴不合规格而导致苗木成活率降低。定植的两个准备工作应密切配合，尽量缩短时间，最好是随起、随运、随栽，及时养护管理，形成流水作业。

（1）苗木准备　定植苗木的树种、树龄和规格都应根据设计要求选定。苗木挖掘前对分枝较低、枝条长而比较柔软的苗木或冠径较大的灌木应进行拢冠，以便挖苗和运输，并减少树枝的损伤和折断。对于树干裸露、皮薄而光滑的树木，应用油漆标明方向。

1）掘苗方式。掘苗的方式主要有露根掘苗和带土球掘苗。

① 露根掘苗也叫裸根掘苗，适用于大多数阔叶树在休眠期的定植。此法保存根系比较完整，便于操作，节省人力、运输费用和包装材料。但由于根部裸露，容易失水干燥和损伤弱小的须根。

② 带土球掘苗，即将苗木一定范围内的根系，连土掘削成球状，用蒲包、草绳或其他软材料包装起出。由于在土球范围内苗木的须根未受损伤，并带有部分原土，定植过程中水分不易损失，对其恢复生长有利。但由于操作比较困难，费工，要耗用包装材料，同时土球笨重，增加运输负担，因此投资大大高于露根掘苗。目前，部分常绿树、竹类及生长季节定植的落叶树，均采用这种掘苗方法。

2）掘苗规格。掘取苗木时根部或土球的规格一般参照苗木的干径和高度来确定。

① 落叶乔木掘起根部的直径常为其树干胸径的9～20倍。

② 落叶花灌木，如玫瑰、珍珠梅、木槿、榆叶梅、碧桃、紫叶李等，掘起根部的直径为苗木高度的1/3左右。

③ 分枝点高的常绿树，掘起的土球直径为胸径的7～10倍；分枝点低的常绿苗木，掘起的土球直径为苗高的1/3～1/2。

④ 攀援类苗木的掘起规格，可参照灌木的掘起规格，也可根据苗木的根部直径和苗木的年龄来确定。

⑤ 为了既保证定植成活，又减轻苗木重量和操作难度，减少定植成本，对挖掘苗木的根幅、土球的直径与深度、土球高度的要求如下。

乔木树种苗木土球挖掘的最小规格见表4-1。

表4-1　乔木树种苗木土球挖掘的最小规格

地径/cm	3～5	5～7	7～10	10～12	12～15
土球直径/cm	40～50	50～60	60～75	75～85	85～100

乔木树种的根幅或土球直径一般是树木胸径的 6 ~ 12 倍，深度或土球高度大约为根幅或土球直径的 2/3。土球直径(cm)也可以按下式计算：

$$土球直径 = 5 × (树木地径 - 4) + 45$$

各类苗木根系和土球掘起规格见表4-2。

表4-2　各类苗木根系和土球掘起规格

树木类别	苗木规格	掘取规格		打包方式
	胸径/cm	根系或土球直径/cm		
乔木(包括落叶和常绿高分枝单干乔木)	3 ~ 5	50 ~ 60		
	5 ~ 7	60 ~ 70		
	7 ~ 10	70 ~ 80		
	高度/m	根系直径/cm		
落叶灌木(包括丛生和单干低分枝灌木)	1.2 ~ 1.5	40 ~ 50		
	1.5 ~ 1.8	50 ~ 60		
	1.8 ~ 2.0	60 ~ 70		
	2.0 ~ 2.5	70 ~ 80		
	高度/m	土球直径/cm	土球高/cm	
常绿低分枝乔灌木	1.0 ~ 1.2	30	20	单股单轴6瓣
	1.2 ~ 1.5	40	30	单股单轴8瓣
	1.5 ~ 2.0	50	40	单股双轴，间隔8cm
	2.0 ~ 2.5	70	50	单股双轴，间隔8cm
	2.5 ~ 3.0	80	60	单股双轴，间隔8cm
	3.0 ~ 3.5	90	70	单股双轴，间隔8cm

3）掘前准备。掘苗前主要注意事项如下：

① 选苗号苗。要选用健壮苗木，苗木应顶芽饱满无损、根系发达、高度与茎粗比例均衡，并做好苗木保护。在选好的苗木上用涂颜色、挂牌拴绳等方法做出明显标记，以免误掘，此工作称为"号苗"。

② 土地准备。掘苗前要调整好土壤的干湿情况，如果土壤过于干燥应提前灌水浸地；反之，如果土壤过湿影响掘苗操作，则应设法排水。

③ 拢冠。常绿树尤其是分枝低、侧枝分叉角度大的树种，如桧柏、龙柏、雪松等，掘前要用草绳将树冠松紧适度地围拢。这样，既可避免在掘取、运输、栽植过程中损伤树冠，又便于掘苗操作。树冠绑缚如图 4-1 所示。

④ 工具、材料准备。掘苗工具要锋利适用，材料要对路。带土球用的蒲包、草绳等要用水浸泡湿透待用。

4）露根苗的掘起过程

① 先以树干为圆心按规定直径在树木周围划一圆圈，然后在圆圈以外动手下锹，垂直挖够深度，切断侧根。于一侧向内深挖，适当摇动树干，查找深层粗根的方位，并将其切断。在往深处挖的过程中，遇到根系可以切断，圆圈内的土壤可边挖边轻轻搬动。挖至规定深度和掏底后，轻放植株倒地，不能在根部未挖好时就硬推、生拔树干，以免拉裂根部和损

伤树冠。根部的土壤绝大部分可去掉，但如根系稠密，则不要打除，应尽量保存。

② 裸根苗所带根系规格大小应按规定挖掘，如遇大根则应酌情保留；苗木要保持根系丰满，不劈不裂，对病伤劈裂及过长的主侧根需进行适当修剪。苗木掘完后应及时装车运走，如一时运不完，可在原坑埋土假植。若假植时间过长，还应设法灌水，保持土壤及树根的适度潮湿。掘出的土不要乱扔，以便掘苗后用原土将掘苗坑填平。如果条件允许的话，裸根苗还可以用机械掘苗，尤其是大面积整行区域苗木出圃，这时要组织好拔苗的劳动力，随起、随拔、随运、随假植，做到起净、拔净，不丢失苗木。

5）带土球苗的掘起与包装过程

① 划线。以树干为圆心，按比规定的土球直径规格稍大一些在地面上划一圆圈，作为向下挖掘的依据。

② 去表土。表层土中根系密度很低，一般没有多大利用价值。为减轻土球重量，多带有用根系，挖掘前应将表土去掉一层，其厚度以见到较多的侧生根为准。

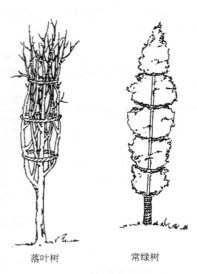

落叶树　　常绿树

图 4-1　树冠绑缚

③ 挖坑。沿地面上所划圆的外缘，向下垂直挖沟，沟宽以便于操作为度，一般为50~80cm，沟上下的宽度要基本一致。边挖沟边修削土球，并切除露出的根系，使之紧贴土球，一直挖掘到规定的土球高度。

④ 修平。挖掘到规定深度后，球底暂不挖通。用圆锹将土球表面轻轻铲平，上口稍大，下部渐小，呈苹果状。

⑤ 掏底。土球四周修整完好以后，再慢慢由底圈向内掏挖。直径小于50cm的土球，可以直接将底土掏空，以便将土球抱到坑外包扎；直径大于50cm的土球，则应将底土中心保留一部分，支住土球，以便在坑内进行包装。

⑥ 打包。各地土质情况不同，打包工序操作繁简不一。现以沙壤土为例讲述。打内腰绳：所掘土球土质松散时，应在土球修平时拦腰横捆几道草绳；若土质坚硬则可以不打内腰绳。包装：取适宜的蒲包和蒲包片，用水浸湿后将土球覆盖，中腰用草绳拴好，如图 4-2 所示。

⑦ 捆扎。用浸润的草绳，先将树干基部横向紧绕几圈并固定牢靠，然后沿土球垂直方向倾斜30°左右缠捆纵向草绳，随拉随捆，同时用事先准备好的木锤、砖石块敲打草绳，使草绳稍嵌入土，捆得更加牢固，每道草绳间隔8cm左右，直至将整个土球捆完。土球直径小于40cm者，用1道草绳捆1道，称为"单股单轴"；土球直径较大者，用1道草绳沿同一方向捆2道，称为"单股双轴"；必要时用2根草绳并排捆2道，称为"双股双轴"。打外腰绳：规格较大的土球，在纵向草绳捆好后，还应在土球中腰横向并排捆3~10道草绳，其操作方法是用一整根草绳在土球中腰部位排紧横绕几道，随绕随用砖头顺势砸紧，然后将腰绳与纵向草绳交插联结，避免腰绳脱落。封底：凡在坑内打包的土球，在草绳捆好后将树苗顺势推倒，用蒲包将土球底部堵严，并用草绳捆牢。土球草绳包扎如图 4-3 所示。

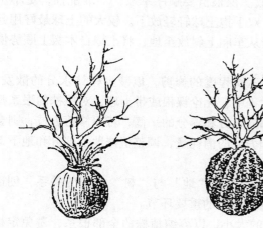

图4-2 土球包扎

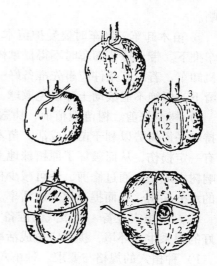

图4-3 土球草绳包扎

⑧ 出坑。土球封底后应立即抬出坑外，集中待运。

⑨ 平坑。将掘苗土填回坑内，待整地时一并填平。

6）运苗。苗木的运输质量是影响植树成活的重要环节。实践证明，"随掘、随运、随栽"对植树成活率最有保障，可以减少树根在空气中暴露的时间，对树木的成活大有益处。

① 苗木装车。运苗装车前要检验，仔细核对苗木的品种、规格、质量等，凡不符合要求的应由苗圃方面予以更换。待运苗质量要求的最低标准见表4-3。

表4-3 待运苗质量要求的最低标准

苗木种类	质量要求的最低标准
落叶乔木	树干：主干不得过于弯曲，无蛀干害虫，有明显主轴树种应有中央领导枝 树冠：树冠稠密，各方向枝条分布均匀，无严重损伤及病虫害 根系：有良好须根，大根不得有严重损伤，根际无肿瘤及其他病害。带土球的苗木，土球必须结实，捆绑的草绳不松脱
落叶灌木或丛木	灌木有短主主干或丛灌有主茎3~6个，分布均匀；根际有分枝，无病虫害，须根良好
常绿树	主干不弯曲，无蛀干害虫，主轴明显的树种必须有领导干；树冠匀称茂密，有新生枝条，不烧膛；土球结实，草绳不松脱

在装运乔木裸根苗时应树根朝前，树梢向后，顺序排码；车厢内应铺垫草袋、蒲包等物，以防损伤树皮；树梢不得拖地，必要时要用绳子围拢吊起来，捆绳子的地方需用蒲包垫上；装车不要超高，不要压得太紧；装完后用苫布将树根盖严捆好，以防树根失水。带土球苗木的高度在1.5m以下时可以站立装，高大的苗木必须放倒，土球向前，树梢向后并用木架将树冠架稳；土球直径大于60cm的苗木只装1层，小土球可以码放2~3层，土球之间必须排码紧密以防摇摆；土球上不得站人或放置重物。

② 苗木运输。运输途中，押运人应与司机配合好，经常检查苫布是否漏风；短途运苗中途不要休息，长途行车必要时应洒水浸湿树根，休息时应选择阴凉之处停车，防止风吹

日晒。

③ 苗木卸车。卸车时要爱护苗木，轻拿轻放。裸根苗要顺序拿取，不准乱抽，更不可整车推下。带土球苗卸车时不得提拿树干，而应双手抱土球轻轻放下。较大的土球最好用起重机卸车，若没有条件应事先准备好一块长木板从车厢上斜放至地，将土球自木板上顺势慢慢滑下，但绝不能滚动土球以免散球。

7）树苗修剪。树苗栽植前，树冠必须经过不同程度的修剪，以减少树体水分的散发，保持和平衡树势以利于苗木成活。苗木在挖掘过程中，无论裸根或带土球，对植株的根系都会有一定损伤，从而破坏了原植株地上、地下部分水分和养分的平衡，若不修剪去枝，则会影响树木成活。通过修剪，便可减少枝叶水分和养分的消耗量，调整植株地上部分和地下部分的水分平衡，从而提高树木成活率。

（2）种植穴准备　种植穴的准备是改地适树，协调"地"与"树"之间的关系，创造良好的根系生长环境，提高定植成活率和促进树木生长的重要环节。

1）种植穴的规格与要求。种植穴应有足够的大小，以容纳植株的全部根系，避免定植过浅和窝根。其具体规格应根据根系的分布特点、土层厚度、肥力状况、紧实程度及剖面是否有间层等条件而定。一般种植穴直径应比裸根苗根幅大 20～30cm，比带土球苗土球直径大 30～40cm；穴深比裸根深 20～30cm，比土球高度深 20cm 左右。有时也根据高度来确定种植穴规格。挖穴或槽时周壁上下应大体垂直，而不应成为"锅底"或"V"形。在挖穴或抽槽时，肥沃的表土与贫瘠的底土应分开放置，除去所有石块、瓦砾和妨碍生长的杂物。土壤贫瘠的应换上肥沃的表土或掺加适量的腐熟有机肥。园林树木定植时，要检查树穴的挖掘质量，并根据树体的实际情况，进行必要的修整。树穴深浅的标准以定植后树体根颈部略高于地表面为宜，切忌因定植太深而导致根颈部埋入土中，影响定植成活和树体的正常生长发育。忌水湿树种如雪松、广玉兰等，常用露球定植，露球高度约为土球竖径的 1/4～1/3。带土球的树木，草绳或稻草之类易腐烂的土球包扎材料，如果用量较少，入穴后可不拆除，如果用量较多，可在树木定位后剪除一部分，以免其腐烂发热，影响树木根系生长。各类树苗种植穴的规格见表4-4～表4-7。

表4-4　常绿乔木类种植穴规格　　　　　　　　　（单位：cm）

树　　高	土 球 直 径	种植穴深度	种植穴直径
150	40～50	50～60	80～90
150～250	70～80	80～90	100～110
250～400	80～100	90～110	120～130
400 以上	140 以上	120 以上	180 以上

表4-5　落叶乔木类种植穴规格　　　　　　　　　（单位：cm）

胸　　径	种植穴深度	种植穴直径	胸　　径	种植穴深度	种植穴直径
2～3	30～40	40～60	5～6	60～70	80～90
3～4	40～50	60～70	6～8	70～80	90～100
4～5	50～60	70～80	8～10	80～90	100～110

表 4-6　花灌木类种植穴规格　　　　　　　　　（单位：cm）

冠　　径	种植穴深度	种植穴直径
100	60 ~ 70	70 ~ 90
200	70 ~ 90	90 ~ 110

表 4-7　篱类种植槽规格　　　　　　　　　　（单位：cm）

种植高度	单 行 式	双 行 式
30 ~ 50	30 × 40	40 × 60
50 ~ 80	40 × 40	40 × 60
100 ~ 120	50 × 50	50 × 70
120 ~ 150	60 × 60	60 × 80

2）对土壤通透性极差的立地，应进行土壤改良，并采用瓦管和暗沟等排水措施。一般情况下，可在土壤中掺入沙土或适量腐殖质改良土壤结构，增强其通透性；也可加深植穴，填入部分沙砾或在附近挖一与植穴底部相通而低于植穴的暗井，并在植穴的通道内填入树枝、落叶及石砾等混合物，加强根区的地下径流排水。在渍水极严重的情况下，可用粗约8cm 的瓦管铺设地下排水系统。

2. 定植

（1）散苗　散苗也叫配苗，是将苗木按设计图样或定点木桩要求，散放在定植穴（坑）旁边。对行道树或绿篱苗，栽植前要再一次按大小分级，使相邻的苗木大小基本一致。按穴边木桩写明的树种配苗，对号入座，边散边栽，配苗后还要及时核对设计图，检查调整。散苗时应注意下列事项：

1）必须保证位置准确，按图散苗，细心核对，避免散错。带土球苗木可置于坑边，裸根苗应根朝下置于坑内。对有特殊要求的苗木，应按规定对号入座，不得搞错。

2）要保护好苗木植株与根系不受损伤，带土球的常绿苗木更要轻拿轻放。应边散边植，减少苗木暴露时间。

3）作为行道树、绿篱的苗木应于定植前量好高度，按高度分级排列，以保证临近苗木规格基本一致。

4）在假植沟内取苗时应顺序进行，取后及时用土将剩余苗的根部埋严。

（2）栽苗　散苗后将苗木放入坑内扶直，提苗到适宜深度，分层埋土压实、固定的过程称为栽苗。栽苗应注意下列事项：

1）埋土前必须仔细核对设计图样，看树种、规格是否正确，若发现问题立即调整。

2）树形及生长势最好的一面应朝向主要观赏方向；平面位置和高程必须与设计规定相符；树身上下必须与地面垂直，如果有弯曲，其弯曲方向应朝向当地的主导风方向。

3）定植深度一般应与原土痕平齐或稍低于地面 3 ~ 5cm，乔木不得深于原土痕 10cm；带土球树种不得超过 5cm。灌木及丛木的定植深度不得过浅或过深，定植过浅，根系容易失水干燥；定植过深，根系呼吸困难，树木生长不旺。树木定植深度如图 4-4 所示。

4）行列式植树应十分整齐，相邻树不得相差一个树干粗，要求每隔开 10 ~ 20 株先栽好

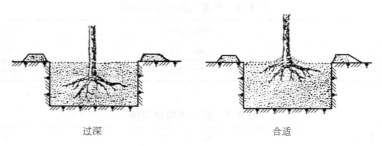

过深   合适

图 4-4 树木定植深度

对齐的"标干树"。以标干树为标准依据，定植其他树木如有弯干的树，应弯向行内，并与标干树对齐，左右相差不超过树干的一半，做到整齐美观。

5）定植完毕后应与设计图样详细核对，确定没有问题后，可将捆拢树冠的草绳解开。

6）栽裸根苗最好每三人为一个作业小组，一人负责扶树，扶直和掌握深浅度，两人负责埋土。栽种时，将苗木根系妥善安放在坑内新填的底土层上，直立扶正。待填土到一定程度时将苗木拉到合适的深度，保证树身直立不得歪斜，根系呈舒展状态，然后将回填坑土踩实或夯实。定植时，尽可能保持原根系的自然状态，防止曲根和转根。定植大苗时，要按"三埋三踩一提一培"的方法进行，即将苗木直放穴内，先用表土埋半穴，然后轻轻将苗向上提一提，摇晃一下，使根舒展，并与土壤密接，再踩实；踩后埋第二次土与树穴平，略超过苗木根际原土印 1cm 左右，再踩实；最后埋第三次土至原土印以上 1~3cm，这次埋土不再踩实，以利保墒。

7）定植带土球苗木时，必须先量好坑的深度与土球的高度是否一致。若有差别应及时将树坑挖深或填土，必须保证定植深度适宜。土球入坑定位，安放稳当后，应尽量将包装材料全部解开取出，即使不能全部取出也要尽量松绑，以免影响新根再生。填土时必须随填土随夯实，但不得夯砸土球，最后用余土围好灌水堰。

（3）开堰浇水（图 4-5） 树木栽好后，应沿树坑外缘开堰。堰埂高 20~25cm，用脚将埂踩实，以防浇水时跑水、漏水等。一般在树木定植前或定植期间不应浇水，否则会造成定植操作的困难，妨碍踩紧踏实，使土球成块，干燥后不易打碎。因此，应在定植完后浇水，浇水量要足，但速度要慢。在灌水之前最好在土壤上放置木板或石块，让水落在石块或木板上之后再流入土壤中，以减少水的冲刷，使水慢慢浸入土中，直至湿润根层的土壤，即做到小水灌透。

3. 验收和移交

植树竣工后，即可请有关部门检查验收，交付使用。验收的主要内容为是否符合设计意图和植树成活率的高低。

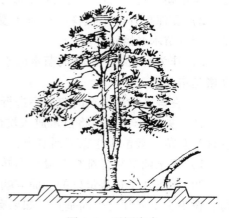

图 4-5 开堰浇水

设计意图是通过设计图样直接表达的，施工人员必须按图施工，若有变动应查明原因。成活率是验收合格的另一重要指标。成活率是定植后成活树木的株数与定植总株数的比例，

其计算公式为

$$成活率 = (定植一年内苗发芽株数/定植总株数) \times 100\%$$

对成活率要求各地区不尽相同，一般要求在80%以上。

这里必须说明：当时已发芽的苗木并不等于已成活，还必须加强后期的养护管理，以争取最大的存活率。经过验收合格后，签正式验收证书，即可移交给使用单位进行正式的养护管理工作。至此，一项植树工程宣告竣工。

（三）大树移栽

1. 大树移栽的概念

大树移栽即移栽大型树木的工程。大树是指树干和胸径为10~40cm、树高为5~12m，树龄为10~50年或更长的树木。大树移栽条件较复杂，要求较高，一般农村和山区造林很少采用，经常用于城市园林布置和城市绿化。许多重点工程建设往往需要以最短的时间和最快的速度营建绿色景观，体现其绿化美化的效果，这些目标可通过大树移栽手段得以实现。

2. 大树移栽的特点

1）大树年龄大，细胞的再生能力较弱，挖掘和定植过程中损伤的根系恢复慢，新根发生能力差。

2）树木的根系扩展范围大。由于大树离心生长的原因，根系一般超过树冠水平投影范围，同时根系入土层很深，使有效地吸收根处于深层和树冠投影附近，造成挖掘大树时土球所带吸收根很少，而且根系木栓化严重，凯氏带阻止了水分的吸收，致使根系的吸收功能明显下降。

3）大树移栽后难以尽快建立地上、地下的水分平衡。大树形体高大，枝叶的蒸腾面积大，为使其尽早发挥绿化效果和保持其原有优美姿态，一般不进行剪截，避免给水分的输送带来一定的困难。

4）大树移栽时易受到损伤。树木大，土球重，起挖、搬运、栽植过程中易造成树皮受损、土球破裂、树枝折断，从而危及大树成活。

3. 大树移栽前的准备与处理

大树移栽是一个复杂繁重的系统工程。为了提高施工质量，保证大树移植成活，大树挖掘前必须做好充分的准备工作和采用有效的技术处理。

（1）作好大树移栽的规划　任何形式的移栽都会损伤树木的根系，为了提高大树移栽的成活率，在移栽前应保证所带土球内有足够吸收根，使定植后很快达到水分平衡而成活。因此，人们常采取提前断根、截干缩枝、包封截面、缩坨等技术措施。大树移栽的规划工作有以下几个主要方面：

1）大树的选择。选择时应以树种需求和景观需要为主，在满足以上条件的前提下，还应从多方面加以勘察和挑选。

① 要进行立地条件的勘察和挑选。树木原生长条件(如土壤性质、温度、光照等)应和定植地的立地条件相适应。树种不同，其生物学特性也有所不同，移植后的环境条件应尽量和该树种的生物学特性和环境条件相符。立地条件的好坏与树木移栽成活率有关。通常情况下，土壤肥沃深厚、水分充足的地区，树木根系分布较浅，主根发达，须根较少，移栽时树木土球容易松散，树木移栽成活率较低；而土壤浅薄贫瘠、缺少水分的地区，树木根系分布较深，主侧根均发达，须根也较多，移植时树木容易携带土球，虽然树木景观上较前者逊

色，但树木移植成活率较高。认真勘察和了解树木的立地环境是确定后期处理措施的关键依据，也是根据定植地条件合理挑选树木的重要环节。

②　要进行树木本身的勘察和挑选。应选择壮龄的树木，因为移栽大树需要很多人力、物力，若树龄太大，移栽后不久就会衰老，很不经济；而树龄太小，绿化效果又较差，所以，既要考虑能马上发挥绿化景观效果，又要考虑移栽后有较长时期的保留价值。故一般慢生树种选 20～30 年生，速生树种则选 10～20 年生，中生树可选 15 年生，果树、花灌木选 5～7年生。一般乔木树高在 4m 以上、胸径 12～25cm 的树木则最合适。应选择生长正常的树木以及没有感染病虫害和未受机械损伤的树木，如在森林内选择树木时，必须选疏密度不大的林分中的最近 5～10 年生长在阳关道下的树，过密的林分中的树木移植到城市后不易成活，且树形不美观，装饰效果欠佳。应选择合乎绿化要求的树体形态，用途不同，树体形态标准不同，如行道树，要求干直、冠大、分枝点高、有良好的蔽阴效果的冠形，故要选取林缘木或孤立木；用于庭院观赏树的树木讲究树姿造型，故要选取孤立木、处于风口或立地条件相对较差的树木，因为这些地方的树木往往树形奇特，别有韵味。

③　要进行移栽树木周边环境的勘察。选树时还必须考虑移栽地点的自然条件和施工条件，移栽地的地形应平坦或坡度不大，过陡的山坡，树的根系分布不正，移栽时不仅操作困难且容易伤根，不易起出完整的土球，因而应选择便于挖掘的树木，树木生长的位置最好在运输工具容易到达的地方。此外，应以保护生态环境为主，不能以牺牲一地的生态平衡为代价来换取另一地的绿化景观。

2）大树移栽时间的确定。严格说来，如果掘起的大树带有较大的土块，植物根系损伤轻微，在移栽过程中严格执行操作规程，移栽后又注意保养，那么，在任何时间都可以移植大树。"种树无时，毋使树知"，树木感觉麻痹之时，就是树木移栽的最佳时机。在实际中，大树移栽时间应结合本地区的具体情况确定。以昆明市为例，常绿树种的最佳移植时间是立秋后 10d 的两个月内，落叶树种为落叶休眠至早春树木发芽前半个月内，此时，树液流动缓慢或树木处于休眠期，其生理活动处于缓慢甚至停滞状态，树木地上部分虽生长滞缓，但根系正处于侧根和须根的形成发展期，移栽树木有利于树木根系的恢复，可为来年的生长做好准备；此时，昆明地区也正是"梅雨季节"，水分充足，空气湿度大，利于树木的恢复。在其他时间内，确有必要需移栽大树时，应在移植前后采取一些相应的对策。就昆明地区的情况而言，大树移植最好避开 2～6 月，因为此时的昆明风大物燥，空气湿度极低，是成活率最低的时候。

3）大树的修剪。修剪多余的枝条，以利于开挖和起吊。修剪是大树在移栽过程中，对地上部分进行处理的主要措施，是减少树木地上部分蒸腾作用、保证树木成活的重要措施，特别是在突击情况下的大树移栽，此项工作显得尤其重要。修剪强度依树种而异，萌芽力强、树龄大、叶片稠密的应多剪；常绿树、萌芽力弱的宜轻剪。从修剪程度看，可分为全苗式、截枝式和截干式三种。

①　全苗式修剪原则上保留原有的枝干树冠，只将徒长枝、交叉枝、病虫枝及过密枝剪出，适用于萌芽力弱的树种，如雪松、广玉兰等，栽后树冠恢复快，绿化效果好。

②　截枝式修剪只保留树冠的一级分枝，将其他枝条截去，适宜于一些生长较快、萌芽力较强的树种，如香樟等。

③　截干式修剪是将整个树冠截去，只留一定高度的主干，适宜生长很快、萌芽力特强

的树种，如悬铃木等。对于截口较大易引起腐烂的，应将截口用蜡或沥青封口。

（2）清理现场及安排运输路线　在起树前，应把树干周围2～3cm以内的碎石、瓦砾、灌木丛及其他障碍物清除干净，并将地面大致整平，拟定起吊工具和运输工具的停放位置，为顺利移植大树创造条件。然后按树木移植的先后次序，合理安排运输路线，以使每棵树都能顺利运出。

1）编号定向。当移栽大批大树时，为使施工有计划地顺利进行，可把定植坑及要移栽的大树均编上一一对应的号码，使其移植时可以对号入座，以减少现场混乱。定向是在树干上标出南北方向，使其在移植时仍能保持它按原方位栽下，以满足它对蔽阴及阳光的要求；同时，树木长期在地球这个大磁场的作用下，植物细胞也有着一定的磁极性方位，维持树木原有方位有利于植物细胞的正常生理活动。

2）工具材料的准备。运输大树时的包装方法不同，所需材料也不同，一般应准备草绳、木棒、木板、支撑杆、钳子、铁丝、铁锹、镐、手锯、兵工铲等。另外，还应准备好起重机、运输车等。

3）在移栽前2～3年的春季或秋季，在距离树干胸径5倍的地方，围绕树干挖一条宽30～50cm、深50～80cm的沟。

① 第一年春季先将沟挖一半（沟呈不连续间隔的几小块），挖掘时碰到比较粗的侧根要用锋利的手锯锯断。如遇直径5cm以上的粗根，为防止大树倒伏，一般不切断，在土球壁处进行环状剥皮（剥皮宽约10cm），涂抹0.01%的生长素后保留。沟挖好后用掺有基肥的培养土填入并夯实，然后浇水。

② 第二年春天再挖剩下的几个小段。待第三年移植时，断根处已长出许多须根，易成活。

③ 较为名贵和较难移栽的树木，或定植地距树木生长地较远时，可采用在5～8年的时间内就近多次移栽或逐步向定植地过渡移栽的办法，以进一步促进树木须根发展和适应定植地环境，确保树木成活后，再进行定植。

4）为了防止在挖掘时由于树身不稳、倒伏引起工伤事故及损坏树木，在挖掘前应对需移植的大树立支柱，一般使用3根直径15cm以上的大木桩，分立在树冠分支点的下方，然后再用粗绳将3根木桩和树干一起捆紧，与地面呈60°左右的角度，形成三足鼎立状。将树冠用草绳或麻绳轻轻捆扎，保护树冠。

5）在移栽过程中对树干进行包裹保湿处理，减少水分蒸发，提高树木移栽的成活率。裹干的方法有裹草绑膜、缠绳绑膜、捆草绑膜缠布等。

4. 大树移栽的方法

（1）带土方木箱移栽法　对于必须带土球移栽的树木，土球规格如果过大（直径超过1.3m时），很难保证吊装运输的安全和不散坨，此时可用方木箱包装移栽带土方木箱移栽法可移植胸径15～30cm或更大的树木以及沙性土壤中的大树，适用于雪松、桧柏、广玉兰、白皮松、龙柏、云杉、铅笔柏等常绿树的移栽。

1）掘树前，应先按照绿化设计要求的树种、规格选苗，并在选好的树上做出明显标记（在树干上拴绳或在北侧点漆），将树木的品种、规格（高度、干径、分枝点高度、树形及主要观赏面）分别记入卡片，以便分类，编出栽植顺序。对于所要掘取的大树，其所在地的土质、周围环境、交通路线和有无障碍物等都要了解，以确定能否移植。此外，还应按照要求，准备好各种工具和材料。木箱包装移植大树的主要材料、工具、机械见表4-8。

表4-8 木箱包装移植大树的主要材料、工具、机械

名 称		规格、数量和用途
材料类	木板	木板分箱板、上板、底板三种。箱板：箱板共需4块，每块由3条木板钉成，厚5cm，倒梯形，上边长分别为1.5m、1.8m、2.0m、2.2m，下边分别比上边长短10cm，箱板高分别为0.6m、0.7m、0.7m、0.8m；箱板上有3条板带，板带厚5cm，宽10~15cm，长短随箱板高而定。上板：2~4块，厚5cm，宽20cm，长度比箱板上边长10cm左右。底板：若干块，厚5cm，宽20cm，长度比箱板下边长10cm左右
	铁皮	厚0.1cm，宽3cm，长80~90cm，共40条，钉木箱四角用；另备长50~60cm的铁皮共40条，钉底板用。铁皮上每5cm左右打钉眼
	钉子	3~3.5cm，每株树约用750枚
	杉篙	比树高度略长，3根，备作支撑用
	支撑横木	10cm×10cm方木，长80~90cm，4根，支撑箱板用
	垫板	共8块，每块厚为3cm，宽15~20cm，其中4块长20~25cm，4块长15~20cm，支撑横木垫木墩用
	方木	10cm×10cm~15cm×15cm，长1.5~2.0cm，共8根。吊装、运输、卸车时垫木箱用
	圆木墩	圆木墩高30~35cm，直径25~30cm，共10个
	草袋、蒲包	各10个，包土台四角，填充上板、底板及围裹树干
	把绳	10根，捆杉篙，起吊木箱时牵引用
工具类	铁锹	3~4把，掘树修理土台用
	平口锹	2把，削土台掏底用
	小板镐	2把，刨土用
	紧线器	2把，收紧箱底用
	钢丝绳	2根，直径0.4mm每根连打扣长10~12m，每根附卡子4个
	小镐	2把，刨土用
	铁锤或斧子	2~4把，钉铁皮用
	小铁棍	粗0.6~0.8cm，长40cm，2根
	冲子、剁子	各1个，剁铁皮和铁皮打眼用
	鹰嘴扳子	1个，调整钢丝绳卡子用
	起钉器	2个，起弯钉用
	油压千斤顶	1个，上底板用
	钢卷尺	1个，量土台用
	废机油	少量，钉坚硬木时润滑钉子用
机械类	起重机	根据需要，配备5~8t起重机1~2台，如土质太软，应配备履带式起重机；如木箱板规格为1.5m×1.5m时，用5t起重机；1.8m×1.8m时用8t起重机；2.0m×2.0m时用15t起重机
	卡车	1辆，载重量依据树木大小而定

注：上列工具、材料和机械，基本上是一组(4个人)所需的数字；木箱标准是按1.8m计算的。掘苗多时，有些工具、材料可交替使用，机械则应根据情况而增加。

掘苗时，应先根据树木的种类、株行距、干径的大小确定在植株根际留土台的大小。一般可按苗木胸径（即树木高 1.3m 处的树干直径）的 7~10 倍确定土台。各类胸径树木所用木箱规格见表 4-9。

表 4-9　各类胸径树木所用木箱规格简表

树木胸径/cm	15~18	18~25	25~28	28~30
木箱规格/$\left(\dfrac{上边长}{m} \times \dfrac{高}{m}\right)$	1.5×0.6	1.8×0.70	2.0×2.70	2.2×0.80

2）土台的大小确定之后，要以树干为中心，按照比土台大 10cm 的尺寸，划一正方形线印，将正方形内的表面浮土铲出，然后沿线印外缘挖一宽 60~80cm 的沟，沟深应与规定的土台高度相等。挖掘树木时，应随时用箱板校正，保证土台的上端尺寸与箱板尺寸完全符合，土台下端可比上端略小 5cm 左右。土台的四个侧壁，中间可略微突出，以便装上箱板时能紧紧抱住土台，切不可使土台侧壁中间凹两端高。

3）装箱。修整好土台之后，应立即上箱板，其操作顺序和注意事项如下：

① 上侧板。先将土台的四个角用蒲包片包好，再将箱板围在土台四面，两块箱板的端部不要顶上，以免影响收紧。用木棍或锹把箱板临时顶住，经过检查、校正，要使箱板上下左右都放得合适，保证每块箱板的中心都与树干处于同一条线上，使箱板上边低于土台 1cm 左右，作为吊运土台的下沉系数，即可将经过检查合格的钢丝绳分上下两道绕在箱板外面。箱板与紧线器的安装方法如图 4-6 所示。

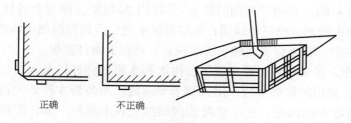

正确　　　不正确

图 4-6　箱板与紧线器的安装方法

② 上钢丝绳。上下两道钢丝绳的位置，应在距离箱板上下两边各 15~20cm 处。在钢丝绳的接口处，装上紧线器，并将紧线器松到最大限度，紧线器的旋转方向从上向下转动为收紧。上下两道钢丝绳上的紧线器，应分别装在相反方向的箱板中央的带板上，并用木墩将钢丝绳支起，便于收紧。收紧紧线器时必须两道同时进行。钢丝绳的卡子，不可放在箱角上或带板上，以免影响拉力。收紧紧线器时，如钢丝绳跟着转，则应用铁棍将钢丝绳别住。将钢丝绳收紧到一定程度时，应用锤子锤打钢丝绳，如发出"铛铛"之声，表明已收得很紧，即可进行下一道工序。

③ 钉铁皮。先在两块箱板相交处，即土台的四角上钉铁皮，每个角的最上一道和最下（最后）一道铁皮，距箱板的上下两个边各为 5cm；如 1.5m 长的箱板，每个角钉铁皮 7~8 道；1.8~2.0m 长的箱板，每个角钉铁皮 8~9 道；2.2m 长的箱板，每个角钉铁皮 9~10 道。铁皮通过每面箱板两边的带板时，最少应在带板上钉两个钉子，钉子应稍向外斜，以增强拉力；不可将钉子砸弯，如钉弯，应起出重钉。箱板四角与带板之间的铁皮，必须绷紧、钉直。将箱

板四角铁皮钉好之后，要用小锤轻轻敲打铁皮，如发出老弦声，表明已钉紧，即可旋松紧线器，取下钢丝绳。钉铁皮的方法如图4-7所示。

④ 掏底。将土台四周的箱板钉好后，要紧接着掏出土台底部的土。先沿着箱板下端往下挖35cm深，用小镐和小平铲掏挖土台下部的土，当土台下边能容纳一块底板时，就应立即上一块底板，然后再向里掏土，掏底土可在两侧同时进行。在最后掏土台中间的底土之前，要先用四根10cm×10cm的方木将木箱板四个侧面的上部支撑住，即在坑边挖一个小槽，槽内立一块小木板作支垫，将

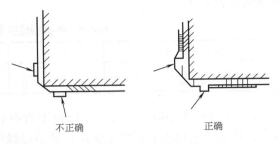

图4-7　钉铁皮的方法

方木的一头顶在小木板上，另一头顶在木箱板的带板上，并用钉子钉牢，就能防止土台歪倒。然后再向中间掏出底土，使土台的底面呈突出的弧形，以利收紧底板。掏挖底土时，如遇树根，用手锯锯断，锯口应留在土台内，不可使它凸起，以免妨碍收紧底板。掏挖中间底土要注意安全，不得将头伸入土台下面；在风力超过4级时，应停止掏底作业。

⑤ 上底板。将底板一端空出的铁皮钉在木箱板侧面的带板上，在底板下面放一个木墩顶紧；另一端用油压千斤顶将底板顶起，使之与土台紧贴，将底板另一端空出的铁皮钉在木箱板侧面的带板上，然后撤下千斤顶，用木墩顶好。上好一块底板之后，再向土台内掏底，仍按照上述方法上其他几块底板。

⑥ 上盖板（图4-8）。在树干两侧的箱板上口钉上排板条，称为上盖板。上盖板前，先修整土台表面，使中间部分稍高于四周；表层有缺土处，应用潮湿细土填严拍实。土台应高出边板上口1cm左右。在土台表面铺一层蒲包片，再在上面钉盖板。

⑦ 吊运、装车。吊运、装车时必须保证树木和木箱的完好以及人员的安全。每株树的重量超过2t时，需要用起重机吊装，用大型卡车运输。吊装带木箱的大树，应先用一根较短的钢丝绳，横着将木箱围起，把钢丝绳的两端扣放在木箱的一侧，即可用吊钩钩好钢丝绳，缓缓起吊，使树身慢慢躺倒。在木箱尚未离地面时，应暂时停吊，在树干上围好蒲包片，捆上脖绳，将绳的另一端也套在吊钩上，同时在树干分枝点上拴一麻绳，以便吊装时用人力控制方向（图4-9）。拴好绳后，可继续将树缓缓起吊，准备装车。吊装时，应有专人指挥起重机，吊杆下面不得站人。

装车时，树冠应向后，土台上口应与卡车后轴在同一直线上，在车厢底板与木箱之间垫两块10cm×10cm的方木，分别放在捆钢丝绳处的前后。木箱在车厢中落实后，再用两根较粗的木棍交叉成支架，放在树干下面，用以支撑树干，在树干与支架相接处应垫上蒲包片，以防磨伤树皮。待树完全放稳之后，再将钢丝绳取出，关好车厢，用紧线器将木箱与车厢刹紧。树干应捆在车厢后的尾钩上，树冠应用草绳围拢紧，以免树梢垂下拖地，如图4-10所示。

⑧ 运输。运输苗木的人员，必须了解所运苗木的树种、规格和卸苗地点；对于要求对号入位的苗木，必须知道具体卸苗地址。运输苗木的人员，必须站在车上树干附近，切不可坐在木箱底部，以免发生危险。车上备有竹竿，以备中途遇到低的电线时，能挑起通过。

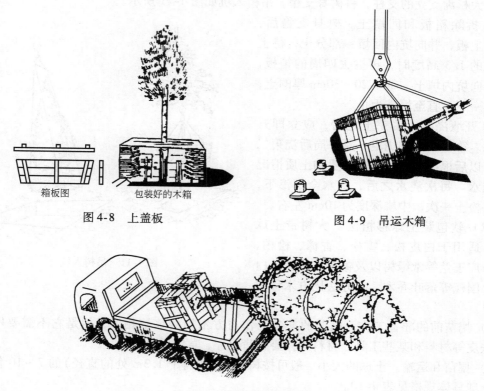

图 4-8　上盖板　　　　　　　　　　图 4-9　吊运木箱

箱板图　　　包装好的木箱

图 4-10　方箱包大树装车

⑨ 卸车。大树运至现场后，应在适当位置卸车。卸车前先将围拢树冠的小绳解开，对损伤的枝条进行修剪，取掉刹（捆）车用的紧线器，解开卡车尾钩上的绑绳。卸车的操作方法与装车大体相同，只是捆钢丝绳的位置应比装车稍靠近上端，树干上的脖绳也可稍短些。当大树被缓缓吊起离开车厢时，应将卡车立即开走，然后在木箱准备落地处横放一根或数根高度为 35～40cm 的大方木，再将木箱徐徐放下，使木箱上口落在方木上，然后用木棍顶住木箱落地的一边，以防木箱滑动，再徐徐松动吊绳，摆动吊杆，使树木缓缓立起。当木箱不再滑动时，即可去掉木棍，并在木箱落地处按 80～100cm 的距离平行地垫好两根 10cm × 10cm × 200cm 的方木，使树木立于其上，以便栽植时穿捆钢丝绳。

4）栽植。栽植包括以下几个步骤：

① 挖坑。栽植前，应按设计要求定好点，放好线，测好标高，然后挖坑。栽植坑的直径，一般应比大树的土台大 50～60cm；土质不好的，应比土台大一倍。需要换土的，应用沙质土壤，并施入充分腐熟的优质堆肥 50～100kg。坑的深度，应比土台的高度大 20～25cm。在坑底中心部位要堆一个厚 70～80cm 的方形土堆，以便放置木箱。

② 吊树入坑。先在树干上包好麻包或草袋，然后用两根等长的钢丝绳兜住木箱底部，将钢丝绳的两头扣在吊钩上，即可将树直立于吊坑中。如果树木的土台较硬，可在树木移吊到坑的上面还未全部落地时，先将木箱中间的底板拆除，如土质松散，也可不拆除中间底板。然后由四个人坐在坑的四面，用脚蹬木箱的上沿，校正栽植位置，使木箱正好落在坑中方形土台上，将木箱落实放稳之后，即可拆除两边的底板，慢慢抽出钢丝绳，然后在树干上

捆好用大杉篙支立的支柱，将树身支稳。吊树入坑如图4-11所示。

③拆除箱板和回填土。树身支稳后，先拆除上板，并向坑内回填一部分土，待土填至坑的1/3高度时，再拆去四周的箱板，接着再向坑内填土，每填20～30cm厚的土，应夯实一下，直至填满为止。

④开堰浇水。填完土之后，应立即开堰浇水。第一次水要浇足，隔一周后浇第二次水，以后根据不同树种的需要和土质情况合理浇水。每次浇水之后，待水全部渗下，应中耕松土一次，中耕深度为10cm左右。

（2）软包装土球移植法　大树带土球移植，适用于白皮松、雪松、香樟、桧柏、龙柏、广玉兰等常绿树以及银杏、榉树、白玉兰、国槐等落叶乔木，其方法比方木移植法简单。

图4-11　吊树入坑

1）掘苗前的准备工作。掘苗的准备工作与方木箱的移植相似，但是它不需要用木箱板、铁皮等材料和某些工具，材料中只要有蒲包片、草绳即可。

2）掘苗和运输。土球的大小一般可按树木胸径（树干1.3m处的直径）的7～10倍来确定。土球具体规格见表4-10。

表4-10　土球规格简表

树木胸径/cm	土 球 规 格			捆草绳密度
	土 球 直 径	土球高度/cm	留底直径	
10～12	树胸径的8～10倍	60～70	土球直径的1/3	四分草绳，双股双轴，间距8～10cm
12～15	7～10倍	70～80	土球直径的1/3	四分草绳，双股双轴，间距8～10cm

3）挖掘。土球规格确定之后，以树干为中心，按比土球直径大3～5cm的尺寸划一圆圈，然后沿着圆圈挖一宽60～80cm的操作沟，其深度应与确定的土球高度相等。当掘到应挖深度的1/2时，应随挖随修整土球，将土球表面修平，使之上大下小，局部圆滑，呈苹果形。

修整土球时如遇粗根，要用剪枝剪或手锯锯断，切不可用锹断根，以免将土球震散。

4）打包。将预先湿润过的草绳理顺，在土球中部缠腰绳，两人合作边拉缠，边用木锤（或砖、石）敲打草绳，使绳略嵌入土球为度。要使每圈草绳紧靠，总宽达土球高的1/4～1/3（约20cm左右）一并系牢即可。在土球底部向内刨挖一圈底沟，宽度在5～6cm左右，这样有利于草绳绕过草绳底沿不易松脱。然后用蒲包、草绳等材料包装。草绳包扎方式有下列三种：

①橘子式包扎。先将草绳的一头系在树干（或腰绳）上，在土球上斜向缠绕，经土球底沿绕过对面，向上约于球面一半处经树干折回，顺同一方向按一定间隔缠绕至满球。然后再

绕第二遍，与第一遍的每道在肩沿处的草绳整齐相压，缠绕至满球后系牢。再于内腰绳的稍下部捆十几道外腰绳，而后将内外腰线呈锯齿状穿连绑紧。最后在计划将树推倒的方向上沿土球外沿挖一弧形沟，并将树轻轻推倒，这样树干不会碰到穴沿而损伤。壤土和沙性土还需用蒲包垫于土球底部，并另用草绳与土球底沿纵向绳拴连系牢。橘子式包扎示意图如图4-12所示。

②井字（古钱）式包扎。先将草绳一端系于腰箍上，然后按图4-13a所示的数字顺序，由1拉到2，绕过土球的下面拉至3，经4绕过土球下拉至5，再经6绕过土球下面拉至7，经8与1挨紧平行拉扎。按如此顺序包扎6~7道井字形。井字式包扎示意图如图4-13所示。

③五角式包扎。先将草绳的一端系在腰箍上，然后按图4-14a所示的数字顺序包扎，先由1拉到2，绕过土球底，经3过土球面到4，绕过土球底经5拉过土球面到6，绕过土球底，由7过土球面到8，绕过土球底，由9过土球面，绕过土球底回到1。按如此顺序紧挨平扎6~7道五角星形。五角式包扎示意图如图4-14所示。

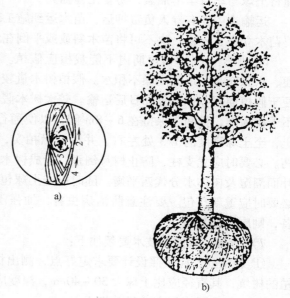

图4-12 橘子式包扎示意图
a）包扎顺序图 b）扎好的土球

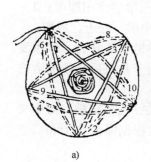

图4-13 井字式包扎示意图
a）包扎顺序图 b）扎好的土球

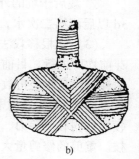

图4-14 五角式包扎示意图
a）包扎顺序图 b）扎好的土球

井字式和五角式包扎适用于黏性土和运距不远的落叶树或1t以下的常绿树，否则宜用橘子式包扎。

5）吊装和运输。吊运前先撤去支撑，捆拢树冠。应选用起吊、装运能力大于树重的机车和适合现场使用的起重机类型。吊装前，用事先打好结的粗绳，将两股分开，捆在土球腰下部，与土球接触的地方垫木板，然后将粗绳两端扣在吊钩上，轻轻起吊一下，此时树身倾斜，马上用粗绳在树干基部拴系一绳套（称"脖绳"），也扣在吊钩上，即可起吊装车。

装车前必须土球向前、树梢向后，轻轻放在车厢内。用砖头或木块将土球支稳，并用粗

113

绳将土球与车身牢牢捆紧，防止土球摇晃。

运输途中要有专人负责押运，苗木运到施工现场后要立即卸车，如不能立即栽植，即应将苗木立直、支稳，决不可将苗木斜靠或平倒在地。

6）假植。树木如短期内不能栽植应假植。假植场地应距离施工现场较近，且交通方便、水源充足、地势高燥不积水。假植树木量较多时，应按树种、规格分门别类集中排放，便于假植期间养护管理和日后运输。较大树木假植时，可以双行成一排，株距以树冠侧枝互不干扰为准，排间距保持在6～8m间，以便通行运输车辆。树木安排好后，在土球下部培土，至土球高度的1/3处左右，并用铁锹拍实，切不可将土球全部埋严，以防包装材料腐朽。必要时应立支柱，防止树身倒歪，造成树木损伤。假植期间，要经常喷水以保持土球、叶面潮湿及树体水分代谢平衡。随时检查土球包装材料情况，发现腐朽损坏的应及时修整，必要时应重新打包。要注意防治病虫害，加强围护看管，防止人为破坏。一旦栽植条件具备，则应立即栽植。

7）栽植。栽植的技术要领如下：

① 栽植前，应按照设计要求定好点，测出标高，编好树号，以便栽植时对号入座。定植的树坑，其直径应比土球大30～40cm，深度应比土球的高度大20～30cm。如定植坑的土质不好，还应适当加大坑径并换土。

② 吊装入穴前，要将树冠生长最丰满、最完好的一面朝向主要观赏方向。吊装入穴（坑）时，粗绳的捆绑方法与装卸时的方法相同。吊起时，应使树干立直，然后慢慢放入坑内。坑内应先堆放15～25cm厚的松土，使土球能刚好立在土堆上。填土前，应将草绳、蒲包片尽量取出，若不好取出，也应剪断草绳，剪碎蒲包片，然后分层填土踏实。栽植的深度，不要超过土球的高度，与原土痕印相平或略深3～5cm即可。

③ 栽后于坑的外围开堰并浇第一次水，水量不要太大，起到压实土壤的作用即可；2～3d以后浇第二次水，水量要足；再过一周浇第三次水，待水渗下即可中耕、松土、封堰。

（3）裸根移栽法　大规格的落叶乔木移栽时常用裸根法，在秋季树木落叶后，春季发芽前均可进行。目前，对胸径10～20cm的落叶乔木移植相当成功，对于栽植后易于成活的树种，移栽胸径可放宽到40～50cm。

1）移栽前对树冠进行重剪。中央领导枝明显的树种应将树梢剪去，适当疏枝，对中央领导枝弱和萌芽力、成枝力强的树种，可将分枝点以上的树冠锯去或根据需要定干和留主枝。重剪的修剪量大，修剪时应注意不得将下部的枝芽劈裂。

2）裸根法移栽大树，带根系的幅度为树木胸径的8～10倍。以树干为中心划圆，在圆圈处向外挖操作沟，沟宽约60～80cm，向下挖至70cm左右仍不见侧根时，应缩小半径向土球中部挖，以便斩断主根。粗大的侧根用手锯锯断，不可用锹斩断，以免劈裂。主根和全部侧根切断后，将操作沟的一侧挖深些，轻轻推倒树干，拍落根部泥土。当土壤黏重坚硬时，用尖头镐顺着根系方向刨净附泥，但不可损伤根皮和细须根。

3）用人力或起重机装运树木时，应轻抬轻放。装车与软材包装移植法相同。在长途运输时，树根与树身要加覆盖，以防风吹日晒并适当保湿。树木运到现场后要逐株抬下，不可推下车。

4）栽植穴的直径要比树木根幅大20～30cm，穴深比树木根幅加深10～20cm。将树木在运输过程中损伤的枝、根系加以修剪后栽植。穴底先施基肥并堆一个20cm左右的土堆，将根立在土堆上回填土壤，填土至一半时，抱住树干轻轻上提或摇动，使土壤与根系紧密结合，踏实土壤，再填土至满踏实。栽植深度应比原土痕略深3~5cm，最后筑土埂以便浇水。

（四）竹类及棕榈类植物移栽

1. 竹类植物的移栽

竹类植物是单子叶植物的一大族群，广泛分布于全球热带、亚热带至温带，总计约65属1200余种。竹类具高长的秆，显著的节；叶互生，扁平，有披针形、卵状披针形、线状披针形，具平行脉或横细脉；地下茎横走，顶芽或侧芽能萌发成笋，再长成新株；竹类只有须根，无主根；植株老会开花，花后常枯死。竹姿优雅清逸，古时美喻为"四君子"之一，其"高风亮节"常为赋诗人书之题材；植株可用于盆栽、绿篱或庭园景观美化。在栽培上，根据竹子地下茎的分生繁殖形态特征可分为散生竹、丛生竹、混生竹三类。

（1）散生竹的移栽　散生竹地下茎细长，横走地下，称为竹鞭。鞭上有节，节上生根，每节一芽，交互排列。芽既能抽生新鞭，又能出笋长竹，竹株稀疏散生。散生竹栽植成功的关键是保证母竹与竹鞭的密切联系，所带竹鞭具有旺盛孕笋和发鞭能力。

1）立地选择。散生竹在生长过程中，有怕水、怕风、怕寒，厌旱、厌瘠、厌结，喜润、喜松、喜肥的特点。立地选择时，根据这些特点，季节性渍水的洼地、滩地、山顶、风口、高寒地区，土壤干燥、瘠薄、黏重、石砾过多或岩石裸露地，均不适宜散生竹生长繁殖，应选择避风的山腰、山脚、山谷、土层深厚、肥沃、疏松、湿润、排水良好的乌沙土和沙质壤土最为适宜。

2）细致整地。整地是立地选择后的第一个程序。不论何种土壤，在栽竹前都要进行整地挖穴。整地宜早不宜迟，最迟要在挖母竹前完成。整地方式有全面整地和局部整地。

① 全面整地一般适用于坡度小、荒芜多年的荒地。整地时，先将林地上杂草灌木全面砍除，再全面深翻20cm，而后按栽植点的株行距挖穴。

② 局部整地又分为带状整地和穴状整地，一般在坡度较陡的荒山荒地采用。带状整地是环山沿等高线挖带，带宽2m左右，开挖前先把地面杂草灌木砍除，然后在砍除带上深翻约20cm，再按栽植点的株行距挖穴。穴状整地是先将开穴周围的杂草灌木砍除，然后挖穴。

不论采用哪种方式整地，挖穴的规格都为长150cm、宽100cm、深40~50cm。挖穴时做到表土、心土分开放，石块分开放，石块、树根捡干净。

3）精选母竹。选择的母竹是否合乎要求，直接影响到移栽的成败。精选母竹应考虑下列条件：

① 母竹年龄。根据鞭与竹的生长规律，一、二年生母竹比三、四年生母竹发的新竹多，质量好，扩展范围大，前者成活率也略高于后者。因为一、二年生母竹，竹鞭大部分为三至五年生，鞭色鲜黄至金黄，有效芽多而饱满，鞭根健全，发笋发鞭能力强；三、四年生母竹，竹鞭大部分为六、七年生，鞭色变深，有效芽少，鞭根的侧根再生能力减弱，发笋发芽能力差。在冬季栽竹，应选小年竹，因为小年竹已经积累了一年的养分，栽植后春天发笋多，质量高。

可按以下方式区分一至三年生竹的竹龄：一年生竹的竹皮为青绿色，新秆上密生银白色茸毛，秆基上有未完全腐烂的笋箨，靠近秆环一圈有明显的白粉，摸时粘手，秆的箨环上有一圈锈色的细毛；二年生竹的竹皮青绿色，竹秆上银白色的茸毛逐渐较少，秆基上的笋箨开始腐烂脱落，靠近秆环的白粉较多，摸时稍粘手，秆的箨环上细毛残留不多，由锈色而逐渐变为黑褐色；三年生竹的竹皮黄绿色，竹秆上和箨环上的毛完全脱落，秆环上白粉不多，且大部分变成灰褐色，笋箨全部腐烂。

② 胸径粗和枝下高。母竹以胸径 3 ~6cm，枝下高 150cm 以下为宜，胸径过小和枝下高过低，是母竹品质不良的表现，栽后虽容易成活，但新竹长势较弱，不宜选用。胸径过大和枝下高过高，不但挖掘、搬运、移植费工多、成本高，而且移植后蒸发量大，容易风吹摇动，影响成活率。

③ 母竹健康状况。尽量选用竹秆通直、基部竹节呈椭圆形，节子均匀平滑，枝叶茂盛，叶色深绿，长势旺盛，无病虫害的竹作母竹。

④ 根株深浅。根株过深的母竹不但挖掘时容易损伤竹鞭和鞭芽，栽植时竹穴也要求较深，这样不但费工，来年发笋也不易出土，往往在土中烂掉，而且引鞭排芽也容易受到影响。所以，鞭深的散生竹不宜作母竹。散生竹竹鞭在底下呈波浪状延伸，由竹鞭波峰的芽所形成的竹子，秆基离地面较近，就形成浅鞭竹；相反，竹鞭波谷的芽形成的竹子，秆基离地面较远，就形成了深鞭竹。浅鞭竹靠近地面的节间较短，深鞭竹靠近地面的节间较长。因此，选择浅鞭竹种，只要选择靠近地面节间较短者即可。

⑤ 鞭芽的好坏。具有上述条件的母竹，还不一定带有健壮的鞭芽。因为母竹虽适龄，但地下茎可能是老鞭，在残次散生竹林选择母竹，这种情况尤多，所以挖母竹必须注意检查鞭芽。"好鞭有好芽，好芽有好笋，好笋有好竹"的经验，说明鞭芽好坏在生产实践中的重要作用。竹鞭呈金黄色或黄白色，带有健壮饱满的鞭芽，可以选为母竹；竹鞭呈黑色或紫黑色，鞭芽扁平贴附于竹鞭或鞭芽已经腐烂发黑的，不论地上部分情况如何，都不能选为母竹。

⑥ 母竹的来源。被选的母竹林应离绿地较近，远距离不仅运输麻烦、成本高，且搬运费时，往往会损伤或折断秆柄与竹鞭的连接点，影响造林成活率。另外，还应尽可能从向阳疏林或林缘地中选择母竹，因其抵抗力较强，发育较好，同时，挖掘时对林内其他竹鞭影响也小。

4）挖取母竹。挖母竹一定要带竹鞭。为了带好竹鞭，挖竹时先要判别竹鞭的走向。据统计，75% 左右的竹鞭走向和竹子第一枝盘方向基本一致，再结合周围立竹方位统一考虑进行判断，把握更大。竹鞭走向确定以后，在距母竹 40cm 处用锄轻轻挖开土层，找到竹鞭，按来鞭（即着生母竹的鞭的来向）20 ~30cm、去鞭（即着生母竹的鞭向前钻行，将来发新鞭、长新竹的方向）40 ~50cm 的长度将鞭截断，再沿鞭的两侧约 20 ~35cm 的地方开椭圆形的沟深挖，将母竹连同竹鞭一并挖出。若去鞭上有子鞭应多带子鞭。截鞭时，面对母竹用锋利锄或镐断鞭，可使断面平滑，减少竹鞭开裂。

挖竹时，尽量做到少伤竹鞭、鞭根和鞭芽，更不能强行用力摇动来攀倒母竹，以免损伤连接点。俗话说："十人抬竹，一年成林；一人抬竹，十年成林"，意思是母竹带鞭要长，根盘要大，宿土要多，这样容易成活成林。因此要使竹鞭、鞭根包裹在土内，一般每株母竹带宿土 20 ~30kg。

挖竹鞭时，由于林地内竹鞭纵横交错，常常挖到的是假鞭，如果把这种假鞭错认为是母竹的来鞭、去鞭，势必影响母竹栽后成活和延鞭发笋成竹的能力，因此有必要加以区别。在正常情况下，母竹来鞭、去鞭成一直线，并一定是通过竹蔸的，如图 4-15a 所示，所以不是从母竹蔸部延伸过来的肯定是假鞭；母竹只能有一根来鞭和去鞭，如果通过竹蔸延伸出一根以上的来鞭和去鞭，则必有假鞭，这时需要从竹鞭颜色、年龄、粗细结合起来判别，同一根母竹的来鞭、去鞭年龄、颜色、粗细应基本一致，否则为假鞭。若遇到实在难以区别的可一起挖掘栽植。挖出母竹后，留枝 3 ~5 盘，削去竹梢，务求做到切口平滑整齐。

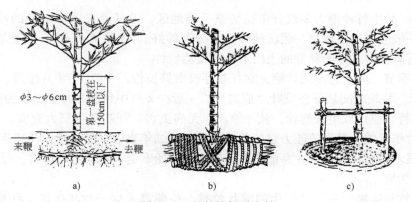

图 4-15　母竹挖掘后去梢

a）散生竹母竹的规格　b）包扎　c）栽植及支撑

5）运送母竹。短距离运送母竹可不必包扎，但必须防止鞭芽和连接点损伤以及宿土脱落。挑运或抬运时，母竹直立放置，不要横放。不可将母竹放在肩上背着运，更不能将母竹当扁担挑运母竹，因为这样都容易损伤连接点，使宿土脱落。远距离运送必须妥善包扎母竹，包扎物可用稻草，也可就地取材。包扎时在宿土上下两侧加放竹棍和木棒各一根，并用稻草绳自鞭两头向竹蔸捆绑结实，运输时间越短越好。长途运输要加盖篷布，中途进行洒水，尽量减少水分蒸发。起卸时要仔细，切勿乱抛乱压。运到目的地应立即进行栽植。母竹包扎如图 4-15b 所示。

6）母竹栽植。栽竹一年四季均可进行，但大面积栽植以冬末春初最为适宜。其原因是这时温度低、蒸发少、笋芽小，挖掘母竹时笋芽可以减少损伤；母竹处于半休眠状态，地下部分贮存养分丰富，栽植后容易恢复生机，易成活。

栽植天气以雨后晴天、阴天和毛雨天为佳。大雨天穴坑容易积水，栽后不利排芽行鞭；刮大风母竹易失水过多，产生萎蔫，并容易摇动竹身，损伤连接点、鞭根和笋芽。

7）母竹栽植。

① 先将母竹梢端切口中填满黄心土，防止细菌繁殖产生病菌和竹子开裂雨水侵入造成腐烂。填土后在切口上套上一个竹筒或用塑料布包扎。

② 将表土垫于穴底，一般厚度在 12～18cm 左右。有条件的地方可在穴内填入腐熟的厩肥、堆肥或塘泥，充分与泥土混拌后再将表土填入一层。

③ 依照鞭根原生长的高低和倾斜状况小心将母竹来鞭靠穴放入穴中，做到"沟栽母竹、紧固竹蔸、表盖松土"。"沟栽母竹"是指比母竹原土痕稍深 3cm 左右；"紧固竹蔸"是指将竹蔸四周和竹鞭两侧，用细土、松土填实压紧，使根系与土壤密切结合；"表盖松土"是指分层踏实后，在面上再用松土覆盖，减少水分蒸发，有条件再盖上杂草、枝叶，以减少表层土壤板结，腐烂后可增加肥力。

④ 在风大地段，用支架固定母竹（图 4-15c），避免风吹摇动而影响成活。

⑤ 栽竹填土至一半以后浇"定蔸水"，可使鞭根和土壤紧密结合，并有抗旱作用，能提高成活率，母竹长势也好。

（2）丛生竹的移栽　丛生竹主要分布于南方各省区，珠江流域为其分布中心。其栽培管理措施如下：

1）选地。丛生竹种绝大多数分布在平原丘陵地区，尤其是在溪流两岸的冲积土地带。栽植丛生竹一般应选土层深厚、肥沃疏松、水分条件好、pH值4.4～7.0的土壤进行栽植。干旱瘠薄、石砾太多或过于黏重的土壤不易种植丛生竹。

2）栽植季节。丛生竹类无竹鞭，靠秆基芽眼出笋长竹，一般5～9月出笋，第二年3～5月伸枝发叶，移栽时间最好在发叶之前进行，一般在2月中旬至3月下旬较为适宜。

3）选母竹。应选取生长健壮，枝叶繁茂，无病虫害，秆基芽眼肥大充实，须根发达的一、二年生竹作母竹，其发笋能力强，栽后易成活。二年生以上的竹秆，秆基芽眼已发笋长竹，残留芽眼多已老化，失去发芽能力，而且根系开始衰退，不宜选作母竹。母竹的粗度以胸径2～3cm为宜。

4）挖母竹与运输。一、二年生的健壮竹株，一般都着生于竹丛边缘，秆基入土较深，芽眼和根系发育较好。母竹应从这些竹株中挖取。挖掘时先在离母竹25～30cm处扒开土壤，由远至近，逐渐深挖，防止损伤秆基芽眼，尽量少伤或不伤竹根，在靠近老竹一侧，找出母竹秆柄与老竹秆基的连接点，用利器将其切断，将母竹带土挖起。切断母竹与老竹连接点时，切忌母竹竹蔸破裂，否则易导致腐烂。有时为了保护母竹，可连老竹一并挖起，保留1.5～2.0m长的竹秆，用利器从节间中部成马耳形截去竹梢，适当疏除过密枝，截短过长的枝便于搬运和栽植。

5）栽植母竹。根据造景要求可单丛栽植，也可多丛配置。种植穴的大小视母竹竹蔸或土球大小而定，一般应大于土球或竹蔸50%～100%，直径为50～70cm，深约30cm。栽竹前，穴底先填细碎表土，最好施入15～25kg腐熟有机肥与表土拌后回填。在放入母竹时，若能判断秆基弯曲方向，最好将弓背朝下，正面朝上，斜放入穴内。这样，根系舒展有利于成活和发笋长竹。母竹放好后，分层填土，踩实，灌水覆土。覆土以高出母竹原土印3cm左右为宜，最后培土成馒头形，以防积水烂根。

（3）混生竹的移栽　混生竹的种类很多，大都生长矮小，虽除茶秆竹外其经济价值多不大，但其中的某些竹种，如方竹、菲白竹等则具有较高的观赏价值。混生竹既有横走地下茎，又有秆基芽眼，都能出笋长竹，其生长繁殖特性位于散生竹与丛生竹之间，移栽方法可二者兼而有之。

2. 棕榈类植物的移栽

棕榈类植物属于常绿乔木、灌木或藤本植物，茎单生或丛生，直立或攀援；叶聚生于茎顶，攀援种类则散生枝上，叶羽状或掌状分裂，叶柄基部常扩大成具有纤维的叶鞘，花、果也各具特点。茎秆坚韧，根系发达，地下无主根，根颈附近须根盘结密生，耐移栽，易成活。棕榈类植物具有很强的耐干旱、耐贫瘠、抗病虫害能力。棕榈类植物叶聚生于茎顶，植株间通透性强，树冠的风阻较一般的常绿阔叶树小得多，具有较强的抗风性。棕榈类植物树型优美，近年来，被广泛用于南方庭院及小区绿化。

（1）单干棕榈种类的移栽

1）移栽前的准备工作。

① 对苗木提前断根处理，在移栽前2～3个月断根，即沿茎基预留土球位置挖环形沟，挖好后覆土并浇水保湿，也可先集中假植。断根后土球大小约为地径的两倍，断根深度50～60cm。清除石块、碎根，及时回填断根土，并做好保湿。断根的目的是锻炼苗木的适应性，趋生新根。断根后最好保留30d以上，待新根开始萌动时再移栽。若采用假植苗，效果更好。

② 移栽前20d在栽植地点打穴，穴规格一般是土球大小的1.5倍。打穴的泥土露天暴晒一段时间，回填土最好用预先准备好的混合土（塘泥＋农家肥或蘑菇泥土＋适量的熟化磷肥＋适量河沙，沙：泥＝4∶6）。

2）移栽时间。棕榈类植物在珠三角地区可全年移栽，但最佳移栽时间为每年的春、秋两季，应尽量避免在夏、冬两季，尤其是1月和7月移栽。棕榈类植物大都喜温、喜湿，夏天气温高，苗木本身的水分蒸发快，容易造成失水过多而影响成活；冬天气温低，有些地方甚至有霜冻及强北风，容易造成苗木冻伤甚至冻死。

3）移苗。有些棕榈大苗茎较粗，移苗的工作量大，苗木极易受伤，移苗时要用麻袋或稻草包扎树干，特别是树干与叶柄分界处的青绿色部分。起苗时结合修剪，去除老叶（保留40%～45%的叶片）；将叶片剪去1/5，以减少水分的蒸发。

4）栽植。苗木最好当天挖当天栽完，若当天不能栽完，应用遮阴网盖好，每天在叶面上喷少量的水，遮阴保湿。

① 回土。苗木定好位置，即可回土。回土到土球的一半高时，将松土压实。回土完毕，土墩做成周围稍高中间稍低的"储水盆"，以利淋水保湿。

② 淋水。回土后马上淋足定根水，淋水前先用竹竿等插实土球周围的松土，直至松土不再下沉。

（2）大型丛生棕榈种类的移栽 大型丛生棕榈种类具有多个生长点，长成多干丛生，能在移植后较快长出新根。但丛生棕榈树干重，叶片面积大，水分蒸发量大，透风性差易受强风吹袭危害。所以，除按上述单干棕榈移植施处置外，应增加下列技术措施：

1）实施"毛根法"移栽。挖好较大的土球后，用小铲沿土球外沿去掉部分泥土，保留较多的须根和适度的土球，并随即外包保湿轻质材料，减轻土球重量，确保成活。例如，对鱼骨葵、三药槟榔等恢复较慢的丛生棕榈的移栽可采用此法。

2）实施裸根假植或上盆栽植，集中养护至新根萌发、植株稳定后才正式定植。此法适于散尾葵、奇异皱子棕、夏威夷椰子等粗生的丛生棕榈，可减轻运费，方便施工。

判定棕榈类植物移栽成功的标志，是植后半年内能保住大部分叶片并能萌生新叶，其中以萌生三片健康新叶为移栽完全成功。

四、任务实施

1. 准备工作

1）课前预习相关知识部分。

2）教师准备相关案例，课堂围绕案例讲解。

3）班级学生自由组合（每组5～8人）为几个学习小组，各学习小组自行选出小组长。

4）联系校园绿化及施工企业，讨论实施计划。

5）取得绿化规划设计图，了解工程概况。

6）现场勘察制定施工方案。

7）场地整理。

8）定点放线。

9）材料工具准备。

① 材料：校园内需移植的树木或绿化工程中待移植的树木。

② 工具：铁锹、镐、手锯、修枝剪、支柱、绳索、蒲包片等。

2. 实施步骤

（1）起苗　根据计划，按操作规范起苗。裸根苗根部用湿布包裹，蘸泥浆；带土球苗用蒲团、草绳包裹、绑缚。

（2）挖穴　按设计要求定点挖穴，穴的直径一般比根的幅度与深度或土球大20~40cm，或大1倍。

（3）定植

1）裸根苗的栽植，先在穴底填些表土，堆成小丘状，放苗入穴，比试根幅与穴的大小和深浅是否合适，进行适当调整修理。两人一组，一人扶正苗木，另一人填入拍碎的湿润表土。当填土达穴深的1/2处时，轻提苗使根自然向下舒展，然后用木棒捣实或用脚踩实，继续填满后，再捣实或踩实一次，最后盖上一层土与地相平，使填的土与原根颈痕相平或略高3~5cm。苗木栽好后，用剩下的底土在穴外缘筑灌水堰。

2）带土球苗栽植，先测量或目测已挖树穴的深度与土球的高度是否一致，对树穴适当填挖调整后，再放苗入穴。在土球四周下部垫入少量土，使树苗直立稳定，然后剪开包装材料，将不易腐烂的材料一律取出。为防止栽后灌水土塌树斜，填土一半时，用木棒将土球四周捣实，再填到满穴并捣实，筑好灌水堰，最后把捆缚树冠的绳索解开取下。

（4）栽后管理　树苗栽好后，立即灌水，浇透水，使土壤吸足水分，让根系与土壤密接，提高成活率。

（5）分组讨论。

（6）企业兼职教师和学校老师评分

任务3　草坪建植

一、任务描述

草坪是经人工种植或改造后形成的具有观赏效果，并能供人们适度活动的坪状草地。学习的任务是了解草坪的类型，掌握建植草坪的方法，能够建植草坪。

二、任务分析

草坪建植的方式有播种建坪、营养体建植等。完成本任务需要掌握的知识面有：草坪的类型、草坪草种的选择、草坪建植程序等。

三、相关知识

（一）草坪的类型
草坪的类型很多，可以按以下方法分类。
1. 按照草坪在园林绿化中的应用分类
按照草坪在园林绿化中的应用可分为四种类型：
（1）观赏草坪　观赏草坪又叫装饰草坪，主要布置在大门出入口处、城市绿地雕塑、喷泉四周和城市建筑纪念物前，作为绿色装饰和背景陪衬。观赏草坪具有良好的观赏性，栽培养护管理技术严格，草种需选择精细耐久、绿色期长的种类。

（2）游憩草坪　游憩草坪是供游人散步、休息、游憩和进行户外活动的草坪。游憩草坪一般面积较大，允许游人入内游憩活动。此类草坪管理粗放，草种应选择耐践踏、抗性强的种类。

（3）运动草坪　运动草坪是指可以在其上进行体育运动的草坪。应选择有弹性，耐频繁践踏，自身萌蘖力强，生长势容易恢复的草种。

（4）护坡护岸草坪　护坡护岸草坪是铺设在坡地、水岸边，用于防止水土流失的草坪。要选择分蘖力强、抗性强、耐水湿、耐干旱、耐瘠薄而且管理粗放的草种。

2. 按照草坪草生长适宜温度分类

通常在园林草坪应用中，按照草坪草生长适宜温度，分为冷季型和暖季型两种类型。

（1）冷季型草坪　冷季型草是在寒冷气候条件下能正常生长的草，适合北方地区栽植，具有春秋两季生长势强，夏季高温期处于休眠状态的特点。常见的冷季型草种有早熟禾类、多年生黑麦草、剪股颖、高羊茅、羊胡子草等。用冷季型草种建植的草坪称为冷季型草坪。

（2）暖季型草坪　暖季型草夏季喜高温高湿，生长迅速，春季生长势弱，不耐寒，适合南方地区栽植。常见的暖季型草种有结缕草、狗牙根草、野牛草等。用暖季型草种建植的草坪称为暖季型草坪。

3. 按照草坪设计的位置及功能分类

（1）规则式草坪　规则式草坪轮廓整齐，与规则式园林格调相一致，多为观赏草坪。

（2）自然式草坪　自然式草坪面积较大，依地形地势有缓坡起伏变化，再现自然草坪景观。

（二）草坪建植技术

1. 草坪草种的选择

应根据草坪的用途、当地的气候特点、土壤条件、技术水平及经济状况选择适合的草种或品种。

（1）按照小环境条件不同选用不同草种　树阴下可选择耐阴强的草种；土质差的地方可选择综合抗性强的草种；在冷凉湿润的环境下可选用冷季型草；在温暖小气候条件下可选用暖季型草。

（2）按照设计草坪的主要功能选择草种　装饰性观赏草坪可选用精细草种如剪股颖类；运动草坪可选用耐践踏、恢复力强的草种如结缕草。

（3）按照工程造价和后期管护条件选择草种　以简单覆盖、护土护坡为目的的草坪可选用野牛草、羊胡子草等粗放管理的草种。在经费充足，人力、物力和管护技术允许的条件下，可选用养护要求高、美化效果好的精细草种；反之则应该选择管理粗的草种。

2. 草坪建植程序

（1）坪床准备　草坪要求良好的土壤通气条件、水分和矿质营养。因而无论采取什么方法建坪都应细心准备坪床。坪床的准备主要包括场地的清理、耕作、整地、土壤改良、施肥及灌溉设施的安装等步骤，这些与苗圃作业一样（参见第2章）。

（2）建植方法　草坪建植的方式有很多种，这主要取决于草种和品种特性。播种建坪是最常见的草坪建植方法。除此之外，还可以用直铺草皮、栽植草块、撒播匍匐茎和根茎等方式建坪。

1）种子建植。直接将草坪草种播撒于坪床上建植草坪的方法称为种子建植。大部分冷季型草能用种子建植法建坪。

2）营养体建植。利用草坪草的营养繁殖体建植草坪的方法称为营养体建植。营养体建植包括铺草皮、栽草块、栽枝条和匍匐茎。其中，铺草皮的方法用得最多，这种方法见效快，对于大多数草坪草来讲，由于不能生产出活性种子，营养体建坪是很好的建坪方法。

四、任务实施

1. 准备工作

1）课前预习相关知识部分。

2）教师准备相关案例，课堂围绕案例讲解。

3）班级学生自由组合（每组5~8人）为几个学习小组，各学习小组自行选出小组长。

4）联系校园绿化及施工企业，讨论实施计划。

5）取得绿化规划设计图，了解工程概况。

6）现场勘察制定施工方案。

7）场地整理。

8）定点放线。

9）材料工具准备。

① 材料：校园内需建植的草坪或绿化工程中待建植的草坪。

② 工具：铁锹、镐、钢卷尺、皮尺、锄头、耙子等。

2. 实施步骤

1）查阅资料（教材、期刊、网络），列出有代表性的草坪类型。

2）以小组为单位完成坪床的清理、耕作、整地、土壤改良、施肥及灌溉设施的安装等。

3）根据草种和品种特性。采取播种建坪和营养体建植建坪。

① 种子建植。直接将草坪草种子播撒于坪床上，让种子与土壤混合建植草坪。

② 营养体建植。铺草皮、栽草块、栽枝条和匍匐茎。

4）分组讨论。

5）编写实施报告。

6）小组代表汇报，其他小组和老师评分。

任务4　屋顶绿化与垂直绿化

一、任务描述

对建筑屋顶或平台或墙面进行绿化，在上面植树和栽花种草，作为城市绿化的一部分已逐渐被人们重视，并被大量发展了。学习的任务是了解屋顶绿化与垂直绿化的概念，掌握屋顶绿化与垂直绿化的方法，能够进行屋顶绿化与垂直绿化。

二、任务分析

现代城市由于人口高度聚集，因此特别强调在城市中建立良好的生态环境，很多城市把建生态城市作为城市建设的目标。城市绿化水平是衡量现代城市的重要标志之一。然而，城市绿地有限，寸土寸金，建筑都向高层发展，高楼林立，楼间距离狭窄，能够绿化的面积越来越少。要在有限的土地上进行绿化，改善生态环境，增加城市的覆盖率，就需要另辟蹊径，转而向高空发展。完成本任务需要掌握的知识面有：屋顶绿化、垂直绿化的概念，屋顶绿化、垂直绿化的方法等。

三、相关知识

（一）屋顶绿化

屋顶绿化就是在平屋顶或平台上建造人工花园。屋顶绿化与露地造园在植物种植上的最大区别是：屋顶绿化是把露地造园和种植等园林工程搬到建筑物上或构筑物上，它的种植土是人工合成，并且不与自然土壤相连。

1. 屋顶绿化的作用

（1）能丰富城市景观 屋顶绿化被被誉为建筑与绿化艺术"杂交"的奇葩，经过精心设计的屋顶花园，远看如半壁花山，近看似斑斓峡谷，俯视又如一条五彩缤纷的巨型地毯，令人心旷神怡，美不胜收。

（2）能补偿建筑物占有的绿地面积，大大提高城市的绿化覆盖率 目前，各地城市用地紧张，用于绿化的面积越来越少。利用低层、多层建筑的平顶进行绿化，就可以提高"自然"空间层次，改善环境，使人们享受到更丰富的园林美景。

（3）能改善人们的视觉条件 屋顶绿化使住在高层的人们获得接近自然的满足感，减少来自相邻低层屋面反射的眩光和阳光的辐射热，能在舒适的视角内，看到赏心悦目的绿色。

（4）能改善环境，维护生态平衡 屋顶绿化加强了屋面的构造处理，起到了隔热、减渗、减小噪声、净化空气、吸尘、抗污、杀菌，是天然的高效"滤净器"，夏季可降温，冬季可保暖。

（5）能创造经济效益 屋顶阳光充足，日照时间长，不易发生病虫害，昼夜温差大，均有利于阳性树木、花草的生长发育，可作为育苗场地，建造生产性的温室，可创造一定的经济效益。

2. 屋顶绿化技术

屋顶绿化最关键的是结构安全，应具备安全承重和安全渗漏的功能。因此，要考虑屋顶面积、承重、顶层形状、方位等因素，在绿化的结构上下功夫，制定切实可行、经济合理的技术方案。

（1）屋顶种植的植物及各种附加材料的全面重量分析 对屋顶绿化使用的各种材料：排水层材料、人造土（种植土、基质）、植物、当地的最大降雪量、降尘量都应进行统计分析，准确计算出屋顶最大的承重量，一定要将重量控制在平屋顶或平台的允许静载重量之内。

1）掌握土壤的干重和湿重，确定配比和铺设厚度，常用种植土材料的物理性质见表4-11。种植土关系到园林植物能否健壮生长和房屋结构承重等问题，因此，各地都选用人工配制的轻型基质，如蛭石、珍珠岩、煤渣、泥炭等。满足质量轻、持水量大、通风排水性好、营养适中、清洁无毒、材料来源广。

表 4-11　常用种植土材料的物理性质

材料名称	密度/(t/m³)		持水量(%)	孔隙度(%)
	干	湿		
沙壤土	1.58	1.95	35.7	1.8
木屑	0.18	0.68	49.3	27.9
蛭石	0.11	0.65	53.0	27.5
珍珠石	0.10	0.29	19.5	53.9
稻壳	0.10	0.23	12.3	68.7

2）了解植物材料的质量，植物本身自重也是不能忽视的荷载。根据各种植物对种植土的要求确定人造土的厚度，各种植物种植土厚度与荷载见表 4-12。

表 4-12　各种植物种植土厚度与荷载

类别	地被	小灌木	大灌木	浅根乔木	深根乔木
植物存活种植土最小厚度/cm	15	30	45	60	90~120
植物生长种植土最小厚度/cm	30	45	60	90	120~150
排水层厚度/cm	—	10	15	20	30
植物存活最小荷载/(kg/m²)	150	300	450	600	600~1200
植物生长最小荷载/(kg/m²)	300	450	600	900	1200~1500

3）掌握排水层的厚度与荷载。屋顶绿化的排水层设在防水层之上，过滤层之下。通常是在过滤层下用轻质骨料铺成 100~200cm 厚的排水层，骨料可用砾石、焦渣、陶粒等。

4）了解当地历年来的最大降雪量和降尘量。

根据以上情况，对荷载进行分析，最后控制总荷载在平屋顶的允许静载荷载之内，才能确保安全。亭台、假山、水池、棚架、大树的种植槽重量大，必须建造在承重墙和承重柱上。

（2）重物的选择　亭台、假山、水池、棚架、大树的种植槽重量大，必须建造在承重墙和承重柱上。

（3）植物的选择　应选择与屋顶生态环境相适应的植物。

1）品种强壮，具有抵抗极端气候能力的植物。

2）适应种植土浅薄、少肥的花灌木。

3）能忍受干燥、潮湿、积水的植物。

4）耐夏季高温，能露地越冬，能抗屋顶大风，管理粗放的植物。

3. 屋顶绿化的施工

根据平屋顶的承载能力和屋顶绿化的目的，选择不同功能的屋顶绿化形式，进行总体设计。屋顶花园种植层的一般构造层次。施工时，先用粉笔在屋面上根据设计要求画出花坛、花架、道路、排水孔道、浇灌设备的位置，然后按以下步骤施工。屋顶花园种植层的一般构造层次如图 4-16 所示。

（1）做防水层 用新型防水材料来代替传统的油毡防水层，改热操作为冷操作的施工工艺，确保防水层达到预期效果。

（2）做排水层 在防水层上填 10 ~ 20cm 厚的轻质材料，如砾石、焦渣、陶粒等作为排水层。

（3）做过滤层 在排水层上铺设一层尼龙窗纱或玻璃纤维布与石棉布作过滤层，防止种植土中细小颗粒和骨料随浇灌而流失。

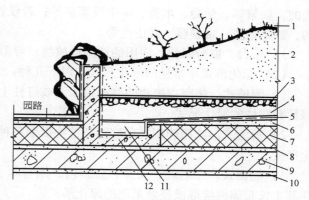

图 4-16 屋顶花园种植层的一般构造层次
1—园林植物 2—人工种植土 3—过滤层 4—排水层
5—防水层 6—找水层 7—保温隔热层 8—找平层
9—结构楼板 10—抹灰层 11—排水道 12—排水沟

（4）种植土层 选用事先堆积发酵的锯木屑、蛭石、砻糠等做基质，掺入一定量的棉籽渣或者用砂壤土、腐殖土、草炭土按 1∶1∶1 比例混合，铺设在过滤层上。

4. 植物栽植

栽植方法与露地栽植差不多，应注意使根系舒展，剪去过长根，使土壤与根系紧密结合，栽后立即浇一次透水。

（二）垂直绿化

垂直绿化是运用藤本植物沿墙面和其他设备攀附上升形成垂直的绿化形式。与屋顶绿化一样，垂直绿化可以节约土地，增加城市的绿化量，丰富城市绿貌。

1. 垂直绿化的作用

（1）提高绿化美化水平 垂直绿化占地少，可装饰美化墙壁、坡面，对陈旧建筑物起到遮挡作用。

（2）遮阴降温 据测定，夏天附有攀援植物生长的绿墙，住宅内室温比无绿墙者降低 3 ~ 5℃，冬天抵挡冷气入侵，室内暖和。

（3）调节湿度，减少尘埃 墙面被绿化的室内，空气湿度较高，干燥季节比一般室内高 20% ~ 30%，尘埃可降低 22%。

（4）保护房屋 墙面被绿化的房屋可免受日晒雨淋，墙面可不被冻裂。

2. 垂直绿化的方法

（1）垂直绿化植物的选择 藤本植物极其丰富，大多为种子植物，少数为蕨类植物，生态习性不一，攀援方式多样。有的依靠自身的主茎缠绕在其他植物或物体上生长，如紫藤、牵牛花、何首乌等；有的具有明显的攀援器官，利用这些攀援器官把自身固定在支持物上，向上方或侧方生长，如葡萄、豌豆、铁线莲、地锦、五叶地锦、常春藤、多花蔷薇等，应根据绿化墙面位置和支撑物的地点环境条件来选择适宜的垂直绿化植物。

1）墙面绿化。向阳墙面应选择喜光、耐旱和适应性强的藤本植物，如凌霄、木香、藤本月季、茑萝等；背阳的墙面应选择耐阴湿植物，如常春藤、络石等。

2）棚架、栅架、灯柱绿化。若设置地点日照时间长、光照强、蒸发量大，宜选耐旱喜光的，如紫藤、葡萄、木香、牵牛及茑萝等；若设置地点日照时间短、荫蔽，宜选耐阴喜湿的，如金银花、常春藤、爬山虎等。

3）阳台、窗台绿化。向阳的选阳性植物；背阳的选阴性植物。

（2）绿化形式　常见的绿化形式有以下几种：

1）附壁式。使藤本植物的蔓藤沿墙面或灯柱上升和扩张生长，枝叶布满攀附物，形成绿篱和绿柱的绿化形式。

2）篱垣式。选用钩刺类和缠绕类植物借助各种栅栏、篱笆生长，并划隔空间区域的绿化形式。

3）棚架式。在庭院、天井、公园内，用竹木、铁丝、水泥等搭架，将植物牵引其上，任其生长布满棚架形成枝繁果茂的绿化形式。

4）框状式。按门窗大小做成梯形架侧立两旁，上部用竹竿横置成一框，将植物引上，顺梯向上生长，布满门窗四周的绿化形式。

5）遮檐式。在门窗两旁立竹竿，门窗顶部做成一框架伸出，用蔓性植物布满后，形成绿色缀花的檐，既能遮阴，又能观赏的绿化形式。

3. 垂直绿化的施工

（1）栽植方式　垂直绿化一般用栽植槽和容器栽植。

1）栽植槽。在近墙地面，用砖、水泥砌成各种几何形状的槽，深度40~50cm，大小依栽种植物的需要而定，槽底留几个排水孔，排水孔尽量与下水道相连通。先在槽内铺一层碎石排水层，排水层上铺一层棕丝或尼龙窗纱，其上再铺种植土，土面比池口低5cm。

2）缸盆栽植。缸盆栽植是将植物栽在缸盆内的栽植方式。缸的直径50~70cm，缸底打2~3个排水孔，孔上盖2~3片碎瓦片，在缸内铺碎石，以便排水通气，然后放土，缸为圆形，占地少，可放在屋角或拐弯处。

3）木箱栽培。木箱栽培是用木箱装土，将植物栽到木箱内的栽植方式。根据需要制作木箱，箱底板留有泄水孔、槽。其适于阳台绿化，木箱必须安置牢固。

（2）栽植土壤　藤本植物一般对土壤要求不严，以肥沃、疏松、排水良好的土壤为宜。黏土、砂质土、污染土不能使用。

（3）栽植　栽植方法与一般植物的栽植方法一样，要求根系舒展不窝根，初期留1~2个枝蔓，缚扎或牵引在支撑物上，使其攀缘或附壁生长。

四、任务实施

1. 准备工作

1）课前预习相关知识部分。

2）教师准备相关案例，课堂围绕案例讲解。

3）班级学生自由组合（每组5~8人）为几个学习小组，各学习小组自行选出小组长。

4）收集资料，联系绿化施工企业，讨论实施计划。

2. 实施步骤

1）查阅资料（教材、期刊、网络），列出有代表性的屋顶绿化与垂直绿化；到绿化施工企业访谈调研。

2）小组讨论屋顶绿化与垂直绿化的特点。

3）编写报告。

4）小组代表汇报，其他小组和老师评分。

小　结

本项目主要介绍了草本园林植物定植，木本园林植物定植，草坪的建植以及屋顶绿化与垂直绿化。各项目的具体内容见下表。

任　务	基本内容	基本概念	基本技能
草本园林植物定植	一、二年生植物栽植、多年生草本植物栽植、水生园林植物栽植	草本植物　整地	定植草本园林植物
木本园林植物定植	栽植季节、栽植技术、大树移栽、竹类及棕榈类移栽	假植　寄植　定植　大树　土球　栽植穴	挖掘、包扎、栽植苗木会大树移栽会定植竹类、棕榈类
草坪建植	草坪的分类及类型、草坪建植的方法	冷季型草坪　暖季型草坪草坪　草坪建植　种子建植　营养体建植	会草坪建植
屋顶绿化与垂直绿化	屋顶绿化的作用方法、垂直绿化的作用方法	屋顶绿化　垂直绿化	会屋顶绿化与垂直绿化

复习思考题

1. 简述园林植物栽植成活的原理。
2. 简要说明一二年生园林植物栽植的技术要点。
3. 怎样栽植水生园林植物？
4. 树木栽植前需要做好哪些准备工作？
5. 树木栽植成活的关键是什么？
6. 树木带土球栽植有什么好处？
7. 园林树木栽植的主要技术环节包括哪些？
8. 竹类、棕榈类移栽应该注意哪些问题？
9. 什么是假植？什么是寄植？
10. 什么是屋顶绿化？什么是垂直绿化？

项目 5

园林植物保护地栽培

学习目标

技能目标：能够识别保护地栽培设施，会容器栽培，能够进行无土栽培。

知识目标：了解保护地栽培设施，了解无土栽培知识，了解园林植物采收、贮藏的有关知识；掌握园林植物保护地栽培技术，掌握容器栽培技术，掌握园林植物促成及抑制栽培技术。

任务 1　保护地栽培设施

一、任务描述

园林植物保护地栽培是在人工设施的保护下进行栽培的方式。人们将人工创造的栽培环境称为保护地，在保护地中进行的园林植物栽培称为保护地栽培。学习的任务是了解保护地栽培设施，了解主要设施的特点，掌握设施栽培方法，会设施栽培园林植物。

二、任务分析

园林植物保护地栽培设施主要有温室、塑料大棚、荫棚、冷床、温床、冷窖等。其中温室是主要的栽培设施，一般情况下，所说的保护地设施实际上就是指温室。完成本任务需要掌握的知识面有：温室的构成、温室的规划布局、节能日光温室、塑料大棚、现代化温室、保护地栽培方法等。

三、相关知识

（一）温室

1. 温室的类别

温室是园林植物保护地栽培的重要设施，它能够对环境因子进行有效的调节和控制，如南方的园林植物可在北方栽培、夏季的植物可在冬季栽培等。温室里的温度、湿度可自动调节，灌溉、播种、施肥等操作实行高度的机械化、自动化。温室的种类很多，可按以下几种方法分类。

（1）根据建筑形式分类　可分为单屋面温室、双屋面温室、不等屋面温室、连接屋面温室等。温室类型如图 5-1 所示。

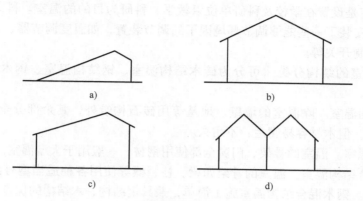

图 5-1　温室类型
a）单屋面温室　b）双屋面温室　c）不等屋面温室　d）连接双屋面温室

1）单屋面温室，构造简单，屋面向南倾斜，南面透光，北面及东西两侧的墙为砖墙或土墙。单屋面温室的优点是造价低廉，阳光充足，保温性能好；缺点是通风不良，光照不均。

2）双屋面温室，是屋脊形温室，其一般采用南北向，有两个相等的倾斜玻璃屋面，四壁全部为玻璃窗。双屋面温室具有进光面大，晴天升温快的特点；但夜间散热快，保温性差。其适用于温暖地区使用。

3）不等屋面温室，一般采用东西向，坐北朝南，南北面有不等长的屋面，北面屋面长度比南面的短，约等于南面的 1/3。不等屋面温室保温较好，防寒。

4）连接屋面温室，也称为连栋温室，其采用同一样式和相同的结构，由二栋或二栋以上的温室连接而成。这种温室适用于现代大规模生产，利用率高。

5）拱形屋面温室，屋面为拱形，南北向延长，两侧有通风窗，屋面覆盖材料有塑料薄膜覆盖、聚碳酸酯中空板覆盖，有些地方用双膜覆盖，在两层薄膜间设鼓风装置。拱形屋面温室的特点是比双屋面温室造价低，施工快。

（2）根据室内温度分类　可分为高温温室、中温温室、低温温室、冷室四种。

1）高温温室又称为热温室。室内温度保持在 18～30℃ 之间，用于栽培热带园林植物或冬季促成栽培。

2）中温温室又称为暖温室。室内温度保持在 12～20℃ 之间，专供栽培热带、亚热带园林植物种类。

3）低温温室，室内温度保持在 7～16℃ 之间，专供栽培亚热带、暖温带园林植物种类。

4）冷室，室内温度保持在 0～5℃ 之间，供亚热带、温带园林植物种类越冬用。

（3）根据用途分类　可分为展览温室、生产温室、科研温室。

1）展览温室是供陈列观赏用的，常设在公园、植物园等公共场所。展览温室外形美观、高大，便于游人流连和观赏。

2）生产温室是以生产为目的，生产各种园林植物的温室。生产温室以经济实用为原则，外形简单，热能消耗少，尽量降低成本。

3）科研温室是设置在学校及科研单位以教学、科研为目的的温室。科研温室内部设备要求较高，里面安装了一些能够调节环境因子的调节装置，如温度调节器、天窗自动启闭装置和灯光自动控制开关等。

（4）根据温室的结构分类　可分为砖木结构温室、钢结构温室、钢木混合结构温室、铝合金结构温室。

1）砖木结构温室。除温室的墙壁、地基等用砖石构筑外，其余部分全部用木材制作，施工容易，轻便，但木材容易腐烂，不耐久。

2）钢结构温室。温室的骨架、门窗全部使用钢材，一般用于大型温室。

3）钢木混合结构温室。温室的骨架如梁、柱、檩等使用各种适当型号的钢材，温室的门窗等使用木材。钢木混合结构温室施工简单，兼具钢结构、木结构的优点，适用较大面积生产的生产性温室。

4）铝合金结构温室。温室全部使用铝合金构件，轻便、耐腐蚀、保温，铝合金是最理想的温室建筑材料。

2. 温室附属设施

温室附属设施主要有加温设施，保温设施，补光遮光设施，通风、降温和遮阳设备，植物台和栽培床。

（1）加温设施　加温设施可辅助太阳辐射热量的不足，常用的有烟道加温、锅炉加温、电热加温、热风加温等几种方法。

1）烟道加温是直接用火力加温的方法，其设备组成有炉灶、烟囱和烟道。炉灶低于室内地平线90cm左右，坑宽60cm，长度视温室空间而定；烟道为散热部分，可用瓦管和陶管连接，也可用砖砌成；烟囱高度应超过屋脊。烟道加热以煤炭、木材燃料为主，热能利用率较低，只用在北方小型温室加热。

2）锅炉加温有水暖和气暖两种，多用于面积较大的温室建筑群。水暖是水被加热到80~85℃后，用水泵将热水从锅炉输送到散热管内，当管内热量散出后，水即冷却，水的相对密度加大，返回锅炉再加热循环；气暖是蒸气加热利用水蒸气供暖，不需用水泵加压，蒸气加热升温快，便于调节。

3）电热加温有电热暖风机和电热线等多种形式，一般用于温室内局部加温，其设备的主要构件为各种功率的电热丝或电热灯泡制成的电热管、电热炉，并配有自控装置以调节温度。在生产上，电热加温方法有两种：一种是在加热丝外套塑料管将其安装在繁殖床的基质中，用以提高土温；另一种是用裸露的加热线，用瓷珠固定在花架下面，外加绝缘保护。电器加热具有温度均衡、清洁、管理方便等优点。

4）热风加温是将空气在暖风机内直接加温，通过送风管将热风送到温室的各部位。在生产上，常用塑料薄膜或帆布制成筒状管道，悬挂在温室中上部或放在地面输送热风。通过感温装置和控制器可以实现对室内温度的监测。这种方法是近几年来国内外推广使用的加热方法，具有节能、无污染、投资较少、加温快而均匀、并能使空气对流等优点。

（2）保温设施　温室内的温度高低取决于三个方面：一是白天进入温室太阳辐射能的多少；二是晚间散热量的多少；三是是否采取人工加温及加温的强度大小。因此，为了提高温室内的温度，除白天透光和加温外，还要采取必要的保温措施。温室四周一般采用保温隔热的太阳板，冬季打开内遮阳幕也有保温的作用；另外，采用双层门窗和玻璃屋面可减少热损失。

1）保温帘覆盖，用蒲帘、草帘、苇帘、纸被等覆盖屋面称保温帘覆盖，能使室内温度提高3～5℃。保温帘覆盖如图5-2所示。

2）保温幕也称为保温层，是加设在温室内的保温层。内保温层有多种设置方式，可用材料很多，如无纺布、塑料薄膜、人造纤维织物等。也有将保温幕与遮阳网合二为一，即夏天用作内遮阳，冬天用作内保温。保温幕如图5-3所示。

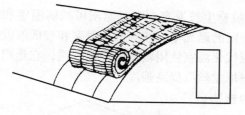

图5-2 保温帘覆盖

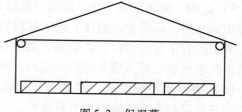

图5-3 保温幕

（3）补光遮光设施

1）补光。冬天或连续阴雨天使温室内光照严重不足，导致种苗、盆花徒长，某些花卉生产上需要用光调节花期，因而需要补光。补光的措施：一是利用室内反射光，将室内墙面涂白，在地面上铺反光膜，利用它们对太阳光的反射，增加室内光照。这种方法对高秆、阴浓的植物产量、质量的提高有明显作用。二是用白炽灯、荧光灯、高压钠灯、金属卤灯等照射补光。高压钠灯和金属卤灯一般用在种苗生产中，白炽灯、荧光灯一般用在花期的调节上。补光如图5-4所示。

2）遮光。对一些短日照植物一般采取遮光处理，遮光装置一般是用双层黑布和塑料薄膜制成的，是可以反复扯动的黑幕。如穴盘育苗时的一些种类，可以

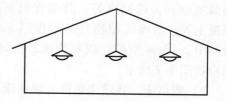

图5-4 补光

用报纸覆盖，起到遮阴保湿作用，也可以采用黑色塑料布覆盖，减少光照时间。

（4）通风、降温和遮阳设备 密闭的温室造成高温、低二氧化碳及有害气体的积累，夏天太阳辐射强，也会造成高温。因此，良好的温室都有通风、降温和遮阳设备。

1）通风。小型温室一般在后墙上设有通风口，透光屋面上设置可以启闭的通风窗，双屋面在屋顶开窗，四周设置肩窗和侧窗，可以手工开启，也可以利用机械自动开启，采用自然通风、排湿的方法。设备先进的温室，通风设备很多，用空气循环设备强制把温室内的空气排到室外，由计算机自动控制。

2）降温。一般通风换气也可起到降温的作用，如通风换气仍起不到降温效果时，需设置降温设备。现代化温室多使用水帘降温系统或喷雾降温系统。

① 水帘降温是在温室的北侧或南侧安装专门的纸质湿帘，在对面的墙面上安装大功率的排风扇。水帘降温如图5-5所示。

② 微雾降温一般安装在温室上部，将水以4～10μm的雾滴形式喷入温室内，因雾滴细小，遇高温迅速蒸发，吸热降温。微雾降温如图5-6所示。

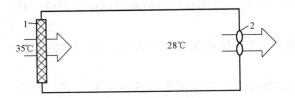

图 5-5　水帘降温
1—水帘　2—排风扇

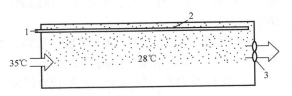

图 5-6　微雾降温
1—进水管　2—喷雾管　3—排风扇

3）遮阳。夏季阳光太强，温度过高影响园林植物生长发育，通过遮阳可减弱温室和塑料棚中的光照，降低室内温度。遮阳材料要求有一定的遮光率，较高的反射率和较低的吸热率，常用的有苇帘、竹帘、遮阳网、无纺布等。现代化温室使用较多的是遮阳网，它是用黑色或银灰色的聚乙烯薄膜条编制而成的，中间镶嵌尼龙丝以提高强度。

（5）植物台和栽培床　放置盆花的台架称为植物台，用于切花栽培和育苗的设施称为栽培床。

1）植物台。常见的植物台有平台式和阶梯式。

① 平台或植物台一般高 80cm，宽 80～100cm。平台常设于单屋面温室南侧或双屋面温室的两侧，在大型温室中也可设于温室中部。

② 阶梯式植物台一般为三阶，每阶高 30cm，可充分利用温室空间，通风良好，其制作材料有木板、铁架木板、混凝土等。阶梯式植物台的木板厚 3cm，宽 6～15cm，两板间留 2～3cm 空隙，以利排水，台间路宽 70～80cm。植物台如图 5-7 所示。

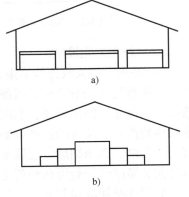

图 5-7　植物台
a）平台式　b）阶梯式

2）栽培床。栽培床也称为栽植床、苗床等，可分高床和地床。

① 高床：离地面 50～60cm，四周由砖和混凝土筑成，床中填入培养土。

② 地床：与温室地面相平的称为地床。

现代温室中，为了提高温室的利用率和操作上的方便，植物台和栽培床可设为移动式。固定式造价低，每一床之间留有过道，空间利用率相对较低，一般空间利用率为整个温室的 60%～70%；移动式整个空间只留一条过道，空间利用率高，可达到整个温室的 75%～85%。

3. 其他栽培设施

（1）阴棚　阴棚是为夏天露地栽培植物搭设的遮阳棚架，具有避免阳光直射、降低室内温度、增加空气湿度、减少蒸腾蒸发的作用。一些耐阴植物如兰花、杜鹃也常设阴棚。阴棚的形式多样，可分为永久性阴棚和临时性阴棚两大类。阴棚如图 5-8 所示。

1）永久性阴棚多设于温室近旁，用于温室园林植物的夏季遮阳。永久性阴棚一般高 2～3m，棚架多用钢管或水泥柱构成，覆盖材料有苇帘、竹帘、遮阳网，有的地方栽植藤本植物。在阴棚东西两端设倾斜的遮阳帘，帘的下缘离地 50cm，阴棚宽度为 6～7m。

2）临时性阴棚多用于露地苗床和切花栽培。临时性阴棚较低矮，一般高 50～100cm，上面可覆2～3层遮阳网。

（2）冷库和冷室　冷库和冷室是人为调低温度以贮存种子、球根、鲜花等产品的设施。

1）冷库，通常保持0～5℃的低温，或按需调节温度，是园林植物促成和抑制栽培中常用的设备。冷库由库房、制冷机和控制系统组成。

2）冷室，不需要人为降温的保护性栽培设施。冷室主要用于不耐寒植物的越冬，也可用于某

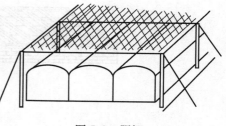

图5-8　阴棚

些植物的促成栽培。如北方地区为使连翘、迎春、蜡梅等花木在春节期间开花，常要在冷室内作催花处理。冷室一般为东西走向，南面有透光窗，选择密闭性、保温性好的材料建造。

3）地窖，也称为冷窖，是冬季防寒越冬的简易保护地。地窖通常深1～1.5m，宽2m，长度视越冬植物的数量而定，最低温度0℃以上。地窖常用于不能露地越冬的宿根、球根、水生及木本花卉的保温越冬。

（3）冷床　冷床又称为阳畦，是不需人工加温，只利用太阳辐射即可维持一定温度，进行种苗繁殖和促成栽培的设施。冷床常用于秋播春季花卉的越冬，春播夏秋花卉的提前播种，也可用于耐寒花卉的促成栽培。冷床一般建在地势高燥、排水良好、背风向阳，并且南面无遮挡物的位置，由床框、床面覆盖物和风障构成。冷床如图5-9所示。

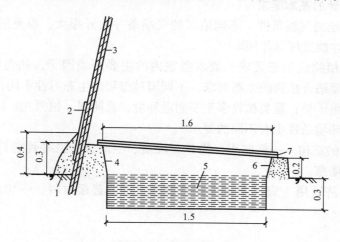

图5-9　冷床（单位：m）

1—"蜗牛"　2—披风　3—风障　4—北帮　5—培养土　6—南帮　7—木棒

（4）温床　温床是在冷床基础上改进的，除可利用太阳能辐射外，还需人工加热的栽培设施。温床常用于越冬或促成栽培，如图5-10所示。根据加温热源的不同，温床又可分为酿热温床和电热温床。

1）酿热温床是利用细菌、真菌、放线菌等好氧微生物的活动发酵，释放热能来提高温床温度的栽培设施。温床底部设置：南侧最低，北侧次之，中间最高。酿热物资的厚度根据当地气温而定，南方一般15～25cm，北方一般30～50cm。酿热温床底部如图5-11所示。

2）电热温床是利用电能对床土进行加温的栽培设施。使用时应将床土整平、踏实，根

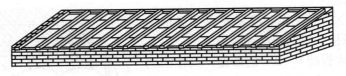

图5-10 温床

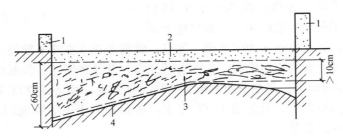

图5-11 酿热温床底部

1—床框 2—培养土 3—酿热物 4—隔热层

据电热线长度，确定布线间距。

4. 温室规划设计的基本要求

（1）要符合当地的气候条件 不同地区的气候条件差异很大，温室的性能只有符合使用地的气候条件，才能发挥其作用。

（2）满足园林植物的生态要求 要求温室内的主要环境因子，如温度、湿度、光照、水分、空气等，都要适合植物的生态要求。不同园林植物的生态习性不同，如仙人掌原产沙漠地区，喜强光、耐干旱；蕨类植物多生于阴湿环境，喜阴湿、怕强光。同时，植物在不同生长发育阶段，对环境条件也有不同的要求。

（3）要有良好的结构 一是坚固、简单、轻质、空间大；二是性能好，白天能通风透光，夜间又能保温防寒。

（4）投资少经济适用 应尽量减少建造成本，选取普通材料，一切从需要出发设计，不可贪大求全。

5. 场地选择

场地对设施结构性能，环境调控等方面影响大。温室一般是一次建造，多年使用，因此，要慎重选择场地。

（1）向阳避风 必须选择有充足的日光照射，不可有其他建筑物及树木遮光。在温室的北面和西北面，最好有山或高大建筑物或防护林，以防寒风侵袭。

（2）地势高 选择地势高，土壤排水良好，无污染的地方。

（3）水源丰富，用电方便 设施栽培离不开水和能源，水源足、水质好，能方便灌水、排水；电力足，为设施通风、加温、加光带来方便。

6. 场地规划布局

场地规划布局是对温室的排列和阴棚、温床、冷床等附属设施的设置及道路应有全面合理的规划布局。

（1）连片配置，集中管理　有利于管理，提高利用效率。园林植物栽培设施平面布局图如图 5-12 所示。

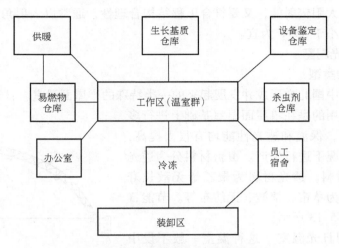

图 5-12　园林植物栽培设施平面布局图

（2）温室排列，宽窄适当　首先考虑不可相互遮光，在此前提下，尽量减小间距，合理的间距取决于设施建造地纬度和设施高度。

一般来说，塑料棚前后排之间距离在 5m 左右，即棚高的 1.5～2 倍，前排大棚不会挡住后排大棚的阳光。纬度高的地区距离应大些，纬度低的地区距离应小些。棚左右的距离，最好等于棚的宽度。如果温室是东西向延长时，南北温室间距通常为温室高度的 2 倍；当温室为南北向延长时，东西温室间距应为温室高度的 2/3。

（3）因地制宜，选择方向　设施建造时必须考虑采光、通风。走向与采光通风密切相关，温室、大棚的屋脊延长方向分为南北向和东西向。高纬度地区，节能日光温室以东西向为好，即坐北朝南，得到光照多，蓄热，保温性好；纬度较低地区，塑料大棚采用南北走向的形式为好。

（4）温室屋面角度适当　屋面角度大小以能否充分利用太阳辐射能为依据，主要考虑太阳高度角和温室南向屋面的倾斜角度。温室利用的太阳能主要是通过南向倾斜的屋面取得的，在北半球，冬季以冬至的太阳角为最小，并且日照最短，是一年中获得太阳辐射能最小的一天。通常确定南向屋面倾斜角以冬至中午太阳高度角作为计算依据，如果这一天温室获得的能量能满足园林植物生长发育的需要，则其他时间更能满足。如北京地区冬至中午玻璃屋面不同倾斜角度与太阳辐射强度存在显著差异，见表 5-1。

表 5-1　北京地区冬至中午玻璃屋面不同倾斜角度透过的太阳辐射强度

温室南向屋面倾斜角度/(°)	0	3.4	13.4	23.4	33.4	43.4	53.4	63.4
太阳投射屋面的角度/(°)	26.6	30	40	50	60	70	80	90
太阳辐射强度/J	1.60	1.76	2.30	2.72	3.10	3.27	3.52	3.56

从表中可以看出，北京地区冬至中午太阳高度角为26.6°，入射角为90°，玻璃屋面倾斜角度为63.4°，太阳辐射强度最大，这在实际中是不可行的。确定屋面倾斜角度时，既要考虑尽量多地吸收太阳辐射能，又要符合工程结构合理性，通常以入射角不小于60°，南向玻璃屋面倾斜角不小于33.4°为宜。

（二）节能日光温室

1. 日光温室的类型

日光温室是在中国北方形成并发展起来的一类特殊的半屋面温室。日光温室的结构形式很多，目前广为应用的是在单屋面温室基础上进行多方面改进而形成的，保温和透光性能均有很大提高，可在冬季不加温情况下进行生产。覆盖材料分为透光材料和夜间保温材料。透光材料为聚乙烯无敌长寿膜，夜间保温材料为草帘、棉被、无纺布等。节能日光温室结构图如图5-13所示。

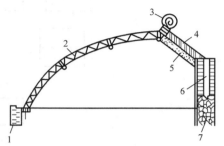

图5-13　节能日光温室结构图
1—防寒沟　2—钢结构桁架　3—保温被
4—板皮（草帘、草泥等）
5—水泥板　6—心墙　7—保温材料

（1）北方通用日光温室　这种温室一般不设中柱、前柱，拱杆用圆钢或镀锌钢管制成，每间宽3～3.3m，每间设有通风窗，后屋面多采用水泥盖板，通常设置烟道加温，跨度6～8m，后墙至背柱间距1.2m，走道不下挖，前肩高0.8m，中肩高2～3m，后墙高1.5～2m，砖砌空心墙，厚约50cm。

（2）全日光温室　全日光温室分钢结构日光温室和竹木结构日光温室。全日光温室主要利用太阳能作为热源，近年来发展很快，这种温室跨度为5～7m，中高2.4～3.0m，后墙厚50～80cm，用砖砌成，高1.6～2.0m。

2. 日光温室的建造

钢结构日光温室多由生产厂家按图制造，并现场拼接；竹木结构日光温室多在现场搭建，可就地取材，降低造价，一般中小企业采用该种温室。

（1）筑墙　根据筑墙的材料可分为土筑墙、毛石墙、砖砌墙。

1）土筑墙是就地取土筑墙，以土夯实的夯土墙。泥加草垛垒成的是草泥垛墙，墙厚一般为50cm。

2）毛石墙是用毛石砌成的，厚40cm或50cm，内表面抹白灰，墙外培防寒土。

3）砖砌墙是用规格为240mm×115mm×53mm的标准黏土砖砌成的空心墙，中空层分别填炉渣、锯末、珍珠岩等保温材料。

（2）安装后屋面骨架　按结构可分为柁檩结构和檩椽结构。

1）柁檩结构，由柁、中柱、檩构成骨架，上面铺草箔，抹草泥。

2）檩椽结构，由中柱支撑一道脊檩，在脊檩和后墙上摆放椽子，中柱间距3m，椽子间距30cm。竹结构日光温室侧视图如图5-14所示。

（3）安装前屋面骨架　在距前底脚1.5m左右处设一道前梁，每3m设一根立柱支撑。用5cm宽的竹片作拱杆，上端绑在脊檩或瞭檐上，下端插入土中，间距60～70cm。竹结构日光温室前屋面结构图如图5-15所示。

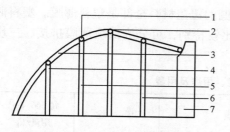

图 5-14　竹结构日光温室侧视图

1—横梁　2—脊檩　3—拱杆　4—前柱

5—腰柱　6—中柱　7—后墙

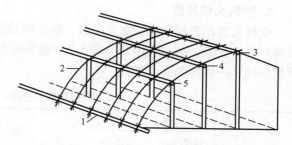

图 5-15　竹结构日光温室前屋面结构图

1—横杆　2—拱形竹片　3—脊檩

4—腰梁　5—前梁

（4）覆盖　竹木结构的温室一般用塑料薄膜覆盖，用 1m 宽的薄膜作底脚围裙，在上边卷入塑料绳，烙合成筒，固定在拱杆上，下边埋入土中，两端拉到山墙外，卷上木条，钉在山墙上，在围裙上覆盖一整块薄膜，上边固定在后屋面上，下边延过 30cm 左右，用压膜线压紧。

（三）塑料大棚

塑料大棚是用塑料薄膜覆盖、不加温的简易栽培设施，是一项经济实用的设备。塑料大棚造价低、设备简单、容易安装、保温保湿，适合园林植物的要求。我国南部、中部地区，在园林植物设施栽培中，用得最多的是塑料大棚。

1. 塑料大棚的类型

（1）根据屋顶的形状分类　根据屋顶的形状分拱圆形和屋脊形塑料大棚。

1）拱圆形塑料大棚，屋顶呈拱圆形，面积可大可小，可单栋也可连栋，搬迁方便，成本较低。

2）屋脊形塑料大棚，是采用木材和角钢为支架的双屋面塑料大棚，多为连栋式，是全年利用的固定式大棚。

（2）根据耐久性能分类　根据耐久性能可分为固定式塑料大棚和简易式塑料大棚。

1）固定式塑料大棚是采用钢管为固定骨架，在固定地点安装，可连续使用 2～3 年的大棚。固定式塑料大棚面积大，多用于切花、盆花等规模式化生产。

2）简易式塑料大棚是采用竹片、圆钢等轻便的骨架，就地架设，用后可拆除的大棚。简易式塑料大棚多用于扦插繁殖、花卉的促成栽培、盆花的越冬防寒等。

（3）根据覆盖材料分类　根据覆盖材料一般可分为聚氯乙烯薄膜、聚乙烯薄膜、醋酸乙烯薄膜三种。

1）聚氯乙烯薄膜具有透光性好、夜间保温性好、耐高温日晒、耐老化等优点，缺点是吸尘严重、不耐清洗。这种薄膜适合于长期覆盖栽培。

2）聚乙烯薄膜透光性好、吸尘少、耐低温、价格低。缺点是夜间保温性差、不耐日晒、不耐老化，一般只能连续使用 4～6 个月，适合于春季花卉提早栽培。

3）醋酸乙烯薄膜具有扩张力强、耐污染、无毒、耐气候性强等优点，是较理想的覆盖材料。

2. 塑料大棚覆盖

塑料大棚建造与日光温室差不多，所不同的是大棚的覆盖材料全部是塑料薄膜。塑料薄膜的种类、性能、用途及用量见表5-2。盖膜的方法比较特别，可分为四块薄膜拼接、三块薄膜拼接、一块薄膜满盖三种。

表5-2　塑料薄膜的种类、性能、用途及用量

种　类		规　格		性 能 特 点	用　　途	每666.7m² 用量/kg
		厚度/mm	折径/m			
聚乙烯	普通	0~0.12	1.5，2.0，3.0，3.5，4.0，5.0	透光率衰退慢，使用4~6个月，可烙合，不易粘合	温室、大棚、中小棚	100 110 130
	长寿	0~0.14	1.0，1.5，2.0，3.0	强度高，耐老化，使用二年以上	温室、大棚	80~100 120
	线性	0.0~0.09	1.0，1.5，3.5，4.0	强度好，耐热性强，使用一年以上	大棚，中小棚	80~90 90~100
	薄型多功能	0.05~0.08	1.0，1.5，2.0，4.0	耐老化，使用一年以上，全光性好	温室 大棚 中小棚	50~60 60~80 80~90
聚氯乙烯	普通	0.1~0.12	1.0，2.0，3.0	保温性强，新膜透光率高，1~2个月后下降，耐老化性好，使用一年左右，耐高温，不耐高寒，易烙合、粘合	温室 大棚	120~130 150
	无滴	0.0~0.12	0.75，1.0，2.0	不结露，透光性强	温室 大棚	110~125 140~150

（1）四块薄膜拼接　薄膜分为裙膜和棚膜，裙膜围绕在大棚四周，覆盖在拱架或山墙立柱外侧的下部。先用两块1.5m宽的薄膜作为底脚围裙，上部卷入一条绳子，焊合成筒，固定在大棚底部两侧，下端埋入土中。两块棚膜的上端同样卷入一条绳，焊合成筒，由棚顶部把上端重合10cm向下盖在底脚裙膜上延过30cm。四块薄膜拼接适合比较矮的大棚，可扒开中缝放顶风，也可扒开两边放对流风。

（2）三块薄膜拼接　先按上述方法盖好裙膜，棚膜用一整块薄膜覆盖延过裙膜30cm。三块薄膜拼接适合比较高大的大棚。

（3）一块薄膜满盖　根据大棚尺寸，用一整块薄膜覆盖在棚架上。这种方法覆盖方便，但通风不好，管理不便，适于较小的拱棚。

薄膜的固定构件有压膜线、卡具和特制固定件。固定时，在棚顶部安装拉线挂钩，在棚檐下基柱外侧设地锚沟。焊合薄膜的方法：一是使用薄膜热合机在110℃或130℃焊合；二是用300~500W的电熨斗或100~200W的电烙铁进行焊合。

（四）现代化温室

温室内部有自动化控制装置，可以对温度、湿度、通风换气、光照、二氧化碳等环境因子进行监测和调控，实行生产管理的自动化。

温室环境自动化控制系统由中央控制装置、终端控制设备、传感器等组成。电脑根据分布在室内各处的许多探测器所得数据，算出整个温室所需要的最佳数值，使整个温室处于植物生长的最适宜状态。

现在，我国主要从荷兰、日本、以色列、法国等国家引进成套现代化温室。温室一般顶高 4.8~5.8m，肩高 2.5~3.0m，间跨 6~9m，铝合金或镀锌钢材结构。温室设有天窗、腰窗和地窗，还有室内外双重遮阳网、室外喷淋、室内喷淋等降温装置，天窗腰窗可自动开启关闭装置，加温、补光、二氧化碳调节、施肥等附属设备。现代化温室如图 5-16 所示。

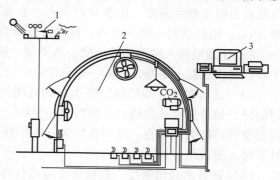

图 5-16　现代化温室
1—小型气象台　2—温室(含加温、调湿、补光、二氧化碳调节等装置)　3—计算机

（五）保护地栽培方法

1. 保护地栽培园林植物种类的选择

保护地栽培成本很高，园林植物的种类繁多，习性各异，所要求的栽培条件相差很大，各种类的市场行情也大不相同。因此，选择合适的栽培植物种类是确定生产方式，保证生产效益的首要问题。

（1）适地适栽　适地适栽就是使栽培园林植物种类的生态特性和保护地的条件相适应，以充分发挥生产潜力，达到该园林植物的生长水平在该保护地所能达到的生长水平。一方面，选择的植物种类适合在保护地内生长发育，能达到应有的产量和质量；另一方面，能最大限度地降低生产成本。

（2）需求选择　选择栽培园林植物种类必须以市场为导向，按照市场需求来定。

1）依市场行情选择市场容量大的种类。如在国际市场上非洲菊、香石竹、菊花、玫瑰等切花占市场份额 2/3 左右，盆花占 1/4 以上。国内市场上，我国的传统名花如杜鹃、菊花、玫瑰、山茶等占据较大的市场份额。

2）依生产规模选择有特色的种类。一个企业或花农的保护地规模毕竟是有限的，不可能选很多种类进行栽培，只可选取一种或几种有特色的专门生产。

3）选择有发展潜力的种类。现在人们对园林植物生态作用的要求越来越高，因此，除了观赏价值外，生态价值高的种类是发展的必然趋势，如肉质植物、观叶植物及一些乡土植物都是很有潜力的。

4）选择反季节生产性能好的种类。保护地的优势就是打破了季节界限，可以反季节生产，如梅、碧桃、杜鹃等很容易催花，可提前到元旦、春节上市。

5）选择一些容易形成规模的种类，使保护地形成规模生产，大幅度提高生产效益。有些种类商品价值高，但繁殖困难，种苗得不到保证，不易形成规模，应慎重选择。

6）生产种类定下以后，还应选择优良品种。因为在相同条件下，优良品种产量、质量更高，效益更明显。

2. 栽培措施

保护地栽培通常可分为地栽和盆栽两种方式，盆栽将在任务 2 容器栽培中介绍，此处主要介绍地栽的栽培技术。

（1）精选苗木，确保苗木质量　应选品种纯正，级别高的苗木、种球。保证苗木在起苗、运输过程中的湿润，尽可能带盆或带土坨运输，对种球提前做好打破休眠的处理。

（2）精选地段，土壤消毒，整地作畦　选阳光充足、土质疏松、肥沃、土壤pH值5.5～5.6的地段，进行土壤消毒和作畦。

1）土壤消毒，因为保护地一般是连作的，有害微生物多，容易发生病害，消毒是为了降低有害微生物的密度。用氯化钴消毒，在每平方米面积内打25个深约20cm的小穴，穴距20cm，用玻璃漏斗插入穴内，每穴灌药液5mL，每平方米灌125mL。

2）在圃地施入腐熟的有机肥，施肥量一般为5kg/m²，然后进行土壤耕翻，以南北方向作畦，可作高畦、平畦，高畦一般高15cm，长10～20m，宽1～1.2m，操作间50cm。

（3）适时栽植　栽植时间以上市的时间为依据，从定植到上市时间的长短因种类的不同而异，如唐昌蒲从栽植到上市约90～100d，芍药为60～70d。适当考虑季节，虽然保护地内无季节，但仍以早春、秋季栽植为好。注意开花植物花期的调控，如长日照植物一般在8月下旬入室栽培。

（4）适宜的栽植密度　栽植密度应综合考虑栽培植物的种类、保护地的环境调控条件、所需产品的规格等多种因素，如菊花单花型独本为60株/m²，多本为30株/m²，以宽窄行种植的，1畦4行，两侧留150cm，中间留30cm，行距10cm，独本栽培的株距5cm，多本栽培的株距为10～15cm。

（5）合适的栽植深度　栽植深度的确定应结合植物的种类。一般球根类栽植后应使覆土厚度达到球径的2～3倍，苗木类栽植深度以刚埋没根茎处为准，如菊花、香石竹、唐昌蒲的栽植深度为4～5cm、2～5cm、5～12cm。

（6）栽植方法　栽植方法有以下三种：

1）平畦栽植，不做垄沟，在畦内平栽。

2）垄沟栽植，在畦内按株行距做好沟垄，定植幼苗或种球。

3）种植池栽植，在种植池内按一定密度定植。

四、任务实施

1. 准备工作

1）课前预习相关知识部分。

2）教师准备相关案例，课堂围绕案例讲解。

3）班级学生自由组合（每组5～8人）为几个学习小组，各学习小组自行选出小组长。

4）联系校内温室及园艺企业访谈调研，讨论实施计划。

5）取得设施规划设计图，了解设施规划布局。

6）结合实训基地的情况进行栽培。

7）材料工具准备。

①材料：实训基地待栽培的植物。

②工具：铁锹、镐、钢卷尺、皮尺、锄头、耙子等。

2. 实施步骤

1）查阅资料（教材、期刊、网络），列出有代表性的园艺企业。

2）以小组为单位完成园艺企业访谈调研。

3）进行土壤消毒、整地作畦、定植等植物栽培操作。

4）分组讨论。

5）编写实施报告。

6）小组代表汇报，其他小组和老师评分。

任务 2　容器栽培

一、任务描述

容器栽培就是利用某种材料做成各种形状的容器，盛装营养土，直接将园林植物栽在容器里的一种栽培方式。学习的任务是容器栽培园林植物，了解容器的类型，掌握基质配制方法，掌握容器栽培方法，会选择容器，会配制基质，会容器栽培植物。

二、任务分析

容器栽培具有明显的优势：一是管理方便，根据苗木的生长情况，可随时调节苗木间距，便于整形修剪；二是便于运输，节省田间栽培和起苗包装的时间和费用；三是一年四季均可栽培，且不影响苗木的品质生长，保持原来的株形，提高绿化景观效果，因此容器栽培技术早已在国外大面积的普及推广。随着经济的发展，对景观的要求越来越高，容器栽培将是今后的一种主要栽培方式。

三、相关知识

（一）容器的类型与选择

容器是指适合园林植物栽培的器皿，器底一般有排水孔。按其制作材料可分为素烧盆、瓷盆、陶盆、木盆、水养盆和塑料盆等。

1. 素烧盆

素烧盆又称为瓦盆，质地粗糙，排水良好，空气流通，价格低廉，适合园林植物的生长，形状多为圆形，规格多种。素烧盆的规格分类见表 5-3。

表 5-3　素烧盆的规格分类

花 盆 种 类	内径/cm	内高/cm	用途（定植用盆）
牛眼	7	5	播种、移苗
三号筒	10	8	一般草本花卉栽培及木本花卉扦插
二号筒	13	9	一般草本花卉栽培及木本花卉扦插
头号筒	17	11	一般草本花卉栽培及木本花卉扦插
菊花缸	20	11	菊花、南洋杉、五色梅
二缸子	23	13	一品红、花叶垂榕
坯子盆	30	13	橡皮树、散尾葵
三道箍	40	23	扶桑、杜鹃、夹竹桃、散尾葵
水桶	47	20	橡皮树、扶桑、桂花、散尾葵

（续）

花盆种类	内径/cm	内高/cm	用途（定植用盆）
水桶浅	47	20	苏铁、绿巨人
四套	60	27	白兰花、散尾葵
四套浅	60	27	国王椰子
八套	73	37	大叶黄杨
苗浅	30	7	播种、移苗
水仙浅	30	5	水仙类球根水养用

2. 瓷盆

瓷盆为上釉盆，常有彩色绘画，外形美观，适合室内装饰用。具有细腻、坚硬、美观、华贵的特点，多作套盆用。

3. 陶盆

用陶土烧制而成，有紫砂、红砂、青砂等。陶盆具有质细、坚韧、古朴、透气性好，品种多的特点，外形有圆、方、六角、八角、菱形、椭圆、腰圆、扇形等，多用于室内装饰。

4. 木盆

木盆也称木桶，口径40cm以上，适合植株大的园林植物栽培。木盆外形有圆形、方形，盆的两侧有把手，便于搬动，盆下有短脚，便于垫，垫以竹木为材料，稍事加工而成，朴素无华，自然大方，多用于木本植物的栽培。

5. 水养盆

水养盆为水生园林植物盆栽专用盆。盆底无排水孔，盆面大，盆底浅，如水仙盆就是水养盆。

6. 塑料盆

塑料盆是用塑料材料制成的容器，质轻耐用，价格便宜，形状色彩各种各样，是国内外盆栽植物流行的容器。如北美生产的塑料钵体1号盆、2号盆、3号盆、5号盆、7号盆是在扦插苗，一、二年生苗，矮小灌木，多年生草本植物盆栽中用得最多的容器。

（二）基质与配制

园林植物栽在容器里，容器的容量有限，限制了根的伸展，影响了排水通气，所以盆栽植物对盆土（基质）要求很严格，单纯农田土或园田土不能用作盆栽基质。生产上常用几种混合的基质材料来改良盆栽土壤的性质，这种改良的土壤称为基质或营养土。

1. 基质的基本要求

基质的基本要求是疏松透气、保水保肥、无毒性、营养丰富，不带草籽、病原菌、虫卵，pH值合适。

（1）疏松透气，排水保水　先选好腐殖质土，再选取一些矿质土，掺入一定的砂、砻糠或炉渣灰。因为腐殖质土黏着矿物质土形成团粒结构，团粒结构好能协调水、肥、气三者的关系。

（2）腐殖质丰富，肥效持久　腐殖质是动植物残体及排泄物经腐败变化后的有机物质。腐殖质在微生物的作用下，分解出植物需要的各种营养元素，容易被植物根系吸收。

（3）合适的pH值　每种园林植物都有适合的pH值，大多数园林植物适合在中性或微酸性环境中生长，个别植物需要酸性土壤，配制酸性营养土。

（4）没有有害生物混入　即基质中不含杂草草籽、病原菌、虫卵。

2. 配制基质的材料

（1）腐殖土　腐殖土也称为山泥、山皮土。山林地带的天然腐殖土呈黑褐色，颗粒细而疏松，富含有机质，通透性良好，是容器栽培不可缺少的成分。腐殖土可直接到山上收集，也可人工仿制。人工仿制是在秋季收集落叶，经堆制、腐熟发酵而成。

（2）泥炭土　泥炭土是一种特殊的半分解水生或沼泽植物。根据形成植物的不同可分为草炭和泥炭土。形成草炭的植物为莎草和芦苇；形成泥炭土的植物为泥炭藓。泥炭土质地松软，持水能力强，有机质含量丰富，营养充足。

（3）厩肥土　厩肥土是利用鲜厩肥作温床酿热物，第二年春天从温床里清理出，堆放露天，并精细地打碎，用小孔筛过筛制成的。厩肥土主要由腐殖质组成，是使植物生长旺盛的主要养分。

（4）园土　园土是菜园、花园中的地表土，经冬季冻融后，再经粉碎、过筛制成。

（5）塘泥　塘泥是掘取泥塘的污泥晒干、冻融，再粉碎、过筛而成。塘泥的有机质含量高，营养丰富，比较肥沃，排水性好。用时可与过筛的垃圾及草木灰混合，常用于生长期较长的植物种类，如大立菊、菊花、兰花、茉莉、白兰花等。

（6）山岗赤土　山岗赤土即酸性较强的山地红壤表土。使用时与充分腐熟的有机肥混合，70%的山岗赤土与30%的厩肥混合堆积，每两个月翻动一次，约翻动三次后过筛即成。山岗赤土主要用于杜鹃、茶花、绣球等喜酸性园林植物。

（7）砂　一般指的是河沙，常用作扦插基质，也可以混以其他有机肥料或稍加河泥或其他肥土，用来作花卉的培养土。

（8）蛭石　蛭石是云母矿物受高温膨胀形成的多孔片粒状物质，具有良好的通气性和保水性，通常按一定比例混入泥炭中使用。

（9）珍珠岩　珍珠岩是天然铝硅矿物，通气良好，无营养成分，质地均匀，pH值为7~7.5，无化学缓冲能力。

3. 基质的配制比例与方法

基质配制是将各种自然土料按照园林植物所需要的营养比例进行调和、配制，使盆土透水、透气，使养分中的氮、磷、钾及微量元素比例合理，以保证盆栽园林植物正常生长发育。

（1）普通基质　普通基质是指园林植物盆栽必备的土，用于多种园林植物的栽培。盆栽园林植物普通基质土料比例见表5-4。

表5-4　盆栽园林植物普通基质土料比例

类　别	土　料　比　例			合　计
土类	田园土25%	河沙或面砂15%	炉渣灰10%	50%
腐殖质	草炭土10%	发酵木屑10%	腐叶土10%	30%
肥料	鸡鸭粪17%	草木灰2%	过磷酸钙或石灰1%	20%

在使用前半年或一年时开始配制。配制的过程是：先将土料和肥料充分混合，然后与腐殖质分层堆积起来，从堆顶浇水，将水浇透，最后把土堆翻开，反复翻倒两遍，过筛即可

使用。

（2）各类园林植物盆栽基质配制　不同的园林植物对基质的要求不同，如一、二年生的草花宜用腐叶土等有机质含量高的土，球根类的郁金香、风信子、百合、水仙等宜用黏重的培养土，须根多的大岩桐、球根海棠、仙客来等宜用疏松的培养土。另外，植物在不同的生长发育阶段，对培养土的要求也不同，如在最初的发育阶段，要求比较疏松的培养土，而多年生的植物要求比较黏重的培养土，因此很难给出一个统一的配方。各类园林植物盆栽基质土料配制比例见表 5-5。

表 5-5　各类园林植物盆栽基质土料配制比例

土料 种类	田园土	河沙	草炭土	腐叶	木屑	鸡粪	饼肥	马粪	酸碱度
草花培养土	50%	10%	10%	10%	10%		10%		6.5～7
观叶植物培养土	40%	10%		20%	10%		10%		6.5～7
宿根球根培养土	40%	10%	10%	10%	10%	10%	10%		6.5～7
君子兰培养土		20%	20%	10%	20%	10%		20%	6.5
杜鹃培养土		20%	50%	10%	10%			10%	4～5
茶花金橘培养土	20%	20%		20%		10%		10%	5～5.5
月季花培养土	40%	20%		10%	10%	10%	10%		6.5
仙人掌培养土	20%	30%	10%		20%	10%	10%		6～7
兰花培养土		10%	20%	20%	10%	5%	5%	20%	4～5

（3）基质的消毒　盆栽培养土要求清洁无毒，盆土配制好后，要经过消毒才能使用，消毒主要是杀灭或减少土壤中的病菌孢子、虫卵及杂草种子，常用的消毒方法有以下几种：

1）日光消毒，将配制好的培养土薄薄地摊在清洁的水泥地面上，暴晒两天，用太阳紫外线消毒，第三天盖塑料薄膜，可杀死虫卵。

2）加热消毒，是对盆土采取加热的消毒方法。将配制好的培养土中通入蒸汽加热或用锅炒土或高压消毒，只要将温度升高到 80℃，持续 30min，就能杀死虫卵和杂草种子。

3）药物消毒，所用药剂为 5% 的福尔马林溶液，5% 的高锰酸钾溶液，是将配制好的盆土摊在洁净地面上，每摊一层土就喷一遍药，最后用塑料薄膜严密覆盖，密封 48h 后晾开，待气体挥发后，便可装土上盆。

（三）容器栽培技术

容器的栽培主要有上盆、换盆、转盆、倒盆、扦盆。

1. 上盆

将繁殖的幼苗或市场上购来的苗木从苗床或育苗器皿中取出栽植到盆钵容器中的过程称为上盆。

（1）选盆　选盆即选择合适的盆钵。选择盆钵要从以下几个方面考虑：

1）盆钵的大小规格要适当，做到小苗栽小盆，大苗栽大盆。如果大小不合适，造成小苗栽大盆，既浪费盆土，又造成"老小苗"。

2）盆钵应适合园林植物种类，如根系深的植物要用深筒盆钵，不耐水湿的植物用大水孔的盆钵等。

3）要区分栽植用盆和上市用盆。栽植用盆要用通气性强的盆，如陶制盆、素烧盆、木盆等；上市用盆应选用美观的瓷盆、紫砂盆或塑料盆等。

　　4）要区分新盆还是旧盆。新盆要"退火"，即使用前先将盆钵在水中浸泡，让盆钵充分吸水后再上盆栽苗；旧盆应清洗晒干后再用，以减少病虫害侵染。

　　（2）上盆操作　将选好的盆钵盆底垫瓦片，盖住排水孔，下铺一层粗粒河砂、碎瓦片、煤渣，再加入一层培养土。左手持苗，放于盆口中央深浅适当的位置，右手填培养土，用手压紧，盆土加至离盆口5cm处，留出浇水空间。

　　（3）浇水　栽完后应立即浇水，用喷壶浇水，水要浇足。一般连续浇两次，见到水从泄水孔中流出为止。上盆操作如图5-17所示。

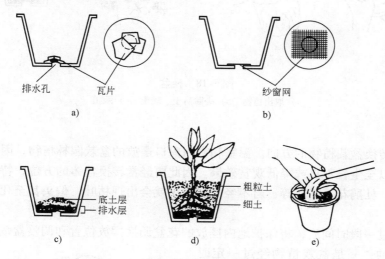

图 5-17　上盆操作
a）垫盖排水孔　b）纱窗网　c）垫排水层与底土层　d）栽植　e）浇透水

2. 换盆

　　换盆是把盆栽植物换到另一个盆中去的操作。栽培中有两种情况需要换盆：一是随幼苗生长，根系扩大，无法在原来的小盆中伸展，相互缠绕，或穿出排水孔，小盆换大盆，以扩大根系生长空间；二是由于多年的栽植，盆中营养土养分丧失，物理性质恶化，此时换盆是为了更换新的基质。

　　（1）换盆时间和次数　视植物的种类确定换盆时间和换盆次数。一、二年生草本植物生长迅速，一般一年要换盆2~4次；多年生草本植物一年换盆1次；木本植物二年或三年换盆1次。多年生草本植物和木本植物一般在秋季生长停止前换盆，或在春季生长前换盆；常绿植物一般在雨季换盆；温室内条件好可随时换盆；花芽形成和花朵盛开时不能换盆。

　　（2）换盆操作　首先要脱盆，即将植株从原盆钵中取出。左手按在盆面植物基部，将盆提起倒置，右手轻扣盆面取出土球。对于一、二年生的植物，先在盆底填好防水层，然后把原土球放入盆中，培养土填四周，压紧即可；宿根类、球根类，先去除原土球部分土，剪去老根，适当分株，然后栽入盆中；多年生植物及木本植物适当切除1/3的原土球，并进行修根和修剪枝叶，再植入盆中。巨型盆换盆时，先把盆搬抬或吊放在高台上，再用绳子分别把植株茎基部、干中部绑扎结实，轻吊起来，然后将盆倾斜，慢慢扣除盆钵，将植株修根，植入新盆中，最后立起盆钵，压实灌水。

（3）浇水　换盆后立即浇水，保持土壤的湿润。浇水以多次少浇为原则。换盆完毕，将盆置荫蔽处养护，换盆过程如图5-18所示。

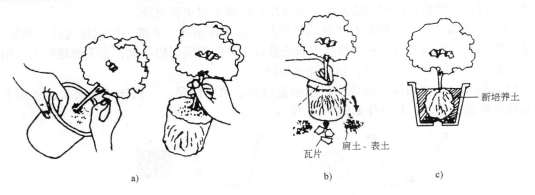

图5-18　换盆

a）取出植物　b）去除肩土、表土　c）栽植

3. 转盆

转盆就是转换盆栽植物的方向。温室和室内窗口摆放的盆栽园林植物，因植物向光性而偏方向生长，以至生长不良或降低观赏效果。因此要经常转换盆钵的方位，特别是花卉如仙客来、瓜叶菊、杜鹃花、茶花等，若不经常转盆，就会出现枯叶、偏头甚至死苗现象。

4. 倒盆

倒盆即经过一段时间后，将保护地内摆放的花盆调换摆放位置和调整盆栽植物之间的距离。倒盆的目的：一是盆栽植物经过一定时间生长，植株长大，造成株间拥挤，调整盆间距离，使盆栽植物生长均匀；二是使盆栽植物生长的环境条件达到一致。

5. 扦盆

扦盆也叫松盆土。因经常浇水，盆土表面板结，伴生有青苔，影响盆土气体交换，不利于植物的生长，因此用竹片、铁耙等工具疏松盆土，以促进根系发展，提高施肥肥效，松盆过程如图5-19所示。

图5-19　松盆

四、任务实施

1. 准备工作

1）课前预习相关知识部分。

2）教师准备相关案例，课堂围绕案例讲解。

3）班级学生自由组合（每组5~8人）为几个学习小组，各学习小组自行选出小组长。

4）联系校内外实训基地，讨论实施计划。

5）材料工具准备。

① 材料：花盆、盆栽园林植物、碎瓦片、营养土等。

② 工具：花铲、浇水壶等。

2. 实施步骤

1）上盆。用碎瓦片覆盖在盆底的泄水孔上，装入相当于盆高 1/2 左右的培养土。一只手持苗扶正植株立于盆的中央，掌握好栽植深度，另一只手向盆内添加培养土，填满桶的四周，直到盆土填到低于盆口 1～2cm 为止，振动花盆，用手压紧基质。

2）换盆。选择合适的花盆，用碎瓦片覆盖泄水孔。对于小苗，将原花盆倒置，用左手托住并转动花盆，用右手轻轻敲击盆边，土坨与盆壁分离，即可取出花木；对于大苗，可将原花盆侧放在地上，用双手拢住植株冠部，转动花盆，用右脚轻踹花盆边，即可取出花木。

3）上盆、换盆后，立即浇水，一般浇两遍，用喷壶浇，见水从盆底排出即可。

4）分组讨论。

5）编写实施报告。

6）小组代表汇报，其他小组和老师评分。

任务3　无土栽培

一、任务描述

无土栽培又称为营养液栽培、水培等，指的是不使用土壤而使用营养液的设施栽培植物的方法。它是相对于自然土壤栽培而发展起来的新型栽培技术，起始于 20 世纪 30～40 年代，在欧美一些国家发展较快。学习的任务是了解无土栽培的特点，了解无土栽培的类型，熟悉无土栽培的设施，掌握栽培基质处理方法，掌握营养液的配制与调节方法，会处理无土栽培基质，会配制营养液。

二、任务分析

无土栽培是以人工创造的优良根系环境，取代通常的土壤根系环境，使植物生长在无土环境中。植物生长的一切环境因素（温度、光照、水、空气、土壤）都可以人为控制，最大限度地满足根系生长对水、肥、气、热的要求，发挥植物生长的最大潜力。用计算机控制营养液浓度、酸碱度及用量，控制栽培过程中的温度、湿度、光照等，使栽培管理简单化、自动化、科学化。完成本任务需要掌握的知识面有：无土栽培的特点、无土栽培的类型、无土栽培的设施、栽培基质处理、营养液的配制与调节及无土栽培技术等。

三、相关知识

（一）无土栽培的特点

1. 植物产量高、品质好、收效大

无土栽培可以人工控制植物生长的一切环境，很好地解决植物生长与环境之间的矛盾。因此，植物生长快、产量高、品质好。例如，印度道格拉斯 1946～1974 年试验表明：无土栽培植物的产量比有土栽培植物的产量可以提高几倍至几十倍；无土栽培的香石竹香味浓、花朵大、产量高，盛花期比土壤栽培的提前两个月；仙客来在水培中生长的花丛可达到

50cm，一株仙客来平均可开20朵花，一年可开130朵花，同时还容易度过夏季高温。

2. 节约水肥，减少劳动用工

无土栽培用水量是土壤栽培用水量的1/7，这对于我国水资源短缺的现状，缓解栽培用水的压力是十分重要的。无土栽培的植物养分损失少，一般养分损失为10%以下，而土壤栽培植物由于径流、渗漏、挥发、土壤固定、微生物消耗，养分损失一般达到40%~50%。无土栽培减少了土壤耕作、整地、除草、病虫害防治等养护管理措施，大大节省了劳力。

3. 清洁卫生，减少病虫害

无土栽培不用土壤，使病虫害侵染植物的机会大大减少，基本上是无毒、无菌、无异味的清洁环境，适合家庭居室、宾馆饭店等室内装饰。

4. 不择土地，能工厂化生产

无土栽培无土地的限制，可以在一些不适于栽植物的地方生产，如在沙漠、盐碱地、海岛、荒山、砾石等处栽植；可以在窗台、阳台、走廊、房顶、后院等场所栽植。无土栽培可以完全自动化、工厂化生产。

当然无土栽培也有些不足之处：投资大，因无土栽培完全是人为控制生产条件，需要许多设备，一次性投资大；耗能大，因一切设备都是在电能驱动下运转，所以能耗大；营养液配比复杂，费用高。

（二）无土栽培的类型

无土栽培的类型很多，各国的分类方法不一。目前比较普遍的分类方法有两种：一种是按照1990年联合国粮农组织将用于园艺作物的无土栽培分为基质栽培和无基质栽培；一种是按消耗能源的多少及对环境的影响，分为有机生态型和无机耗能型。

1. 根据使用基质的类型划分

根据使用基质的类型划分可分为基质栽培和无基质栽培，见表5-6。

表5-6　无土栽培类型

基质栽培	有机基质：草炭、锯末、稻壳、树皮等
	无机基质：沙、砾、珍珠岩、岩棉、泡沫、炉渣等
无基质栽培	水培　　营养液膜水培：NET　　深液流水培：DET 喷雾栽培

（1）基质栽培　基质是无土栽培中用以固定植物根系的固形物质，可同时吸附营养液，改善根系透气性。基质栽培可分为有机基质和无机基质两大类：

1）有机基质栽培是用各种有机物质做基质，如草炭、锯末、树皮、稻壳、甘蔗渣、棉籽壳等的一种栽培方法。使用前基质一般要经过发酵处理。

2）无机基质栽培是用各种无机矿物做基质，如砂、砾、蛭石、珍珠岩、煤渣、石棉等的一种栽培方法。应用最广的是石棉基质栽培。

以上各种基质可单独使用，也可混合使用，混合使用效果更好。

（2）无基质栽培　无基质栽培是指植物的根连续或间断地浸在营养液中生长，不需要基质的栽培方法。无基质栽培一般只在育苗期采用基质，定植后就不用基质了，可分为水培和喷雾栽培两类。

1）水培是定植时营养液直接与根接触的栽培方法。我国常用的有营养液膜法、深液流法、浮板毛管法、动态浮板法等。

2）喷雾栽培简称雾培或气培，是将营养液喷雾，直接喷到植物的根系上，营养液可循环利用的栽培方法。这种方法较好地解决了养分元素和氧气的供应问题。喷雾装置如图 5-20 所示。

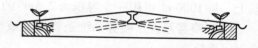

图 5-20　喷雾装置

2. 根据消耗能源性质类型划分

根据消耗能源性质类型划分可分为无机耗能型和有机生态型两大类。

（1）无机耗能型无土栽培　无机耗能型无土栽培是指全部使用化肥配制营养液栽培植物的方法。营养液循环过程中耗能多，排除液可能污染环境，但这是真正意义上的无土栽培。

（2）有机生态型无土栽培　有机生态型无土栽培是指全部使用有机肥代替营养液栽培植物的方法。灌溉时只浇清水，排除液对环境无污染。

（三）无土栽培的设施

1. 栽培设备

栽培设备包括育苗容器、栽培容器、育苗床、栽培床四部分。

（1）育苗容器　育苗容器是指供育苗用的容器，具体可分为以下几种：

1）育苗钵。育苗钵通常为塑料制成的单体、连体育苗钵，有方形、圆形两种，基部设有排水孔，有多种规格。

2）育苗板。育苗板是以一块塑料制成的育苗容器，常带有方格状槽。

3）育苗箱。育苗箱是由硬质塑料制成的箱状育苗容器。

（2）栽培容器　无土栽培园林植物的主要栽培形式是盆栽，所用容器有塑料盆和陶瓷盆。

（3）育苗床　育苗床是指用作培育幼苗的无土栽培设备。

1）简易式育苗床。简易式育苗床是将塑料盆装上基质把幼苗直接置于床体中的临时性育苗床。

2）现代化育苗床。现代化育苗床是由计算机控制温度、湿度，建立在保护地中的育苗床。

（4）栽培床　栽培床是指从种苗定植到成品出圃这段时间内植物生长在上面的床体，常用的有：

1）水泥床。水泥床是以水泥为材料建造的栽培床，一般长度 1 ~ 10m，宽度 20 ~ 90m，深度 2 ~ 20m，建造时呈倾斜状，坡度 1/200 ~ 1/100。

2）塑料床。塑料床是以塑料为材料制成的无土栽培床，一般长度为 150 ~ 200cm，宽度 60 ~ 80cm，深度 15 ~ 20cm。

2. 供液系统

供液系统是输送培养液的设施设备系统，可分为以下几种：

（1）人工系统　人工系统是主要通过人工用浇水壶等器具装培养液逐棵浇灌植物，适合小规模的无土栽培。

（2）滴灌系统　滴灌系统是通过一个高于栽培床 1m 以上的营养槽，借重力的作用，将营养液输送到 30 ~ 40m 的地方的供液系统。营养液先经过过滤器，再进入直径为 35 ~ 40mm

的管道，然后通过直径为 20mm 的细管进入栽培植物附近，最后由发丝滴管将营养液滴在根系上。每 1000m² 可用一个容积为 2.5m³ 的营养液槽来供液。

（3）喷雾系统　喷雾系统是将营养液喷成雾状，喷洒在植物根系上的供液系统，是一个封闭系统。

（4）液膜系统　液膜系统由栽培床、贮液罐、电泵、管道组成。一般栽培床每隔 10m 要设一个倾斜的回液管，通过它使营养液回流到设置在地下的营养液槽中。使用时，先将稀释好的营养液用水泵抽到高处，然后使其在栽培床上由较高一端流动。每 1000m² 可设置一个 4000～5000L 的营养液槽，每小时供液 10～20min。

（四）栽培基质处理

无土栽培基质由于吸附了许多盐类和杂质，使用前必须经过处理，处理方法包括洗盐、灭菌、氧化、离子导入。

1. 洗盐处理

用清水反复冲洗栽培基质，可除去基质中多余的盐分。

2. 灭菌处理

通过曝晒基质或将基质中通入高压蒸汽进行高温灭菌，也可以用甲醛喷洒。甲醛喷洒方法：先按 50～100mL/m³ 均匀喷洒，然后覆盖薄膜，2～3d 后解开薄膜摊开。

3. 氧化处理

将沙石、砾等置于空气中，使氧游离与硫化物反应，可防止基质变黑。

4. 离子导入处理

定期给基质浇灌高浓度的营养液，补充植物生长所需的矿质养分。

（五）营养液的配制与调节

1. 无土栽培对营养液的要求

营养液是植物生长所需营养的主要来源，包括植物生长所必需的大量元素和微量元素。无土栽培中植物生长所需养分都是通过根系从营养液吸收来的，因此要求营养液的浓度必须保持在合适的范围内，总盐量在 0.2%～0.3% 之间，过高或过低对植物的生长都不利；营养液中溶解氧的含量也应在一定范围内；要经常调节营养液的 pH 值；营养液的温度应控制在 8～30℃ 的范围内。

2. 营养液的配方

各种植物对微量元素的需求量很少，在通常情况下，微量元素的配方基本相同。营养液中微量元素添加量及浓度计算见表 5-7，另外介绍几种无土栽培植物的营养液配方见表 5-8～表 5-10。

表 5-7　营养液中微量元素添加量及浓度计算

化　合　物		相对分子质量	元　　素	a——适合浓度 /(mg/L)	b——含有率 (%)	化合物浓度 a/b /(mg/L)
名　称	分子式					
螯合铁	FeEDTA	421	Fe	3	12.5	24.0
硫酸亚铁	$FeSO_4 \cdot 7H_2O$	278	Fe	3	20.0	15.0
三氯化铁	$FeCl_3 \cdot 6H_2O$	270	Fe	3	20.66	14.5
硼酸	H_3BO_3	62	B	0.5	18.0	3.0

（续）

化 合 物		相对分子质量	元　素	a——适合浓度 /（mg/L）	b——含有率 （%）	化合物浓度 a/b /（mg/L）
名　称	分 子 式					
硼砂	$Na_2B_4O_7 \cdot 10H_2O$	381	B	0.5	11.6	4.5
氯化锰	$MnCl_2 \cdot 4H_2O$	198	Mn	0.5	28.0	1.8
硫酸锰	$MnSO_4 \cdot 4H_2O$	223	Mn	0.5	23.5	2.0
硫酸锌	$ZnSO_4 \cdot 5H_2O$	288	Zn	0.05	23.0	0.22
硫酸铜	$CuSO_4 \cdot 5H_2O$	250	Cu	0.02	25.5	0.05

表 5-8　观叶植物营养液 （单位：g/L）

成　分	化 学 式	用　量	成　分	化 学 式	用　量
硝酸钾	KNO_3	0.202	硝酸铵	NH_4NO_3	0.04
硝酸钙	$Ca(NO_3)_2$	0.492	硫酸钾	K_2SO_4	0.174
磷酸二氢钾	KH_2PO_4	0.136	硫酸镁	$MgSO_4$	0.12

表 5-9　格里克基本营养液 （单位：mL）

化合物	化 学 式	用　量	化合物	化 学 式	用　量
硝酸钾	KNO_3	542	硫酸铁	$Fe_2(SO_4)_3 \cdot n(H_2O)$	14
硝酸钙	$Ca(NO_3)_2$	96	硫酸锰	$MnSO_4$	2
过磷酸钙	$Ca(H_2PO_4)_2 + CaSO_4$	135	硼砂	$Na_2B_4O_7$	1.7
硫酸镁	$MgSO_4$	135	硫酸锌	$ZnSO_4$	0.8
硫酸	H_2SO_4	73	硫酸铜	$CuSO_4$	0.6

表 5-10　康乃馨营养液

成　分	化 学 式	用量/（g/L）	成　分	化 学 式	用量/（g/L）
氯化钾	KCl	0.08	硝酸钠	$NaNO_3$	0.88
过磷酸钙	$Ca(H_2PO_4)_2 + CaSO_4$	0.47	硫酸镁	$MgSO_4$	0.27
硫酸铵	$(NH_4)_2SO_4$	0.06			

3. 营养液的配制

（1）配制原则　无土栽培的关键是营养液，营养液的配制是无土栽培的重要环节，配制时必须认真仔细，否则对植物生长造成伤害。配制应遵循以下原则：

1）营养液必须具备植物正常生长所需的元素，应包括大量元素如氮、磷、钾、钙、镁、硫等和微量元素如铁、锰、锌、铜等成分。

2）营养液必须容易被植物吸收利用，肥料以化学态为主，溶解性强，在保证元素种类齐全并符合配方原则的基础上，力求选少量种类肥料。

3）营养液元素比例搭配要适当，要符合栽培植物种类的要求和条件。

4）水质清洁，硬度低。

（2）原料　原料主要是水和营养盐。水可以使用井水、自来水等水源；营养盐类可以选用农用化肥、工业品等。

（3）配制　首先要看各种肥料、药品的说明、化学名称、分子式、纯度等，然后根据配方准确称量。将称量好的营养盐分别放在玻璃容器中，先用50℃的温水溶化，然后按配方顺序逐个倒入容量为所定容量75%的容器中，加水溶解，边倒边搅，最后用水定容，定容后调整溶液的pH值到规定值。

4. 营养液的调节

（1）定期添加新水　在无土栽培中使用营养液时，一方面因植物根系吸收会使一部分元素的含量降低；另一方面又会因溶液本身的水分蒸发而使浓度增加。因此，在植物生长表现正常的情况下，当营养液减少时，只需添加新水而不必补充营养液。

（2）补充营养液要均匀　在向水培槽或大面积无土栽培基质中添加补充营养液时，应从不同部位分别倒入，各注液点之间的距离不要超过3m。

（3）保持营养液合适的浓度　生长迅速的一、二年生草本植物、宿根花卉、球根花卉，在生长高峰阶段都可以使用原液，以后由于生长量逐渐减少，可酌情使用1:1或其他比例的稀释液。

（4）pH值的调节　将强酸强碱加水稀释溶化，逐滴加到营养液中，不断用pH试纸或酸度计进行测定，调节至所需要的pH值为止。

（5）营养液的增氧措施　营养液循环栽培中，根系所吸收的氧气主要来自营养液中溶解的氧。利用物理方法来增加营养液与空气接触的机会，增加氧气在营养液中的扩散能力，从而提高溶解氧的含量。常用的方法有落差、喷雾、搅拌、压缩空气几种。

（六）无土栽培技术

1. 水培

水培是无土栽培中最早应用的技术。植物根系悬挂在栽培容器的营养液中，循环供应，以解决营养液供氧问题。根据供氧的方式不同，又可分为以下两种：

（1）营养液膜法（NET——Nutrient Technique）　营养液在泵的驱动下从贮液池流出经过根系，营养液呈一层薄（0.5~1.0cm）的流动层，然后又回到贮液池内，形成循环式供液体系，可连续供液也可间歇式供液，如图5-21所示。

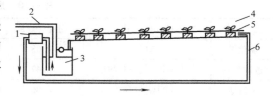

图5-21　NET基本装置纵面图
1—泵　2—添液管　3—贮液槽
4—作物　5—栽培槽　6—供液管

（2）深液流法（DFT）　深液流法即深液流循环栽培技术。这种栽培方式与营养液膜技术差不多，不同之处是流动的营养液层较深（5~10cm），植物大部分根系浸泡在营养液中，其根系的通气靠向营养液中加氧来解决。栽培设施由营养液栽培槽、贮液池、水泵、营养液自动循环系统、控制系统、植物固定装置等部分组成。

2. 基质栽培

（1）基质混合　基质可单独使用，但几种基质混合使用效果更好。基质混合后增加了养分，增加了孔隙度、水分、空气，一般以2~3种基质混合为好。如1:1草炭、锯末，1:1:1草炭、蛭石、锯末，1:1:1草炭、蛭石、珍珠岩，6:4炉渣、草炭等混合基质，均在生产上获得了较好的应用效果。下面介绍几种基质的配方。

1）加州大学混合基质。0.5m³细沙、0.5m³粉碎草炭、145g硝酸钾、145g硫酸钾、

4.5kg 白云石灰石、1.5kg 钙石灰石、1.5kg 20% 过磷酸钙。

2）草炭矿物质混合基质。0.5m³ 草炭、0.5m³ 蛭石、700g 硝酸铵、700g 过磷酸钙（20% 五氧化二磷）、3.5kg 碎石灰石或白云石。

3）中国农业科学院蔬菜花卉研究所无土栽培基质。0.75m³ 草炭、0.13m³ 蛭石、0.12m³ 珍珠岩、3kg 石灰石、1kg 过磷酸钙（20% 五氧化二磷）、1.5kg 复合肥（N：P：K = 15：15：15）、10kg 消毒干鸡粪。

4）康乃馨混合基质。0.5m³ 粉碎草炭、0.5m³ 蛭石或珍珠岩、3kg 石灰石、1.2kg 过磷酸钙（20% 五氧化二磷）、3kg 复合肥（N、P、K 含量分别为 5%、10%、5%）。

（2）栽培方法　基质栽培的方法有钵培、槽培、袋培、岩棉培四种，营养液的灌溉以滴灌为主。

1）钵培法是在花盆、塑料桶等容器中填充基质栽培植物的方法。从容器的上部供应营养液，下部设排液管，将排出的营养液回收于贮液罐中循环利用，如图5-22 所示。

2）槽培法是将基质装入栽培槽中，槽底用泵供液或者利用重力作用供液的栽培方法。一般槽长 15～20m，高 0.15～0.3m，宽 0.4～1.2m，由栽培槽、贮液池、供液管、泵及时间控制器几部分组成，如图5-23 所示。

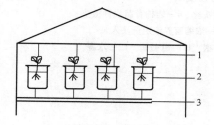

图 5-22　钵培法

1—沙层　2—小石子　3—排液口

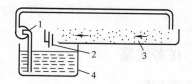

图 5-23　槽培法

1—泵　2—回流口　3—砾石　4—贮液池

3）袋培法是用塑料薄膜袋装基质，按一定距离在袋上打孔，植物栽在孔内，通过滴管供液，营养液不循环的栽培方法。根据放袋的形式又可分枕式袋培和立式袋培两种形式。

① 枕式袋培。按株距在基质袋上设置直径为8～10cm 的种植孔，按行距呈枕式摆放在地面上或泡沫薄板上，安装滴管供应营养液。栽培袋子内的基质为混合基质，比例为草炭 40%、蛭石 30%、珍珠岩 30%。每个植孔栽一株植物，由一根滴管供液。

② 立式袋培。栽培袋为柱状基质袋，其直径为15cm，长为2m，直立悬挂，从上端供应营养液，下端设置排液口，在基质袋四壁栽植植物。基质的配比与枕式袋培一样，如图5-24 所示。

4）岩棉培是将岩棉制成边长为 7～10cm 的小块或宽 7～10cm 的条带，在岩棉块中央扎孔或在岩棉

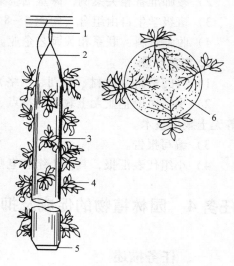

图 5-24　立式袋培

1—挂钩　2—滴管　3—栽培袋
4—植物　5—排液口　6—基质

带上按株距扎孔，在小孔内栽植植物，用滴管供液的栽培方法。其主要有以下两种形式：

①　营养液循环式岩棉栽培是将营养液滴灌在岩棉上，多余的营养液通过回流管收集到贮液管内，循环使用的栽培方式。

②　滴管岩棉栽培。制作岩棉板：长90～120cm、宽20～30cm、高8～10cm，外包一层黑白双色膜，板上按株距打孔，按行距摆好岩棉块，每行岩棉设置一行滴灌管，将滴管毛管插入岩棉块中，如图5-25所示。

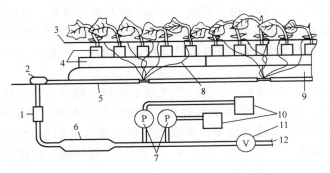

图5-25　滴管岩棉栽培

1—过滤器　2—流量控制阀　3—支持铁丝　4—岩棉育苗块种植垫
5—供液管　6—营养液混合器　7—浓缩营养液定量注入泵
8—滴头管　9—畦　10—浓缩营养液罐　11—电磁阀　12—水源

四、任务实施

1. 准备工作

1）课前预习相关知识部分。

2）教师准备相关案例，课堂围绕案例讲解。

3）班级学生自由组合（每组5～8人）为几个学习小组，各学习小组自行选出小组长。

4）收集资料，联系相关园艺企业。

2. 实施步骤

1）查阅资料（教材、期刊、网络），到相关园艺企业访谈调研。

2）小组讨论企业无土栽培的特点、类型、设施、栽培基质处理、营养液的配制与调节等无土栽培技术。

3）编写报告。

4）小组代表汇报，其他小组和老师评分。

任务4　园林植物的促成及抑制栽培

一、任务描述

园林植物的促成和抑制栽培就是采取人为的措施，使植物提前开花和延迟开花的生产栽培方式。学习的任务是促成和抑制栽培园林植物，了解园林植物的促成和抑制栽培措施，掌握园林植物的促成和抑制栽培方法，会催延花期。

二、任务分析

园林植物的促成及抑制栽培主要是满足人们观赏花卉的需要，使园林植物在自然花期之外，按照人们的意愿定时开放。这样满足了市场花卉的均衡供应；适应了节日的需要，使不同花期的植物在节日集中开放；使某些一年开花一次的变为一年开花多次。催延花期的栽培方法自古有之，我国古代园艺文献中有大量"开不时之花"的记载。现代园林植物产业对园林植物的花期控制提出了更高的要求。因为花期除影响观赏外，还直接影响市场价格，因此，在当代，花期控制已成为园林植物栽培的一项核心技术。

三、相关知识

（一）栽培措施调节

运用播种、修剪、摘心、水肥管理等技术措施调节花期。

1. 调节种植期

有些植物种类，只要生长条件适宜，生物量达到一定程度即可开花，对这类植物可以通过改变播种期来调节花期。如多年生草本花卉属于中间性植物，对光周期无严格要求，可采取分期播种，开花不断；翠菊、万寿菊、美女樱、百日草、凤仙花 6～7 月播种，9～10 月开花，可为"十一"国庆节提供用花；一串红 8 月下旬播种，冬季温室盆栽，不断摘心，于翌年"五一"前 25～30 天停止摘心，"五一"时繁花盛开；唐菖蒲于 4 月中旬至 7 月底分期分批播种，可于 7～10 月开花不断等。"十一"用花种类及播种期见表 5-11。

表 5-11　"十一"用花种类及播种期

播　种　期	花卉种类	播　种　期	花卉种类
3 月中旬	百子石榴	6 月中旬	大花牵牛、万寿菊、鸡冠花、翠菊、美女樱、茑萝、旱金莲
4 月初	一串红	7 月上旬	百日草、孔雀草、凤仙、千日红
5 月初	半枝莲	7 月 20 日	矮翠菊
6 月初	鸡冠花	—	

2. 修剪、摘心调节

有些一年可多次开花的植物，可通过修剪、摘心等技术预定花期，如月季、茉莉、香石竹、倒挂金钟、一串红等。月季从修剪到开花时间，夏季为 40～50d，冬季为 50～55d，9 月下旬修剪可于 11 月中旬开花，10 月中旬修剪可于 12 月开花，若将不同植株分期修剪，可使花期相接。一串红修剪后发出新枝约经 20d 开花，4 月 5 日修剪可于 5 月 1 日开花，9 月 5 日摘心可于国庆节开花。荷兰菊 3 月上旬摘心后萌发新枝经 20d 开花，在一定季节内定期修剪可定期开花。

3. 水肥调节

通过水肥控制可使某些植物被迫休眠和解除休眠，达到提前开花和推迟开花的效果。例如，欲使玉兰在当年国庆节第二次开花，首先要在第一次开花后加强肥水管理，使新枝的叶、芽生长充实，然后停止浇水，人为制造干旱环境，同时摘心，3～5d 后将其移到凉爽地方，并向植株喷水，使其恢复生机，花芽开始分化，这时再加施磷肥，使花芽尽早分化完成，就可望在国庆前开花。

（二）光照调节

园林植物都有光周期现象，即需要一定时间的白天与黑夜交替，才能诱导成花的现象。一般春夏开花的多为长日照植物，秋冬开花的多为短日照植物。长日照植物在日照短的季节通过补充光照能提早开花，给予短日照处理可抑制开花；短日照植物在日照长的季节，进行遮光短日照处理能促进开花，进行长日照处理可抑制开花。

1. 长日照处理

用人工补加光照的方法，延长每日连续光照的时间，光照时间每天达到 12h 以上，可使长日照植物在短日照季节开花。其具体做法是用荧光灯或白炽灯悬挂在植株上方，生产上常用 100W 的白炽灯，挂在距植株 1～1.2m 高的地方，白炽灯相距 1.8～2m，如寒冷季节栽培唐菖蒲，在日落前加光，每天光照达 16h，结合加温，可使它在冬季和早春开花。

2. 短日照处理

通过遮光处理，缩短白昼，加长黑夜，可使短日照植物在长日照季节开花。其具体做法是在日出之后至日落之前用黑色遮光物如黑布、黑色塑料膜等对植物进行遮光，夜间揭开覆盖物，如一品红在长日照季节，每天光照缩短到 10h，50～60d 即可开花，蟹爪兰每天日照缩短到 9h，60d 也可开花。

3. 颠倒昼夜

采用白天遮光、夜间补光的方法，可使夜间开花的植物在白天开放，并可延长花期 2～3d。

4. 加光分夜

在午夜给予一定时间的照明，将长夜隔断，使连续的暗期短于该植物的临界暗期时数，破坏了短日照的作用，就能阻止短日照植物在短日照季节形成花蕾开放，通常夏末、初秋、早春夜晚照明时数为 1～2h，冬季照明时数为 3～4h。

（三）温度调节

温度处理调节花期主要是通过温度的作用调节休眠期、成花诱导、调节花芽形成期、调节花茎伸长期等作用实行花期的控制，一些多年生的草本花卉、木本花卉都可以采取温度处理来调节花期。

1. 增加温度

（1）直接加温　对已完成花芽分化的植物或入室后能完成花芽分化的植物，在入室前放入温室，一般都能提前开花，如牡丹、杜鹃、山茶、瓜叶菊、大岩桐等。在室温 20～25℃，相对湿度 80% 以上时，垂丝海棠经 10～15d 就能开花，牡丹经 30～35d 开花，杜鹃经 40～45d 开花。几种主要花卉春节开花所需温度和加温天数见表 5-12。

表 5-12　几种主要花卉春节开花所需温度和加温天数

种　类	温度/℃	处理天数/d	种　类	温度/℃	处理天数/d
碧桃	10～30	45～50	迎春	5	30
西府海棠	12～18	15～20	杜鹃	15～20	50
榆叶梅	15～20	20	—	—	—

（2）低温处理结合加温　有些花卉需一个低温过程完成花芽分化和休眠，然后再入室

加温处理，如郁金香、百合等。

2. 降温处理

（1）低温休眠　多数植物都有低温休眠的特性，可以通过低温控制休眠、调节花期，在早春对休眠的花卉给予 1 ~ 4℃ 的低温处理，使休眠期延长、开花期延迟。

（2）低温春化　有些植物在生长发育期中需要一个低温春化过程，才能开花。如桃树需要 7.2℃ 以下低温积累时数 750 ~ 1200h 才能正常开花，洋地黄、桂竹香、牛眼菊等，可以给予 6 ~ 5℃ 的低温处理相应的时期，促进开花。

（四）生长激素调节

用一些激素处理植物，对调节花期具有显著效果。其主要表现为诱导或打破休眠，促进和抑制生长，促进和抑制花芽分化。

1. 诱导或打破休眠

常用的激素有赤霉素 GA、激动素 KT、吲哚乙酸 IAA、萘乙酸 NAA、乙烯等，如用 500 ~ 10000uL/L 的赤霉素沾在牡丹、芍药的休眠芽上，几天后芽便可萌动；喷在牛眼菊、洋地黄上，有代替低温的作用，可提早开花；涂在山茶花的花蕾上，能加速花蕾膨大，提早开花。

2. 抑制花芽分化

2，4—D 对花芽分化和花蕾的发育有抑制作用，用 0.1% ~ 0.5% 的矮壮素处理，也可明显延迟花期。

（五）园林植物的采收、保鲜、包装、运输

1. 采收

（1）采收时期　采收期取决于花的成熟期、采收后环境条件、运输距离的远近等。

1）依成熟期形态确定采收时期，如香石竹在蕾期，萼片裂开时；郁金香、风信子在绿蕾期，花色初现时；百合在膨蕾期等上市品质好，一天中以下午采收为好。

2）依据市场状况和运输状况确定采收期。

（2）采收方法　对切花通常采用单枝采收方法，大量生产或大量供应情况下，可全部采收。

2. 保鲜

（1）保鲜剂　保鲜剂是用于保鲜处理的化学药剂，主要类别有：

1）预处理液。在采收分级后，贮藏运输和瓶插前，对植物进行预处理的溶液。

2）催花液。促使在蕾期采收的花枝开放所用的保鲜剂。

3）瓶插液。观赏期所用的保鲜液。

（2）成分组成　保鲜剂的主要成分有以下几个方面：

1）水。以软水和无离子水为好，pH 值为 3 ~ 4。

2）糖。一般用蔗糖。

3）杀菌剂。8—羟基喹啉，8—羟基喹啉硫酸盐等。

4）无机盐。主要有钾、钙、氨、铝、银、锌、铜等离子盐。

5）有机物。柠檬酸、苯甲酸、异抗坏血酸等。

6）抑制剂。应用最普遍的是硝酸银、硫酸银、乙烯。

（3）配方　蔗糖 1% ~ 4%，8—羟基喹啉 50×10^{-6} ~ 200×10^{-6}。

3. 贮藏、包装、运输

（1）尽快贮藏　采收后应尽快贮藏，拖延半小时，品质就会下降。贮藏温度在 0～15℃ 之间，湿度 90%～92%，保持适当的通气条件。

（2）浸保鲜剂　贮运过程中应多次浸保鲜剂，浸泡时间为 5～10min，浸没到适当的深度。

（3）包装运输　先对花卉、切花、切枝进行预冷处理，然后包装，常以 12 枝或 25 枝 为一束，花束内部用油纸、防水纸等包裹，外部依据花枝要求制成纸箱装运，每箱为整百枝 装，运输要求快，长距离的运输以空运为主，用恒温花卉专业箱装运。

四、任务实施

1. 准备工作

1）课前预习相关知识部分。

2）教师准备相关案例，课堂围绕案例讲解。

3）班级学生自由组合（每组 5～8 人）为几个学习小组，各学习小组自行选出小组长。

4）联系校内外实训基地，讨论实施计划。

5）材料工具准备。

① 材料：盆栽杜鹃、矮壮素、赤霉素等。

② 工具：修枝剪、喷壶、喷雾器、温度计、塑料袋等。

2. 实施步骤

1）确定开花时间。编制促成栽培计划，分组完成。

2）选定品种。选枝条丰满、健壮的盆栽大苗，在 5～6 月施足底肥，修剪造型，9 月份 后不能修剪，应加强见光、降温培养，剥出新发出的叶芽。

3）处理。用 0.3% 矮壮素在 10 月份喷两次，如准备在春节开花，则在春节前 50d，用 塑料袋罩住整个植株，气温 10～15℃，见光 3～4h，待出现花苞时去掉塑料袋，气温保持 15℃左右，叶面喷水，春节前开花。

4）分组讨论。

5）编写实施报告。

6）小组代表汇报，其他小组和老师评分。

小　　结

本项目主要介绍了设施栽培，容器栽培、无土栽培以及园林植物的促成及抑制栽培。本 项目具体内容见下表。

任　　务	基 本 内 容	基 本 概 念	基 本 技 能
保护地栽培设施	保护地设施类型、保护地栽培技术	保护地　温室 塑料大棚　节能日光温室　荫棚　植物台栽培床	保护地栽培设施内环境的调控 保护地园林植物栽培

（续）

任　　务	基 本 内 容	基 本 概 念	基 本 技 能
容器栽培	容器类型、容器栽培基质、容器栽培方法、容器养护管理	容器栽培　盆栽　基质　换盆　转盆	盆栽基质配制　盆栽
无土栽培	无土栽培特点、无土栽培的形式、无土栽培的方法	无土栽培　营养液　无土基质　钵培　水培　岩棉培	营养液的配制及调节
园林植物促成及抑制栽培	催延花期技术	催延花期　光周期　保鲜剂	园林植物的采收、包装

复习思考题

1. 简述园林植物保护地栽培的意义。
2. 日光温室有什么作用？哪些植物适合在日光温室栽培？
3. 简要说明塑料大棚的特点及覆盖方法。
4. 温室按建筑形式可分为哪几类？
5. 园林植物保护地栽培中搭设阴棚有什么作用？
6. 温室的保温措施有哪些？
7. 温室园林植物的修剪包括哪些内容？
8. 园林植物出入温室管理中要注意哪些问题？
9. 什么是容器栽培？为什么盆栽园林植物要换盆？
10. 盆栽园林植物配制培养土要从哪些方面着手？
11. 什么是无土栽培？它有什么特点？
12. 生产上可以通过哪些措施催延花期？
13. 园林植物常用的保鲜剂有哪些？

园林植物养护管理

学习目标

技能目标：能进行园林植物的日常养护管理；会整形修剪；会养护管理新植树木，会养护管理草坪。

知识目标：熟悉园林植物养护管理的基本内容，了解草坪养护管理的知识，了解古树名木养护管理的知识；掌握园林植物土、肥、水管理的基本技术，掌握园林植物的整形修剪技术。

任务1　园林植物日常养护管理

一、任务描述

日常养护管理工作是园林植物养护最基本的工作，也是维护园林绿化优美景观、使植物正常生长发育的基本保证。学习的任务是园林植物的日常养护管理，熟悉园林植物日常养护的基本内容，掌握园林植物土、肥、水管理技术，了解园林植物低温、高温、大风、市政工程的危害及防治技术，熟悉养护管理工作月历。会管理土壤、会施肥、会排灌，能够防治灾害，会安排每月养护管理工作。

二、任务分析

园林植物是一种活的生命体，它的健壮成长靠的是日常养护，而不是靠一时突击完成的。日常保养工作做得好，可以使植物生长得旺盛；相反，日常保养做不好，植物生长瘦弱，甚至死亡。完成本任务要掌握的知识面有：松土除草、地面覆盖及土壤改良的方法，肥料种类、施肥量、施肥时间、施肥方法及施肥安全卫生，灌水、排水及喷雾，低温、高温、大风的危害及防治方法，养护管理工作月历等。

三、相关知识

（一）土壤管理

土壤是植物生长的基础，植物要从土壤中吸取水分和养分，以维持其正常的生命活动。土壤也是微生物活动的场所，植物生长的好坏，与土壤有密切的关系。土壤管理的主要任务

160

是：通过各种措施改良土壤的理化性质，提高土壤肥力，为园林植物生长发育创造良好的条件。

1. 松土除草

（1）松土的作用　疏松表土，切断表层与底层土壤的毛细管联系，以减少土壤水分的蒸发，改善土壤的通气性，加速有机质的分解和转化，从而提高土壤的综合营养水平，有利于植物生长。城区公共绿地，行人多，土壤被反复践踏而板结，透水性、排水性极差，也不利于微生物活动。土壤肥力受到影响，从而影响根系生长，只有通过松土，才能改善土壤状况。

（2）松土深度和范围　因植物的类别不同而异，树木的松土范围在树冠投影半径的1/2以外至树冠投影外1m以内的环状范围内，深度为5~10cm；灌木、草本植物的松土可全面进行，深度为5cm左右。

松土可在晴天进行，也可在雨后1~2d进行。松土的次数，每年至少进行1~2次，也可根据具体情况而定：乔木、大灌木可两年一次；小灌木、草本植物一年多次；主景区、中心区一年多次；边缘区域可适当减少。

（3）除草　为排除杂草对水、肥、气、热的竞争，避免杂草对植物的危害，需要经常清除杂草，应做到"除小、除早、除了"。除掉的杂草要集中处理，并及时清运。

（4）除草次数和范围　视绿地类型不同，采用不同的方法。风景林、片林及保护自然景观的地区，一般不需要除草；斜坡地段，为保持水土，避免雨水对土表的冲刷，也无需除草。松土与除草可同时进行，也可分别进行。一般苗圃地，一年应多次除草，散生和列植幼树一年除草二或三次，第一次在盛夏到来之前，第二、三次在立秋以后。除草的范围，对树木来说，一般应在树盘以内。

2. 地面覆盖

利用植物及其他物质覆盖土面，可防止水分蒸发，增加土壤有机质，为园林植物生长创造良好的条件。覆盖材料可就地取材，如水草、谷草、豆秸、叶、泥炭等。

3. 土壤改良

土壤改良是采用物理、化学以及生物措施，改善土壤理化性质，提高土壤肥力的方法。

（1）土壤深翻　园林树木栽培时，应深挖扩穴；成片种植的园林植物要深翻田地。深翻结合施肥是改良土壤结构和理化性质，促进团粒结构形成，提高土壤肥力的最好方法。深翻一般在秋、冬季，采取全面深翻和局部深翻的方法。深翻深度及次数，因地、因植物而异，一般60~100cm，4~5年一次。

（2）土壤质地改良　土壤质地过黏、过沙都不利于植物根系生长。黏重的土壤板结，渍水、通透性差，容易引起根部腐烂；沙性太强的土壤，漏水、漏肥、容易发生干旱。可以通过增施有机质，采取"沙压黏"或"黏压沙"的方法进行改良。

（3）土壤pH值调节　园林植物对土壤的酸碱度有一定的适应范围。过酸过碱都会对植物造成不良影响。对于pH值过低的土壤，主要用石灰改良；对于pH值过高的土壤，主要用硫酸亚铁、硫磺和石膏改良。

（4）盐碱土的改良　在滨海及干旱、半干旱地区，土壤盐分含量过高，根系很难从土壤中吸取水分和营养物质，引起"生理干旱"和营养缺乏症，对植物生长有害，因此必须进行土壤改良。改良的主要措施有灌水洗盐、深挖增施有机肥、改良土壤理化性质、地面覆盖减少地表蒸发、防止盐碱上升等。

（二）施肥

对于植物生长发育来说，施肥是综合管理措施的主要环节。合理施肥是为了补充植物生长的营养，促进植物枝叶茂盛、花繁果密，加速生长，延年益寿。

1. 施肥时期

施肥的时间影响施肥的效果，施肥时间应掌握在园林植物最需要的时候。施肥时期的确定应注意以下几个方面：

（1）注意植物的年生长发育期　不同的生长发育期，园林植物对肥料要求不同。基肥一般宜在秋季进行，秋施基肥正值根系生长高峰。施基肥可促进根系生长，增强植物越冬性，为来年生长打下物质基础。追肥在生产上可分前期追肥和后期追肥，前期追肥可在生产高峰期、开花前、花芽分化期进行，具体时间应结合地区、植物种类而定；后期追肥可在花后和花芽分化期进行。对于某些观花、观果的花木而言，花前追肥显得实为必要，如牡丹花前必须保证施追肥1次。对于初栽2~3年的花木、绿阴树、行道树，每年生长期进行1~2次追肥。

（2）考虑天气条件　施肥宜选择雨后进行，因为这时土壤水分较多，有利于养分流动，可提高植物对养分的吸收利用。

（3）结合松土　松土后，土壤通气性好，土壤中的微生物活动较活跃，此时施肥，肥料的有效性会得到明显的提高。

2. 施肥种类与用量

（1）肥料的种类　肥料分基肥和追肥。基肥是在植物休眠期施入土壤中的作为底肥的肥料，为充分腐热的有机肥；追肥是在植物生长期为了弥补植物所需各种营养元素的不足而追加施用的肥料。肥料种类不同，其营养成分、性质、施用对象及成本都有很大的差异。肥料种类很多，具体选用哪种应根据具体的植物种类、不同的物候期和土壤营养状况来确定。

1）有机肥为全效肥料，含有N、P、K等多种营养元素和丰富的有机质，是迟效性肥料，常作基肥用。有机肥包括堆肥、厩肥、圈肥、人粪尿、饼肥，植物枝、叶，作物桔秆等。有机肥元素含量及施用特点见表6-1。

表6-1　有机肥元素含量及施用特点

肥料种类	成分			制备与施用
	N	P_2O_5	K_2O	
豆饼	6.55	1.32	2.46	加水四份使发酵后干燥碾碎地施；1.8L 饼肥末、9L 水、0.09L 过磷酸钙混合腐熟，稀释10 倍浇生长旺盛的草花或20~30 倍浇木本花卉
花生饼	7.56	13.1	1.50	
芝麻饼	5.86	3.27	1.45	
人粪（鲜）	1.30	1.16	1.40	发酵后制成粉末作基肥或腐熟后加10 倍清液浇施，常与尿混合发酵；或者作培养土成分
人粪（干）	2.60	1.95	1.15	
人尿（鲜）	0.60	0	0.50	
牛粪	0.30	0.17	0.10	腐熟后地施或作培养土成分或加水腐熟后，取清液施肥
猪粪	0.50	0.40	0.50	

（续）

肥料种类	成 分			制备与施用
	N	P_2O_5	K_2O	
鸡粪	1.60	1.50	0.80	混入1~2份土，加水湿润发酵腐熟作基肥，或加水50倍做液肥
骨粉、动物蹄角	—	19~25	—	放入土壤薄片或粉状物作基肥，或水发酵液稀释20~40倍追肥用

2）化学肥料为速效肥料，通过化学合成或天然矿石提炼而成，其使用方便，常作追肥用。化学肥料主要有氮肥（尿素、硫酸铵等）、磷肥（过磷酸钙等）、钾肥（氯化钾、硝酸钾等）、复合肥（磷酸二氢钾等）。

3）腐殖酸肥料是以含腐殖酸较多的泥炭或草炭为原料，加入适当比例的无机盐制成的有机、无机混合肥料，其特点是：肥效缓慢，肥质柔和，呈弱酸性，对土壤溶液有缓冲作用，改良土壤效果好，促进代谢加速植物生长。腐殖酸肥料既可作追肥，又可作基肥。复合腐殖酸肥料参考用量见表6-2。

表6-2 复合腐殖酸肥料参考用量 （单位：kg）

材料名称	需 要 量	氮 含 量	磷酸含量	钾 含 量
硝酸钠（16% N）	300.0	48.0	—	—
硫酸铵（20.5% N）	140.0	28.7	—	—
尿素（18% N）	20.0	9.6	—	—
动物下脚料（2% P_2O_5）	295.0	14.1	4.7	—
过磷酸钙（42% P_2O_5）	180.0	—	75.6	—
氯化钾（48% K_2O）	125.0	—	—	60
总量	1000.0	100.4	80.3	60
含量（%）	—	10	8	6

（2）施肥量 肥料的施用量应以园林植物在不同时期从土壤中吸收所需肥料的状况而定，各地相差很大。喜肥的多施，如樟树、梧桐、牡丹花等；耐瘠薄可少施，如刺槐、悬铃木、山杏等。树木一般按胸径大小计算施肥量，一般胸径8~10cm的树木，每株施堆肥25~50kg；花灌木可酌情减少。草本花卉施肥量见表6-3。

表6-3 草本花卉施肥量 （单位：kg/666.7m²）

花 卉 种 类		N	P_2O_5	K_2O
一般标准	一、二年生草花宿根与球根类	6.27~15.07	5.00~15.07	8.0~11.27
		10.0~15.07	6.87~15.07	12.53~20.00
基肥	一、二年生草花宿根与球根类	2.64~2.80	2.67~3.33	3
		4.84~5.13	5.34~6.67	6
追肥	一、二年生草花宿根与球根类	1.98~2.10	1.60~2.00	1.67
		1.10~1.17	0.85~1.07	1.00

3. 施肥方法

（1）土壤施肥 施入土壤中的肥料应有利于根系吸收，应根据植物根系的分布状况与吸收功能确定具体的施肥位置。对于园林树木来说，施肥的水平位置一般应在树冠投影半径的1/3处，垂直深度应在密集根层以上40～60cm。在土壤施肥中必须注意：一是不要靠近枝干基部；二是不要太浅，避免采取简单的地面喷洒；三是不要太深，一般不超过60cm。具体有以下几种施肥方法：

1）地表施肥，松土除草后，将肥料撒施到地里，同时结合松土或浇水，使肥料进入土层获得满意的效果，此法适用于小灌木及草本植物。

2）沟状施肥，此法是基于把营养元素尽可能施在根系附近而发展起来的，可分为环状沟施，放射状沟施等方法。

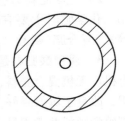

① 环状沟施，又称为环沟施肥。在树冠投影半径的1/2以外至投影外1m以内的环状范围内，挖2～3条宽20～30cm，深30cm左右的同心环沟。环沟间距50～80cm，将肥料施入环沟，覆土填平，并适当踩紧，如图6-1所示。此法多用于中壮龄以上的乔木、大灌木施肥。

图6-1 环状沟施

② 放射状沟施，以树干为中心，从距树干60～80cm处，向树冠外缘由浅而深地挖4～8条沟。沟宽30～40cm，深20～50cm，将充分腐熟的有机肥与表土混匀后施入沟中，封沟灌水，如图6-2所示。此法适合中壮龄以上的乔木、大灌木施肥。

3）穴状施肥，在树冠投影半径的1/2以外至投影外1m以内环状范围内，挖20个左右的穴，穴深40cm，直径50cm，将肥料放入后盖土填平并踩紧即可，如图6-3所示。此法适用于中壮龄以上的乔木、大灌木施肥。

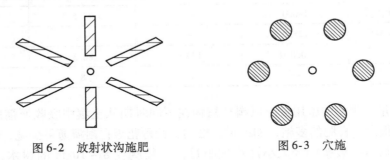

图6-2 放射状沟施肥　　　　　图6-3 穴施

4）淋施，用水将化肥溶解后，结合淋水进行。此法速度快、省工、省时，多用于小型植物或草坪植物。

5）打孔施肥，由穴状施肥衍变而来。在施肥区每隔60～80cm打一个30～60cm深的孔，将额定肥量均匀地施入各个孔中，达孔深的2/3。然后用泥炭藓、碎粪肥或表土堵塞孔洞，踩紧。此法可使肥料遍布整个根系分布区，大树及草坪上树木采用此法。

（2）根外追肥 也称为地上器官施肥，它是通过对植株叶片、枝条、枝干等地上器官进行喷、涂或注射，使营养直接渗入植株体内的方法。

1）叶面施肥，也称为叶面喷肥，多是追肥。一般将化肥稀释后，用喷雾的方法喷在叶片上。这些肥料主要由尿素、磷酸二氢铵、磷酸二氢钾及硝酸钾配制而成。在使用时，应严格掌握肥液浓度，一般在0.3%～0.5%之间。喷洒量以肥液开始从叶片大量滴下为准，应在上午 10:00 以前、下午 16:00 以后进行。

2）树木注射，将营养液直接注入树干，现已取得成功，在生产上开始应用。具体做法是将营养液盛在一个专用容器里，系在树上，把针管插入木质部，甚至于髓心，慢慢吊注数小时或数天。这种方法也可用于注射内吸杀虫剂和杀菌剂，防治病虫害。

（三）灌溉与排水

园林植物的一切生命活动都离不开水，植物根系吸收的水分 95% 以上消耗于蒸腾作用。蒸腾所消耗的水分，需要根系从土壤中吸收来补充，导致土壤水分供应不足，可以通过灌溉补充。水分过多，土壤缺氧，导致根系腐烂，植物死亡。水分过多或过少，都会造成植物体内水分代谢的障碍，对植物生长不利。只有通过灌溉与排水管理，维持植物体内水分代谢的平衡，才能保证植物的正常生长和发育，满足栽培目的的需要。

1. 灌溉

灌溉是为调节土壤湿度和土壤水分，满足植物对水分的需要而采取的人工浇灌措施。

（1）灌溉时期 灌溉时期应根据植物生长发育期和天气、土壤等因素而定。通常可根据植株外部形态、测定土壤含水量等方法来确定灌水的具体时间。

1）休眠期灌水在秋冬和早春进行。秋末冬初灌水（北京为 11 月上中旬），一般称为"灌冻水"或"封冻水"。冬季结冻可放出潜热，提高园林植物的越冬安全性，还可防止早春干旱。在北方地区，此法灌水不可缺少；早春灌水，有利于新梢和叶片生长，有利于开花坐果，促进植物健壮生长，是花繁果茂的关键措施之一。

2）生长期灌水分为花前灌水、花后灌水和花芽分化期灌水。

① 花前灌水。北方一些地区出现早春干旱和风多雨少的现象，及时灌水补充土壤水分不足，是促进园林植物萌芽、开花、新梢生长的有效措施，还可以防止春寒、晚霜的危害。盐碱地区早春灌水后进行中耕，起到压碱作用，花前水可在萌芽后结合花前追肥进行。

② 花后灌水。多数园林树木在花谢半个月左右是新梢生长期，如水分不足，会抑制新梢生长。在北方各地，春天多风，地面蒸发量大，适当灌水可保持土壤的适宜湿度，可促进叶片生长、扩大同化面积、增强光合作用能力，对后期花芽分化有良好的促进作用。

③ 花芽分化期灌水。这次灌水对观花、观果园林植物非常重要。因为花芽分化期正是果实速生期，需要较多的水分和养分，如水分不足会影响果实生长和花芽分化。及时灌水有利于花芽分化和果实发育。

3）灌溉次数。灌溉次数各地差别较大，北京地区全年可灌 6 次，3、4、5、6、9、11 月各 1 次。干旱年份还可增加灌水次数，一、二年生草本花卉及球根花卉（如凤仙花、大花三色堇、郁金香、仙客来、马蹄莲等）容易干旱，灌溉次数较宿根花卉和木本花卉（如万年青、大花君子兰、荷花牡丹、茉莉、变叶木等）多。疏松的土质如沙土比黏重的土质灌水多，晴天风大时比阴天无风时浇水多等。灌水的原则是土壤水分不足就立即灌溉。

（2）灌水量 最适宜的灌水量应以在一次灌溉中，使植物根系分布范围内的土壤湿度达到最有利于植物生长发育的程度。所以，必须一次灌透。一般对于深厚的土壤，需要一次浸湿 1m 以上的土层，浅层土壤经改良也应浸湿 0.8～1.0m。掌握灌溉量大小的一个基本原则是，植物根系分布范围内的土壤湿度达到田间最大持水量的 70% 左右。根据土壤墒情确定，灌水后需墒情调整到黄墒和黑墒之间。土壤墒情检验表见表 6-4。

表6-4　土壤墒情检验表

类型	土　色	潮湿程度(%)	土　壤　状　态	作　业　措　施
黑墒 （饱墒）	深暗	混合水大于20	手握成团，揉搓不散，手上有明显水迹；水稍多而空气相对不足为适度上限，持续时间不宜过长	松土散墒，适于栽植和繁殖
褐墒 （合墒）	黑黄 偏暗	潮湿，含水量15～20	手握成团，一搓即散，手有湿印；水气适度	松土保墒，适于生长发育
黄墒	潮黄	潮，含水量12～15	手握成团，微有潮印，有凉感；适度下限	保墒、给水，适于蹲苗，花芽分化
灰墒	浅灰	半干燥，含水量5～12	握不成团，手指下才有潮迹，幼嫩植株出现萎蔫	及时灌水
旱墒	灰白	干燥，含水量小于5	无潮湿，土壤含水量过低，草本植物脱水枯萎，木本植物干黄，仙人掌类停止生长	需灌透水
假墒	表面看似合墒，色灰黄	表潮里干	高温期，或灌水彻底，或表面土壤因苔藓、杂物遮阴看潮润，实际内部干燥	仔细检查墒情，尤其是盆花；正常灌水

（3）灌水方法　一般根据植物栽植方式来选择。灌溉方法多种多样，在园林绿地中常用的有以下几种：

1）漫灌，适合于地势平坦的群植、片植的树木、草地及各种花坛。漫灌采取分区筑埂，在围埂范围内放水淹及地表进行灌溉，待水渗完之后，挖平土埂，松土保墒。漫灌耗水多，易造成土壤板结，应尽量避免使用。

2）单株灌溉，对于园林树木，可在每株树木的树冠投影内，先扒开表土做一土埂，灌水至满，让水慢慢向下渗透。城区行道树，株行距大的园林树木，多用此法灌溉。在实际灌水中，单株灌溉分为盘灌和穴灌。

① 盘灌（围埂灌水），以干基为圆心，在树冠投影以内的地面筑埂围堰，形似圆盘，在盘内灌水。盘深15～30cm，灌水前先在盘内松土，便于水分渗透，待水渗完以后，铲平围堰，松土保墒。灌水后，加以覆盖。此法用水经济，但渗湿土壤范围较小，离干基较远的根系，难以得到水分供应。

② 穴灌，在树冠投影外侧挖穴，将水灌入穴中，以灌满为度。穴的数量依树冠大小而定，一般8～12个，直径30cm左右，穴深以不伤粗根为准，灌后将土还原。现代先进的穴灌技术是离干基一定距离，垂直埋设2～4个直径10～15cm、长80～100cm的羊毛蕊管或瓦管等永久性灌水设施。这种方法在地面铺装的街道、广场的使用中等十分方便。

3）沟灌，成片栽植的园林植物，可每隔100～150cm开一条深约20～25m的长沟，在沟内灌水，慢慢向沟底和沟壁渗透，达到灌溉目的。灌溉完毕，将沟填平。此法比较均匀地浸湿土壤，水分蒸发与流失量少，可达到经济用水，防止土壤板结，是地面灌溉中比较合理的方法。

4）喷灌，在大面积绿地，如草坪、花坛或树丛内，安装固定喷头进行人工控制的灌溉。基本上不产生深层渗透和地表径流，省水、省工、效率高，且能减免低温、高温、干热风对植物的危害，提高了园林植物的绿化效果。

（4）灌溉中注意事项　要适时适量灌溉，经常注意土壤水分的适宜状态，争取灌饱灌透；干旱时追肥应结合灌水，土壤水分不足时，追肥以后应立即灌溉，否则会加重旱情；生长期适时停止灌水，9月中旬以后应停止灌水，以防止植物徒长，降低植物抗寒性；但在北方，冬灌有利于越冬；灌溉适宜在早晨或傍晚进行，因早晚蒸发量较小，水温与地温差异大，有利于根系吸收；要重视水质分析，以软水为宜，避免使用硬水，切忌使用污水、废水。

2. 排水

排水主要是解决土壤中水、气之间的矛盾，防止水分过多给植物带来缺氧危害，主要方法有：

（1）明沟排水　在绿化地段纵横开浅沟，排除积水，沟底保持一定比降，如果是成片栽植，应全面安排排水系统。

（2）暗道排水　在绿地下挖暗沟或铺设管道，借以排出积水。

（3）地面排水　目前大多数园林绿地采用地面排水至道路边沟的方法，即将地面改造成一定坡度，保证雨水顺畅流走，坡度比降合适。

（四）园林植物越冬越夏管理

1. 低温危害及防治

园林植物在生长期和休眠期，都会受到低温的危害。在一年中，根据低温伤害发生的季节和物候情况，可分为冬害、春害和秋害。冬害是植物在冬季休眠期受到的伤害；春害和秋害是植物在生长初期和末期，因寒潮突然入侵和夜间地面辐射冷却引起的低温伤害。

（1）低温伤害的基本类型　低温可伤害植物各组织和器官，致使植物落叶、枯梢，甚至死亡。根据低温对植物伤害的机理，可以分为冻害、冻旱、寒害。

1）冻害。冻害是指气温在0℃以下，植物组织内部结冰所引起的伤害。植物组织内部结冰后，细胞进一步失水，细胞液浓缩，原生质沉淀，压力增加，细胞壁破裂，出现以下症状：

① 溃疡。溃疡是指低温下皮组织的局部坏死。受冻部分最初轻微变色下陷，不易被察觉，用力挑开可发现皮部已经变褐，其后逐渐干枯死亡，皮部裂开脱落。

② 冻裂。树皮和木质部发生纵裂，树皮常沿裂缝与木质部分离，严重时向外翻卷，裂口可深达树木中心。冻裂易发生在温度起伏变动较大的地区，其一般不会直接引起树木的死亡，但由于树皮开裂，木质部失去保护，而容易招致病虫，特别是木腐菌的危害，削弱树木的生活力，造成木材腐朽，形成树洞。

③ 冬日晒伤。冬季和早春，在树干向南一面，结冻和解冻交互发生，形成很长的伤口。冬日晒伤常发生在寒冷地区的树木主干及大枝上，树木遮阴和涂白可以减少伤害。

④ 冻拔。冻拔又称为冻举，是指温度降至0℃以下，土壤冻结并与根系联为一体，由于水结冰体积膨胀，使根系与土壤同时抬高，解冻时土壤与根系分离，在重力作用下，土壤下沉，苗木根系外露，似被拔出，倒伏死亡。冻拔多发生在土壤含水量高，质地黏重的地方。

⑤ 霜害。由于温度急剧下降至0℃，甚至更低，空气中的饱和水汽与树体表面接触，凝结成冰晶，使幼嫩组织或器官产生伤害的现象。霜害多发生在生长期内，根据发生的时间又分为早霜危害和晚霜危害。早霜危害又称为秋霜。它的危害是因凉爽的夏季，伴随温暖的秋天，使生长季推迟，植物的小枝和芽不能及时成熟，木质化程度低，而遭受初霜冻的危害，秋天异常的寒潮，可导致无数乔灌木死亡。晚霜危害又称为春霜。它的危害是因植株萌动

后，气温突然下降到0℃或更低，导致阔叶树的嫩枝、叶片萎蔫、变黑死亡的过程。如火棘和朴树等最为敏感。

2）冻旱。冻旱又称为干化，是一种因土壤冻结而发生的生理干旱。寒冷地区，冬季土壤冻结，根系很难从土壤中吸收水分，而地上部分的枝条、芽、叶仍进行蒸腾作用，不断散失水分，最终破坏水分平衡导致细胞死亡，枝条干枯，直至整株死亡，常绿植物遭受冻害可能性大，如杜鹃、月桂、冬青、松树等。

3）寒害。寒害又称为冷害，是指0℃以上低温对植物造成的伤害。寒害多发生在热带和亚热带植物上，如三叶橡胶在0℃以上低温影响下，叶黄脱落。寒害主要是细胞内核酸、蛋白质代谢受到干扰，特别在喜温植物北移时，应考虑这一限制因子。

4）抽条。抽条又称为灼条，是指植物越冬后，枝条脱水，皱缩、干枯的现象，是一种低温危害的综合症。

（2）低温伤害的防治　在我国，园林植物种类繁多，分布广泛，且常有寒流侵袭，低温危害非常普遍。低温伤害，轻者引起溃疡，大大削弱植物的生长势，重则导致植物死亡。因此，防止低温伤害对发挥园林植物的功能效益有重要意义。

1）预防措施。在一定范围内采取合理的预防措施，可减少低温伤害。

① 选择抗寒植物种类或品种，是一条根本措施。一般乡土植物和经过驯化的外来植物种类和品种，已适应了当地的气候条件，具有较强的抗逆性，应是园林植物栽植的主要种类。新引进的植物，一定要经过试种，证明有较强的适应能力和抗寒性，才能推广。处于边缘分布区的树种，选择小气候条件较好、无明显冷空气聚集的地方栽植，可以大大减少越冬防寒的工作量。在一般情况下，对低温敏感的植物，应栽在通气、排水良好的土壤上，以促进根系生长，提高耐低温的能力。

② 加强抗寒栽培，提高植物的抗性。加强栽培管理，有助于植株体内营养物质的积累。如春季加强肥水供应，合理应用排灌施肥技术，可以促进新梢生长和叶片增大，提高光合效能；后期控制灌水，及时排涝，适当施用磷钾肥，有利于枝条及早结束生长，提高木质化程度，增加抗寒性；夏季适当摘心，促进枝条成熟，对减少低温伤害有良好的效果。

③ 改善小气候条件增加温度、湿度的稳定性。通过人为的措施改善小气候条件，减小植株的温度变化，提高大气湿度，促进空气对流，避免冷空气聚集，可以减轻低温，特别是晚霜和冻旱危害。

林带防治法：用受害程度较轻的常绿针叶树或抗性强的常绿阔叶树营造防护林，可以提高大气湿度，适用于专类园（杜鹃、月桂、茶花等）的保护。

熏烟法：事先在园内用秸秆、草类、锯末等设置发烟堆，根据天气预报，于凌晨点火发烟，形成烟雾减少土壤辐射散热，同时烟粒吸收湿气，使水汽凝结成液体放出热量，提高温度，保护植物。

喷水法：利用人工降雨或喷雾设备，在将发生冻害的黎明，向树冠喷水，防止急剧降温。

④ 加强土壤管理和株体保护。一般情况下，采用浇冻水和春水防寒，在冻前灌水，特别对常绿植物周围的土壤灌水，保证冬季有足够的水分供应，防止冻旱有效。对植株培土（如月季、葡萄等）、束冠、涂白、包草，树盘覆盖（用腐叶土、泥炭藓、锯末等），对常绿植物

喷洒蜡制剂，可以预防或减少冬褐现象。

⑤ 推迟萌动期，避免晚霜危害。利用生长调节剂或其他方法延长休眠期，推迟萌动，可以躲避早春寒潮袭击，如用 B_9、乙烯利、萘乙酸、钾盐、顺丁烯二酰肼等溶液，在萌芽前或秋末喷洒在树上，可抑制萌动。

2）受害植株的养护。对已经遭受低温伤害的植株，采取适当的养护措施，使植株恢复生机。

① 合理修剪。对受冻害的植株进行修剪，控制修剪量，即将受害部分剪除，促进枝条更新生长。

② 合理施肥。适量施肥，能促进新组织形成，提高越夏能力。

③ 加强病虫害预防。植物遭低温危害后，树势较弱，极易受病虫害侵袭，可结合防治冻害，施化学药剂。

④ 伤口保护与修补。对伤口修整、消毒、涂漆。

2. 高温危害及防治

植物在异常高温的影响下，生长下降甚至受到伤害，在仲夏和初秋最为常见。

（1）高温伤害的类型

1）高温的直接伤害。高温的直接伤害即日灼。夏秋季由于气温高、水分不足、蒸腾作用减弱，致使植物体温难以调节，造成枝干的皮层或其他器官表面的局部温度过高，伤害细胞膜，蛋白质变性，导致组织或器官出现损伤、干枯的现象。

① 根颈灼环、颈烧。根颈灼环、颈烧又称干切。太阳强烈照射，土表温度增高，当土表温度不易向深层土壤传导时，过高的地表温度灼伤幼苗或幼树的根颈形成层，在根颈处造成一个宽几毫米的环带，即灼环。灼环使输导组织中断，幼苗倒伏死亡。比如，柏科的树木在土温 40℃ 时就开始受害。

② 形成层伤害。形成层伤害又称皮烧或皮焦。树木受强烈的太阳辐射，温度过高引起细胞原生质凝固，破坏新陈代谢，使形成层和树皮局部组织死亡。形成层伤害多发生在树皮光滑的薄皮成年树上，特别是耐阴树种，树皮呈斑状死亡或片状脱落，给病菌入侵创造了有利条件，从而影响树木生长发育。

③ 叶片伤害。叶片伤害即叶焦。嫩叶、嫩梢烧焦，受强烈高温的影响，叶片褪色、变褐，枝梢灼伤干枯的现象。

2）间接伤害，饥饿失水干枯。高温使光合作用降低，呼吸作用继续增加，消耗养分，蒸腾作用加剧，引起叶片萎蔫，气孔关闭，植株干化死亡。

（2）高温伤害的防治　根据高温对树木伤害的规律，可采取以下措施：

1）选择耐高温、抗高温的植物种类或品种栽植。

2）栽植前进行抗性锻炼。在植物移栽前加强抗高温锻炼，逐渐疏开树冠和蔽阴树，以便适应新环境。

3）保持移栽植株较完整的根系。移栽时尽量保留比较完整的根系，使土壤与根系密接，以便顺利吸水。

4）树干涂白。涂白可反射阳光，缓和树皮温度的剧变，对减轻日灼有明显的作用，一般在秋末冬初进行。涂白剂为：水 72% ＋生石灰 22% ＋石硫合剂 3% ＋食盐 5%。

5）加强树冠的科学管理。修剪中，适当降低主干高度，多留辅养枝，避免枝干光秃和裸露。

6）加强综合管理，促进根系生长，改善树体状况，增强抗性防止干旱，避免损伤，防病治虫，合理施肥。

7）加强受害树木的管理。对已遭受伤害的树木应进行审慎的修剪，去掉受害枯死枝叶，对焦灼处修整、消毒、涂漆、适时灌溉、合理施肥。

3. 风害及防治

园林植物遭受大风的危害主要表现在风倒、风折和树杈劈裂上。

（1）风害的原因

1）因为 V 形分叉，使树杈易劈裂。

2）因为土壤内渍，地下水位高或土层浅根系发育差。

3）市政工程对树木地下与地面开挖，破坏树木根系。

（2）风害防治

1）合理整形修剪。合理修剪，做到树形、树冠不偏斜，冠幅体量不过大，叶幕层不过高和避免 V 形杈的形成。

2）树体支撑加固。在树木背风面立支撑物支撑，用铁丝、绳索扎缚加固。

3）选择抗风树种。选深根性、耐水湿、抗风强的树种，如悬铃木、枫杨、无患子、香樟、枫香等。

4）及时扶正，精心养护风倒树木。

（五）市政工程对树木的危害及防治

市政工程危害可表现在土壤的填挖，地下与空中管线架设与维护等方面，其中以对树木立地土壤的填挖、地面铺装的危害最常见。

1. 填方的危害及防治

（1）填方危害的判断　如果干基不扩大，树干的垂直线进入地下，就可以认为根区可能进行过填充，然后用铁锹挖一挖干基附近的土壤直至根颈处，就可以确定填方的深度与填方的类型。填方的危害往往在几年以后才能显现，填充物阻滞了空气和水的正常运动，根系与根系微生物的功能因窒息而受到干扰，造成根系的毒害；厌氧细菌的繁衍产生有毒物质，可能比缺氧窒息所造成的危害更大。由于填方，根与土壤基本物质受到干扰，造成根系死亡，地上部分症状也变得明显。

（2）填方危害的防治　对填方树木采取适当的防治措施，虽然成本高一些，但从总体上看还是经济有效的。

1）方法。对一般不太深的填方，可在铺装前，在不伤或少伤根系的情况下，疏松土壤、施肥、灌水，使用孔隙较多的沙砾、沙壤土进行填充，并尽量减少填充深度；对于填方过深的树木，必须采取更完善的工程与生物措施，严加预防。

2）受害树木的救助。对于长期遭受填方危害的树木，应在尽可能的范围内采取相应的措施，以恢复填方前的条件。

①浅填方。在填方很浅的地方，可以定期翻垦土壤或用空气压缩机每隔 1.0～1.5m 将空气压入地表以下，并加入肥料和水。

②中填方。挖掉干基周围的土壤至原来的水平，离干基 25～50cm 筑一个可以通气透水的干井，在干井至树冠滴水线附近的根区，每隔 0.5～1.0m 挖洞至原来的水平，在洞中安置直径 15cm 的瓦管，然后在滴水线附近的根区施肥。

③ 深填方。对于较深或具有特殊价值的树木，需要花费较多的成本安装地下通气排水系统。

2. 挖方的危害及防治

挖方因为去掉含有大量营养物质和微生物的表土层，使大量吸收根群裸露或干枯，表层根系易遭低温的伤害，根系的切伤折断以及地下水位的降低等会破坏根系与土壤之间的平衡，降低树木的稳定性。

（1）根系保鲜　对挖方暴露或切断的根系，立即消毒涂漆，利用泥炭藓或其他湿润材料覆盖，以防止干枯。

（2）施肥　对挖方的土壤施入腐叶土、泥炭藓或腐熟的农家肥，以改良土壤的结构，提高其保水能力。

（3）合理修剪　对地上部分合理修剪，以保持根系吸收与枝叶蒸腾的水分平衡。

3. 地面铺装的危害及防治

在树干周围的地面浇注水泥、沥青和铺设砖石等，会给树木带来严重的伤害。

（1）铺装危害的症状与机理　铺装对树木的危害主要表现为，树木在数年间生长势缓慢下降。

1）铺装有碍水、气交换，使根区的水分氧气供应大大减少，根系代谢失常，功能减弱，改变土壤微生物区系，干扰土壤微生物的活动，破坏树木地上和地下的平衡，减缓树木的生长。

2）铺装显著地加大了地表及地层温度的变幅，使树木表层的根系遭高温或低温的危害。

3）铺装过于靠近树干基部，随主干的生长加粗，导致干基或根颈韧皮部和形成层的挤伤环割，造成树木生长势衰弱，叶小发黄，枝条枯死，严重的会死亡。

（2）铺装危害的防治　为避免或减少铺装对树木的危害，应从以下三个方面入手：

1）结合式透气铺装。用混合石料或块料，如灰砖、倒梯形砖等拼接组合成半开放式面层，面层以下垫厚约15cm的砂砾基层，近土层为厚约5cm的粗砂过滤层。

2）架空透气铺装。根据铺装格栅大小，在树木根区建立高5~20cm占地面积小且平稳的墙体或基柱，使格栅架空，使面层下形成5~20cm的通气空间。

3）避免整体浇注。在进行整体浇注铺装的地方，设置通气系统，减少对树木的危害。

（六）养护管理工作月历

1. 养护管理阶段的划分

园林植物因生长季节性明显，安排工作大致可依四季而行。

（1）冬季（12~2月）　此期间，全国各地气温都很低，亚热带、暖温带及温带地区有降雪和冰冻现象，植物进入休眠期。养护管理的主要任务是对园林树木整形修剪、深施基肥，开展防寒和防病虫害的工作。华东、华南一带，冬季气温较高，可进行冬季树木栽植；东北地区进行冰坨挖掘栽树木；华北地区在植物根部堆积无盐水污染的积雪，可防寒、补充水分。

（2）春季（3~5月）　春季气温开始回升，植物陆续解除休眠，进入萌发生长阶段。树木陆续发芽、展叶，开始生长，观花植物次第开花。此期养护管理的主要内容是开展大规模的植树造林活动，对缺株进行补植，逐步撤出防寒措施。北方地区春季干旱，蒸发量大，植物发芽需大量水分供应，进行灌溉与施肥，满足植物萌发所需的水、肥条件，使春花植物开花茂盛，为植物全年生长及夏秋开花打下基础。此期应及时进行常绿绿篱和春花植物的花后修剪，适当剥芽去蘖。春季是防治病虫害的关键时期，可采取多种形式消灭越冬害虫，为全年病虫害防治工作打下基础。

（3）夏季（6~8月）　夏季气温高，光照时间长，雨水充沛，植物光合作用强，光合效率高，体内各项生理活动处于活跃状态，是园林植物生长发育的最旺盛时期。此期多施以氮为主的追肥和腐熟的有机肥料，夏末停止施氮，多施以磷、钾为主的肥料，既满足了植物长枝发叶所需的氮素，又保证了植物开花结实所需的磷和钾，使当年枝条在秋季生长结束时及时木质化。夏季蒸发量大，及时灌水；降雨多而集中，加强排水防涝工作。行道树加强修剪，抽稀树冠，防风、防台、防暴风雨；及时剪去树木与架空线、建筑物有矛盾的过长枝。花灌木开花后，及时剪除残花，促使萌发。晴天中耕除草，对绿篱及时整形修剪。抓紧雨季对常绿树及竹类带土球移植，对汛期发生倾倒的树及时扶正支撑。

（4）秋季（9~11月）　秋季气温开始下降，雨量减少，各地园林植物生长已趋缓慢，生理活动减弱，逐渐向休眠期过度。此期应停止肥水供应，防止徒长。9月开始迎国庆，养护管理进入高潮，全面清理园容和绿地，伐除死树枯枝，修剪花灌木、绿篱，配置鲜花花坛，清除杂草，做到园容整洁，树木青枝绿叶、五彩缤纷、生机活泼。10月份开始对新植树木进行全面的成活率调查，树木落叶后封冻前，防寒、灌水，对乡土树种，秋季移栽，北方地区，封冻前灌足水防冻。

2. 每月养护管理内容

科学的绿化综合养护管理，应根据植物不同生长时期、季节采取不同的养护管理措施。我国幅员辽阔，南北气候差异大，各地养护管理措施的具体实施时间相距很大，很难找出一个共同的措施。但是养护管理内容还是大致相同的，工作月历是园林工作者每月工作的内容，对于园林植物养护管理工作人员具有指导作用。园林植物养护管理工作月历见表6-5。

表6-5　园林植物养护管理工作月历

月份	养护管理内容
1月	全年最冷月份，露地树木处于休眠状态 　1. 冬季修剪：全面开展对落叶树的整形修剪作业，悬铃木、小乔木枯、残、病枝及妨碍架空线和建筑物的枝杈进行修剪 　2. 行道树检查：及时检查行道树的绑扎、立桩、铝嵌皮情况，发现问题及时整改 　3. 防治害虫：冬季为消灭害虫有利时期，可在疏松的土中挖集刺蛾的虫蛹、虫茧，集中烧死，注意蚧壳虫的活动 　4. 绿地养护：绿地、花坛注意挑出大型野草，草坪及时挑草、切边，绿地要注意防冻浇水
2月	气温较上月有所回升，树木仍处于休眠状态 　1. 养护与1月份基本相同 　2. 修剪：继续对悬铃木、大小乔木的枯枝进行修剪，月底前把各种树木修剪完 　3. 防治害虫：继续以防刺蛾和蚧壳虫为主
3月	气温继续回升，中旬以后，树木开始萌芽，下旬有些树木开花 　1. 植树：春季为植树的有利时机，土改冻，抓紧植树，植大小乔木时作好规划设计，事先刨好坑，随挖随运，随种随浇水，灌木也是如此 　2. 春灌：因春季干旱多风，蒸发量大，为防止春旱，对绿地应及时灌水 　3. 施肥：土壤解冻后，对植物施基肥并灌水 　4. 此月为防病治虫的关键时期

（续）

月份	养护管理内容
4月	气温继续上升，树木均萌芽开花或展叶，开始进入旺盛生长期 1. 继续植树：4月上旬抓紧时间种植萌芽晚的树木，对冬季死亡的灌木（如杜鹃、红花继木等）应及时拔出补种，对新种树木要充分浇水 2. 灌水：继续对养护绿地进行及时浇水 3. 施肥：对草坪、灌木结合灌水，追施速效氮肥，或者根据需要进行叶面喷施 4. 修剪：剪除冬春季干枯枝条，可以修剪常绿绿篱 5. 防治病虫害：蚧壳虫在第二次蜕皮后陆续转移到树皮裂缝内、树洞及树干基部、墙角等处分泌白色蜡质薄茧化蛹，可以用硬竹扫帚扫除，然后集中深埋或浸泡，或者采用喷洒杀螟松等农药的方法。此月天牛开始活动，可采用嫁接刀或自制钢丝挑出幼虫，但是伤口要做到越小越好。做好其他病虫害的防治工作 6. 绿地内养护：注意大型绿地内的杂草及攀援植物的挑除，对草坪也要进行挑草及切边工作 7. 草花：迎"五一"替换冬季草花，注意做好浇水工作 8. 其他：做好绿化护栏油漆、清洗、维修等工作
5月	气温急骤上升，树木生长迅速 1. 浇水：此月为树木展叶盛期，需水量大，应适当浇水 2. 修剪：修剪残花，行道树进行第一次剥芽修剪 3. 防治病虫害：继续捕捉天牛，刺蛾第一代孵化，但尚未达到危害程度，根据养护区内的实际情况，做出相应措施，由蚧壳虫、蚜虫等引起的煤污病也进入了盛发期（在紫薇、海桐、夹竹桃等上面）在5月中下旬喷洒10～20倍的松脂合剂及50%三硫磷乳剂1500～2000倍液以防病害及杀死虫害（其他可用花保、杀虫素等农药）
6月	气温继续上升 1. 浇水：植物需水量大，要及时浇水，不能"看天吃饭" 2. 施肥：结合松土除草、浇水、施肥以达到最好效果 3. 修剪：继续对行道树进行剥芽除蘖工作，对绿篱、球状类及部分花灌木实施修剪 4. 排水工作：有大雨天时要注意低洼处的排水工作 5. 防治病虫害：6月中旬刺蛾进入孵化盛期，应及时采取措施，现基本采用50%杀螟松乳剂500～800倍液喷洒，或用复合乳剂进行喷施，继续对天牛进行人工捕捉。月季白粉病、表青桐木虱等也要及时防治 6. 做好树木防汛防台准备工作，对松动、倾斜的树木进行扶正、加固、重新绑扎
7月	气温最高，中旬后出现大风大雨情况 1. 移植常绿树：雨季期间，水分充足，可移植针叶树和竹类，但要注意天气变化，一旦碰到高温要及时浇水 2. 排涝：大雨后要及时排涝 3. 施追肥：在下雨前干施氮肥等速效肥 4. 行道树：进行防治、剥芽修剪，对与电线有矛盾的树枝一律修剪，并对树桩逐个检查，发现松垮、不稳应立即扶正绑紧。事先做好劳力组织、物资材料、工具设备等方面的准备，并随时派人检查，发现险情及时处理 5. 防治病虫害：继续对天牛及刺蛾进行防治。天牛可以采用50%杀螟松1∶50倍液注射（或果树宝、园科三号）然后封住洞口，可达到很好的效果，香樟樟巢螟要及时剪除，并销毁虫巢，以免再次危害 6. 中耕除草、松土，特别加强花后花木的施肥，以补充体内营养 7. 绿篱等整形式修剪的植物加强修剪 8. 及时扶正被风吹倒、吹斜的树木 9. 做好防台工作，处理被风吹倒的树木，及时扶正修剪等

（续）

月份	养护管理内容
8 月	仍为雨季 　1. 排涝：大雨过后，对低洼积水处要及时排涝 　2. 行道树防台工作：继续做好行道树防台工作 　3. 修剪：除一般树木夏修外，要对绿篱进行造型修剪 　4. 中耕除草：杂草生长旺盛，要及时除草，并可结合除草进行施肥 　5. 防治病虫害：捕捉天牛为主，注意根部天牛的捕捉对蚜虫、香樟樟巢螟要及时防治。潮湿天气要注意白粉病、腐烂病，要及时采取措施
9 月	气温有所下降，迎国庆做好相关工作 　1. 修剪：迎接市容工作检查，行道树三级分叉以下剥芽，绿篱造型修剪，绿地内除草，草坪切边，及时清理死树，做到树木青枝绿叶，绿地干净整齐 　2. 施肥：对一些生长较弱，枝条不够充实的树木，应追施一些磷钾肥 　3. 草花：迎国庆，更换草花，选择颜色鲜艳的草花品种，注意要浇水充足 　4. 防治病虫害：本月为穿孔病（樱花、桃、梅等）发病的高峰期，采用 50% 多菌灵 100 倍液防治侵染。天牛开始转向根部危害，注意根部天牛的捕捉，对杨柳上的木蠹蛾也要及时防治做好其他病虫害防治工作 　5. 节前做好各类绿化设施的检查工作
10 月	气温下降，10 月下旬进入初冬，树木开始落叶，陆续进入休眠期 　1. 做好秋季植树的准备，下旬耐寒树木一落叶就可以开始栽植 　2. 绿地养护：及时去除死树，及时浇水。绿地、草坪挑草切边工作要做好，草花生长不良的要施肥 　3. 防治病虫害：继续捕捉根部天牛，香樟樟巢螟也要注意观察防治
11 月	土壤开始夜冻日化，进入隆冬季节 　1. 植树：继续栽植耐寒植物，土壤冻结前要完成 　2. 翻土：对绿地土壤翻土，暴露准备越冬的害虫 　3. 浇水：对于板结的土壤浇水，要在封冻前完成 　4. 病虫害防治：各种害虫在下旬准备越冬，防治任务相对较轻
12 月	低气温，开始冬季养护工作 　1. 冬季修剪：对一些常绿灌木、乔木进行修剪 　2. 消灭越冬病虫害 　3. 做好明年调整工作准备，待落叶植物落叶后，对养护区进行观察，绘制要调整的方位

四、任务实施

1. 准备工作

1）课前预习相关知识部分。

2）教师准备相关案例，课堂围绕案例讲解。

3）班级学生自由组合（每组 5 ~ 8 人）为几个学习小组，各学习小组自行选出小组长。

4）联系园林企业，讨论实施计划。

5）材料工具准备。

2. 实施步骤

1）松土除草、地面覆盖、土壤改良。

2）土壤施肥、叶面喷肥。

3）浇水、排水。

4）灾害防治。

5）分组讨论。

6）企业兼职教师和学校老师评分。

任务 2　园林植物整形与修剪

一、任务描述

整形是指对植株施行一定的技术措施，使之形成栽培者所需要的结构形态；修剪是指对植株的某些器官进行剪截或删除的操作。通过修剪可达到整形的目的，而整形也要通过修剪来完成。学习的任务是对园林植物进行整形修剪，掌握园林植物的整形修剪方法，能够对各种类型的植物整形修剪。

二、任务分析

整形修剪是园林植物养护工作中一项十分重要且技术性较强的措施。可以调节和控制园林植物的生长、开花、结果，促进新枝叶的抽生，延缓植物的衰老，满足观赏造型要求，发挥绿化美化效果。完成本任务要掌握的知识面有：整形修剪的形式、原则、时期及修剪技术，乔木、灌木整形修剪的方法，树桩盆景的整形形式及修剪方法，雕塑造型、绿篱拱门、地被图案等造型植物修剪方法，绿篱的修剪时期、整形方式、断面形式及更新复壮等。

三、相关知识

（一）园林植物枝芽特性与整形修剪的关系

1. 芽的生长习性与整形修剪

（1）芽的类型　　根据着生的位置可分为顶芽、侧芽和不定芽；也可根据其性质分为花芽、叶芽和混合芽；还可根据萌芽时间分为活动芽和休眠芽。不定芽、休眠芽常用来更新复壮老树或老枝，许多植物如羊蹄甲、阴香、小叶榕、桃花、梅花等的休眠芽可存活一定的年份，稍遇刺激如修剪后即可萌发，抽出粗壮直立枝条。休眠芽长期休眠，发育上比一般芽年轻，用其萌发出的强壮旺盛枝条代替老枝，便可达到植物更新复壮的目的。侧芽可以用来控制、促进枝条长势。

（2）芽的异质性　　芽的异质性是指同一枝条不同位置的芽在质量及饱满程度上的差异。芽的质量直接影响其萌发和萌发后新梢生长的强弱。修剪时可利用这一特性调节枝条的生长势，平衡植物的生长和促进花芽的形成萌发。为了使骨干枝的延长枝发出强壮的枝条，常在新梢中上部饱满芽处进行剪截。对生长势过强的枝条，为限制其旺长，可选择在弱芽处下剪，抽生弱枝以缓和枝条长势。为平衡植物各方向的长势，扶持弱枝，常用饱满芽当头，抽生壮枝，使枝条由弱转强。总之，在修剪中合理利用异质性，才能提高修剪质量，产生理想的造型。

（3）萌芽力与成枝力　萌芽力是指一年生枝条上芽的萌发能力；成枝力是指一年生枝条上萌芽萌发抽梢长成长枝的能力。萌芽力、成枝力强弱因植物的种类、年龄、长势的不同而异，萌芽力、成枝力较强的植物有葡萄、桃、月季、小叶榕、福建茶、六月雪等。一般萌芽力与成枝力都强的植物枝条多，树冠容易形成和恢复，也较耐修剪，多用于整形式修剪。

2. 枝条的生长习性与整形修剪

（1）枝条的类型　枝条可分为发育枝、细弱枝、徒长枝、叶丛枝、结果枝等。在修剪上，一般疏除徒长枝、细弱枝、叶丛枝。

（2）植物的分枝方式　枝条的分枝方式一般有三种：

1）单轴分枝。顶芽饱满、健壮、长势强，可形成主干，侧芽形成侧枝，如雪松、水杉、桧柏、银杏、杨树、杜英、大叶竹柏、盆架树等。这类分枝形成的株冠多为塔形、圆锥形。在修剪上应注意这一点，有意识地培养塑造这一类的株形。

2）合轴分枝。顶芽发育一定时期后死亡，由顶芽下方的侧芽萌发成强壮的延长枝，继续向上生长，以后此侧枝顶芽又自剪，由它下方侧芽抽梢继续向上生长，从而形成了弯曲的主轴。株冠通风透光好，为开张式株冠，花芽与腋芽发育良好，如杏、李、苹果等。

3）假二杈分枝。顶芽停止生长或变成花芽后，顶芽下方的一对侧芽同时萌发，形成外形相同的两个侧枝，以后继续生长，形成的株冠为开张式，如石竹、丁香、樟树等。

植物的分枝方式将决定是采取自然式还是采取人工式的方式整形，对提高植物整形的效率，对促花保果都将起到作用。

（3）顶端优势　顶端优势是指枝条上顶芽的生长势最强，而下面芽的长势依次递减的自然现象。修剪时经常将枝条顶部剪去，解除顶端优势，促使侧芽萌发或增大旺枝的角度，使其平斜生长，同时抬高弱枝，以减小其与主干的夹角，也能达到抑强扶弱、调节树势的目的。部分观花植物还可以通过在饱满芽处修剪枝梢，在促发新梢的同时，使其花期得以延长，如月季、紫薇等。

（4）干性和层性　植物主干生长的强弱程度及持续的时间称为植物的干性。园林中干性强的植物很多，如雪松、尖叶杜英、南洋杉、水杉、大王椰子、白玉兰等；而有的植物虽然有主干，但是较为短小，这类植物干性较弱，如紫薇、番石榴等。

层性指主干在中心干上的分布或二级侧枝在主枝上的分布形成明显的层次，层性强的如梨、油杉、雪松、尖叶杜英、南洋杉、竹柏等。在园林植物的整形中，干性、层性都好的植物高大，适合整成有中心干的分层株形；而干性弱的植物，株形一般较矮小，如桃、柑橘、丁香、垂丝海棠等株冠披散，多适合整成自然形或开心形株形。另外，观花类植物的修剪还应了解其开花习性，以免剪去花芽或花枝，影响开花，修剪应在花芽分化前和花后期进行。

植物的枝芽习性是园林植物修剪的重要依据，修剪方式、方法、强弱都因植物种类而异。即使在进行植物的人工造型时，虽然是依据修剪者的意愿将植物整成特定形式，但都是依据该植物枝芽特性而定的。

（二）园林植物整形修剪的方法

1. 常见整形修剪形式

常见的整形修剪分为自然式修剪和整形式修剪两大类：

（1）自然式修剪　根据植物生长发育状况特别是枝芽习性的不同，在保持原有自然株形的基础上适当修剪，称为自然式修剪。自然式修剪基本上保持了原有的株形，充分表现了园林植物的自然美。修剪时，只对枯枝、病弱枝和少量影响株形的枝条进行修剪。常见园林植物自然式修剪如图6-4所示。

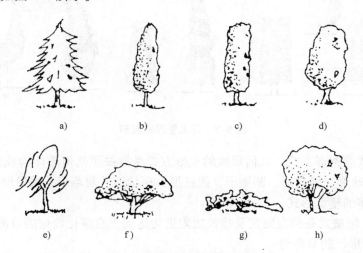

图6-4 常见园林植物自然式修剪
a）尖塔形 b）圆锥形 c）圆柱形 d）椭圆形
e）垂枝形 f）伞形 g）匍匐形 h）圆球形

1）尖塔形。尖塔形修剪有明显的主干，属单轴分枝，顶端优势明显，如雪松、南洋杉、落羽杉、大叶竹柏等。

2）圆锥形。圆锥形修剪形似圆锥，介于尖塔形与圆柱形之间，属单轴分枝，如松柏、银桦、美洲白蜡等。

3）圆柱形。圆柱形修剪上、下主枝长度相差较小，形成上下几乎一样宽的树冠，属单轴分枝，如龙柏、钻天杨等。

4）椭圆形。椭圆形修剪主干和顶端优势明显，基本枝条生长较慢，为大多数阔叶树树形，如加杨、大叶相思、乐昌含笑、扁桃等。

5）垂枝形。垂枝形修剪枝条下垂，有明显的主干，如垂柳、龙爪槐、垂枝桃等。

6）伞形。伞形修剪属合轴分枝，如合欢、鸡爪槭等。有的伞形修剪只有主干，没有分枝，如大王椰子、假槟榔、国王椰等。

7）匍匐形。匍匐形修剪植物枝条匍地而生，如偃松、偃柏等。

8）圆球形。圆球形修剪属合轴分枝，如馒头柳、樱花、人面子、蝴蝶果等。

（2）整形式修剪 根据观赏的需要，将植物强制修剪成各种特定的形状，称为整形式修剪。整形式修剪几乎完全不顾植物生长发育的特性，彻底改变了园林植物的自然株形，按照人们的艺术要求修剪成各种几何体或非规则式的动物形体，其一般用于枝叶繁茂、枝条细软、不易折损、不易秃裸、萌芽力强、耐修剪的植物种类，如圆柏、黄杨、榆、金雀花、罗汉松、六月雪、水蜡树、紫杉、珊瑚、光叶石楠、对接白蜡等。

这种整形方式曾是西方形态栽培的顶峰，今天人们向往自然、回归自然、返璞归真，已较少采用。但在一些公园、广场，作为一种吸引人的植物艺术造型方式，整形式修剪仍然被采用。常见整形式修剪如图6-5所示。

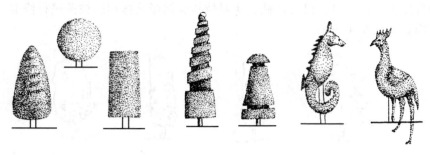

图6-5 常见整形式修剪

1）几何形式的整形方式。几何形式的整形方式是指按照几何形体构成标准进行修剪整形，如球形、半球形、蘑菇形、圆锥形、圆柱形、杯状形、葫芦形、城堡形等。

2）非几何体的整形形式。

① 垣壁式。垣壁式是指在庭院及建筑物附近为达到垂直绿化墙壁的目的而进行的整形，如U字形、文字形、肋骨形等。

② 建筑物形式，如亭、楼、台等。

③ 雕塑式。雕塑式是指根据整形者的意图，创造出各种各样的形体。注意植物形体与四周园景谐调，线条不宜过于繁琐，以轮廓鲜明简练为佳。修剪时事先做好轮廓样式，借助于棕绳、铁丝等，如龙、凤、狮、马、鹤、鹿、鸡等。

（3）混合式整形 混合式整形是指以园林植物原有的自然形态为基础，略加人工改造的整形方式。混合式整形多用在观花、观果及藤本类植物的整形上。这类整形方式很多，比较常见的有：

1）疏散分层形。疏散分层形有强大的中央领导干，其上配列疏散的主枝，主枝分层对生多呈半圆形树冠。疏散分层形如图6-6所示。

2）疏散延迟开心形。疏散延迟开心形由疏散分层形演变而来，当树木长到6～7个主枝后，为了不使冠内部发生郁闭，把中心领导枝的顶梢截除，使之不再向上生长，以利通风透光。疏散延迟开心形如图6-7所示。

图6-6 疏散分层形

图6-7 疏散延迟开心形

3）自然开心形。自然开心形无中心干，有三大主枝，主枝向三个方向伸展，主枝与主干的夹角为 45°，三主枝间夹角为 120°。主枝错落分布，有一定间隔，自主干向四周放射伸出，直线延长，中心开张。这种树形受光面积较大，通风透光，利于开花结果，园林中桃、梅、石榴等观花树木整形修剪时常采用。自然开心形如图 6-8 所示。

2. 整形修剪依据

园林植物整形修剪应依据园林绿化功能的需要和设计要求，在不违背植物生长特性和自然分枝规律的前提下，充分考虑植物与生长环境的关系，并根据株龄及生长势强弱进行修剪。

图 6-8　自然开心形

（1）按需修剪　在园林绿化中，园林植物都有各自的作用和不同的栽培目的。不同的整形修剪措施会造成不同的后果，不同的绿化目的各有其特殊的整形要求。因此，修剪时必须明确植物的栽培目的与要求，根据需要进行修剪。

1）以观花为目的的植物，如梅、桃、美蕊花、大红花、夹竹桃等应以自然式或圆球形为主，使植物上下花团锦簇，满株有花。

2）绿篱类植物则应采用规则式的修剪整形为主，以展示植物群体组成的几何图形。

3）绿阴树、丛植的观赏树等均应以自然式为宜。

4）主景区和规则式园林中，修剪整形应相当精细，并进行各种艺术造型，达到园林景观多姿多彩、新颖别致、充满生气、吸引游人的作用。

5）在游人较少的地方或以自然格调为主的游园和风景区中，应当采取粗剪的方式，保持植物的粗犷和自然株形，使游人有回归自然的感觉。

（2）因地制宜　园林植物与周围的环境是一个完整的整体，必须协调和谐。整形修剪必须时刻注意这一点。

1）种植在门厅两侧的园林树木，整形时可用规则的圆球式或悬垂式树形。

2）在高楼前的园林植物，可选用自然式的冠形，以丰富建筑物的立体构图。

3）道路两侧有架空线的地方，行道树采用杯状式树形。

4）在风口空旷地区，应适当控制植物高生长，降低分枝点高度，并抽稀树冠，增加透风性，防风折、风倒。

5）在北方地区，干旱少雨，修剪不宜过多；冬季积雪地区易重剪；在南方潮湿地区，加强对过密树冠疏剪。

（3）随株作形，因枝修剪　如前所述，植物的生长习性（分枝方式、萌芽力、成枝力等）不同，可以形成不同的自然株形，因而应该采用不同的整形方式与修剪方法。

1）很多圆柱形、尖塔形、圆锥形树冠的乔木，如钻天杨、毛白杨、圆柏、铅笔柏、银杏等，顶芽生长势强，形成明显的中心干与主侧枝的从属关系。这类树种在整形时，应保留中心领导干，以自然式修剪为主。

2）一些顶端优势不强，但发枝力强的树种，如桂花、栀子花、榆叶梅、毛樱桃等，容易形成丛状树冠，可剪成圆球形、半球形等形状。

3）喜光植物，如梅、桃、樱、李等，为了提高观花观果效果，可采取自然开心形的整形方式。

4) 具有曲垂而开张习性的树种，如龙爪槐、垂枝榆、垂枝梅等，应以疏枝和短截为主，整成水平圆盘状。

5) 萌芽力、成枝力强的植物为耐修剪植物，可多修剪、重修剪，如悬铃木、大叶黄杨、女贞、圆柏、海桐等。反之，则应少修剪、轻修剪，如梧桐、挂花、玉兰、枸骨等。

6) 同一株植物的枝条有不同的生长势，不同的生理特性，如长短、枝位等，修剪时也应考虑采取不同的修剪方法。如长枝可采取圈枝、短截、疏删方法修剪，而短枝则一般不修剪。

（4）年龄不同，方法有别　年龄不同的植物修剪方法也不同。

1) 幼年植物，以整形为主，扩大冠幅，形成良好冠形。

2) 中龄阶段的植物，整形修剪目的在于保持植株完美健壮。观花类植物，修剪以调节营养生长与生殖生长的关系，防止营养损耗，促进花芽分化；观叶观形的植物，通过修剪保持冠的丰满度，防止偏冠，内膛空虚。

3) 衰老植物，通过回缩修剪刺激休眠芽的萌发，更新复壮，恢复株势，修剪时应强剪、重剪。

3. 整形修剪时期

园林植物种类繁多，习性与功能各异，各地在具体确定修剪时期上相差较大。虽然每种植物都有其适宜的修剪季节，但从总体上看，一年中的任何时候都可进行修剪，具体时间的选择应从实际出发。最佳时期应满足两个条件，一是不影响植物的正常生长，避免剪口感染；二是不影响观花观果植物的开花结果。因此，园林植物的修剪时期一般分为休眠期（冬季）修剪和生长期（夏季）修剪。

（1）冬季修剪　冬季修剪是指自秋冬至早春在植物休眠期内进行的修剪，落叶植物在落叶以后一个月左右开始修剪至早春萌芽前结束。此期植株内贮藏养分较充足，修剪后枝条减少，更有利于集中利用贮藏养分。

（2）夏季修剪　夏季修剪是指在夏季植物生长季节内进行的修剪，自春季萌芽后开始至秋季落叶前结束。此期植株贮藏的营养较少，新梢生长旺盛，叶片浓密丰厚，消耗大量营养，修剪起到控制枝叶生长，加速果实生长的作用。对观果类的园林植物来说，这种作用十分明显，但对植株抑制作用较大，修剪宜轻。

（3）常绿植物的修剪　常绿植物一般无真正的休眠期，根系枝叶终年活动。叶片不断进行光合作用，贮藏养分，一般终年可修剪，但要避开生长旺盛期，以早春萌芽前后至初秋以前为好。如绿篱、色块、黄杨球等的修剪在每年5月上旬和8月底以前进行。

4. 整形修剪技术

园林植物的修剪没有什么固定的方法，大多都是园林工人的经验总结，其修剪的程序为"一知、二看、三截、四拿、五处理"。一知就是修剪者必须知道操作规程、技术规范以及要求；二看就是要绕植株进行仔细地观察，做到心中有数；三截是在一知二看后，根据修剪的原则进行修剪；四拿就是剪断的枝条应随时拿下；五处理就是对剪口的修整、涂漆，对枝条的清理、运走。整形修剪技术的基本方法有"截、疏、伤、变、放"五种。

（1）截　截又称为短截，既剪去一年生枝条的一部分，对剪口下侧芽有刺激作用，是修剪最常用的方法。根据短截程度可分为以下几种：

1) 摘心剪梢。摘心剪梢是指将枝梢顶芽摘除或将新梢一部分剪除，其目的是解除植物的顶端优势，促发侧枝。如绿篱植物剪梢可使绿篱枝叶密生，增加观赏效果和防护功能；草花摘心可增加分枝数量，培养丰满株形。

2）轻短截。轻短截是指只剪去一年生枝梢的 1/4 ~ 1/3，起到缓和生长势、促进花芽分化的作用。

3）中短截。中短截是指在枝条中上部饱满芽处下剪去枝条全长的 1/2，剪口下可萌发几个较旺的枝，向下发出几个中短枝，促进分枝，增强枝势。

4）重短截。重短截是指在枝条中下部剪截，约剪去枝条的 2/3。剪截后，成枝力低，生长势强，有缓和生长势的作用。

5）极重短截。极重短截是指在枝条基部留 2 ~ 3 个不饱满芽，或在轮痕处下剪。剪后只能抽生 1 ~ 3 个较弱枝条，可降低枝的位置，削弱旺枝、徒长枝、直立枝的生长，以缓和枝势，促进花芽形成。

6）回缩。回缩是指将多年生枝条的一部分剪掉，修剪量大，刺激较重，有更新复壮的作用。

（2）疏　疏又称为疏删，即将枝条从分枝点剪除。疏一般用于疏除枯枝、病虫枝、过密枝、徒长枝、竞争枝、衰弱枝、下垂枝、交叉枝、重叠枝、并生枝等，是减少树冠内部枝条数量的修剪方法。疏可使枝条分布均匀，改善通风透光条件，利于花芽分化。按疏的强度分为以下几种：

1）轻疏。轻疏的疏枝量占全株枝数的 10% 以下。

2）中疏。中疏的疏枝量占全株枝数的 10% ~ 20% 之间。

3）重疏。重疏的疏枝量占全株枝数的 20% 以上。

疏删强度因植物种类，生长势和年龄而定，如洒金榕、稀茉莉等可重疏，雪松、白千层、凤凰木等可轻疏。

（3）伤　伤是指用各种方法损伤枝条，达到缓和树势，削弱受伤枝条生长势的目的。常见的有以下几种：

1）环状剥皮。环状剥皮是指剥去枝或干上的一圈或部分树皮。环状剥皮一般在植物生长初期或停止生长期进行，剥皮宽度一般可为 0.3 ~ 0.5cm。环状剥皮主要用于处理幼旺树的直立旺枝，阻止养分向下输送，有利于果实生长和花芽分化。

2）刻伤。刻伤是指用刀在芽的上方切口，深达木质部。刻伤一般在春季萌芽前进行，可阻止根部贮存的养分向上运输，使位于刻伤口下方的芽获得较多养分，有利于芽的萌发和抽新枝。这一技术广泛用于园林树木的修剪。

3）扭梢和折梢。扭梢和折梢是指在生长季节，将生长过旺的枝条扭伤或折伤。扭梢和折梢起到阻止无机营养向生长点输送，削弱生长势的作用。

（4）放　放是指对一年生枝条不作任何修剪。放有利于营养物质的积累，促进花芽形成，使旺枝或幼旺树提早开花结果。

（5）变　变是指改变枝条的生长方向，控制生长势的方法，如曲枝、拉枝、抬枝，使顶端优势转位、加强或削弱。

（6）留桩修剪　留桩修剪是指在进行疏删回缩时，在正常修剪位置上留一段残桩的修剪方法。因疏删、回缩产生的伤口减弱下枝生长势，留桩后可削弱这一影响。

（7）平茬　平茬又称为截干，指从地面附近全部去掉地上枝干，利用原有的发达根系刺激根颈附近的芽萌发更新的方法。平茬多用在灌木的复壮更新。

5. 剪口处理与保护

（1）剪口及剪口芽　修剪后的伤口称为剪口，按形状分为平剪口和斜剪口；剪口下第一个芽称为剪口芽。剪口芽的方向对修剪效果有一定的影响，在树桩盆景修剪时，选留剪口芽，可作为培养特殊枝干用。若修剪后希望树冠扩张，剪口芽应在枝条的外侧方向；若希望修剪后所萌发的枝条用于填补树冠内膛，剪口芽的方向应向内侧；若希望控制枝条生长，应选弱芽为剪口芽；反之，应选壮芽为剪口芽。

（2）剪口的保护　对珍贵植物、盆景、大树修剪所形成的剪口，一般应加以保护，以防伤口由于日晒雨淋、病菌入侵而腐烂。剪口的保护方法，一是用锋利的刀削平伤口，用硫酸铜溶液消毒；二是涂上保护剂，促进伤口愈合。常用的保护剂有以下两种：

1）保护蜡。保护蜡由松香、黄蜡、动物油三种成分按5:3:1配制而成，先将动物油入锅，温火加热，再加松香和黄蜡，不断搅拌至全部溶化，涂抹于剪口。

2）豆油铜素剂。豆油铜素剂用豆油、硫酸铜和石灰按1:1:1配制而成，先将硫酸铜、熟石灰研成粉末，将豆油入锅沸腾，再将硫酸铜与熟石灰加入油中搅拌，冷却后即可用。

6. 修剪新技术

手工修剪劳动强度大，效率低，耗费大量的劳力和物力。因此，人们正在研究一些修剪效率高，成本低的修剪方法。现在取得了一些成果，已在生产上推广应用。目前，应用较广的有机械修剪和化学修剪。

（1）机械修剪　机械修剪主要有电动式手锯、油锯、气动高枝剪、绿篱修剪机等。机械的使用，大大提高了修剪的效率，省工省力。

（2）化学修剪　化学修剪利用某些化学试剂处理枝条抑制枝梢生长，达到修剪的效果。如生长延缓剂、调节磷、矮壮素等。

（三）各类观赏花木的整形修剪

1. 行道树、绿阴树的整形修剪

（1）行道树　行道树是指沿道路或公路旁栽植的乔木，它是城市绿化的骨架，起到沟通各类分散绿地、组织交通的作用，能反映一个城市的风貌和特色。在造型上，行道树要求有一个通直的主干，主干高度3~4m，分枝点枝下高度2.8m以上，以不妨碍交通和行人行走为原则。行道树的基本主干和供选择作主枝的枝条在苗圃阶段已经培养形成。行道树整形修剪如图6-9所示。树形在定植5~6年内形成，成形后不需要大量修剪，需经常进行常规修剪（疏除病虫枝、衰弱枝、交叉枝、冗长枝等）。

行道树上方有管线经过，通过修剪树枝给管线让路，称为线路修剪。线路修剪分为截顶修剪、侧方修剪、下方修剪和穿过式修剪，如图6-10所示。

1）截顶修剪是树木正上方有管线经过时截除上部树冠的修剪。

2）侧方修剪在大树与线路发生干扰时去掉其侧枝的修剪。

3）下方修剪是在线路直接通过树冠中下侧，与主枝或大侧枝发生矛盾时，截除主枝或大侧枝的修剪。

4）穿过式修剪是指在树冠中造成一个让管线穿过的通道的修剪。

（2）绿阴树　绿阴树要求具有庞大的树冠，挺秀的树形，健壮的树干。绿阴树修剪时要注意：一是培养一段高矮适中、挺拔粗壮的树干，树木定植后尽早将树干上1.0~1.5m以下枝条全部剪除，以后逐年疏除树冠下部的侧枝；二是尽可能培养大的树冠，一般树冠占

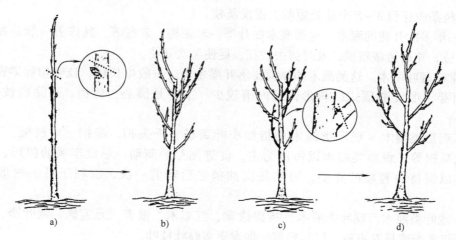

图 6-9　行道树整形修剪

a）中央去梢　b）去梢后萌发枝　c）树干疏枝条　d）修剪后形成的幼年树形

树高比例以 2/3 以上为佳，以不小于 1/2 为宜；三是对观花乔木作绿阴树，多采用自然式树形。

2. 灌木类的整形修剪

灌木类的整形工作主要是形成平衡而匀称的空间骨架和丰满匀称的灌丛树形。它们的整形修剪在出圃定植时就已开始，常用的方法有疏枝、回缩、短截。落叶灌木应保留 3～5 个健壮的垂直主枝，侧枝剪去一半，每个枝条上保留 2～3 个壮芽，翌年再短截新梢长度的 1/3，疏除过密枝；常绿灌木修剪较少，一般选留 3 个强枝，其他只进行轻截，翌年疏除过密枝条。

（1）观花、观果类灌木　观花、观果类灌木修剪时必须考虑植物的开花习性、开花部位、花芽性质。

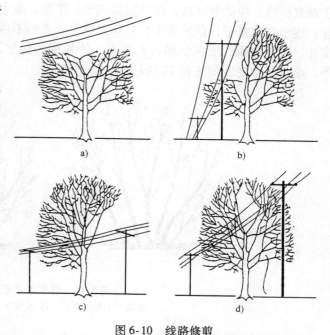

图 6-10　线路修剪

a）截顶修剪　b）侧方修剪　c）下方修剪　d）穿过式修剪

1）早春开花种类。这类灌木在前一年夏、秋季已分化形成花芽，如碧桃、榆叶梅、连翘、紫珠、丁香、黄刺玫等。休眠期适当整形修剪，疏除过多、过密枝条，对老枝、萌条、徒长枝剪截，以利通风透光，保持理想树形和大小，促进开花。花落后 10～15d 将已开花枝条重短截，以利于来年促生健壮的新枝。对于具有拱形枝条的种类（如连翘、迎春等），老枝回缩，以利抽生健壮的新枝，充分发挥其树姿的特点。

2）夏、秋开花的种类。这类灌木是在当年新梢上开花，如八仙花、紫薇、木槿、珍珠梅等。夏、秋开花的种类修剪一般于早春进行，短截与疏剪相结合。为控制树木高度，对于生长健壮枝条应保留 3~5 个芽处短截，促发新枝。

3）一年多次开花的灌木。这类灌木如月季、珍珠梅、紫薇等，其修剪一般是在休眠季节剪除老枝，花后短截新梢，及时剪去残花，促使再次开花。

4）常绿阔叶灌木。这类灌木的修剪比落叶灌木少。一般生长慢，枝叶匀称紧密，新梢多源于顶芽，形成圆顶式的树形，冠内梢较少。主要是摘心、剪梢，疏除弱枝、病枝、枯枝。

（2）观形类灌木 观形类灌木是指如小叶黄杨、千头柏、海桐、垂枝桃、垂枝梅、合欢、龙爪槐等。观形类灌木以短截为主，促进侧芽的萌动，形成丰满的树形，保留适当树枝，以保持内膛枝叶充实，可在每次抽梢之后轻剪一次，以利于目的树形的迅速形成。

（3）观叶类灌木 观叶类灌木是指如棣棠、红瑞木、银杏、元宝枫、紫叶李、紫叶小檗等。每年冬季或早春重剪，以后轻剪，促发更多健壮枝叶。

（4）放任灌木的修剪与更新 因种种原因错过修剪时机，而多干丛生，参差不齐，外围小枝多而弱，内膛空虚，树形杂乱无章；生长多年的灌木常因过度荫蔽，容易光秃，降低了观赏价值。应修剪改造，注意定期疏干、平茬。灌木更新的方式可分为逐年疏干和一次平茬：逐步疏除老干，促发新干，几年完成，一直到不再需要新干为止，疏除过密枝干；树形变坏，萌芽力强的灌木全部切去老干，使其重新萌生，如小檗、太平花、珍珠梅、八仙花等。灌木疏干更新如图 6-11 所示。

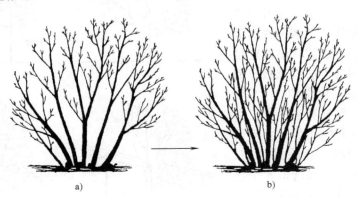

图 6-11 灌木疏干更新
a）疏除老干和过密干 b）生长季末长成的新干

（四）树桩盆景的整形修剪

1. 树桩盆景的造型形式

树桩盆景的造型形式多种多样，但都可以归纳为自然式和规则式两种。树桩盆景造型如图 6-12 所示，常见的有台式、二弯半式、斜干式、附石式四种造型形式。

2. 树桩造型的修剪方法

修剪是树桩造型的一种手段。通过修剪，去除多余、留其所需、补其所缺、扬长避短，达到桩形优美的目的。

（1）定型修剪 定型修剪分为直干类修剪和曲干类修剪，目的是形成不同形态树桩的基本骨架。

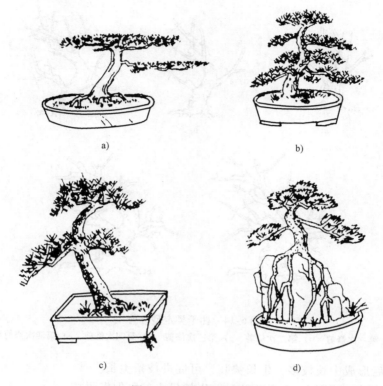

图 6-12　树桩盆景造型

a）台式（规则式）　b）二弯半式（规则式）　c）斜干式（自然式）　d）附石式（自然式）

1）直干类定型修剪，实质是截干养枝，使基本直立的树干略有弯曲，经过一个轻剪、重剪、轻剪的过程。直干类定型修剪如图 6-13 所示。

2）曲干类定型修剪原则是"截直取曲，截干蓄枝"即修正直立干，刺激侧芽萌发和生长，以获取弯曲树形。曲干类定型修剪如图 6-14 所示。

图 6-13　直干类定型修剪

a）第一次修剪　b）第二次修剪前　c）第二次修剪后　d）整形修剪期

（2）修剪方法　修剪方法归纳起来有摘、截、缩、疏、雕、伤六种方法。

1）摘心与摘叶，将新梢顶端幼嫩部分和多余的叶子去掉。摘心可促进腋芽萌动，多分枝，扩大树冠。摘叶可使枝叶疏朗，提高观赏效果。如榆树、元宝枫在生长期全部摘叶，使叶变小，变秀气，利于观赏。

2）截分为短截、中短截和重短截，自然式圆片和苏派圆片就是反复短截剪出来的。枝疏则截，截则密。

①短截后形成中短枝较多，单枝生长弱，可缓和枝势。

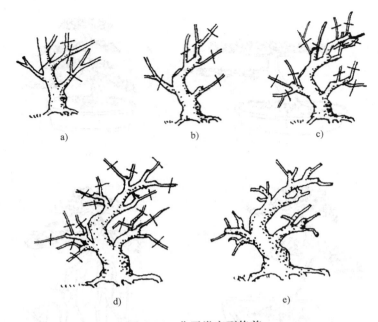

图 6-14　曲干类定型修剪

a）第一次修剪　b）第二次修剪　c）第三次修剪　d）第四次修剪　e）第四次修剪后

② 中短截后形成中长枝多，生长势旺，可促进枝条生长。

③ 重短截，剪口下留 1～2 个旺枝，总生长量小，可促发强枝。

3）回缩对全枝有削弱作用，对剪口附近枝芽有一定促进作用，有利更新复壮。挖野桩时和养坯过程中，经常利用此法。截去大枝削弱树冠某一部分长势，或加大削度使其有苍劲之感。实行多次回缩是缩小大树的有力措施，如岭南派"大树型"的造型。

4）疏对全桩起削弱作用，减少树体总生长量，对剪口以下枝条有促进作用，对剪口以上枝有削弱作用。这种作用与枝的粗细有关，衰老桩头，疏除过密枝，改善通风透光条件，留下的枝条得到充足的养分水分，保持枯木逢春的景象。

5）雕对老桩树干实行雕刻，使其形成枯峰或舍利干，显得苍老奇特。用凿子或雕刀依造型要求将木质部雕成自然凹凸变化，是劈干式经常使用的方法。

6）伤把树干或枝条用各种方法破伤其皮部或木质部。如为了形成舍利干或枯梢式，就采用撕皮刮树木的方法，为使杆干变得更苍老而采用锤击树干或刀撬树皮，使树干隆起如疣等。

（五）其他特殊树形的整形修剪

特殊树形的整形也是植物整形修剪的一种方式，常见的形式有动物形状和其他物体形状两大类。适合进行特殊造型的植物必须枝叶茂盛，叶片细小，萌芽力成枝力强，枝干易弯曲造型，如圆柏、黄杨、罗汉松、榆、金雀花、女贞、珊瑚树等。

1. 造型植物的整形修剪

选侧枝茂盛，叶片细小，枝条柔软，耐修剪的植物，通过扭曲、盘扎、修剪等手段，将植物整成亭台、牌楼、鸟兽等各种主体造型以点缀和丰富园景。

造型要讲究艺术构图，运用美学原理，发挥丰富的联想，同时做到各种造型与周围环境及建筑充分协调，创造出一副如画的图卷、无声的音乐、人间的仙境。

在修剪整形上，首先应培养主枝和大侧枝构成骨架，然后将细小的侧枝进行牵引和绑扎，使它们紧密抱合生长，按照仿造的物体形状进行细致的修剪，直至形成各种绿色雕塑的雏形。以后不要让枝条随意生长，进行多次的修剪，对物体表面反复短截，促发大量的密集侧枝，最终使得各种造型丰满逼真，栩栩如生。雕塑式绿篱造型如图 6-15 所示。

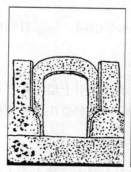

图 6-15　雕塑式绿篱造型

2. 绿篱拱门的制作与修剪

绿篱拱门是为了方便人们进入稠密的绿篱所围绕的花坛和草坪，在适当位置断开绿篱而制作一条进入绿篱圈内的通道。其制作方法是：在绿篱开口两侧各种植一棵枝条柔软的小乔木，两树之间保持 1.5～2.0m 的间距；于早春新梢抽生前将树梢相对弯曲并绑扎在一起；经常修剪，防止新枝横生下垂，始终保持较薄的厚度，使植物内膛通风透光，生长美观饱满。

3. 图案式绿篱的整形修剪

利用一些枝条较长的花灌木，人为保留一根粗壮主枝，将多余丛生主枝剪掉，或者培养一根主干，将其整成小灌木状，让主干上面均匀生出等距离的侧枝。图案式绿篱的几种形式如图 6-16 所示。

制作图案式篱垣的植物有紫薇、木槿、雪柳、杞柳等。为了始终保持完美图案形式，必须经常修剪校正。只允许加粗，不允许任意延长，同时还必须随时剪掉多余的新生小枝。

（六）藤本类植物的整形修剪

藤本植物多用于垂直绿化或绿色棚架的制作，有以下几种整形修剪方式：

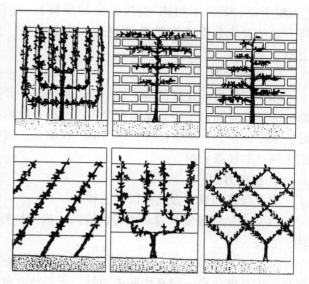

图 6-16　图案式绿篱的几种形式

1. 棚架式

卷须类及缠绕类藤本植物多用这种方式。整形时，在近地面处重剪使其发生数条强壮主蔓，然后将主蔓垂直引至棚架顶部，使侧蔓在架上均匀分布，可以很快形成阴棚。落叶后应疏剪过密枝条，清除枯死枝，使枝条均匀分布于架面上。

2. 凉廊式

凉廊式常用于卷须类及缠绕类植物，亦偶尔用于吸附类植物。修剪应防止主蔓过早引至廊顶，导致侧面空虚。

3. 篱垣式

篱垣式多用于卷须类、缠绕类植物。修剪时将侧蔓水平引缚，每年对侧枝短截形成整齐的篱垣形式。

4. 附壁式

附壁式多以吸附类植物为材料，方法很简单，只需将藤本引上墙即可自行依靠吸盘或吸附根逐渐布满墙面。如爬墙虎、凌霄、扶芳藤、常春藤等。修剪应注意使壁面基部覆盖，蔓枝在壁面分布均匀、不互相重叠和交错，轻重剪相结合。

5. 直立式

对于一些茎蔓粗壮的种类，如紫藤等，可以修整成直立灌木式或小乔木式树形。此式用于公园道路旁或草坪上，可以收到良好的效果。

开花藤本类植物的修剪时间，通常取决于成花枝条的年龄，基本原则是当年枝条开花，休眠季修剪；上一年枝条开花，花后修剪。

（七）绿篱的整形修剪

绿篱是成行密植，作造型修剪而成的植物墙。按形状可分自然式绿篱、半自然式绿篱和整形式绿篱；按高度分为矮篱（高度 0.5m 左右）、中篱（高度 1.0m 左右）和高篱（高度在 2~3m）；还可按栽植植物性质分刺篱（如小檗、火棘、黄刺玫瑰等组成的绿篱）、花篱（如栀子花、米兰、七姐妹、蔷薇组成的绿篱）。在修剪时，应根据不同绿篱的特性区别对待。总的要求是保持绿篱轮廓清楚、线条整齐、顶面平整、高度一致，侧面上下垂直或上窄下宽。

1. 修剪时期

绿篱定植后，让其自然生长一年。从第二年开始，再按照所确定的绿篱高度开始截顶。修剪的具体时间，主要根据树种确定。常绿针叶树种一般在春末夏初完成第一次修剪，立秋后，水肥充足，秋梢生长旺，进行第二次修剪。阔叶树种，春、夏、秋都可修剪，随时将突出于树丛的枝条剪掉。

2. 整形方式

常见绿篱的整形方式有以下三种：

（1）自然式绿篱　这种类型的绿篱一般不进行专门的整形，只作一般的修剪，剔除老、枯、病枝。

（2）半自然式绿篱　这类绿篱不进行特殊整形，在修剪中剔除老、枯、病枝，使绿篱保持一定高度，在一定高度截去顶梢，下部枝叶茂密。

（3）整形式绿篱　这类绿篱是通过修剪，将篱体整成各种几何形状或装饰形体。需保持绿篱应有的高度和平整而匀称的外形，经常将突出轮廓线的新梢整平剪齐，并对两面的侧枝进行适当的修剪。

3. 断面形式

绿篱成形后，可根据需要剪成各种各样的形状，如几何形、建筑图案，动物形体等。修剪后的绿篱断面有以下几种，如图6-17所示。

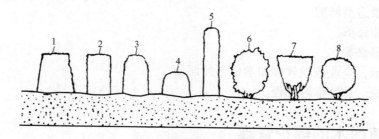

图6-17　绿篱篱体断面形状

1—梯形　2—方形　3、4—圆顶形　5—柱形　6—自然式　7—杯形　8—球形

（1）梯形　这种绿篱上窄下宽，修剪时先剪其两侧，使侧面形成一个斜平面，两侧剪完，再修剪顶部，使整个断面成梯形。

（2）方形　上下一样宽，比较整齐。但易遭雪压变形，下部枝条易枯死。

（3）圆顶形　圆顶形适合在降雪量大的地区使用，便于积雪向地面滑落，防止篱体压弯变形。

（4）柱形　这种绿篱需选用基部侧枝萌发力强的树种，要求中央主枝能通直向上生长，不扭曲，多作背景屏障或防护围墙。

（5）杯形　这种造型显得美观别致，但上大下小，下部侧枝常因得不到充足阳光而枯死，造成基部裸露，不能抵抗雪压。

（6）球形　这种树形适用于枝叶稠密、生长速度比较缓慢的常绿阔叶灌木，单行栽植，以一株为单位构成球形。

4. 更新复壮

绿篱的栽植密度都很大，不论怎样修剪养护，随树龄增大，最终将无法控制在应有的高度和宽度之内，从而失于规整篱体状态。因此，必须进行绿篱的更新复壮。

用作绿篱的植物，其萌发和再生能力很强，在衰老变形阶段，可以采用台刈或平茬的方法进行更新，不留主干或仅保留一段很矮的主干，将地上部分全部锯掉。一般常绿树在第一年5月下旬至6月底进行，落叶树以秋末冬初为好。锯后一二年内形成绿篱的雏形，两年后就能恢复成原有的规则式篱体。

对于一些茎蔓粗壮的种类，如紫藤可修剪成直立灌木式或小乔木式树形。此式用于公园道路旁或草坪上，可以收到良好的效果。

四、任务实施

1. 准备工作

1）课前预习相关知识部分。

2）教师现场教学，示范讲解整形修剪技术。

3）班级学生自由组合（每组5~8人）为几个学习小组，各学习小组自行选出小组长。

4）联系园林企业，讨论、制定实施方案。

5）材料工具准备。

2. 实施步骤

1）乔灌木整形修剪。

2）树桩盆景造型修剪。

3）造型植物修剪。

4）绿篱整形修剪。

5）成果展示，企业兼职教师和学校老师评分。

6）分组讨论、总结学习过程。

任务3　新植树木的养护管理

一、任务描述

树木栽植后的第一年是其能否成活的关键。在此期间若能及时进行养护，就能促进树木的水分平衡，恢复生长，增强树木对高温干旱及其他不利因素的抗性。学习的任务是对新植树木养护管理，能够进行水分管理，会保护树体。

二、任务分析

新植树木抗逆性弱，容易遭受外界因素的干扰而受损伤，根系因挖掘而损伤，吸收水分、维持体内水分平衡的能力大大降低。养护管理不当，都会成为树木成活的障碍，轻则生长不良，重则导致死亡。完成本任务要掌握的知识面有：水分管理，树体保护，成活调查与补植等。

三、相关知识

（一）水分管理

树木在移植过程中，受到土球规格的限制，根系因挖掘而损伤，吸收水分、维持体内水分平衡的能力大大降低。树体因供水不足而枯萎直至死亡。所以，加强水分管理，保持体内水分代谢平衡是新植树木养护管理、提高移植成活率的关键。

1. 地上部分保湿

（1）包干　包干是指用草绳、蒲包片、苔藓等材料严密包裹树干和较粗的枝条。大树枝干包裹如图 6-18 所示。包裹所用材料保湿性、保温性强，经包裹处理后，可以避免强光直射和干风吹袭，减少树干、枝条水分散失；可以贮存一定水分，使枝干经常保持湿润；可以调节温度，减少高温和低温对枝干的伤害。

图 6-18　大树枝干包裹

（2）喷水　地上的枝、叶因蒸腾作用而散失水分，蒸腾量与枝叶表面的温度和湿度有关。喷水可有效地降低叶面的温度，增加叶面湿度，从而减少树体的蒸腾量。喷水方法有以下几种：

1）用高压水枪喷雾。

2）将供水管安装在树冠上方装上若干个细孔喷头进行喷雾。

3）在树枝上悬挂若干个盛满清水的盐水瓶，运用打点滴的原理，让瓶内的水慢慢滴在树体上。

喷水要求细而均匀，喷及地上各个部位和周围空间，为树体提供湿润的小气候环境。

（3）遮阳　架设阴棚为新植大树遮阳，可降低棚内温度，减少树体水分散失。一般情况下，要求全冠遮阳，从上午 9 时至下午 16 时，树冠全处在阴棚下。阴棚上方及四周应与树冠保持 50cm 左右的距离，以保证棚内有一定的空气流动空间，防止日灼危害。遮阳 70% 左右，让树体吸收一定的漫射光，利于树体进行光合作用。此后，根据树体恢复生长情况和季节变化，逐渐撤出遮阳物。

2. 促发新根

（1）控水　新植树木根系吸水力弱，对土壤水分需求量少。因此，只要保持土壤湿润即可。土壤含水量过大，影响土壤透气性，抑制根系呼吸，对发根不利，严重的会导致烂根死亡。严格控制浇水量，栽植时浇足头水，以后视具体情况（如土壤质地、天气）谨慎浇水。防止喷水时过多的水滴入根系；防止树穴积水，定植时留下的浇水穴或围堰应填平、铲平，树穴略高于周围地面；对于容易积水的地方，挖排水沟；保持适当地下水位高度（在地平面 1.5m 以下）。

（2）保护新芽　新芽萌出表明树木开始生理活动，是树木成活的希望，还可刺激根系萌发。应加以保护，让其抽枝发叶，待树体成活后再进行修剪整形。加强喷水、遮阴、防病虫等养护工作，以保证嫩芽、嫩枝的正常生长。

（3）土壤通气　良好的土壤透气性有利于根系萌发。一方面做好松土工作，防止板结；另一方面，检查土壤通气设备，发现堵塞积水，及时清理疏通。

（4）扶正培土　由于雨水下渗和其他原因导致树体晃动倾斜，应扶正培土。

1）对松土晃动的树木应踩实松土。树盘下沉、下陷，应及时覆土填平，防止雨后积水烂根。

2）对于倾斜的树木应采取措施扶正，其方法是：

① 对于栽植较深的树木，在树木倒向的一侧，先从根盘外开始挖沟，挖到根系下，然后从沟内往上掏土，掏到根颈下方，用锹或木板伸入根团以下向上撬起，向根底塞土压实，扶正即可。

② 对于栽植较浅的树木，在树木倒向的反侧掏土稍微超过树干轴线以下，将掏土一侧根系下压，回土踩实。

（二）树体保护

新植树木抗逆力弱，容易遭受外界因素的干扰而受损伤，必须加强防范。常用的防护措施有以下几种：

1. 支撑

为保护树木不受机具、车辆和人为的损伤，固定根系，防止其被风吹倒，使树干保持直立状态。凡胸径在 5cm 以上的乔木，均应考虑进行树体搭支架支撑。搭支架时，捆绑不要太紧，应允许树木能适当摆动，有利于提高树木的机械强度，有利于根系发育，增加树木的抗风能力。

（1）桩杆式支架　桩杆式支架分直立式和斜撑式两种。

1）直立式。高达 6m 左右的树木，可将 1～2 根长2.0～2.5m 左右的桩材或支柱，打入离干基 15～30cm的地方，深约 60cm。然后将一废胶皮管在树干适当位置上圈成一圈，用铁丝连接起来，扭成"8"字形绕在立柱上，如图 6-19 所示。直立式支架又有单立式、双立式和多立式之分。若采用双立式或多立式，相对立柱可用横杆呈水平状紧靠树干连接起来。如果没有软管，也可用粗麻布、粗帆布、蒲包等软材料以各种方式环绕在树干与支架相连的地方，把松的一端钉在支架上，如图 6-20 所示。

图 6-19　树干与立柱的"8"字形连接

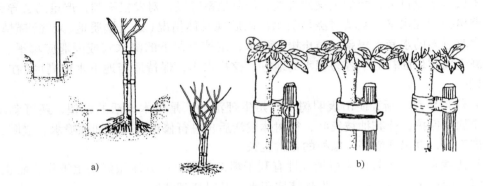

图 6-20　直立式支撑
a）栽植与支撑过程　b）杆与主干的各种连结方法

2）斜撑式。用适当长度（1.5～2.0m）的三根支杆，以树干基部为中心，由外向内斜撑于树干 1.0～1.5m 高的地方，组成一个正三棱锥形的三角架，进行支撑。三根支柱的下端入土 30～40cm，上面与树干交点同样以软管、蒲包等物将树干垫好连接在一起，如图 6-21所示。

（2）牵索式支撑　用 1～4 根金属丝或缆绳拉住加固。从树干高度约 1/2 的地方拉向地面，与地面夹角为 45°，线上端与树干接触处，用防护套、废胶皮套等软垫绕干一周连接起来，线下端固定在铁桩上，如图 6-22 所示。

（3）球门式支撑　行道树栽植点离道路较近，直立式支撑不稳，斜撑式支撑有碍交通，可采用球门式支撑，如图 6-23 所示。

2. 抹芽去萌补充修剪

树木栽植时，已经有较大强度的修剪，栽植后，树干树枝上可能萌发出许多嫩芽和嫩枝，消耗营养，扰乱树形。应在萌芽后，选留长势较好、位置合适的嫩芽嫩枝，其余的尽早抹除。对于枯梢应及时在嫩芽、幼枝以上剪除。对于截顶的树木，因留芽位置不准或剪口芽太弱，造成枯桩，应进行补充修剪，其方法是：在靠剪口的新枝长至 5～10cm 时，剪去母枝上的残桩，剪口应平滑、干净，还要经消毒防腐处理。

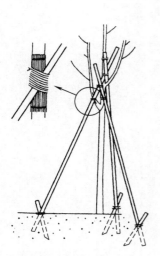

图 6-21　斜撑式支撑

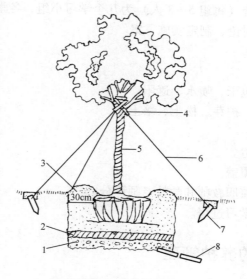

图 6-22　牵索式支撑
1—1.5cm 厚石砾　2—15cm 玻璃纤维垫层
3—水圈(堰)　4—1.2cm 胶管　5—裹干
6—支撑索　7—桩　8—排水管

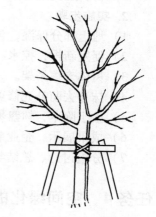

图 6-23　球门式支撑

3. 松土除草，树盘覆盖

及时松土除草，可促进土壤与大气的气体交换，有利于树木新根的生长与发育。但松土不能太深，以免伤及新根。用稻草、腐叶土或腐熟的有机肥料覆盖树盘，可减少地表蒸发，保持土壤湿润，保持土壤温度。

（三）成活调查与补植

成活调查的目的在于评定栽植效果，分析成活与死亡的原因，总结经验教训，指导今后的生产。一般适时栽植的树木，在生长初期，都能伸枝展叶。但有一些植株，不是真正成活，而是一种"假活"，一旦气温升高，水分亏损，这种树木就会出现萎蔫，若不及时救护，就会高温干旱而死亡。树木是否成活至少要经过第一年高温干旱的考验以后才能确定。

秋末以后，开始对树木成活调查，采用抽样调查或全部调查的方法。已成活的植株应测定新梢生长量，确定生长势等级；死亡植株仔细观察，分析状况，找出原因。调查之后，按树种统计成活率与死亡率，写出调查报告，确定补植任务，提出进一步提高栽植成活率的措施与建议。

对死亡的植株，应在第二年栽植季节里及时补植。补植树木的规格、质量与养护管理都应高于栽植时的水平。

四、任务实施

1. 准备工作

1）课前预习相关知识部分。

2）教师现场教学，示范讲解新植树木的养护技术。

3）班级学生自由组合（每组5～8人）为几个学习小组，各学习小组自行选出小组长。

4）联系园林企业，讨论、制定实施方案。

5）材料工具准备。

2. 实施步骤

1）地上部分保湿，包干、喷水、遮阳。

2）促发新根，控水、护芽、松土、培土。

3）树体支撑搭架。

4）抹芽去萌补充修剪。

5）松土除草，树盘覆盖。

6）成果展示，企业兼职教师和学校老师评分。

7）分组讨论、总结学习过程。

任务4　空间绿化的养护管理

一、任务描述

世界各国的园林工作者都在努力开拓绿化空间。屋顶绿化和垂直绿化就是弥补绿地缺少，开拓绿化空间的一条重要途径。学习的任务是空间绿化的养护，了解空间绿化的特点，掌握空间绿化的养护方法，会养护屋顶绿化，会养护垂直绿化。

二、任务分析

空间绿化就是在平屋顶和墙体上建造人工花园。随着国家建设的发展、人民生活水平的不断提高，将会出现越来越多的空间花园。空间绿化与露地绿化在植物种植上有很大的区别，所以在绿化养护上也应不同。完成本任务要掌握的知识面有：屋顶绿化对水、肥的需求特点，垂直绿化对水、肥的需求特点等。

三、相关知识

（一）屋顶绿化的养护管理

屋顶绿化的养护管理基本与地面的养护管理相同。

1. 浇水

因屋顶干燥、高温、光照强、风大、植物蒸腾量大、失水多，夏季易发日灼，枝叶焦边干枯，必须经常浇水，创造较高的空气湿度，减少蒸腾。夏天每日应多次浇水喷水，其他季节每日浇水也在1、2次以上，夏天还应采取措施遮阴保湿。

2. 施肥

屋顶土层较浅，需勤施肥以补充植物生长的营养。肥料以营养液或有机肥为主，有机肥要经过处理，无机肥要配以适当浓度的营养液。

3. 防寒

冬季风大，气温低，而栽植层又浅，植物可能受冻，应用稻草进行卷干防寒，盆栽植物可搬入温室越冬。

（二）垂直绿化的养护管理

1. 枝梢牵引

藤本植物要攀援上爬，才能达到理想的绿化效果。新梢发芽生长后，必须做好新梢的引导工作，使其定向生长，快速见效，牵引方法有：

1）斜支架式。斜支架式是指用木棍或竹竿斜支到墙壁上，支架角度为15°~30°，植物通过支架即可上墙。

2）立架式。立架式是指在栽植点直立约3m高的木杆，上端搭横杆与墙面相接，杆与杆间用铁丝相连，形成棚架式通道，植株通过棚架爬上墙体。

2. 肥水管理

藤本植物离心生长旺盛，需肥水较多，应经常施肥灌溉。

3. 土壤管理

及时松土除草，每隔2~3年换土一次，换土时切断部分根系，取出劣质土，补充疏松、肥沃土壤。

4. 整形修剪

生长期内摘心、抹芽、促使侧枝大量萌发，迅速达到绿化效果；花后修去残花，不使结实；冬季剪去病虫枝、干枯枝、过密枝。

四、任务实施

1. 准备工作

1）课前预习相关知识部分。

2）教师现场教学，示范讲解空间绿化的养护技术。

3）班级学生自由组合（每组5~8人）为几个学习小组，各学习小组自行选出小组长。

4）联系园林企业，讨论、制定实施方案。

5）材料工具准备。

2. 实施步骤

1）屋顶绿化的浇水、施肥、防寒。

2）垂直绿化枝梢牵引、肥水管理、土壤管理、整形修剪。

3）成果展示，企业兼职教师和学校老师评分。

4）分组讨论、总结学习过程。

任务5　保护地栽培园林植物的养护管理

一、任务描述

保护地栽培园林植物的养护管理就是对保护地的环境进行人工调节，充分发挥保护地栽培设施的生产效率，实现保护地的高产高效。学习的任务是对保护地栽培园林植物养护管理，能够调节保护地的环境，能够进行土、肥、水管理。

二、任务分析

保护地栽培园林植物养护管理包括设施内的小气候环境的调节、浇水、施肥等内容。完成本任务要掌握的知识面有：设施内环境的调控、温室园林植物的养护管理、容器栽培植物的养护管理等。

三、相关知识

（一）栽培设施内环境的调控

1. 设施内的小气候特点

（1）温度　设施内的温度具有以下特点：

1）气温的季节变化。夏天，设施内温度比室外高，除个别高温植物可以留在温室外，其他植物必须移到阴棚中，冬季，设施内温度比室外高，植物都应放在室内越冬。

2）气温日变化。晴天设施内温度白天高，夜晚低，温差大；阴天设施内温度昼夜温差不明显。

3）温度逆转现象。设施内温度高，但变化快，若无覆盖的大棚，日落后降温比露地快，出现棚内温度比棚外温度低的逆转现象。

4）温度的分布。设施内温度分布不均匀。晴天白天，设施内的上部温度高于下部，中部温度高于四周；夜间，设施内北侧温度高于南侧；面积越小，低温区比例越大。

5）地温变化。与气温相比，地温的季节变化和日变化均较小。

（2）光照　设施内的光照具有以下特点：

1）光照分布不均。受结构、材料、屋面角度、设置方位的影响，温室内的光照状况有很大差别，如北侧、西侧光照较南侧和中部要弱，一般为弱光区，影响植物生长。

2）可见光透光率。太阳光照射时，一部分光被反射，一部分被吸收，加上覆盖材料本身的影响，使透光率下降 50%～80%，影响植物生长。

3）寒冷季节光照时数少。一般设施在冬季都要盖草帘、纸被等保温材料，这就减少了设施内的光照时数。

（3）湿度　由于棚内土壤蒸发、植物蒸腾、通风等因素的影响，设施内湿度高于外界，容易引发病害。夏季，室外温度高、光照强时，又会出现设施内湿度太低的状况。

（4）二氧化碳浓度　设施内，植物光合作用消耗了二氧化碳，会出现二氧化碳亏缺，影响光合效率。一天内，早上二氧化碳浓度较高，日出后二氧化碳浓度下降，甚至出现亏缺现象。

2. 设施内环境的调节方法

（1）温度调节　设施内温度的高低取决于加温通风和遮阳的综合作用。设施内为保持合适的温度，必须经常采取措施进行调节。如冬季除充分利用太阳能外，需要采取适当的加温措施；夏季室内温度很高，需要采取措施降温；温室内昼夜温差大，夜晚需要采取措施保温。室温调节应符合自然规律，中午温度较高，早晚温度较低，要防止温度的骤然升降和温差过大。调节的方法有加温、屋顶覆盖、屋顶遮阳、室内喷雾等。

（2）光照调节　根据季节和植物种类调节室内的光照。如夏季阳光强烈，要求遮阳时间长，春、秋季应在中午前后遮阳，阴雨天要求补光等，光照的调节应根据植物种类的不同而具体安排。常用的调节方法有改善设施的透光率、遮阳网覆盖、室内涂白、清洁覆盖材料、人工补光等。

（3）湿度调节　设施内有时因其密闭，水分不易蒸发，湿度很高；有时又因加温或室内通风、日照强烈等原因使室内相对湿度很低。湿度过高过低都不利于植物生长，应根据需要调节。常用的方法有喷水保湿、通风换气、覆盖地膜、采用微灌技术等。

（4）二氧化碳浓度调节　设施内二氧化碳浓度低，需要人工补充二氧化碳，以提高植物的产量与品质。可以用通风换气、人工补充二氧化碳气的方法调节。

（二）温室园林植物的养护管理

1. 浇水

（1）浇水次数、浇水时间、浇水量　浇水次数、浇水时间、浇水量应根据季节、天气、植物种类、不同生长期和土壤性质等条件灵活掌握。如喜湿种类多浇，反之少浇；生长期多浇，休眠期少浇；夏季多浇，冬天少浇等。夏季以早晨日出前或日落后为宜，冬季以上午9:00~10:00时为宜。浇水的原则是"干透浇透"。

（2）浇水方式　浇水方式有浇水、找水、放水、喷水、扣水等。浇水即用喷壶进行喷洒；找水即补充浇水，对个别植物补浇；放水是结合追肥进行的；喷水即对植物进行全程或叶面喷水；扣水指少浇水或不浇水。

（3）慎重浇水　对水分特别敏感的植物，浇水应特别慎重。如蒲包花、大岩桐、秋海棠的叶片淋水后容易腐烂；非洲菊的花芽、仙客来的球茎顶部叶芽等淋水后会腐烂枯萎；兰科植物、牡丹等分株后遇水也会腐烂。这一类植物应分开摆放，区别对待。

2. 施肥

温室栽植需要不断施肥保证植物快速生长的养分供应。地栽植物在整地作畦前施基肥，盆栽植物在上盆换盆时施基肥，生长期施追肥。施肥应注意以下几点：

1）施肥应在晴天进行，施肥前先松土，施肥后立即用水喷洒叶面，施肥结合浇水进行。温室内植物长势旺，应多施几次，根外追肥应在中午前后喷洒，喷肥时对着叶背面喷。

2）肥料的类别。基肥有人粪尿、牛粪、鸡粪、蹄片和羊角等，施肥量不要超过盆土总量的20%，要与培养土混合均匀。追肥以沤制好的饼肥、油渣为主，也可用化肥、微量元素，应薄施勤施。

3）盆栽植物的用肥应合理配施，苗期氮肥多一些，花芽分化和孕蕾阶段磷肥和钾肥应多一些。植物的观赏目的不同，施肥的侧重点不同。如观叶植物以施氮肥为主，观茎植物侧重施钾肥，观花植物偏重施磷肥。

3. 整枝与修剪

在温室中，全年都有植物生长，修剪是长年不断的工作，修剪也分为休眠期修剪和生长期修剪。休眠期修剪在晚秋至翌年春发芽前进行，特别对木本植物，在春、秋二季进入或搬出温室时，要进行整形修剪，经常摘除黄叶也是修剪的任务之一。生长期修剪，修剪量较大，包括摘心、除叶、剪徒长枝等。整枝修剪可调整植物生长势，促进其生长开花，长成良好株形。整枝包括绑扎、诱引、支缚、支架等；修剪包括摘心、除芽、剪枝、摘叶、剥蕾等。

4. 园林植物的出入温室

夏季温室内温度高，不适宜园林植物的生长，应在每年春季晚霜过后，将其移至室外阴棚中养护，待秋季早霜出现前，再移入室内养护。

1）出入房的具体时间根据各地的气候条件和植物的种类灵活掌握。如北方在4月末至5月初陆续移出温室，9月末至10月初移入温室。南方出室时间较北方早，入室时间较北方迟。

2）温室园林植物因长期生长在室内，适应不了环境的剧变，出室前要锻炼。从2月底开始，逐渐开窗通风，降低室内温度，减少水分和氮肥的供应，增施磷钾肥，慢慢让植物适应室外环境，增加抵抗能力。

3）入房前应做好温室的清洁消毒工作。先将温室打扫干净，再用硫磺粉加锯末混合熏烟，或用40%的福尔马林50倍液喷洒。刚进房的几天，要经常开窗通风，使植株逐步适应室内环境。

5. 温室内园林植物的摆放

温室栽培应充分利用温室内的面积，尽可能增加产量、提高质量。温室内园林植物的摆放必须根据温室的性能、高度和面积，结合各植物的生态习性，统筹安排。

1）应将喜光的花卉种类如仙客来、君子兰、瓜叶菊、蒲包花等放在光照充足的地方；耐阴的如旱伞菜、天竺葵、万年青、马蹄莲等放在屋架子下面边缘处。

2）应将喜温的如变叶木等放在温度较高的地方；需要低温的如报春花等摆在温度较低的地方。

3）应将植株高大的如白兰花、南洋杉、叶子花等放在屋脊下面；植株矮小的放在外侧。

各种植物在摆放排列时，要尽量使植物互不遮光或少遮光。

6. 土壤管理

保护地栽培，由于土壤被覆盖，得不到降雨的淋溶，再加上保护地内温度较高，地表面水分蒸发大，导致土壤溶液浓度高，氮素形态发生变化和气体危害，土壤微生物分解能力降低。因此，必须加强土壤管理。

1）控制施肥，给以必要的最小限度的施肥量。应选择出现浓度障碍危险少的肥料，如磷肥，少施氮肥、钾肥，多施硫酸盐肥料，少施氯化物肥料。

2）完善排灌系统。夏季增加灌水量可减轻盐分危害，如夏季漫灌淹水可以灭杀传染性病菌及线虫。

3）施入碳氮比高的锯末、稻草、麦秆可减少植物发病率，在定植前一个月或一个半月，施入截成5cm左右的碎稻草，每$1000m^2$施1~2t。

（三）容器栽培植物的养护管理

1. 水分管理

容器栽培植物的水分管理是一项重要而细致的工作，是保证植物正常生长的重要措施之一。盆栽植物生长在有限的盆土中，土壤定容，极易干旱失水。若不及时浇水，就会干死。但水又不能浇得太多，过多又会导致缺氧，引起烂根。

（1）浇水量　浇水的原则是"见干见湿，间干间湿，不干不浇，浇必浇透"。浇水量应根据下面几种情况来定：

1）依植物种类确定浇水量。植物种类不同，需水量不同。

2）依植物的生长期来确定浇水量。植物生长期不同，对水分的需求不同。

3）依季节来确定浇水量。

①春季。天气渐暖，盆栽植物出室之前要加强通风锻炼，这时应增加浇水量。草本花卉每隔1~2d浇水一次；花木每隔3~4d浇水一次。

②夏季。大多数盆栽植物已放在阴棚下，但温度高，蒸发量仍很大，每天早晚各浇水一次。

③秋季。天气转凉，放在露地的盆栽植物每隔2~3d浇水一次。

④冬季。盆栽植物已移入温室，低温温室每隔4~5d浇水一次，中温温室每隔1~2d浇水一次。

（2）浇水时间　夏天以早晨日出前或日落后为好，冬季以上午9~10时为好，春、秋季可在一天的任何时间浇水。

（3）浇水方法　浇水方法主要有以下几种：

1）喷洒法。喷洒法是以喷壶喷洒的浇水方法，是最主要的浇水方法。

2）浸盆法。浸盆法是将盆钵浸在池子里，让水淹没盆口，浸透盆土的浇水方法。

3）灌水法。灌水法是用喷灌和滴灌浇水的方法。株高1~2m采用喷灌，摆放稀的大苗以滴灌为主。浇水全程用计算机控制，既可节约用水，又可以兼作施肥，这种方法灌水均匀，省工省力，是将来发展的方向。

（4）水质　盆栽植物对水质有一定的要求，好水质可培育好植株，一般要求水为中性、微酸性，可溶性盐含量低，水中不含病菌、藻类、杂草种子。

2. 施肥

容器栽培的园林植物上盆的基质中已含有植物生长所需的营养，可满足植物生长初期的养分需要。但基质肥料主要为基肥，在生长过程中，还需要补充肥料，即追肥，一般一年追肥3~4次，追肥可结合换盆、浇水进行。

四、任务实施

1. 准备工作

1）课前预习相关知识部分。

2）教师现场教学，示范讲解保护地栽培园林植物的养护管理技术。

3）班级学生自由组合（每组5~8人）为几个学习小组，各学习小组自行选出小组长。

4）联系园艺企业，讨论、制定实施方案。

5）材料工具准备。

2. 实施步骤

1）浇水、施肥、土壤管理。

2）设施内的小气候环境的调节，出入温室、摆放。

3）成果展示，企业兼职教师和学校老师评分。

4）分组讨论、总结学习过程。

任务6　草坪的养护管理

一、任务描述

草坪是园林绿化的重要组成部分。草坪是绿地平面构成中的基本要素，也是绿地中各类景物的基调、底色，形成开敞明朗的透视空间。学习的任务是搞好草坪的养护管理，了解草坪的等级，熟悉草坪养护的内容，掌握草坪养护的方法，会修剪草坪，会草坪施肥，会草坪浇水，会除草坪杂草，会更新复壮草坪。

二、任务分析

草坪的养护管理包括修剪、灌溉、施肥。三者之间是相互联系的，当修剪高度变化时，也要调整施肥、灌溉的频率与强度。完成本任务要掌握的知识面有：草坪修剪，草坪施肥，草坪灌溉等。

三、相关知识

（一）草坪修剪

修剪是所有草坪管理措施中最基本的措施之一，是指去掉一部分生长的茎叶。修剪的目的是维持草坪草在一定的高度下生长，增加分蘖；促进横向的匍匐茎和根茎发育，增加草坪密度；使草坪草叶片变窄，提高草坪的观赏性和运动性；限制杂草生长，抑制草坪草的生殖生长。

1. 修剪高度

修剪高度是指修剪后草坪草茎叶的高度。由于剪草机是行走在草坪草茎叶之上的，所以草坪草的实际修剪高度应略高于剪草机设定的高度。

（1）草坪草的耐剪高度　每一种草坪草都有它特定的耐剪高度范围，在这个范围之内则可以获得令人满意的草坪质量。耐剪高度范围是草坪草能忍耐最高与最低修剪高度之间的范围，高于这个范围，草坪变得稀疏，易被杂草吃掉；低于耐剪高度，发生茎叶剥离，老茎裸露，甚至造成地面裸露。草坪草的耐剪范围受草坪草种类、气候条件、栽培措施等因素的影响。不同类型草坪草的参考修剪高度范围见表6-6。

表6-6　不同类型草坪草的参考修剪高度范围

冷季型草	高度/cm	暖季型草	高度/cm
匍匐剪股颖	0.35~2.0	美洲雀稗	4.0~7.5
草地早熟禾	3.75~7.5	狗牙根（普通）	2.0~3.75
粗茎早熟禾	3.5~5.0	狗牙根（杂交）	0.63~2.5
细羊茅	2.5~6.5	假俭草	2.5~7.5
羊茅	3.5~6.5	钝叶草	7.5~10.0
硬羊茅	2.5~6.5	结缕草（马尼拉）	1.25~5
紫羊茅	3.5~6.5	野牛草	2.5~不剪
高羊茅	4.5~8.75	—	—
多年生黑麦草	3.75~7.5	—	—

（2）用途决定修剪高度　一般情况下，用途决定草坪草的修剪方式和修剪高度。

（3）环境条件影响修剪高度　修剪和环境两者都可引起胁迫。环境条件是难以控制的，修剪高度则可以人为控制。在高温高湿或高温干旱期间，应提高修剪高度。

（4）1/3原则　对于一般的草坪，原则上，每次修剪不要超过1/3的纵向生长茎叶长度，否则地上茎叶生长与地下根系生长不平衡而影响草坪草正常生长，此称为1/3原则。

2. 修剪频率

修剪频率是指一定时期内草坪修剪的次数，修剪周期是指连续两次修剪之间的间隔时间。修剪频率取决于修剪高度，何时修剪则由草坪草生长速度决定。一般修剪高度为5cm的草坪，每周修剪一次。

3. 修剪方向

修剪方向不同，草坪草茎叶取向、反光也不同，产生许多明暗相间的条带。为了保证茎叶向上生长，每次修剪的方向应该改变。

（二）草坪施肥

草坪经常修剪，养分消耗较大。施肥可以及时给予养分的补充，延长草坪绿期，提高草坪质量。

1. 肥料的选择

肥料的选择应考虑以下几个方面：

（1）肥料的物理特性　肥料的物理特性好，不易结块且颗粒均一，容易施用均匀。

（2）肥料的水溶性　肥料水溶性大小对产生叶片灼烧的可能性高低和施用后草坪草反应的快慢影响很大。缓效肥，有效期较长，每单位氮的成本较高，但施用次数少，省工省力，草坪质量稳定持久。

（3）肥料对土壤性状产生的影响　在进行施肥时，肥料对土壤性状产生的影响不容忽视，尤其是对土壤pH值、养分有效性和土壤微生物群体的影响。

2. 施肥量

（1）氮肥施用量　每次安全施肥的最大数量取决于氮肥的类型、温度、时间、修剪高度和草坪草的类型。在良好的生长条件下，一般每次施用量不超过 $6g/m^2$ 速效氮，温度高时，冷季型草坪施氮量不要超过 $3g/m^2$。如施用缓释氮肥，可按 $6g/m^2$ 施用，不得超过 $18g/m^2$。

（2）磷肥、钾肥施用量　可根据土壤测试结果，在氮肥施用量的基础上，按N、P、K配合施用比例来确定。一般情况下，N∶K = 2∶1，磷肥每年施用量为 $5g/m^2$。

（3）氮、磷、钾配比施肥　适宜的N∶P∶K配比可缓解由于土壤pH值偏低对草坪不良影响，当N∶P∶K达到20∶8.8∶16时，草坪能在pH值5.1的土壤中保持良好的质量。

3. 施肥时间及施肥次数

（1）施肥时间　健康的草坪草每年在生长季节应施肥保证氮、磷、钾的连续供应。冷季型草坪草，深秋施肥，暖季型草坪草，最佳的施肥时间是早春和仲夏。

（2）施肥次数　施肥次数应根据草坪草的生长需要而定。理想的施肥方案是，每隔一周或两周施一次肥，对大多数草坪来说，每年至少施两次肥。实践中，草坪施肥的次数取决于草坪养护管理的水平。养护管理水平低的，每年施一次肥；中等养护管理水平，冷季型草坪每年施二次，暖季型草坪每年施三次；高养护管理水平，每月施肥一次。

4. 施肥方法

草坪施肥主要以追肥的方式进行，有表施和灌溉施肥两种方法。

（1）表施　表施是指采取下落式或旋转式施肥机将颗粒状肥直接撒入草坪内，然后结合灌水，使肥料进入草坪土壤中。

（2）灌溉施肥　灌溉施肥是指经过灌溉系统将肥料溶解在水中，喷洒在草坪上。在干旱灌水频繁的地区，常采用这种方式施肥。

（三）草坪灌溉

水分通过降雨进入草坪土壤，经过草坪草叶面蒸腾、地面蒸发损失和向地下入渗，剩余的水分一般不能满足草坪草生长的需要，如不及时灌溉，草坪草可能会休眠或死亡。尤其在太阳辐射强烈的夏季，草坪蒸腾蒸发损失大量的水分，必须及时灌溉以保证根系层的水分供应。灌水的方法主要有地面灌溉和喷灌。

1. 灌溉时间

在一天的大多数时间可以进行灌溉，但夏季中午不能灌溉。因为此时灌溉易导致草坪烫伤，降低灌溉水的利用率。对于安装自动喷灌系统的草坪，可以在夜间灌溉；对于人工地面灌溉的草坪可选择无风或微风的清晨和傍晚进行灌溉。

2. 灌水量

单位时间灌水量不应超过土壤的渗透能力，总灌水量不应超过土壤的持水量。

四、任务实施

1. 准备工作

1）课前预习相关知识部分。

2）教师现场教学，示范讲解草坪的养护技术。

3）班级学生自由组合（每组5~8人）为几个学习小组，各学习小组自行选出小组长。

4）联系园林企业，讨论、制定实施方案。

5）材料工具准备。

2. 实施步骤

1）草坪修剪。

2）草坪施肥。

3）草坪灌溉。

4）成果展示，企业兼职教师和学校老师评分。

5）分组讨论、总结学习过程。

任务7　古树名木的养护管理

一、任务描述

古树名木是城市绿化、美化的重要组成部分。学习的任务是搞好古树名木的养护管理，了解古树名木的知识，熟悉古树名木养护管理的内容，掌握古树名木养护管理的方法，会改良古树名木的地下环境，会进行古树名木的地上保护。

二、任务分析

古树名木的养护管理包括改良地下环境、加强地上保护。完成本任务要掌握的知识面有：古树名木的概念，古树名木的作用，古树名木养护管理的基本原则等。

三、相关知识

（一）古树名木的概念和作用

1. 古树名木的概念

《风景园林基本术语标准》（CJJ/T 91—2017）中规定"古树泛指树龄在百年以上的树木；名木泛指珍贵、稀有或具有历史、科学、文化价值以及具有重要纪念意义的树木，也指历史和现代名人种植的树木，或具有历史事件，传说及神话故事的树木。"古树的年龄差异很大，可以分成不同的等级，500年以上者为国家一级古树；300～499年为国家二级古树；100～299年为国家三级古树。名木不受年龄限制，不分级，只有当名木的树龄超过100年，古树名木才能在这棵树上得到完整的体现。

2. 古树名木的作用

古树名木是活的文物，是自然界和前人留给我们的瑰宝，是城市绿化、美化的重要组成部分，是一种不可再生的自然和文化遗产，具有重要的科学、历史和观赏价值。对其实施有效的保护具有现实意义。

（二）古树名木的养护管理方法

古树多处于生命周期的衰老阶段，虽然成活了很多年，但终究要结束其生命过程。古树名木养护管理就是通过合理的栽培措施，改善其生长的环境条件，延缓衰老，更新复壮，延长寿命。

1. 养护管理的基本原则

1）恢复和保持古树原有的生境条件。古树在一个地方已经生活了几百年甚至几千年，说明对当地的生态环境是非常适应的，因而不能随便改变原有的生活环境。

2）养护措施必须符合树种的生物学特性，每一树种都有自身生长发育规律和生态特性，在养护中应顺其自然，满足其生理生态要求，将古树生长的各项环境指标控制在允许范围内。具体要求是：土壤有效孔隙度不得低于10%，土壤堆密度不得超过1.3g/cm³，土壤含水量控制在5%～20%之间，以15%～17%为宜，固相、液相、气相比控制在5:3:1，夏季土温在15～29℃之间，土壤含盐量不超过0.1%，有机质不低于1.5%。如对土壤含水量的要求，古松柏一般以14%～15%为宜；银杏、槐树一般以17%～19%为宜。

3）养护措施必须有利于提高树木的生活力，有利于增加树体的抗逆性。这类措施包括灌水、排水、松土、施肥、支撑、防病虫等。

2. 养护管理的措施和方法

古树保护首先应依照法律法规对古树进行挂牌管理，加强宣传教育，减少人为伤害；其次在分析古树衰老原因的基础上，进行技术管理。古树名木养护管理措施涉及地上与地下两部分，具体措施如下：

（1）改善地下环境　改善地下环境就是创造根系生长的适宜条件。增加土壤营养，促进根系的再生复壮，提高吸收、合成和输导功能，为地上部分的复壮生长打下良好的基础。

1）在土壤板结、通气性差的地方开沟埋条，增强土壤通气性，同时也可起到截根再生复壮的作用。

① 开沟的方式有环形沟、辐射沟及长条沟。环形沟是在树冠投影外缘开沟；辐射沟是从树冠投影内约离干基1/3的地方向外开4～12条沟；长条沟是开在树木行间的沟。各种沟

的宽度均为 40~70cm，深为 60~80cm。

② 沟挖好后先回填 10cm 厚的松土，将树枝捆成 20~40cm 粗的松散捆，铺在沟底，再回填松碎土壤，震动踩实。

2) 对城市公园中严重衰弱的古树，由于地下环境复杂，可设置复壮沟—通气—渗水系统。

① 复壮沟深 80~100cm，宽 80~100cm，长度和形状因地形而定。沟内回填物有复壮基质、树枝和增补的营养元素。复壮基质多用松、栎、槲的落叶(60% 腐熟落叶 +40% 半腐熟落叶)加入少量 N、P、Fe、Mn 等元素配制而成。树枝为紫穗槐、杨树等阔叶树种的枝条，截成 40cm 的枝段后埋入。复壮沟的位置在古树树冠投影外侧，回填处理时从地表往下纵向分层：第一层是 10cm 厚的表土；第二层是 20cm 厚的复壮基质；第三层是 10cm 厚的树枝；第四层是 20cm 厚的复壮基质；第五层是 10cm 厚的树枝；第六层为 20cm 厚的粗砂或陶粒，如图 6-24 所示。

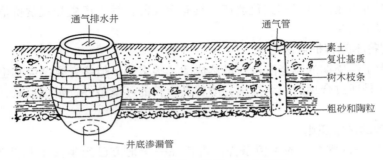

图 6-24 复壮沟—通气—透水系统

② 通气管为金属、陶土或塑料制品。管径 10cm，管长 80~100cm，管壁打孔，外围包棕片，每棵树约 2~4 根，垂直埋设，下端与复壮沟内的枝层相连，上部开口加上带孔的盖。

③ 渗水井在复壮沟的一端或中间，为深 1.3~1.7m，直径 1.2m 的井，四周用砖垒砌而成，下部不用水泥勾缝。井口周围抹水泥，上面加铁盖。井比复壮沟深 30~50cm，可以向四周渗水，因而可保证古树根系分布层内无积水。

经过这样处理的古树，地下沟、井、管相连，形成一个既能通气排水，又能供给营养的复壮系统，创造了适合古树生长的优良土壤条件，有利于古树的复壮与生长。

3) 在树下、林地人流密集地方加铺透气砖，在人流少的地方种植地被植物，如苜蓿、白三叶、半枝莲等可解决古树表层土壤的通气问题。

4) 古树生长的地方，土壤养分有限，常表现缺素症状，加上人为踩实，通气性差。可进行土壤改良：改善通气条件，降低堆密度，加速有机质分解，提高根系吸收能力，促使古树复壮。

5) 给古树根部和叶面施用一定浓度的植物生长调节剂，有延缓衰老的作用。

(2) 加强地上保护 对古树树体采取各项保护措施，以免干扰损伤。

1) 在过往人多的古树周围设围栏，在树盘周围松土，种植地被植物。露出地面的根脚应覆盖腐殖土或在地表加设网罩、护板，如图 6-25 所示。

2) 病虫害是古树生长衰弱的重要原因之一，应及时防治。

3) 对病虫枝、枯死枝，在休眠季节抓紧清理。对具潜伏芽寿命长的树种，将其树冠外

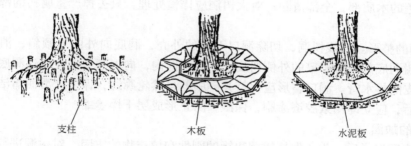

图 6-25 架空铺装保护露根

围衰老枯梢回缩修剪，更新复壮。

4）对古树主干上因年久腐朽形成的空洞及时修补填充。

5）支撑加固。古树年代久远，树体衰老，有些树干中空、发生倾斜，应立支架支撑，用螺栓、螺钉加固。

6）靠接小树，复壮濒危古树。先将小树移栽到受伤大树旁并加强管理，促其成活，选合适时期进行靠接。由此可以激活古树生理活性，诱发新叶，帮助复壮。

7）保持周围环境的清洁。

8）在古树保护范围内禁止动土，施工范围内有古树，施工前必须在其保护范围边缘采取保护措施。

9）严禁在树上钉钉子，绕铁丝、挂杂物。

（三）树洞处理与树体支撑

1. 树洞处理

树洞处理是指主要对树洞内部进行清理、凿铣、整形、消毒和涂漆，如图 6-26 所示。

（1）树洞形成的原因 树洞是树木边材、心材出现的孔穴。其形成的主要原因是忽视了树皮的损伤和对伤口的恰当处理，导致病菌害虫从伤处侵入树体而造成腐朽。树洞的存在，改变了树体结构，使树木抗逆性减弱，妨碍营养物质的运输和新组织的形成，给树体的健康和寿命造成严重影响。

（2）树洞处理的目的与原则 树洞处理的目的是去掉严重腐朽的木质部，消除病菌害虫的生存环境，刺激伤口愈合，改善树木外貌，提高观赏价值。树洞处理的原则：一是尽可能保护伤口附近的障壁保

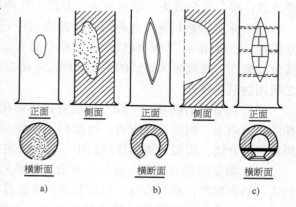

图 6-26 树洞的处理
a) 腐朽的树洞 b) 清理、整形、消毒 c) 加固及假填充

护系统，抑制病原微生物的蔓延；二是尽量不破坏树木的疏导系统，不降低树木的机械强度；三是通过洞口整形处理，加速愈合组织的形成，使伤口愈合，便于填充覆盖。

（3）处理方法

1）树洞的清理。用锤、凿、刀具等工具，小心地去掉腐朽和虫蛀的木质部。要求对小

树洞腐朽变色的木质部，全部清除；对大树洞应谨慎处理，只去掉严重腐朽的部分，以防掏空树干。

2）树洞的整形。对浅树洞，切除洞口下方的外壳，洞底向外向下倾斜，消除水袋；对深树洞，从树洞底部较薄洞壁的外侧树皮上，由下向内，向上倾斜钻孔直达洞底，在孔中安装稍突出树皮的排水管。洞口整形应保持其健康的自然轮廓线，保持光滑而清洁的边缘，洞口切削整形后，应立即用紫胶漆涂刷，保湿，防止形成层干燥萎缩。

2. 树洞的加固

树洞经清理整形后，为了保持树洞边缘的刚性和填充物的牢固，对树洞进行支撑加固。

（1）螺栓加固 利用锋利的钻头在树洞相对两壁的适当位置钻孔，在孔中插入相应长度和粗度的螺栓，在出口端套上垫圈后，拧紧螺帽，将两边洞壁连接牢固。

（2）螺钉加固 选用比螺钉直径小的钻头，在适当位置钻一穿过相对两侧洞壁的孔，在开钻处向木质部绞大孔洞，深度应刚好使螺钉头低于形成层。在切面上涂刷紫胶漆，然后用管钳将螺钉拧入钻孔。对于长树洞，除在两壁中部加固外，还应在树洞上下两端健全的木质部上安装螺栓或螺钉，如图6-27所示。

3. 消毒与涂漆

消毒是对洞内表的所有木质部涂抹木馏油或3%的硫酸铜液。涂漆是对所有外露木质部漆紫胶漆，包括在先期处理加固中涂过漆的部位。

4. 树洞的填充

树洞填充的目的，一是防止木材的进一步腐朽；二是加强树洞的机械支撑；三是为愈合组织的形成和覆盖创造条件；四是改善外观，提高观赏效果。填充的方法有以下几种：

（1）水泥砂浆填充 先将两份净沙或三份石砾与一份水泥加水搅拌，然后用泥刀把砂浆放入洞内充分捣实。大量填充应分层或分批灌注，每次灌入砂浆的宽度和厚度不得超过15cm，层与层之间用油毛毡隔开。

（2）沥青混合物填充 用一份沥青加热熔化，加入三四份干燥的硬材锯末、细刨花或木屑，边加料边搅拌，充分搅匀成面糊颗粒状混合物，将混合物灌注到洞中，充分捣实即成。

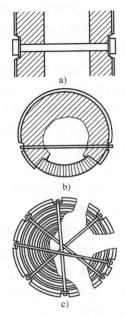

图6-27 树洞加固
a）单螺栓加固（示埋头孔）
b）螺钉加固与假填充
c）多螺栓加固（不同高度）

（3）聚氨酯塑料填充 这是一种最新的填充料，在园林中已开始应用。其特点是坚韧、结实、稍有弹性，易与心材、边材黏合；重量轻，易灌注，可与杀菌剂共存；膨化、固化迅速，便于愈合组织的形成。填充的方法是：先将树洞出口周围切除0.2～0.3cm的树皮带，露出木质部后注入填料。

（4）弹性环氧胶填充 弹性环氧胶加50%的水泥、50%的细沙混合填充树洞。其结合牢固，填充三年后无裂缝，能与伤口愈合组织紧密混合生长。

（5）其他填料填充 其他填料包括木块、木砖、软木、橡皮砖等。

5. 树木的支撑

对于树体结构脆弱，枝、干重量失衡，易遭伤害的树木枝杈进行人工支撑，减少树木的损伤，延长寿命。常需要支撑的树种有皂荚、七叶树、合欢、槭树、鹅掌楸等，有V形杈的树木，极易发生丫杈劈裂，也需要人工支撑加固。常用的支撑方法有两种类型，柔韧支撑和刚硬支撑。树木的软、硬加固如图6-28所示。

（1）柔韧支撑　支撑所用材料，除连接部位用硬质材料外，其他均用金属缆绳进行支撑，用于吊起下垂枝条、有害其他物体的枝条。支撑后枝条可以有一定的自由摆动范围，根据缆绳排列方式可分为单引法、围箱法、毂辐法和三角法等，如图6-29所示。

（2）刚硬支撑　支撑所用材料全部为硬质材料，如螺栓、螺帽，加固弱分枝、劈裂杈、开裂树干和树洞等，如图6-30所示。

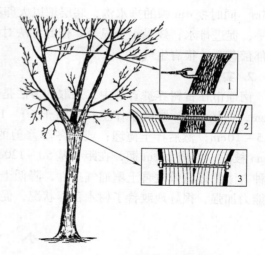

图6-28　树木的软、硬加固
1—嵌环与挂钩连接　2—螺栓加固　3—埋头螺栓加固

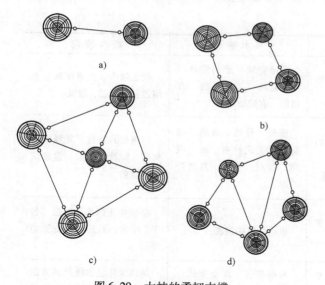

图6-29　大枝的柔韧支撑
a）单引法　b）围箱法　c）毂辐法　d）三角法

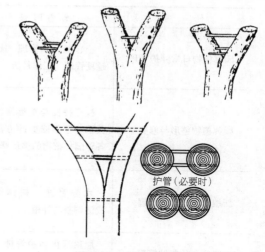

护管（必要时）

图6-30　树杈刚硬支撑

（四）古树名木养护管理实例

1. 实例一

采用土壤改良的方法，对古树生长的土壤进行改良，是古树名木养护管理的关键技术。北京市故宫园林科早在1962年就用土壤改良的方法，更新复壮挽救古树。如1962年皇极门内宁寿门外的一棵古松，幼叶叶片枯黄萎缩像被火烧了一样。他们在树冠投影范围内，对大骨干根附近的土壤进行改良。挖土深度为0.5m，挖土时以原土与沙土、腐叶土、大粪、锯末及少量化肥混合均匀之后回填踩实。处理半年后，这株古松长出新梢，地下部分长出2~3cm的须根，终于死而复生。又如1975年给一株濒死古松进行土壤改良，挖土深度

1.5m，同时挖4m深的排水沟，底层填以大卵石，中层填以碎石和粗沙，上层以细沙和园土填平，促进排水，效果十分显著。依此方法对故宫里的古松全部实施了土壤改良，改良后古松郁郁葱葱，很有生气。

2. 实例二

南通市在古树养护管理中，采取的方法是：将表层20cm含杂屑的土层清除，深耕30～40cm，回填10cm厚的耕作土；距树干60～120cm处深耕20～40cm，加入泡沫塑料厚度为5～10cm，然后拌土掩埋；或将冬季修剪的1～1.5cm粗的二球悬铃木枝条，剪成30～40cm枝段，打成20cm捆，在距干基50～120cm四周挖穴埋入4～6捆，覆土10～15cm。这几种方法都能有效改善土壤通气条件，降低土壤堆密度，加快土壤有机质分解，古树根系吸收能力加强，很好地改善了树木营养状况，促进了古树的复壮。

小 结

本项目主要介绍了园林植物日常养护管理，园林植物整形与修剪、新植树木的养护管理、空间绿化的养护管理、保护地栽培园林植物的养护管理、草坪的养护以及古树名木的养护管理。本项目具体内容见下表。

任 务	基本内容	基本概念	基本技能
园林植物日常养护管理	土、肥、水管理 越冬越夏管理 工作月历	土壤管理 肥料管理 水分管理 工作月历 有机肥 腐殖酸肥料	松土除草 土壤深翻 土壤改良、施肥、灌溉
园林植物整形与修剪	枝芽特性与整形修剪的关系 整形修剪的方法 各种园林植物的整形修剪	整形 修剪 自然式修剪 人工式修剪 疏 截 缩 台刈 平茬 自然开心形	行道树的修剪 花灌木的修剪 绿篱的修剪 盆景植物的修剪
新植树木的养护管理	水分管进 树体保护 成活调查与补植	成活 树体包裹	新植树木保水、保湿 包干、喷水、遮阳、搭支架的操作
空间绿化的养护管理	屋顶绿化养护管理 垂直绿化养护管理	枝梢牵引 斜支架式 立架式	屋顶绿化浇水施肥的方法 垂直绿化搭支架牵引
保护地栽培园林植物的养护管理	温室园林植物的养护管理 容器栽培园林植物的养护管理	浇水 找水 放水 喷水 扣水 喷洒法 浸盆法 灌水法	园林植物出入温室
草坪的养护管理	草坪的修剪、施肥、灌溉	修剪高度 1/3原则	草坪修剪
古树名木的养护管理	古树名木的概念和作用 古树名木养护管理方法 树洞处理与树体支撑	古树名木 复壮沟 树洞	

复习思考题

1. 比较整形、修剪的概念及相互关系，简述整形的意义。
2. 园林植物土壤管理的主要内容有哪些？
3. 园林植物施肥的方法有几种？
4. 园林植物水分管理中灌水量如何确定？
5. 举例说明截、疏、放几种修剪方法在实际修剪中的应用。
6. 花灌木的自然树形有哪几种？
7. 绿篱整形修剪中常用哪些断面形式？
8. 简述新植树木水分管理的技术要点。
9. 盆景最常用造型形式是什么？
10. 总结盆景造型修剪的技术要点。
11. 什么是古树名木？为什么要保护它？
12. 古树名木更新复壮的原则是什么？

园林植物病虫害防治

学习目标

技能目标：能够识别园林植物主要病虫害；能够防治园林植物主要病虫害。

知识目标：了解草坪草病虫草害及防治方法；了解园林植物主要害虫的特征、主要病害的症状；掌握园林植物主要害虫的生活史和习性、主要病害的发病规律；掌握园林植物主要病虫害的防治方法。

任务1　园林植物叶部病虫害防治

一、任务描述

叶部害虫是一类以植物叶片作为食物主要来源的昆虫；叶部病害以为害植物叶片为主，也为害茎、花器、叶柄。学习的任务是防治园林植物叶部病虫害，了解园林植物叶部病虫害种类，熟悉园林植物叶部害虫的特征、主要病害的症状，掌握园林植物叶部病虫害的防治方法，能识别主要的园林植物叶部病虫，能够防治园林植物叶部主要病虫害。

二、任务分析

叶部害虫主要为鳞翅类，另有膜翅类、鞘翅类和一些软体动物；叶部病害主要由于植物叶部受到不良环境影响和真菌、细菌、病毒等生物侵染引起。完成本任务要掌握的知识面有：园林植物叶部病虫害的概念，叶部主要虫害的形态特征、生活习性、主要病害的症状，叶部主要病虫害防治方法等。

三、相关知识

（一）叶部害虫

叶部害虫是一类以植物叶片作为食物主要来源的昆虫，主要为鳞翅类，另有膜翅类、鞘翅类和一些软体动物。

1. 叶甲类

叶甲又名金花虫，小至中型，体卵形至圆形，颜色变化大，有金属光泽，触角丝状。幼虫肥壮，三对胸足发达，体背常有枝刺、瘤突等附属物。成虫、幼虫均咬食树叶。成虫有假死性，多以成虫越冬。园林中常见的有榆绿叶甲、榆黄叶甲、榆紫叶甲、玻璃叶甲、皱背叶甲、柳蓝叶甲等。

榆绿叶甲又名榆叶甲、榆蓝叶甲、榆蓝金花虫等，属鞘翅目，叶甲科，分布于东北、华北、西北、华东等，主要为害榆树，成虫、幼虫为害榆树叶片，食成穿孔，发生期长，严重时能吃光全部叶片，是榆树的大害虫。榆绿叶甲如图 7-1 所示。

（1）形态特征

1）成虫。成虫体近长方形，黄褐色，鞘翅蓝绿色，有金属光泽。头部小，头顶有一钝三角形黑纹。前胸背板有三个黑斑，中间的为倒葫芦形，两侧的为卵形。

2）卵。卵黄色，鸭梨形，长 1.1mm，顶端尖细。

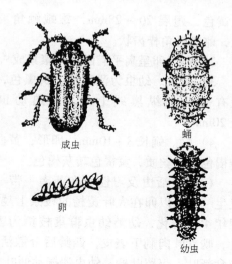

图 7-1　榆绿叶甲

3）幼虫。幼虫为深黄色，体长形微扁平，老熟幼虫体长 11mm，头部、胸足以及胸部所有毛瘤均为漆黑色，头部较小。

4）蛹。蛹为乌黄色，椭圆形，长 7.5mm，披黑毛。

（2）生活史及习性　一年发生 1～3 代，在江苏、上海一带一年发生二代。以成虫在树皮裂缝、屋檐、墙缝、土层中、砖石下、杂草间等处越冬。5 月中旬越冬成虫开始活动，相继交尾、产卵。5 月下旬开始孵化。初龄幼虫剥食叶肉，残留下表皮，被害处呈网眼状，逐渐变为褐色；二龄以后，将叶吃成孔洞。老熟幼虫在 6 月下旬开始下树，在树杈的下面或树洞、裂缝等隐蔽场所，群集化蛹。7 月上旬出现第一代成虫，成虫取食时，一般在叶背剥食叶肉常造成穿孔。7 月中旬成虫开始在叶背产卵，成块状。第二代幼虫 7 月下旬开始孵化，8 月中旬开始下树化蛹，8 月下旬至 10 月上旬为成虫发生期。越冬成虫死亡率高，所以第一代为害不严重。

（3）防治方法

1）冬、夏季在墙脚缝隙处、砖石堆等处搜集、杀死越冬成虫。

2）当第一代、第二代老熟幼虫群集化蛹时，人工捕杀。

3）幼虫发生期用 40% 乐果乳剂原液涂干，内吸杀虫效果达 100%，或喷洒 50% 杀螟松乳剂 800 倍液。

4）保护利用天敌，如榆卵啮小蜂、瓢虫等。

5）灯光诱杀成虫。

2. 斑蛾类

斑蛾是中型蛾类，属于鳞翅目，斑蛾科，一般以幼虫为害叶片，严重时吃光叶，使花芽不能开放，还常造成落叶落果。园林中常见有大叶黄杨斑蛾、梨叶斑蛾、桃斑蛾等。

大叶黄杨斑蛾分布于华北及陕西、福建、江苏等地，如图 7-2 所示。

（1）形态特征

1）成虫。成虫体长 8～10mm，体黑褐色，胸部两侧及腹末生有黄毛，翅半透明，基部呈黄色，翅展 20～28mm，雄蛾触角羽毛状，雌蛾触角栉齿状。

2）卵。卵呈扁平椭圆形，聚集成块。

3）幼虫。幼虫为浅黄色，头黑色，背上有平行的纵黑线七条，老熟幼虫体长 20mm。

4）蛹。蛹长 8～10mm，卵形，黄白色转褐色。茧丝质，黄褐色转灰褐色。

（2）生活史及习性　在苏南一带一年发生一代，以卵在大叶黄杨的枝条上越冬。翌年 4 月孵化，幼龄幼虫群集枝梢为害嫩叶，啮食叶肉剩下表皮，四龄后分散活动，

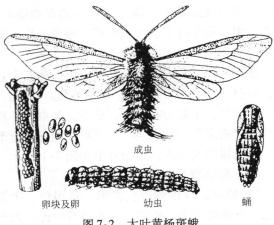

图 7-2　大叶黄杨斑蛾

取食新叶，仅留叶柄。幼虫遇振动便吐丝下坠。5 月上旬在土隙、墙缝间结茧化蛹越夏。10 月下旬至 11 月间羽化为成虫，白天飞翔交尾产卵，雌蛾的体毛脱落，粘在卵块上。

（3）防治方法

1）人工捕捉。利用幼虫有振动吐丝下坠的习性将其杀死，剪除有虫枝梢，消灭幼虫及卵块。

2）喷洒 50% 杀螟松 1000 倍液，或 50% 辛硫磷乳油 1500 倍液。

3. 袋蛾类

袋蛾又称为蓑蛾，属于鳞翅目，袋蛾科。除了大袋蛾外，尚有茶袋蛾、小袋蛾、白茧袋蛾等。在园林上为害严重而普遍的是大袋蛾。

大袋蛾又名大蓑蛾、避债蛾、皮虫、吊死鬼等，分布于华东、中南、西南等地。大袋蛾系多食性害虫，可以为害茶、山茶、桑、梨、苹果、柑橘、松柏、水杉、悬铃木、榆、枫杨、重阳木、蜡梅、樱花等树木，大发生时可将叶吃光，影响植株生长发育。大袋蛾如图 7-3 所示。

（1）形态特征

1）成虫。成虫为雌雄异型，雌成虫粗壮，无翅无足，在袋内，体长 22～23mm；雄虫翅展 35～44mm，体长约 18mm，黑褐色，触角双栉齿状，栉齿在前端 1/3 处渐小，胸部有 5 条深纵纹。

2）卵。卵呈椭圆形，淡黄色，直径 0.3mm 左右，产于雌蛾囊内。

3）幼虫。幼虫共五龄，三龄起雌雄明显二型。雌虫头及胸部背板褐色，并有 2 条浅色纵纹。雄虫黄褐色，体较雌虫小。

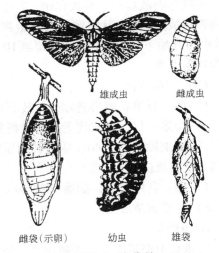

图 7-3　大袋蛾

4）蛹。雌蛹体长 22～23mm，棕褐色，近圆筒形，胸部三节紧密愈合。雄蛹体细长，胸背略凸起，腹节稍弯。

（2）生活史及习性　大袋蛾多数一年一代，少数二代，以老熟幼虫在虫囊中越冬。5 月

上旬化蛹，5 月下旬羽化。雌成虫经交配后即产卵于虫囊内，繁殖率高，平均每雌产卵 3000 余粒，至 6 月中、下旬孵化，幼虫从虫囊内蜂拥而出，吐丝随风扩散，取食叶肉。随着虫体的长大，虫囊也不断增大，至八九月份 4 ~ 5 龄幼虫食量大，故此时造成为害最重。幼虫具有较强的耐饥性。

（3）防治方法

1）人工捕捉。随时摘除虫囊。

2）灯光诱杀。5 月下旬至 6 月上旬夜间灯光诱杀雄蛾。

3）药剂防治。喷洒孢子含量为 100 亿个/克青虫菌粉剂 0.5kg 和 90% 晶体敌百虫 0.2kg 的混合 1000 倍液；50% 敌敌畏乳剂 1000 或 90% 晶体敌百虫 1000 倍液。

4）保护利用天敌。对袋蛾的天敌伞裙追寄蝇和袋蛾瘤姬蜂加以保护和利用。

4. 刺蛾类

刺蛾又名痒辣子、刺毛虫、毛辣虫，是多食性害虫，我国各地几乎均有发生。刺蛾幼虫身上有枝刺和毒毛，当人们不慎接触时，会引起皮肤和黏膜中毒。园林中常见的刺蛾种类很多，其中为害严重的有褐刺蛾、绿刺蛾、扁刺蛾、黄刺蛾等，如图 7-4 所示。

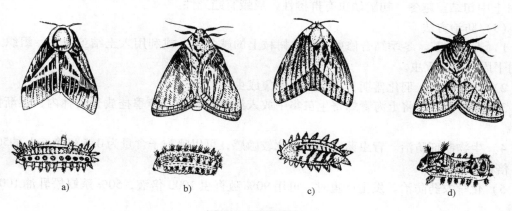

图 7-4　四种刺蛾

a）褐刺蛾　b）绿刺蛾　c）扁刺蛾　d）黄刺蛾

（1）形态特征　表 7-1 列出了四种刺蛾的形态特征。

表 7-1　四种刺蛾的形态特征

虫态 ＼ 虫名	褐 刺 蛾	绿 刺 蛾	扁 刺 蛾	黄 刺 蛾
成虫	体暗褐色，前翅褐色，中部有两条"八"字形斜纹把翅分成三段，中段色浅	头、胸背青绿色，前翅基部褐色，外缘淡棕色，外缘与基部之间翠绿色	体褐色，前翅暗灰色，翅中部有一条褐色条纹，内侧稍上方有一个黑点	体黄色，前翅黄褐色，顶角有一条斜纹把翅纹分为两部分，上方黄色有两个褐色点，下方棕色
卵	扁平，椭圆形，黄色。卵散生或叠生在叶背边缘附近	扁平，椭圆形，黄色。卵数十粒呈鱼鳞状产在叶背	扁平，椭圆形，背面隆起，淡黄色。卵散生在叶背	扁平，椭圆形，黄色。在叶近末端背面，卵散生或数粒在一起

（续）

虫态 ＼ 虫名	褐刺蛾	绿刺蛾	扁刺蛾	黄刺蛾
幼虫	黄色，背中线、侧线为天蓝色，两旁有红黄色或红色和黄色线	黄绿色，老熟幼虫有一条蓝色背中线，腹部末端有四丛蓝黑色刺毛	淡鲜绿色，体塌平，背面稍隆起，第四节背面有一个红点，紧贴叶面	黄绿色，背面有两头宽、中间窄的鞋底状紫红色斑纹
虫茧	灰白色，表面有褐色点纹，卵圆形。在根际土层中结茧	栗棕色，表面有棕色毛，圆筒形，两端钝平、坚硬，在松土层中结茧	暗褐色，近似圆球形。在浅土层中结茧	灰白色，椭圆形，表面有黑褐色纵条纹。在树干缝隙或枝梗上结茧

（2）生活史及习性　图 7-4 中的四种刺蛾，一般一年二代。越冬代幼虫在 4 月底、5 月上旬开始化蛹。5 月中下旬开始出现第一代成虫，5 月下旬开始产卵，6 月上中旬陆续出现第一代幼虫，7 月上中旬下树入土结茧化蛹，7 月中下旬可见第二代幼虫，一直延续到 9 月，10 月上中旬结茧越冬。初龄幼虫有群栖性，成蛾有趋光性。

（3）防治方法

1）人工杀茧。冬季结合修剪，清除树枝上的越冬茧，或利用入土结茧习性，组织人力在树干周围挖茧灭虫。

2）灯光诱杀。羽化盛期，用黑光灯诱集成虫。

3）保护天敌。将上海青蜂寄生茧集中放入纱笼里饲养，春季挂放于园林内，逐渐控制刺蛾。

4）生物制剂防治。青虫菌对扁刺蛾比较敏感，可以喷孢子含量为 0.5 亿个/mL 的 500～800 倍稀释菌液。

5）化学农药防治。发生严重时，可用 90% 敌百虫 1000 倍液，50% 杀螟松乳油 1000 倍液等。

5. 舟蛾类

舟蛾又名天社蛾。幼虫大多数颜色鲜艳，背部常有显著的峰突，臀足不发达或特化成可向外翻缩的枝形尾角，栖息时一般只靠腹足固着，头部翘起，形似龙舟，故有舟形毛虫之称。园林中常见的有杨扇舟蛾、杨二尾舟蛾、舟形毛虫、柳二尾舟蛾等。

杨二尾舟蛾又名双尾天社蛾（图 7-5），属于鳞翅目，舟蛾科。杨二尾舟蛾几乎分布全国，主要分布于东北、华北、华东等地，为害杨柳科植物。

（1）形态特征

1）成虫。成虫体长 32mm，翅展可达 90mm，体翅均灰白色，胸背有六个黑点。前翅有黑色花纹，翅基部有两个黑点，后翅几乎呈白色。

2）卵。卵呈半球状，红褐色。

3）幼虫。幼虫体青绿色，腹背有一个三角形紫红大斑，后胸背面突出成钝锥状峰突，

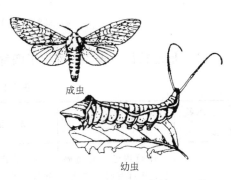

成虫

幼虫

图 7-5　杨二尾舟蛾

臀足退化成尾状。老熟幼虫体长 50mm 左右。

4）蛹。蛹为褐色，茧长椭圆形，底部扁平坚实，紧贴树干，色同树皮。

（2）生活史及习性　上海、江苏一带一年二代，以蛹在树干上茧内越冬。第一代成虫在 5 月中旬出现，第二代成虫在 7 月上中旬出现。卵散产在叶面上。初孵幼虫体黑色，活泼，受惊时会突翻红色管状物，并不断摇动，老熟后在树干基部咬破树皮和木质部吐丝结成坚实硬茧，化蛹越冬。成虫有趋光性。

（3）防治方法

1）冬、春季在树干上、建筑物上等处撬茧灭蛹。灯光诱杀成蛾。

2）幼虫期喷施 50％辛硫磷 1500～2000 倍液，80％敌敌畏 1000～1500 倍液。

6. 毒蛾类

幼虫体多毛，毛有毒，刺人剧痛。园林中常见有黄尾毒蛾（桑毛虫）、豆毒蛾、乌桕毒蛾、榆毒蛾、杨毒蛾、柳毒蛾、侧柏毒蛾等。

（1）柳毒蛾　柳毒蛾又称杨毒蛾、毛毛虫，属于鳞翅目、毒蛾科。柳毒蛾分布于东北、西北、华北及山东、江苏、上海等地，为害杨柳、白桦等植物，以幼虫为害叶片。柳毒蛾如图 7-6 所示。

1）形态特征。

① 成虫。成虫体长 12～20mm，翅展 36～46mm，体翅白色有丝绢光泽，足胫节及跗节有黑白相间的环纹。雌蛾触角短双栉齿状，触角干白色。雄蛾触角羽毛状，触角干棕灰色。

② 卵。卵呈扁圆形，灰白色，卵块外有灰白色泡沫状胶质物。

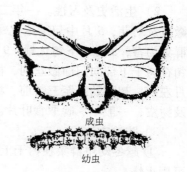

成虫

幼虫

图 7-6　柳毒蛾

③ 幼虫。幼虫体长 30～50mm，黑褐色背部灰白色混有黄色，背线褐色，两侧各有黑褐色纵带一条，胸节与腹节具毛瘤，上簇生黄白色长毛。

2）生活史及习性。华东、华北一年发生二代，以 1～2 龄幼虫在树缝、枯枝落叶层、树洞内结茧越冬。翌年 4 月中旬幼虫开始活动，食害嫩芽、嫩叶及树冠下部叶片，留下叶脉。昼伏夜出，上树为害，5 月下旬化蛹，6 月上旬羽化成虫。交尾产卵于叶背和树皮上。卵块约经半月孵化，7～8 月间第一代幼虫为害，9 月初第二代幼虫先后孵化，咬食叶片，不久即潜伏越冬。成虫有趋光性，幼虫初孵分散为害，后期有群集性。

3）防治方法。

① 人工搜杀幼虫或蛹，采取卵块，就地按死。

② 灯光诱杀成虫，测报成虫发生期。

③ 幼虫为害时，可用 50％辛硫磷乳油 1000 倍液喷雾杀虫。

（2）乌桕毒蛾　乌桕毒蛾又名乌桕黄毒蛾，属于鳞翅目，毒蛾科。乌桕毒蛾分布在江苏、浙江、江西、福建、台湾、湖北、湖南、四川、西藏、上海、广西等地，为害乌桕、柿树、重阳木、桑树、女贞、茶树、油茶、枫香、刺槐等园林树木。以幼虫取食叶片，严重时将叶片吃光仅留叶柄，人体皮肤接触毒毛后会发痒和红肿。乌桕毒蛾如图 7-7 所示。

1）形态特征。

① 成虫。成虫雌蛾长 13～15mm，翅展 36～42mm，雄蛾略小，体黄褐色，全身密披橙黄色绒毛，触角羽毛状。

② 卵。卵呈椭圆形，淡绿色，卵相叠形成钟罩状，每块有卵 400～500 粒，上面密覆橙黄色绒毛。

③ 幼虫。幼虫体长 20～30mm，黄褐色，头和腹末为橙色，体背和两侧有黑色瘤状突起。第一、第二、第八腹节毛瘤较大，上生白色毒毛。

④ 蛹。蛹为棕色，纺锤形，长 10～13mm，着生短而密的绒毛，有尾刺一根。茧土黄色，丝质。

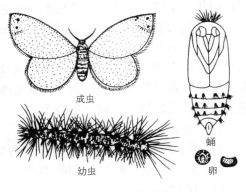

图 7-7 乌桕毒蛾

2）生活史及习性。一年二代，以幼虫在树干上越冬。翌年 4 月中下旬开始活动，取食嫩枝及幼芽，5 月中旬结茧化蛹，6 月上旬成虫羽化产卵，孵出第一代幼虫。6～7 月间幼虫群集为害，8 月中下旬化蛹，9 月上旬成虫羽化产卵，9～10 月间第二代幼虫为害，11 月上旬在树干下部向阳面做丝网，群集越冬。成虫夜间活动，有趋光性，产卵于叶背，卵期半个月左右。初孵幼虫至三龄前，群集叶背取食叶肉，使叶变色而脱落，三龄后蚕食全叶、嫩叶及树皮，一般早、晚取食叶片。

3）防治方法。

① 越冬幼虫群集在树干上时，用 80% 敌敌畏 1000 倍液或杀螟松乳剂 800 倍液喷杀，也可用火烧。

② 黑光灯诱杀成虫，预测发蛾期。

③ 幼虫为害期喷洒 50% 杀螟松乳剂 500～800 倍液，或孢子含量为 100 亿个/g 的青虫菌粉剂 300～500 倍液。

7. 灯蛾类

灯蛾为中型蛾子，属于鳞翅目，灯蛾科，色泽鲜明，虫体粗壮，腹部多为黄或红色，翅为白、黄、灰色，多具条纹或斑点。幼虫体上有突起，生浓密长毛，幼虫杂食性。成虫多夜出活动，趋光性强。园林中常见的种类有红腹灯蛾、黄腹灯蛾、红缘灯蛾、美国白蛾等。

红腹灯蛾又名人纹污白灯蛾、人字纹灯蛾，分布于我国东北、华北、华东、华中及陕西、四川、广东、台湾等地，主要为害桑树、蔷薇科、锦葵科、唇形花科、十字花科等多种花木，以幼虫为害叶片。红腹白灯蛾如图 7-8 所示。

（1）形态特征　成蛾体淡黄色，触角黑色，雄蛾触角短、锯齿状，雌蛾触角羽毛状。前翅从顶角至后缘有黑带或黑点，基部红色，后翅红色或橘黄色，缘毛白色。

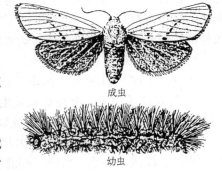

图 7-8 红腹白灯蛾

（2）生活史及习性　一年发生 2～6 代，以蛹在表土中越冬。第一代幼虫 4 月中下旬为害，第二代幼虫6月上中旬为害。成虫有趋光性，产卵于叶背和枝条上。初孵幼虫群集叶背取食叶肉，三龄后分散活动，咬食叶片，受惊后有假死性，老熟后结黄绿色丝茧化蛹。

（3）防治方法　冬季翻土杀死越冬蛹。灯光诱杀成蛾。喷施孢子含量为100亿/g的青虫菌粉剂300～500倍液，90%晶体敌百虫1000～1500倍液。

8. 尺蛾类

尺蛾为小型至大型蛾类，属于鳞翅目，尺蛾科，体小，翅大，翅薄，前、后翅有波状花纹相连。幼虫体细长，行动时，身体一屈一伸似以尺量物。幼虫叫"尺蠖"、"造桥虫"、"步曲"，成虫叫"尺蛾"。幼虫模拟枯枝，裸栖食叶为害。大叶黄杨尺蠖是园林重要害虫之一。

大叶黄杨尺蠖又名丝棉木金星尺蠖、卫矛尺蠖、造桥虫，分布在我国华北、华中、华东、西北等地，为害卫矛科植物中的大叶黄杨和丝棉木及扶芳藤、榆、欧洲卫矛等。大叶黄杨尺蠖如图7-9所示。

（1）形态特征

1）成虫。成虫体黄色，密布黑点，双翅白色，有排列不规则而大小不等的黑色斑，前翅基部有深黄褐色花斑。

2）卵。卵呈半球形，淡黄色至淡绿色，表面有花纹。

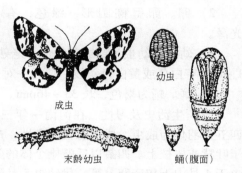

图7-9　大叶黄杨尺蠖

3）幼虫。幼虫体黄褐色，背线、亚背线和气门上线浅黄色。

4）蛹。蛹初为淡绿色，渐变红棕色。

（2）生活史及习性　该虫在苏南、上海一带一年发生三代。第一代成虫于4月中旬羽化产卵。幼虫于4月下旬开始为害，至5月下旬陆续化蛹。第二代成虫于6月中旬开始羽化，幼虫于6月下旬开始为害，直至8月上旬进入蛹期。第三代成虫于8月中旬开始羽化，幼虫于8月下旬孵化为害，9月下旬化蛹。有些年份发生四代，到11月下旬至12月上旬化蛹越冬。

（3）防治方法

1）挖掘越冬蛹加以杀灭。

2）成虫飞翔力弱，当第一代成虫羽化时捕杀成虫。

3）幼虫发生为害期，喷洒50%辛硫磷乳油1500～2000倍液，或晶体敌百虫1000～1500倍液，敌敌畏1000～1500倍液。

9. 天蛾类

天蛾大型蛾子，属于鳞翅目，天蛾科，翅狭长，身体粗壮，飞翔速捷。成虫身体花纹奇异，触角尖端弯曲有小钩，喙发达。幼虫粗大，又名大青虫，身上有许多颗粒，体侧大都有纹一行斜，尾部背面有一个钉形突起（尾角）。园林中常见的蓝目天蛾、豆天蛾、霜天蛾、榆绿天蛾、雀纹天蛾、斜纹天蛾等。

蓝目天蛾又名柳天蛾、蓝目天蛾，属鳞翅目，天蛾科，分布于我国东北及长江流域各省、市，幼虫为害杨、柳、樱桃、苹果、梅、梨、桃等植物叶片，被害叶片残缺不全。蓝目天蛾如图7-10所示。

（1）形态特征

1）成虫。成虫体长 32～36mm，翅展 85～92mm。触角黄褐色栉齿状，胸部背中央有深棕色纵带。前翅基部及前缘绿色较浅，中央有新月形浅色纹一个，中室外侧有数条波状纹，自翅顶以下，外缘有三角形深色部分。后翅淡灰褐色，中央紫红色，有一个深蓝色大圆斑，其周围呈黑色圈。

2）卵。卵呈椭圆形，绿色，有光泽。

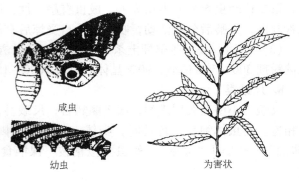

图 7-10　蓝目天蛾

3）幼虫。幼虫为绿或黄绿色，老熟幼虫体长 60～90mm，体上散布白色小颗粒，腹部 1～8 节有白色或黄白色斜线，最后一对会合于尾角处。

4）蛹。蛹为褐色，长 33～46mm。

（2）生活史及习性　在河南一年三代，上海、江苏一年四代，以蛹在土中越冬。翌年四五月羽化为成虫。成虫有强趋光性，产卵于叶片的正面、背面及小枝上。各龄幼虫均散居于叶背或树枝上。四龄以后雌雄个体的颜色有明显变化，雌体较黄，雄体较绿。一般越冬成虫于 4 月中下旬产卵，第一代幼虫 5 月份为害最重，第二代幼虫为害期在 7 月份，第 3 代幼虫在八九月为害。

（3）防治方法

1）人工捕捉幼虫或翻土消灭越冬蛹。

2）灯光诱杀成蛾。

3）幼虫发生为害时喷施 90% 晶体敌百虫 1500 倍液，80% 敌敌畏 1500 倍液，或 2.5% 溴氰菊酯乳油 10000 倍液等。

4）对 2～4 龄幼虫可用孢子含量为 100 亿个/g 的青虫菌 500～800 倍液，有较好的防治效果。

10. 枯叶蛾类

枯叶蛾属于鳞翅目，枯叶蛾科。成虫体粗壮多毛，均为灰褐色，触角双栉齿状。成虫休止时形似枯叶。幼虫粗壮，多毛，毛的长短不一，不成簇也无毛瘤。幼龄幼虫多有群集为害习性。

马尾松毛虫又名松毛虫，属于鳞翅目，枯叶蛾科，分布于我国华中、华南、华东及云贵等省、自治区，以幼虫为害马尾松针叶，也为害云南松、湿地松、火炬松，严重时将针叶吃光。马尾松毛虫如图 7-11 所示。

（1）形态特征

1）成虫。成虫雌蛾体长 20～32mm，翅展 42～57mm，触角栉齿状；雄蛾体比雌蛾小，触角羽毛状，体黄褐至棕色，前翅较宽，外缘呈弧形弓出，翅面斑纹不

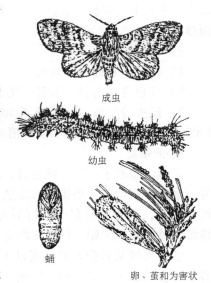

图 7-11　马尾松毛虫

大明显，外缘黑褐斑到内侧为淡褐色，自翅基到外缘有 4~5 条波横纹。

2）卵。卵呈椭圆形，粉红色，呈串珠或成堆状产于松针上。

3）幼虫。幼虫体色有棕红和灰黑两类，不同龄期形态有一定差异，一般胸部二、三节背面着生深蓝色毒毛带，两侧间丛生黄毛，自三龄起，腹部 1~6 节背面均生有黑色长毛片两束，体侧有许多白色长毛。每侧由头至尾有一条纵带，在中胸至腹部第八节气孔上方；纵带上各有一个白色斑点。

4）蛹。蛹为纺锤形，棕褐或栗色。茧灰白色或淡黄褐色，有黑色短毒毛。

（2）生活史及习性　长江流域各省一年发生 2~3 代，珠江流域各省 3~4 代，以四、五龄幼虫在树皮裂缝或树下地面杂草丛中及石缝中越冬。翌年 4 月间活动取食，4 月下旬化蛹，5 月上旬羽化交尾产卵，第一代幼虫于 5 月中旬至 7 月取食为害，7 月下旬结茧化蛹，第二代于 8~9 月下旬为害，一年发生三代地区，第一代 4~6 月，第 2 代 6~8 月，第 3 代 8 月下旬至 11 月上旬。

（3）防治方法

1）灯光诱杀。

2）促进林木生长，适当密植，营造针阔时混交林及选种抗松毛虫的树种，造成不利于松毛虫发生的环境条件。

3）幼虫孵化为害时，可用 2.5% 溴氰菊酯乳油 5000 倍液，或 50% 杀螟松乳油 1000 倍液、80% 敌敌畏乳油 1000 倍液；孢子含量为 100 亿个/g 的青虫菌或杀螟杆菌或白僵菌液 500~1000 倍液防治。

4）有条件的地方，可逐步开展性引诱剂及放养赤眼蜂、黑卵蜂等进行生物防治。

11. 螟蛾类

螟蛾属于鳞翅目，螟蛾科，小型至中型蛾类，成虫体细长、瘦弱，前翅狭长，后翅较宽。幼虫体上刚毛稀少，常生活在隐蔽场所，有钻蛀枝梢为害的松梢螟、楸螟，有卷叶为害的杨卷叶螟、樟巢螟、棉大卷叶螟等。成虫有强的趋光性。

（1）棉大卷叶螟　棉大卷叶螟又名棉卷叶虫、棉卷叶螟、包叶虫，属于鳞翅目，螟蛾科。棉大卷叶螟在全国各地棉区都有发现，为害棉花、木棉、木槿、芙蓉、扶桑及锦葵等，其中尤以木棉、木槿受害最烈。幼虫为害叶片，严重时叶片全被吃光，仅留下茎枝。棉大卷叶螟如图 7-12 所示。

1）形态特征。

① 成虫。成虫体长 8~14mm，翅展 22~30mm，体黄白色，前后翅都有数条褐色波状纹，前翅中部近前缘有"OR"形的褐色斑。

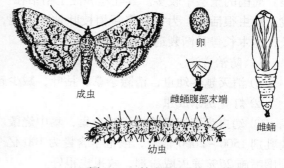

图 7-12　棉大卷叶螟

② 卵。卵呈扁鳞状，稍椭圆，乳黄至淡绿色。

③ 幼虫。幼虫体长 25mm，头赭灰色，有紫色斑点，体青绿色，体背渐变桃红色，进化蛹时略呈粉红色。

④ 蛹。蛹体长 13~14mm，棕红色。

2）生活史及习性。一年发生代数各地不一，长江流域4～5代，华南五代。老熟幼虫在棉田及杂草、枯叶、树皮中越冬。翌年4～5月开始化蛹变蛾。羽化时间第一代蛾为4月下旬，第二代蛾为6月中旬到7月初，第三代蛾为7月上旬到下旬，第四代蛾为7月底到8月下旬，第五代蛾为9月初到下旬。10月上下旬有极少数第六代蛾羽化。

成虫多在夜间羽化，交尾后第二天开始产卵。卵散产于叶背面，成虫有较强的趋光性。初孵幼虫多聚集在叶背取食，二龄后第二天开始分散，吐丝卷叶成筒，在筒内取食排粪。幼虫有转移习性，为害严重时，造成大量卷叶。

（2）樟巢螟　樟巢螟又名樟巢虫、樟丛螟，属于鳞翅目、螟蛾科，分布在江苏、浙江、上海、福建、江西、湖南等地，是近几年发生在城市香樟上的主要害虫，有些城市已大范围发生，严重影响城市景观。樟巢螟除危害香樟外，还危害山苍子、山胡椒等。樟巢螟如图7-13所示。

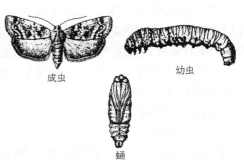

图7-13　樟巢螟

1）形态特征。

① 成虫。成虫体长12～15mm，翅展25～30mm，灰褐色，雄蛾前翅有蓝绿色金属光泽，前缘中部有一个黄色的"翅痣"，"翅痣"骨化，呈三角形。雌蛾无此痕迹，全翅棕褐色。

② 幼虫。老熟幼虫长20～25mm，灰黑色。它的为害状很特殊，常将新梢枝叶缀结在一起，连同丝、粪粘成一团，远看似鸟巢状。

③ 茧。茧呈扁椭圆形，丝质较软，长16mm左右。

2）发生规律。一年二代，局部地区发生三代，以老熟幼虫在土层中结茧越冬。翌年4月中下旬化蛹，至5月下旬羽化为成虫。5月下旬至6月上旬交配产卵，6月中下旬第一代幼虫又开始为害，至7月下旬老熟幼虫化蛹，8月上旬第二代成虫羽化，8月中下旬起第二代幼虫又开始为害，一直可以延续到11月底、12月初才全部入土结茧越冬，以在受害香樟根际周围的土层中较多。其吐丝和泥土粘结在一起，外壳完全似一个泥团，需仔细挖掘、寻找。幼虫很活跃，为害时将新梢枝叶粘在一起，连同虫粪结成鸟巢状，严重阻碍新梢的生长，树木长势日渐衰退，树冠枯萎。

3）防治方法。

① 消灭越冬幼虫，清除杂草、枯叶，减少越冬虫源，在树的根际挖除虫茧。

② 灯光诱杀成虫。

③ 幼虫为害期摘除樟巢螟虫巢，集中烧毁。喷施90%晶体敌百虫1000倍液，50%辛硫磷乳剂1500～2000倍液，或孢子含量为100亿个/g的杀螟杆菌粉500倍液，还可以在根际周围喷施25%速灭威粉剂，效果也很好。

12. 蝶类

蝶类属于鳞翅目、球角亚目，体纤细，触角前面数节逐渐膨大呈棒状或球杆状。蝶类均在白天活动，静止时翅直立于背。我国记载有2300多种蝶，如粉蝶、凤蝶、蛱蝶等。在园林中常见的凤蝶有橘凤蝶、玉带凤蝶、马兜铃凤蝶等。

橘凤蝶又名黄凤蝶、花橘凤蝶，属鳞翅目、凤蝶科。其分布甚广，几乎遍布全国各地。

橘凤蝶寄生的植物有柑橘、佛手、柠檬、金橘、花椒等芸香科植物，以幼虫取食幼芽嫩叶，是芸香科植物苗圃和幼树上的一种重要害虫。

橘凤蝶如图 7-14 所示。

图 7-14 橘凤蝶

（1）形态特征

1）成虫。成虫体长 30mm，翅展 100mm，腹部绿黄色，翅黑色，上有许多绿黄色斑纹。前翅中部有四条黄白色带状纹，后翅臀角处有橙黄圆纹，后角有一个尾状突起。

2）卵。卵呈球形，初为黄绿色，后变紫灰色。

3）幼虫。幼虫体黑白相间，老熟时体长达 40mm，草绿色，体表光滑，体侧有白色斜纹。

4）蛹。蛹为黄色，纺锤形。

（2）生活史及习性 橘凤蝶在各地发生代数不一。东北一年二代，华东地区一年三代，湖南、台湾等地一年 4～5 代，以蛹在寄生枝条、叶柄及比较隐蔽场所越冬。翌年 4 月出现成虫，5 月上中旬出现第一代幼虫，6 月中下旬出现第二代幼虫，7～8 月出现第三代幼虫，9 月出现第四代幼虫。成虫在白天活动，取食花蜜，卵多散产于芽尖与嫩叶背面。

（3）防治方法

1）人工捕杀幼虫。

2）保护寄生蜂（凤蝶金小蜂）。

3）喷洒 90％ 敌百虫 800～1000 倍液，或 80％ 敌敌畏 1000 倍液，或孢子含量为 100 亿个/g 的青虫菌 500 倍液，或 2.5％ 溴氰菊酯乳油 10000 倍液。

13. 叶蜂类

叶蜂幼虫形同鳞翅目幼虫，但属于膜翅目叶蜂科，头部的每侧只有一个单眼，除三对胸足外，还具有腹足 6～8 对。园林中常见的有樟叶蜂、蔷薇叶蜂。

（1）樟叶蜂。樟叶蜂，分布在华东、湖南、广东、广西、四川、云南等地，主要为害樟树，以幼虫吃食樟叶及新抽的嫩梢，严重影响樟树生长。樟叶蜂如图 7-15 所示。

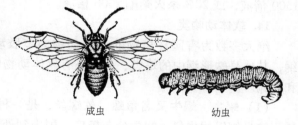

图 7-15 樟叶蜂

1）形态特征。

① 成虫。雌成虫体长 8～10mm，翅展 18～20mm；雄虫略小，体长 6～8mm，翅展 14～16mm。头黑色，有色泽，触角丝状，九节，基部二节极短。中胸发达，棕黄色，上有 X 形凹纹。翅膜质透明，脉明晰可见，腹部蓝黑色，有光泽。

② 卵。卵呈椭圆形，一端稍弯曲，乳白色，有光泽，产卵在叶肉内。

③ 幼虫。幼虫头为黑色，体为浅绿色，全身多皱纹，胸足黑色，有淡绿色斑纹，老熟幼虫长约 17mm。

④ 蛹。蛹为浅黄色，后变暗黑色，茧为丝质和泥土做成，黑褐色，长椭圆形。

2）生活史及习性。浙江一年 1～2 代，福建 2～4 代，以老熟幼虫在土中结茧越冬，在浙江翌年 4 月上中旬成虫出现，产卵在幼嫩樟树叶的下表皮内。初孵幼虫吃食嫩叶、新梢，经 15~20d 入土结茧，约在 5 月下旬出现成虫，6 月上旬第二代幼虫为害，幼虫共四龄。6 月下旬老熟幼虫入土结茧越夏及越冬。

（2）蔷薇叶蜂　蔷薇叶蜂又名黄腹虫、月季叶蜂、玫瑰三节叶蜂，属于膜翅目、三节叶蜂科，分布在华东、华北，幼虫为害月季、十姐妹、蔷薇、玫瑰等，主要以幼虫数十头群集在叶片上取食，严重时可将叶片吃光，仅留下粗的叶脉。蔷薇叶蜂如图 7-16 所示。

1）形态特征。

① 成虫。成虫体长 7.5mm，翅展 17mm。头、胸及足黑色，翅黑色半透明，腹部黄色。

② 卵。卵呈椭圆形，长约 1mm，绿色。

③ 幼虫。幼虫体长 20mm，黄绿色，头淡黄色。

④ 蛹。蛹为乳白色；茧呈椭圆形，灰黄色。

2）生活史及习性。江苏一年发生二代，以幼虫在土中作茧越冬。翌年 4、5 月成虫羽化，6 月幼虫为害，严重时把叶片蚕食光，仅留下叶柄和叶脉。7 月中旬第二代成虫羽化。9 月底幼虫入土越冬。

3）防治方法。

① 冬、春捡茧消灭越冬幼虫，人工捕杀幼虫。

② 选育抗虫品种。

③ 幼虫为害期喷洒 50% 杀螟松 1000 倍液，或 40% 氧化乐果 1500 倍液，或 20% 杀灭菊酯 2000 倍液。

14. 软体动物类

绝大多数为害园林植物的有害动物为节肢动物门中的昆虫纲，其他是蛛形纲中的螨类，另外还有软体动物中腹足纲的蜗牛和蛞蝓。

（1）蜗牛　蜗牛又名角螺、软螺丝，是一种陆生软体动物，属于腹足纲巴蜗牛科。蜗牛分布极广，国内到处可见，北到黑龙江，南到广东。蜗牛食性杂，能为害很多园林植物，如月季、菊花、苍兰、风信子、萱草、豆科、十字花科、茄科、芍药、牡丹、海棠、刺槐、侧柏等多种乔灌木和花卉，还可以为害农业类的棉、麻、甘薯、谷类等，被害叶片呈不规则的缺刻，严重时将花苗咬断，造成缺苗。蜗牛如图 7-17 所示。

1）形态特征。

① 成虫。成虫体软滑，黄褐色，头上有两对触角，眼在触角的顶端，背负黄褐色螺壳，雌雄同体。

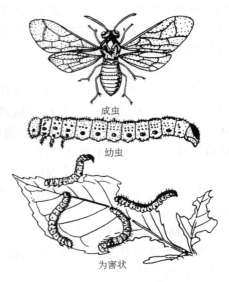

成虫

幼虫

为害状

图 7-16　蔷薇叶蜂

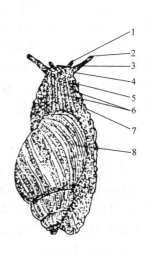

图 7-17　蜗牛

1—触角　2—眼　3—大触角

4—头部　5—生殖孔

6—颈部　7—足部

8—贝壳

② 卵。卵呈球形，白色，光亮，黏聚成块，在干燥空气里卵会自行爆裂。

③ 幼虫。幼虫体小，形状与成虫相似。

2）生活史及习性。一年发生一代（但寿命可达两年），以成虫和幼虫在落叶下或浅土层里越冬，壳口有一层白膜封闭。蜗牛是雌雄同体，异体受精，也可自体受精繁殖，任何一个体均能产卵。蜗牛3月中旬开始活动，成虫和幼虫舔食嫩叶嫩茎，并在移行的茎叶表面留下一层光亮的黏膜，5月间成虫在根部附近疏松的湿土内产卵，卵的表面同样有黏膜。初孵的幼虫，初喜群集，后逐渐分散。8～9月间如遇天气干旱则潜入土内，壳口有白膜封闭，等到降雨湿润后又出土为害，11月间入土越冬。

3）防治方法。

① 发现蜗牛为害时，可进行人工捕捉。清除温室四周杂草，减少蜗牛的栖息场所。

② 5月份蜗牛产卵盛期，松土除草，杀灭卵粒。

③ 蜗牛为害猖獗时，可每 $1000m^2$ 撒施 5～6kg 菜子饼粉，或每 $1000m^2$ 撒生石灰粉 7.5kg 左右，或夜间喷洒 1:100～1:70 氨水溶液，或用 3.3% 蜗牛敌，按 $1g/m^2$ 撒施。

（2）蛞蝓　蛞蝓又名蜒蚰、鼻涕虫等，属于腹足纲、柄眼目、蜂蝓科。蛞蝓分布在全国各地，其食性很杂，主要为害月季、苍兰、菊花、一串红、铁线蕨、豆类、棉、麻、烟草及禾本科杂草类等植物。蛞蝓啃食幼嫩叶片，使叶片产生孔洞，严重成网眼状。在蛞蝓爬行过的地方留下分泌物的痕迹，排泄的粪便引起污染，菌类侵入，引起植物体腐烂。蛞蝓如图 7-18 所示。

1）形态特征。

① 蛞蝓是一种软体动物，灰褐色，肉体裸露，

图 7-18　蛞蝓

柔软无外壳，体表不断分泌黏液，有触角两对，下边一对短，约 1mm，称为前触角，有感觉作用，上边一对长，约 4mm，为后触角，顶端有眼。雌雄同体，异体受精也可同体受精繁殖。其幼虫与成虫相似。

② 卵。卵呈稍圆形，半透明。

2）生活史及习性。一年繁殖二次，春季在 4～5 月间，秋季则以 10 月为盛，以幼体和成体在根部附近土内越冬。5月间为害数量激增。白天潜入地下，晚上出来为害。7月间气温高，潜入根际泥块下越夏。9月中旬再度猖狂为害，10月产卵，11月陆续越冬。

3）防治方法。

① 加强检查，发现蛞蝓及时捕杀。

② 在圃地四周低洼地及排水沟内撒石灰粉。

③ 菜子饼 7.5～10kg 浸一夜滤渣喷雾。

④ 用 3.3% 砷酸钙混合粉剂按 $1g/m^2$ 撒施。

（二）叶部病害

1. 霜霉病类

霜霉病的症状、病原特征等各方面都有其自己的特点。霜霉病主要侵害叶片，在叶片上先引起褪绿黄斑，后因受叶脉限制转变为多角形，在叶背面长出白色、灰色和紫色的霜霉状物，这种霜霉状物是由气孔内伸出的孢囊梗和孢子囊。霜霉菌均为专性寄生物，是一类要求温度偏低和湿度较高的真菌。下面介绍菊花霜霉病（图 7-19）。

（1）症状　发病初期，感病叶片正面出现褪绿斑，以后病斑逐渐变黄，最后变成淡褐色不规则形斑块。叶背病斑上长出霜状霉层。发病严重时，叶片干枯。

（2）病原　菊花霜霉病的病原为丹麦霜霉属鞭毛菌亚门，卵菌纲，霜霉目。

（3）发病规律　病原菌以卵孢子在病残体上越冬，或以寄生形式在病株上生存。第二年春季条件适宜时卵孢子萌发，产生芽管侵入寄主，在寄主病部产生游动孢子囊及游动孢子进行重复侵染。秋季夜晚凉爽、多雾、多露、多雨天和环境潮湿的条件有利于其发生。

（4）防治方法

1）及时摘除病叶，清除并烧毁病株残体。

2）种植地应选择地势高、排水良好地块。

3）发病初期喷施疫霉灵可湿性粉剂 300 倍液，或甲霜灵可湿性粉剂 500 倍液，或 25% 瑞毒霉可湿性粉剂 500～800 倍液等药剂，每隔 7～10d 喷 1 次，连续喷 2～3 次。

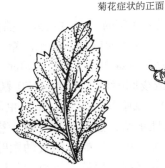

菊花症状的正面

菊花症状的反面　　病原菌

图 7-19　菊花霜霉病

2. 白粉病类

白粉病是世界性病害，我国各地均有发生。一般多发生在寄主生长的中后期，可侵害叶片、嫩叶、花、花柄和新梢。在叶片上初为褪绿斑，而后长出白色菌丝层，并产生白粉状分生孢子，在生长季节进行再侵染，使叶片不平整，以至卷曲、萎蔫、苍白，抑制寄主植物生长，严重时导致枝叶干枯，甚至全株死亡。下面介绍月季白粉病（图 7-20）。

（1）症状　月季白粉病是蔷薇、月季、玫瑰上发生的比较普遍的病害。其主要发生在叶片上，叶柄、嫩梢及其花蕾等部位均可受害。初期发病，叶片上产生褪绿斑点，并逐渐扩大，以后在叶片上下两面布满白粉。嫩叶染病后，叶片皱缩反卷、变厚，逐渐干枯死亡。嫩梢和叶柄发病时，病斑略肿大，节间缩短。花蕾染病时，其上布满白粉层，致使花朵小，萎缩干枯，病轻的花蕾使花畸形，严重导致不开花。

（2）病原　月季白粉病的病原为单丝壳属的一种真菌。

（3）发病规律　病原菌以菌丝体在病组织中越冬，翌年以子囊孢子或分生孢子作初次侵染，温暖潮湿季节发病迅速，5～6 月、9～10 月是发病盛期。

分生孢子梗及分生孢子

子囊及子囊孢子

症状　　闭囊壳

图 7-20　月季白粉病

（4）防治方法

1）减少侵染源。结合修剪将病叶、病枝销毁。休眠期喷洒波美 2～3 度的石硫合剂，消灭越冬菌丝或病部闭囊壳。

2）加强栽培管理，改善环境条件；合理施肥，增施磷、钾肥，氮肥要适量。

3）发病前，喷洒石硫合剂预防侵染；发病期用 50% 多菌灵可湿性粉剂 1500～2000 倍液喷施。

4）生物农药 BO—10、抗霉菌素 120 对白粉病也有良好防效。

3. 锈病类

锈病是一种特征明显的病害。锈病的多数孢子能形成红褐色或黄褐色、颜色深浅不同的铁锈状孢子堆。锈菌是一类专性寄生物。锈菌的生活史复杂，完全锈菌具有五种孢子，即冬孢子、担孢子、性孢子、锈孢子、夏孢子。锈菌另一个重要特点是有些种类要在两种彼此无亲缘关系的寄主上完成其生活史。只产生冬孢子和担孢子的为短生活史型。此类型中又有单主寄生和转主寄生之别。冬孢子是锈菌的分类依据。不产生冬孢子的称为半知锈菌。

月季锈病（图 7-21）是月季的主要病害，分布在北京、上海、云南、江苏、浙江、广东、吉林等地。

症状

冬孢子堆

图 7-21　月季锈病

（1）症状　为害叶片、嫩枝和花，以叶和芽上的症状最明显。发病初期在叶背产生隆起的锈孢子堆，锈孢子堆突破表皮露出橘红色的粉末，即锈孢子。在叶片正面生的小黄点即性孢子器，以后在叶片背面又产生略呈多角形的较大病斑，上生夏孢子堆。秋末在病斑上又产生棕黑色粉状物，即冬孢子堆。

（2）病原　月季锈病的病原为多孢锈菌属的一种真菌

（3）发病规律　该锈菌为单主寄生菌。病菌以菌丝或冬孢子在病部越冬。翌年早春萌发产生担孢子。担孢子借风传播，侵染寄主的幼嫩部位。发病后，顺次产生性孢子器及锈孢子器，之后产生夏孢子堆。夏孢子借风雨传播进行再侵染。在气候比较温暖、多雨多雾的年份，比病害发生较重，阴凉潮湿条件下发病轻。

（4）防治方法

1）减少侵染来源。

2）合理施用氮肥。

3）早春修剪后，喷洒波美 2～5 度石硫合剂。发病期喷 50% 代森锰锌 500 倍液，或 97% 敌锈钠 250～300 倍液，或 50% 二硝散可湿性粉剂 200 倍液，10～15d 喷 1 次，连续喷 2～3 次。

4. 炭疽病类

炭疽病是黑盘孢目真菌所致病害总称，是最常见的一类植物病害。其主要为害植物叶片，同时在茎、花、叶柄上也会发生。其表现为界线分明、稍微下陷、圆斑或沿主脉纵向扩展的条斑，还可在幼嫩的枝条上引起小型的疮痂或溃疡，造成枯梢。炭疽病菌有时有潜伏侵染现象，繁殖少，无症状，花、叶尚能生长，但发育不良，叶片提前脱落。病斑中央产生明显的黑色小点，排列呈明显或不明显同心轮纹，即病原的分生孢子盘，这是炭疽病的重要特征之一。其共同特点是，菌丝在寄主表皮或角质层下形成分生孢子盘，孢子梗密集，孢子具有各种形状，当孢子成熟时，突破寄主组织暴露于外。

兰花炭疽病是兰花发生普遍又严重的一种病害，我国兰花栽植区均有发生。该病除为害中国兰花外，还为害虎头兰花、宽叶兰、广东万年青、米兰、扶桑、茉莉花、夹竹桃等多种植物。其分布在台湾、四川、浙江、江苏、福建、上海、广东、云南、安徽等地区，兰花炭疽病如图7-22所示。

症状

分生孢子盘

图7-22 兰花炭疽病

（1）症状 该病主要为害植株的叶片，有时也侵染植株的茎和果实。发病初期，感病叶片中部产生圆形或椭圆形斑；发生于叶缘时，产生半圆形斑；发生于尖端时，部分叶段枯死；发生于基部时，许多病斑连成一片，也会造成整叶枯死。病斑初为红褐色，后变为黑褐色，下陷。发病后期，病斑上可见轮生小黑点，为病原菌的分生孢子盘。新叶、老叶在发病时间上有异。上半年一般为老叶发病时间，下半年为新叶发病时间。

（2）病原 兰花炭疽病的病原为刺盘孢属的两种真菌和盘长孢菌属一种真菌。

（3）发病规律 病原菌主要以菌丝体在病叶、病残体和枯萎的叶基苞片上越冬。第二年春季，在适宜的气候条件下，病原菌产生分生孢子。分生孢子借风雨和昆虫传播，进行侵染为害。老叶一般从4月初开始发病，新叶则从8月开始发病。高温多雨季节发病重。通风不良病害加重。兰花品种不同，抗病性也有差异。

（4）防治方法

1）及时剪除发病叶片和植株，集中销毁。

2）加强栽培管理，盆花放在通风处，露地放置兰花，要有防雨棚，并不要过密。

3）发病前，喷施1:1:100波尔多液，或65%代森锌可湿性粉剂800～1000倍液。发病时，喷施50%克菌丹可湿性粉剂500～600倍液，或50%多菌灵可湿性粉剂500～800倍液，或75%甲基托布津可湿性粉剂800～1000倍液，每隔10～15d喷1次，连续2～3次。

5. 灰霉病类

灰霉病是一类重要的植物病害。自然界大量存在着这类病原物，有许多种类的寄主，范围十分广泛，但寄生能力较弱，只有寄主在生长不良或受到其他病虫为害、冻伤、创伤或多汁的植物体在中断营养供应的贮运阶段，才会引起植物体各个部位发生水渍状褐斑，并导致腐烂。其病害主要表现为花腐、叶斑和果实腐烂，在潮湿的情况下，真菌在受害寄主组织上产生大量灰色霉层。

仙客来灰霉病（图7-23）是一种常见病，尤以温室栽培发病重。该病主要为害植株叶、叶柄及花，引起腐烂。

（1）症状 发病初期，感病叶片上叶缘出现暗绿色水渍状斑纹，以后逐渐蔓延到整个

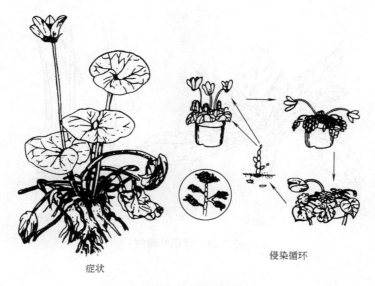

症状　　　　　　　　　　　　　　侵染循环

图 7-23　仙客来灰霉病

叶片，最后全叶变为褐色并干枯，叶柄和花梗受害后产生水渍状腐烂。发病后，在湿度大的条件下，发病部位密生灰色霉层，为病原菌的分生孢子梗和分生孢子。病害发生严重时，叶片枯死，花器腐烂，霉层密布。

（2）病原　仙客来灰霉病的病原为灰葡萄孢的一种真菌。

（3）发病规律　病原菌以菌核在土壤中或以菌丝体在植株病残体上越冬。第二年春季条件适宜时，产生分生孢子。分生孢子借气流传播进行侵染为害。高湿有利于发病，反之病害发展缓慢，且灰霉少。

（4）防治方法

1）减少侵染来源，拔除病株，集中销毁。

2）加强栽培管理，控制湿度，注意通风。

3）发病初期，喷施 1∶1∶200 波尔多液，或 65% 代森锌可湿性粉剂 500～800 倍液，每隔 10～15d 喷 1 次，连续 2～3 次。

6. 叶斑病类

叶斑病是植物病害中最庞杂的类群，每种植物都有许多斑点病，凡是叶部发生斑点的均为叶斑病。事实上，没有绝对只发生在叶上的病害，如为害叶部，同样为害枝干、花和果实等部分。叶斑病分布于寄主表面，占有很大的空间和面积，能产生大量的孢子，只要条件适宜就可能引起流行，造成较大的损失。

杜鹃叶斑病又名脚斑病（图 7-24），是杜鹃花上常见的重要病害之一。该病在我国分布很广，江苏、上海、浙江、江西、广东、湖南、湖北、北京等地均有发生。发病严重时，叶片大量脱落，削弱植株生长势，甚至导致不开花，影响杜鹃的观赏价值。

（1）症状　发病初期，感病叶片上产生红褐色小斑点，以后逐渐扩展为圆形或不规则的多角形病斑，黑褐色，正面颜色较背面深。发病后期，病斑中央变成灰白色，上生小黑点，即病原菌的分生孢子及分生孢子梗，发病严重时，病斑相互连接，导致叶片枯黄、

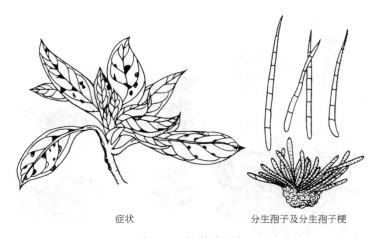

症状　　　　　　　　　分生孢子及分生孢子梗

图 7-24　杜鹃叶斑病

早落。

（2）病原　杜鹃叶斑病的病原为尾孢菌属的一种真菌

（3）发病规律　以菌丝体在植物残体上越冬。翌年春季，环境适宜时，形成分生孢子作为初侵染源。分生孢子由风雨传播，自植株伤口侵入。据研究，在西洋杜鹃上有三次发病高峰：5月上旬、9月中旬及11月上旬。在江西，该病于5月中旬开始，8月为发病高峰期，广州发病高峰期为4~7月，雨水多、雾多、露水重有利于发病，因为分生孢子只有在水滴中才能萌芽。温室条件下栽培的杜鹃可全年发病，如通风透光不良，植株生长不良，可加重病害的发生。

（4）防治方法

1）清理病落叶，减少侵染源。

2）加强栽培管理，提高植株的抗病能力。盆花摆放密度适当，以便通风透光。夏季盆花放在室外加阴棚。

3）开花后立即喷洒50%多菌灵可湿性粉剂600~800倍液，或20%锈粉锌可湿性粉剂4000倍液，或65%代森锌可湿性粉剂600~800倍液。每10~15d喷1次。连续喷洒5~6次。

7. 病毒病及支原体病害

叶部病害症状表现叶畸形，其病原十分复杂，无论是真菌性病害、细菌性病害、病毒性病害，以及支原体病均导致叶畸形。如外担子菌属引起的杜鹃叶肿病；由黄极毛杆菌属的细菌引起的桃细菌性穿孔病；由香石竹蚀环病毒引起的香石竹蚀环病，开始发病只是在叶片产生轮纹状、环状或宽条状坏死斑，严重时叶片就卷曲、畸形。同样，仙客来得了病毒病叶片会皱缩，有的地区表现出卷叶。由支原体引起病害使枝叶畸形的有水仙花变叶病、枫杨丛枝病、泡桐丛枝病等等。

（1）仙客来病毒病　仙客来病毒是世界性病害，在我国十分普遍，仙客来的栽培品种几乎无一幸免。病毒使仙客来种质退化，叶片变小、皱缩，花少、花小，严重降低其观赏价值。

1）症状。该病主要为害仙客来叶片，也侵染花冠等部位。从苗期至开花均可发病。感病植株叶片皱缩、反卷、变厚、质地脆，叶片黄化，有疱状斑，叶脉突起成棱。叶柄短，呈丛生状。纯一色的花瓣上有褪色条纹，花畸形，花少、花小，有时抽不出花梗。植株矮化，球茎退化变小。

2）病原。仙客来病毒的病原为黄瓜花叶病毒

3）发病规律。病毒在病球茎、种子内越冬，成为翌年的初侵染源。该病毒主要通过汁液、棉蚜、叶螨及种子传播。苗期发病后，随着仙客来的生长发育，病情指数随之增加。

4）防治方法。

① 将种子用70℃的高温进行干热处理脱毒。

② 栽植土壤用50%福美砷等药物处理；采取无土栽培，减少发病率。

③ 用70%甲基托布津可湿性粉剂1000倍液＋40%氧化乐果乳油1500倍液＋40%三氯杀螨醇乳油1000倍液防治传毒昆虫。

④ 通过组织培养，培养出无毒苗。

（2）香豌豆病毒病　香豌豆病毒病是一种常见病害。该病分布广，发生普遍。发病植株叶片变小，花朵皱缩，严重影响切花的质量。

1）症状。植株感病后，叶片表现为系统花叶或鲜黄与淡绿色斑驳，叶片皱缩，花为碎色。

2）病原。香豌豆病毒的病原为菜豆黄花叶病毒。

3）发病规律。病毒主要通过汁液和多种蚜虫传播，种子传播不常见。菜豆黄花叶病毒可以为害豌豆、蚕豆、苜蓿、小苍兰等植物。

4）防治方法。

① 清除香豌豆栽培区内的菜豆黄花叶病的寄主，减少侵染源。

② 施用杀虫剂，防治蚜虫，避免汁液传播。

（3）夹竹桃丛枝病　夹竹桃丛枝病是夹竹桃的重要病害。其严重影响植株生长，降低观赏价值，发病率达50%以上。

1）症状。该病使腋芽和不定芽大量萌发，形成许多细弱的丛生小枝。小枝节间缩短，叶片变小，感病小枝又可抽出小枝。新抽小枝基部肿大，淡红色，常簇生成团。小枝冬季枯死，第二年在枯枝旁边又产生更多的小枝。如此反复发生，最后可造成整枝死亡。

2）病原。夹竹桃丛枝病的病原为一种支原体。

3）发病规律。支原体在病株枝条的韧皮部越冬。植物是全株性带病。夹竹桃支原体是通过无性繁殖传染，也可通过叶蝉传染，还可通过苗木运输传播。支原体在叶蝉体内可以繁殖。不同夹竹桃感病差异明显，红花夹竹桃感病较重，白花夹竹桃感病较轻，黄花夹竹桃未见发病。

4）防治方法。

① 培育苗木时，选择无病株作母树。

② 人工剪除刚发病的植株并销毁。

③ 用50%马拉硫磷1000倍液，或40%乐果1000倍液杀灭叶蝉。

四、任务实施

1. 准备工作

1）课前预习相关知识部分。

2）教师准备相关案例，课堂围绕案例讲解。

3）班级学生自由组合（每组5～8人）为几个学习小组，各学习小组自行选出小组长。

4）组长召集组员利用课外时间收集资料，制定、讨论、修改实施方案。

5）调查场所：校园、公园、小区、植物园等。

6）材料用具：放大镜、捕虫网、修枝剪、笔记本及农药等，常见昆虫标本、常见病害标本。

2. 实施步骤

1）查阅资料（教材、期刊、网络），列出小区绿化常见害虫。

2）以小组为单位野外观察记载：植物叶部病虫害为害状，叶部主要虫害的形态特征、生活习性、主要病害的症状。

3）捕捉昆虫标本，采集病害标本。

4）标本识别。

5）叶部病虫害防治。

6）成果展示，其他小组和老师评分。

7）分组讨论、总结学习过程。

任务2　园林植物吸汁害虫及其诱发的病害防治

一、任务描述

吸汁害虫刺吸植物汁液，造成嫩梢幼叶卷曲，枝叶丛生，甚至整株枯死；吸汁害虫诱发的病害主要有煤污病，又叫烟煤病，是植物叶部真菌的重要类群。学习的任务是了解园林植物叶部吸汁害虫及其诱发的病害种类，熟悉园林植物吸汁害虫的特征、主要诱发病害的症状，掌握园林植物吸汁害虫及其诱发病害的防治方法，能识别主要的园林植物吸汁害虫及其诱发的病害，能够防治园林植物吸汁害虫及其诱发的病害。

二、任务分析

吸汁害虫往往先点片发生，虫口密集，繁殖迅速，通过各种途径传播蔓延，而且常易随寄主的转移而传播到别处，在自然界中有很多天敌，如瓢虫、草蛉、寄生蜂、寄生蝇以及病原微生物等，对这类害虫能起一定的抑制作用；煤污病主要为害叶，有时也为害枝干、嫩梢、花瓣、萼片，被害的植物表面覆满黑色烟煤状物，失去观赏效果，并妨碍树木的光合作用，影响正常生长，有时造成严重的损失。完成本任务要掌握的知识面有：园林植物吸汁害虫及其诱发病害的概念，吸汁害虫的形态特征、生活习性、主要诱发病害的症状，吸汁害虫及其诱发病害的防治方法等。

三、相关知识

（一）吸汁害虫

吸汁害虫常见的有蚜虫、介壳虫、粉虱、木虱、叶蝉、蓟马、网蝽、盲蝽、叶螨、瘿螨等。

1. 叶蝉类

大多数种类的叶蝉体长在 3～12mm 之间，身体细长，常能跳跃、横走，且易飞行。一般雌虫具有齿状产卵管，产卵在植物组织内。有些种类是植物病毒的传播者。园林中常见的有二星叶蝉、桃一点斑叶蝉、大青叶蝉、小青叶蝉等。

大青叶蝉又名大绿浮尘子、青叶跳蝉、青叶蝉等，属于同翅目，叶蝉科，分布在我国南北各地，寄主广泛，如豆科、十字花科、蔷薇科、杨柳科等。成虫、若虫刺吸植株的汁液，成虫产卵时将树皮划破，造成半月形伤口。为害株易受冻害，为害严重时，被害枝条逐渐干枯而死亡。大青叶蝉如图 7-25 所示。

（1）形态特征

1）成虫。成虫体长 8～12mm，体绿色，头呈三角形，黄色，前翅绿色，端部半透明，后翅烟黑色，半透明，腹背黑色，足橙黄色。

2）卵。卵长约 2mm，初为乳白色，后转黄色，长椭圆形，稍弯曲。

3）若虫。若虫形态似成虫，比成虫小，初为乳白色，渐变为黄绿色，腹部背面有四条褐色纵纹，但无翅，只有翅芽。

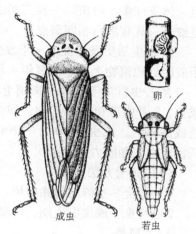

图 7-25　大青叶蝉

（2）生活史及习性　此虫在吉林一年发生二代，甘肃 2～3 代，河北、山东、江苏北部三代，江西一带 5～6 代。在南方各虫期皆有，无真正的休眠期。江苏南部一带发生 3 代，以卵在花木、果树枝条的皮层内越冬。翌年 4 月中旬至 5 月初孵化，若虫吸吮苗木汁液并喜群集，5 月下旬第一代成虫开始为害。成虫好聚于矮生植物，趋光性强。7～8 月是第二代成虫为害期，9～11 月是第三代成虫为害期。10 月中下旬陆续飞到花木枝条上产卵越冬。夏秋季卵期 9～15d，越冬卵则长达 5 个月以上。若虫共五龄，历期一个月左右。

（3）防治方法

1）在产越冬卵之前，涂刷白涂剂，对阻止成虫产卵有一定作用。

2）在发生多时，可在成虫盛期进行灯光诱杀。

3）人工剪除有卵的枝条。

4）喷洒 50% 敌敌畏乳油 1000 倍液，或 40% 乐果乳油 2000 倍液，或 2.5% 溴氰菊酯可湿性粉剂 2000 倍液。

2. 蜡蝉类

斑衣蜡蝉又名椿皮蜡蝉、斑蜡蝉，属于同翅目，蜡蝉科，分布在华北、华东、西北、西南以及广东、台湾等地区，以为害臭椿最烈，香椿、刺槐、苦楝次之，其他如楸、杨、榆、悬铃木、梧桐、女贞、合欢以及花灌木杏、桃、葡萄、樱花、梅等。成虫、若虫刺吸汁液，引起植物嫩梢畸形，叶片和枝条上出现枕头状小孔洞，随叶生长，使叶片破裂，枝条干枯、萎缩，并伴有煤污病。斑衣蜡蝉如图 7-26 所示。

（1）形态特征

1）成虫。成虫体长 14～20mm，翅展 40～50mm，全身灰褐色，有白色蜡质粉，前翅革质，基部约 2/3 为淡褐色，翅面有 20 余个黑点，后翅膜质，基部 1/3 为鲜红色，有黑点 7～

8个，触角红色。

2）卵。卵呈长圆形，褐色，长约3mm，排列成块，有褐色蜡粉。

3）若虫。若虫体似成虫。初孵时白色，后变为黑色，体有许多小白斑。一至三龄为黑色斑点，四龄体背呈红色，具有黑白相间斑点。

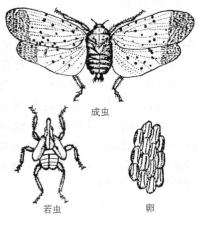

成虫

若虫　　　　卵

图7-26　斑衣蜡蝉

（2）生活史及习性　一年发生一代，以卵在树木枝干或附近建筑物上越冬。翌年4月中下旬若虫孵化为害，1～3龄若虫群集于叶背、嫩梢上为害，6月中旬羽化为成虫，8月中下旬交尾产卵，卵多产于避风向阳的树干枝或篱架上。成虫在10月中下旬逐渐死亡。若虫善跳跃，成虫飞翔能力强。

（3）防治方法

1）结合冬季修剪清除卵块。

2）若虫、成虫发生期，可喷施40%氧化乐果1000倍液，或50%辛硫磷2000倍液。

3. 木虱类

木虱类的昆虫体细小，能飞善跃，但不能作远距离连续的飞翔。成虫、若虫常分泌蜡质，盖在身体上。木虱多为害木本植物。园林中常见的有青桐木虱、梨木虱。

青桐木虱又名梧桐木虱，属于同翅目，木虱科，分布在华北、华东及陕西、河南等地，主要为害青桐枝叶，以若虫、成虫群集枝叶上刺吸汁液，并分泌白色絮状蜡质。被害植物嫩梢凋萎，叶面污染变黑，影响树木生长。青桐木虱如图7-27所示。

（1）形态特征

1）成虫。成虫黄绿色，体长4～5mm，翅展12～13mm，胸部黑褐色，足淡黄色，爪黑色，触角黄色，雌虫比雄虫稍大，腹部末端较粗。

2）卵。卵呈纺锤形，初为淡黄色，后变红褐色，一端稍尖。

3）若虫。若虫1～2龄时体扁，呈长方形，体色黄微带绿，老熟时体长圆筒形，色泽加深，体长3.4～4.9mm，附着较厚的白色蜡质。

（2）生活史及习性　一年大部分地区发生二代，以卵在枝干上越冬。越冬卵翌年4月下旬至5月中旬孵化，若虫爬出至嫩梢及叶背为害，并分泌白色蜡质絮状物，常以数十头若虫藏于絮中吸食树木汁液，树杈上布满白色絮状物。6月上旬羽化为成虫，继续为害，并产卵，7月中旬第二代若虫孵化为害。8月上中旬第二代成虫羽化，9月产第二代卵准备越冬。成虫有补充营养的习性，卵散产，新羽化成虫受惊就跳跃飞逃。

（3）防治方法

1）为害期间，喷洒清水冲掉白色蜡质絮状物，消灭若虫与成虫。

2）为害期喷洒40%氧化乐果乳剂1000倍液，或50%三硫磷乳油1500～2000倍液。

3）春季卵未孵化前疏枝，并涂上白涂剂1～2次，杀灭越冬卵。

4. 粉虱类

成虫体纤弱而小，体翅上均有粉状物，有孤雌生殖现象。卵型小，以卵柄插在植物组织内。粉虱若虫寄生在植物上刺吸汁液。园林中常见种类有黑刺粉虱、橘绿粉虱、白粉虱等。

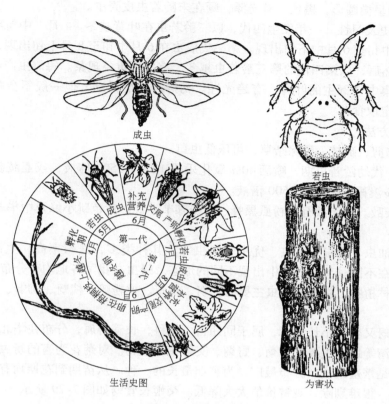

图 7-27 青桐木虱

黑刺粉虱又名刺粉虱、黑蛹有翅粉虱，属于同翅目、粉虱科。我国柑橘栽培地区及全国茶叶产区均有发生，为害蔷薇、玫瑰、月季、丁香、茶花、茶、兰花、桂花、葡萄、栀子花、常春藤、牡丹、牵牛花、桃、李、柑橘、枇杷、柿、枫杨、油茶、樟等花木。成虫多群集于嫩枝、叶背面为害，刺吸汁液，使叶片枯黄脱落。粉虱分泌的蜜露易引起煤污染，影响花木生长，甚至整株死亡。黑刺粉虱如图 7-28 所示。

（1）形态特征

1）成虫。成虫体长 1～1.3mm，橙黄色，触角黄色，有白粉。前翅紫褐色，上有七个不整形白色斑，后翅小，淡紫褐色，雄虫体较小。

2）卵。卵呈长椭圆形，弯曲，顶端尖，形似香蕉，有一个卵柄，直立，附着叶面，初产时乳白色，后转灰黑色。

3）若虫。若虫为淡黄色，扁平，圆形，后变黑色，周围分泌有白色蜡质物。

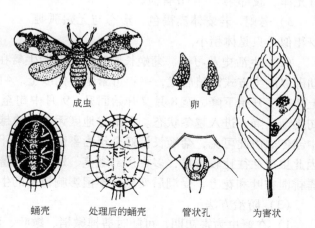

成虫　　　　　卵

蛹壳　　处理后的蛹壳　　管状孔　　为害状

图 7-28 黑刺粉虱

4）蛹。蛹呈椭圆形，黑色，有光泽，蛹在末龄若虫皮壳中。

（2）生活史及习性 一年发生四代，以三龄若虫在叶背越冬。4月上中旬羽化成虫。第一代成虫4月中旬至6月中下旬出现。第二代成虫在6月中旬至8月上旬出现，第三代成虫在9～10月。然后，以第四代的第三龄若虫越冬，有世代重叠现象。每雌虫产卵20粒左右，亦可孤雌生殖集中于寄主的叶背，有趋光性。初孵若虫能活动，但一般不会爬出原来的叶片，且很快固定取食。

（3）防治方法

1）合理修剪，疏枝，勤除杂草，可压低虫口。

2）在第一代幼龄若虫期，喷洒40%氧化乐果1000～1500倍掖，或亚胺硫磷乳剂1000倍液，或2.5%溴氰菊酯乳剂2500倍液。

3）保护天敌。其天敌有刺粉虱黑蜂、斯氏寡节小蜂、黄色跳小蜂及中华草蛉等。

5. 蚜虫类

蚜虫又名油虫、蜜虫、腻虫、优虫、旱虫等。其种类多，繁殖率高，生活周期比较复杂。同一种类在不同季节和环境中出现不同的形态。蚜虫在我国各地均有分布，主要分布在温带地区。园林植物上常见的蚜虫主要有棉蚜、桃蚜、桃粉蚜、槐蚜、柳蚜、蔷薇蚜、菊姬长管蚜等。

菊姬长管蚜又名菊小长管蚜，属于同翅目，蚜科，长管蚜属，分布在华北、华东、华南以及河南、台湾等地，主要为害菊、野菊、艾等菊科植物。对菊花为害的蚜虫多达5～6种，而菊姬长管蚜是繁殖最快、分布最广、为害期最长的一种。从苗期到花期均有为害，而且能钻入管状花瓣，很难剔除，观赏价值大大降低。菊姬长管蚜如图7-29所示。

（1）形态特征

1）无翅孤雌蚜。无翅孤雌蚜体呈纺锤形，长1.5mm，宽0.7mm，褐色至黑褐色，有光泽，腹管短，黑色。

2）有翅孤雌蚜。有翅孤雌蚜体长卵形，长1.7mm，宽0.67mm，翅透明，体黑褐色，有光泽，腹部第2～4节有横斑。

3）若蚜。若蚜体赤褐色，形态与无翅孤雌蚜相似，只是体稍小。

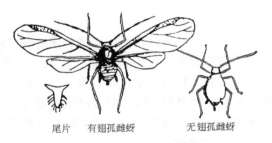

尾片　有翅孤雌蚜　无翅孤雌蚜

图7-29　菊姬长管蚜

（2）生活史及习性 菊姬长管蚜以无翅胎生蚜在室外越冬者，3月上旬气温升高开始活动即以胎生方式繁殖后代，一年可繁殖十代以上。4月中下旬至5月中旬为繁殖盛期，6月上旬密度开始下降，至8月又开始回升，9月中旬至10月下旬为第二次繁殖盛期，11月中旬逐渐下降，进入越冬状态。在南方地区无明显的越冬期。在北方地区，冬季在温室或暖房中越冬。由此可见，菊姬长管蚜全年为害菊花，并不迁移至其他植物上。由于蚜虫繁殖快，因此虫口往往比较密集，多在顶部嫩茎、嫩叶、花蕾、花朵中，刺吸汁液，将发亮的油状蜜露排泄在叶和花上，受潮后变黑，不但影响植株的生长、开花，而且污染了花卉。

（3）防治方法

1）在蚜虫为害初期，可随时剪掉嫩梢、嫩叶、消灭蚜虫，防止扩散。

2）蚜虫量不大时，可喷清水冲洗。

3）在害虫大发生时，可喷施 50% 杀螟松，或 40% 氧化乐果 1000 倍液，或 50% 马拉硫磷 1000 ~ 1500 倍液，或 50% 辟蚜雾可湿性粉剂 7000 倍液，或 2.5% 功夫菊酯 5000 倍液，或 10% 吡虫林可湿性粉剂 1000 倍液，或 50% 甲基对硫磷 2000 倍液，均可取得良好效果。

4）采取人工助迁瓢虫等天敌，控制蚜虫为害。

6. 蚧类

蚧虫又称为介壳虫，属于同翅目，胸喙亚目，蚧总科，是一种小型昆虫。大多数介壳虫采取固定不动刺吸植物汁液的生活方式，同时体表常覆盖各种粉状、棉状等蜡质分泌物。蚧类种类繁多，分布极广，常为害植物的根、茎、叶、果等部位，对植物造成严重威胁，很多种类可以随植物传播，有些种类已列入国际植物检疫对象，很多种是园林的重要害虫，如草履蚧、红蜡蚧、紫薇绒蚧、桑白蚧、康片蚧、盾蚧、牡蛎蚧等。

（1）草履蚧　草履蚧又名草鞋介壳虫，属于同翅目，珠蚧科，草履蚧属，分布于华南、华中、华东、华北、西南、西北等，主要为害泡桐、杨、悬铃木、柳、楝、栗、核桃、枣、柿、梨、苹果、柑橘、荔枝、无花果、栎、桑、珊瑚树、罗汉松、枫杨、三角枫、皂荚、卫矛、乌桕、女贞等植物，以若虫和雌成虫刺吸嫩叶、幼芽和枝梢的汁液，影响树势，重则枯死。草履蚧如图 7-30 所示。

1）形态特征。

① 雌成虫。雌成虫体长 10mm，无翅，扁平椭圆形，背部稍高，赭黄褐色，腹部有横皱与纵沟，似草鞋状，全身微覆白色蜡粉，足三对。

② 雄成虫。雄成虫体长约 5mm，翅展 10mm，体紫红色，翅淡紫黑色，善飞翔。

③ 卵。卵呈长椭圆形，黄色，后变粉红色，卵块表面覆一层白丝，称为卵囊。

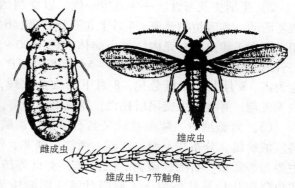

雌成虫　　　雄成虫

雄成虫1~7节触角

图 7-30　草履蚧

④ 若虫。若虫体形与雌成虫相似，仅体小之别，赤褐色，常群栖。

⑤ 蛹。蛹呈圆筒形，褐色，外被白色棉絮状物。

2）生活史及习性。一年一代，以卵和初孵若虫在花木根际附近土缝、裂隙、砖石堆中成堆越冬。翌年 2 月若虫孵化，先留在卵囊中，3 月中旬若虫沿树干爬到幼芽、嫩梢上，群聚刺吸为害。4 月上、中旬为害最烈，并分泌蜡质物裹身，4 月下旬雄虫蜕皮后爬到粗皮缝内、树洞、土缝里化蛹，5 月上旬羽化、交尾。雌虫于 5 月下旬、6 月上旬开始入土，分泌白色棉絮卵袋，产卵其中，以卵越夏、过冬。每囊有卵 40 ~ 50 粒，多达百余粒，成虫则在产卵后死去。

（2）日本龟蜡蚧　日本龟蜡蚧又名龟甲蚧、白蜡蚧，属于同翅目，蚧科，蜡蚧属，普遍分布在我国华北、华东、华南、华中、西南、西北。其为害植物 40 余科，100 多种，如悬铃木、栀子花、大叶黄杨、瓜子黄杨、山茶花、含笑、蜡梅、月桂、女贞、桃、梨、海棠、枣、海桐、茶、柳、石榴、重阳木、白玉兰、紫藤、夹竹桃、丝绵木、三角枫、柑橘、无患子等，以雌成虫及若虫群集于植物枝叶上刺吸汁液，若虫排出糖液，诱发煤污病，严重削弱树势，甚至导致植株死亡。日本龟蜡蚧如图 7-31 所示。

1）形态特征。

① 雌成虫。雌成虫蜡壳灰白或略呈肉红色，椭圆形，产卵期背面隆起或成拱形，无翅，体腹紫红色，背面有龟状凹陷，周围具有8个小型突起，状如龟背。

② 雄成虫。雄成虫体为深褐色或棕色，翅为白色半透明。

③ 卵。卵呈椭圆形，初为淡橙黄色，半透明，近孵化时紫红色。

④ 若虫。若虫体小，扁平，椭圆形，紫褐色，周围有13个三角形蜡芒，形似葵花，足三对。

⑤ 蛹。仅雄虫化蛹，裸蛹，棱形，棕褐色，蛹壳白色。

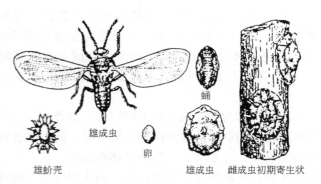

图7-31　日本龟蜡蚧

2）生活史及习性。一年发生一代，以受精的雌成虫在花木枝条上越冬。翌年3~4月恢复活动，刺吸植物汁液。5月上旬开始产卵，6月中旬为产卵盛期，卵产于雌虫的介壳内，每个雌体产卵1500~2500粒。6月下旬若虫孵化，若虫爬行分散，4~5d后若虫便产生白色蜡壳，固定为害。8月上旬雌雄分化，8月下旬雄虫化蛹，9月上旬羽化，白天飞翔，寻找雌虫交尾后死亡，雌虫继续为害，并准备越冬。

（3）紫薇绒蚧　紫薇绒蚧又名石榴毡蚧，属于同翅目，绒蚧科，绒蚧属，分布在上海、江苏、浙江、湖北、江西、贵州等地，主要为害紫薇、石榴、桑树、三角枫、女贞等植物，以若虫、雌成虫群集叶片及枝条树干上刺吸汁液，影响树势，并分泌蜜露，诱致煤污染。紫薇绒蚧如图7-32所示。

1）形态特征。

① 雌成虫。雌成虫呈椭圆形，暗紫红色，体表覆盖白色蜡粉，体周边有枣刺状白蜡丝。雄成虫黄褐色，触角及足灰白色，翅灰白色半透明，尾端有二根白色蜡丝，其长超过体长之半。

雌虫

为害状

图7-32　紫薇绒蚧

② 雄虫茧。雄虫茧呈长椭圆形，白色。

③ 若虫。若虫呈长椭圆形，尾端略尖，淡黄色至黄色，随着身体增大，体色逐渐加深，蜡粉增多。

2）生活史及习性。一年发生2~3代，以受精雌成虫在枝条于交叉缝隙内越冬。第一代若虫孵化期在3月下旬至4月上旬，第二代若虫孵化期在6月上中旬，第三代若虫孵化期在8月上中旬，7~9月常见成虫、若虫、卵同时存在。

（4）介壳虫的防治方法

1）加强检疫措施。

2）剪除被介壳虫为害的枝条，清除虫源。

3）保护天敌，如草履蚧的天敌红环瓢虫。如果要喷施农药，要在红环瓢虫出蛰活动前进行。

4）当介壳虫大发生时，抓住初孵若虫进行化学防治。可用 25% 亚胺硫磷 1000 倍液，或 40% 氧化乐果 1000～1500 倍液，或 50% 乙酰甲胺磷 1000 倍液，或 20% 杀灭菊酯 2000 倍液，或 30 号机油乳剂 30～80 倍液，或融杀蚧螨 80 倍液，或花保 80 倍液。

5）对茎、干较粗皮层不易受伤的花木，在冬季可涂刷白涂剂。

7. 网蝽类

蝽类，属于半翅目，以若虫、成虫刺吸寄主的叶片、茎、花、果等。寄主受食后，叶色变黄，植株矮缩，生长延缓，幼嫩组织易折断，不能正常生长。常见的蝽类有绿盲蝽、梨网蝽、中黑盲蝽。

梨网蝽又名梨花网蝽、军配虫、花编虫等，属半翅目，网蝽科，分布于江苏、浙江、安徽、湖南、湖北及华北、西北、黄河故道地区，主要为害梨、苹果、海棠、沙果、桃、李、杏、枣、樱花、杜鹃、山茶、月季等。梨网蝽为小型昆虫，体扁，成虫、若虫生活在叶的反面，常在主脉的两侧为害，被害处常积集斑点状的褐黑色分泌物及蜕皮壳。梨网蝽如图 7-33 所示。

（1）形态特征

1）成虫。成虫体长 3.5mm，体形扁平，黑褐色，胸部及翅上布满网纹，前翅合叠起，其上的黑斑构成 X 形，体上有白粉，足黄褐色，后翅膜质白色、透明，翅脉暗褐色。

2）卵。卵呈椭圆形，蓝色，向一端弯曲。

3）若虫。若虫体长 1.9mm，初蜕皮时白色，渐变褐色，大体与成虫相似，头、胸、腹两侧有针突刺状，无翅，有短的翅芽。

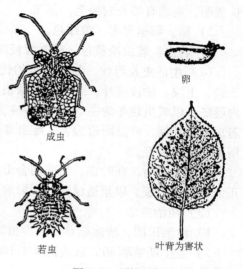

图 7-33　梨网蝽

（2）生活史及习性　一年发生代数各地不一，长江流域 4～5 代，华北地区 3～4 代，以成虫在落叶、枝干翘皮裂缝、杂草中或表土越冬。翌年梨树展叶时成虫活动，集中到叶背吸食和产卵。若虫孵出后多群集在主脉两侧为害，并排出大量褐色黏液和粪便，使叶背呈现黄褐色锈状斑以至全叶失绿。第一代成虫 6 月初发生，以后各代发生不齐，各虫态同时出现，全年以 8 月份密度最大，为害最重，10 月下旬成虫下树寻找越冬场所，干旱天气此虫为害厉害。

（3）防治方法

1）清除落叶、杂草，刮除老翘树皮，消灭越冬成虫。

2）9 月底在树干上绑草，诱集越冬成虫，清园时烧毁。

3）若虫、成虫为害期喷洒 40% 氧化乐果 1000～1500 倍液，或 90% 晶体敌百虫，或 50% 马拉硫磷乳油 1000 倍液，或 10%、20% 拟除虫菊酯 1000～2000 倍液。隔 10～15d 喷施 1 次，连续喷施 2～3 次，效果很好。

8. 蓟马类

蓟马是缨翅目昆虫的统称，种类较多，食性复杂。园林中常见的有花蓟马、烟蓟马、红带网纹蓟马等。

烟蓟马又名葱蓟马、棉蓟马、小白虫等，属于缨翅目，蓟马科，是微小种类，一般体长1～2mm，体黑色、黄色或黄褐色，为害花、叶、果、枝、芽等，以花卉上最多。蓟马除直接为害植物外，还能传播病毒，全国各地均有发生。烟蓟马分布于北京、河北、山东、山西、河南、浙江、江苏等地，可为害芍药、郁金香、风信子、菊花、香石竹、梅、李、苹果、柑橘等300多种植物。烟蓟马如图7-34所示。

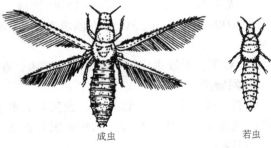

成虫　　　　　　　　若虫

图7-34　烟蓟马

（1）形态特征

1）成虫。成虫体长1.1mm，淡灰色，触角七节，第一节灰白色。雄虫无翅，雌虫翅细长透明，周缘有细长的缘毛，善飞。

2）卵。卵呈肾形，黄绿色。

3）若虫。若虫淡黄色，前胸背板淡褐色，足淡灰色，无翅，触角六节。

（2）生活史及习性　每年发生的代数各地不一，一般6～10代，以成虫、若虫潜伏在土缝、土块、枯枝落叶，或田间的球根，或部分植株的叶鞘内，或以"蛹"态在附近的土内越冬，以成虫越冬为主，翌年3～4月开始活动，卵散产在嫩叶表皮下、叶脉内。成虫、若虫多在叶柄、叶脉附近为害。雌虫常孤雌生殖，雄成虫极少见到。干旱年份发生较重，多雨季节发生较轻。

蓟马为害后，在叶正、反面均会出现失绿或黄褐色斑点、斑纹，叶组织变厚、变脆，向正面翻卷或破裂，以至造成落叶，影响生长；花瓣也会出现失色和斑纹，从而影响质量。

（3）防治方法

1）清洁田园，清除杂草，减少虫源。

2）发生期喷洒80%敌敌畏乳剂1000倍液，或40%氧化乐果乳剂1500倍液，或25%三硫磷乳剂2000倍液。

9. 螨类

螨不是昆虫，而是属于蛛形纲碑螨目中的一种极微小的动物，体长1mm以下，呈圆形或卵圆形，体红色或暗红色，刺吸式口器，口针安置在针鞘内，通常群聚在叶背吸取汁液。园林中常见的种类很多，有叶螨、瘿螨、甲螨、球根粉螨等。

（1）柑橘全爪螨　柑橘全爪螨又名柑橘红蜘蛛，瘤皮红蜘蛛，属于蝉螨目，叶螨科，分布在我国长江以南各地，如上海、江苏、浙江、四川等地，主要为害柑橘、金橘、桂花、蔷薇、佛手、柠檬、美人蕉、柚、橙、玉兰等花木，以成、若螨刺吸汁液，对叶、梢、果，尤其是幼嫩组织为害最重，被害处出现灰色小点，造成落叶落果，影响生长和观赏。柑橘全爪螨如图7-35所示。

1）形态特征。

① 成螨。雌性呈椭圆形，背面隆起，侧面呈半球

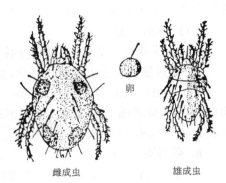

雌成虫　　　　　　　雄成虫

图7-35　柑橘全爪螨

形，暗红色，背面及背侧有红色瘤状突起。雄性略小，鲜红色，后端狭窄，呈镘形。

② 卵。卵呈扁球形，红色，卵上有一个垂直的柄。

③ 幼螨。幼螨初孵时圆形，淡红色，足三对。

④ 若螨。若螨形似成虫，略小，足四对。

2）生活史及习性。一年发生代数各地不一，多数在十代以上，以卵和成螨在皮层缝隙中或叶背越冬。世代重叠，在气温较高的地区一年中最多可发生十七代。当日平均气温高于30℃时，雄性若螨不经第四若螨，蜕一次皮即变为雄成螨。雌成螨可孤雌生殖，但其后代均为雄性。卵多产于叶片、果实和嫩枝上，叶片正、反两面都有，但以叶背主脉两侧较多，在一年中，以春、秋两季最重。

（2）柑橘锈壁虱　柑橘锈壁虱又名锈螨、橘芸锈螨、柑橘皱叶刺瘿螨，被害果俗称为火烧柑、油皮柑。其属于碑满目，瘿螨科，分布极广，是一种世界性害虫。在我国栽橘地区几乎全部都有发生，以若螨、成螨刺破果实、叶片和嫩梢的表皮细胞，吸取汁液。被害果的表面初呈灰绿色，以后变紫褐色或黑褐色，失去原有光泽，并有细微花纹状龟裂。被害的叶呈粉黄绿色，背面密布褐色小斑点，常有明显紫褐色裂纹。此虫为害是成年树结果少、品质劣和秋后大量落叶的重要原因。柑橘锈壁虱如图7-36所示。

卵

成虫背面　　成虫侧面

图7-36　柑橘锈壁虱

1）形态特征。

① 成虫。成虫体长0.1～0.13mm，形似胡萝卜，淡黄色或橙黄色，头胸部腹面有两对足，向前方伸出，腹部有密生环纹，末端有一对长尾毛。

② 卵。卵呈圆球形，表面光滑，灰白色，半透明。

③ 若虫。若虫似成虫，体较小，灰白色，半透明，足二对，腹部环纹不明显，后期体色变淡黄。

2）生活史及习性。一年发生十余代，多在树梢上叶腋的芽缝内越冬。4月中、下旬，气温15℃以上开始产卵。8月上旬（立秋前后）繁殖最快，即是为害盛期。9～10月后，逐步转向树梢为害。

（3）螨类防治方法

1）加强管理，清除圃地周围杂草，减少越冬场所和虫源地。

2）在发生初期用人工抹掉成螨、若螨和卵，对防治蔓延扩散有良好效果。

3）当螨量不超过植物的受害允许水平，可清水冲洗树叶，每周2～3次。当螨量较多时可选用40%三氯杀螨醇1000～1500倍液，或20%三氯杀螨砜可湿性粉剂500～800倍液，或40%乐果或氧化乐果1000～1500倍液，或融杀蚧螨80倍液，或花保80倍液，均可取得较好防治效果。

（二）煤污病害

煤污病又叫烟煤病，是植物叶部真菌的重要类群，种类复杂，分布极普遍，在我国南北的栽培与野生植物上、观赏植物上均有发生，以芸香科植物、山茶、油茶、米兰等为害较多，主要为害叶，有时也为害枝干、嫩梢、花瓣、萼片，被害植物表面覆满黑色烟煤状物，失去观赏效果，并妨碍树木的光合作用，影响正常生长，有时造成严重的损失。煤污病如图 7-37 所示。

1. 症状

叶和嫩梢上形成黑色霉层，似烟煤污染，整叶和整枝上全被霉层覆盖，大多在叶片的正面，偶有引起植株枯萎。

2. 病原

煤污病的病原种类较多，常见的煤污病有两种：一种由小煤炱属的一种真菌引起，先在叶片正面，生圆形黑色霉点，然后扩及全叶，病原不易剥落，主要发生在山茶、枸骨、海桐、刚竹上。另一种由煤炱菌科中的一种真菌引起，黑色煤层状物先在叶片正面沿主脉产生，后来逐渐覆盖整个叶面，较易剥落，主要发生在紫薇、夹竹桃、栀子花上。

3. 发病规律

以菌丝体、闭囊壳和分子孢子在寄主叶片

病叶

山茶小煤炱的子囊壳　　茶煤炱的子囊腔、子囊及子囊孢子

图 7-37　煤污病

枝条上越冬。第二年寄主表面出现蚜虫蜜露、介壳虫的排泄物和植物渗出物时，且温、湿度又适合，由风、雨或蚜、介壳虫传播的病菌就在这些地方萌发生长。

每年春、秋两季是此病的盛发期。病菌可以重复侵染，病害不断发生。此病发生与蚧、蚜虫发生关系密切。透气、透光不好，湿度较大，此病害发生严重，相反高温干燥，发生则轻。

4. 防治方法

1）及时防治蚧、蚜虫，可用 40% 氧化乐果 1000 倍液，或 80% 敌敌畏乳油 1500 倍液，或融杀蚧螨 80 倍液，或花保 80 倍液。

2）植株种植不宜过密，应适当修剪，以利透风、透光，恶化病菌的滋生环境。

四、任务实施

1. 准备工作

1）课前预习相关知识部分。

2）教师准备相关案例，课堂围绕案例讲解。

3）班级学生自由组合（每组 5 ~ 8 人）为几个学习小组，各学习小组自行选出小组长。

4）组长召集组员利用课外时间收集资料，制定、讨论、修改实施方案。

5）调查场所：校园、公园、小区、植物园等。

6）材料用具：放大镜、捕虫网、修枝剪、笔记本及农药等，常见昆虫标本、常见病害标本。

2. 实施步骤

1）查阅资料（教材、期刊、网络），列出园林植物吸汁害虫及其诱发的病害种类。

2）以小组为单位野外观察记载：园林植物吸汁害虫及其诱发的病害危害状，园林植物吸汁害虫形态特征、主要诱发病害的症状。

3）捕捉昆虫标本，采集病害标本。

4）标本识别。

5）园林植物吸汁害虫及其诱发的病害防治。

6）成果展示，其他小组和老师评分。

7）分组讨论、总结学习过程。

任务3　园林植物枝干病虫害防治

一、任务描述

枝干害虫主要包括蛀干、蛀茎、蛀新梢以及蛀蕾、蛀花、蛀果、蛀种子等各种害虫，对行道树、庭园树以及很多花灌木均会造成较大程度的为害，以至成株成片死亡；枝干病害的症状类型主要有腐烂及溃疡、枝枯、肿瘤、丛枝、带化、萎蔫、立木腐朽、流胶流脂等，发展严重时，最终都能导致茎干的枯萎死亡。学习的任务是了解园林植物枝干病虫害种类，熟悉园林植物枝干虫害的形态特征、病害的症状，掌握园林植物枝干病虫害的防治方法，能识别主要的园林植物枝干病虫，能够防治园林植物枝干主要病虫害。

二、任务分析

枝干害虫的为害特点是除成虫期进行补充营养、觅偶寻找繁殖场所等活动时较易发现外，均隐蔽在植物体内部为害，等到受害植物表现出凋萎、枯黄等症状时，已接近死亡，难以恢复生机；枝干病害对园林植物的为害性很大，不论是草木花卉的茎，还是木本花卉的枝条或主干，受病后往往直接引起枝枯或全株枯死，不仅降低花木的观赏价值、影响景观，对某些名贵花卉和古树名木，有时会造成不可挽回的损失。因此，对这类病虫害的防治，采取防患于未然的综合措施显得更为重要。完成本任务要掌握的知识面有：园林植物枝干病虫害的概念，枝干主要虫害的形态特征、生活习性、枝干主要病害的症状，枝干主要病虫害防治方法等。

三、相关知识

（一）枝干害虫

枝干害虫主要包括鞘翅目的天牛类、象甲类、小蠹虫类；鳞翅目的木蠹蛾类、透翅蛾类、蝙蝠蛾类、螟蛾类等。

1. 天牛类

天牛是园林植物中常见的蛀茎干害虫，属于鞘翅目，天牛科，全世界已知2万种，我国已知2000多种。它主要以幼虫钻蛀植株茎干，在韧皮部和木质部形成蛀道为害，主要种类有星天牛、光肩星天牛、桃红颈天牛、桑天牛等。

（1）星天牛　星天牛又名柑橘星天牛，全国分布十分普遍，除南方各省柑橘产区外，辽宁、山东、河北、山西、河南、陕西、甘肃等省也有分布。其为害柑橘、杨、柳、榆、刺槐、悬铃木、无花果、樱花、合欢、银桦、相思树、海棠、垂柳、紫薇、桑、大叶黄杨、枇杷、核桃、罗汉松等植物。星天牛如图7-38所示。

1）形态特征。

① 成虫。成虫体长 27～41mm，体翅黑色，有光泽，每鞘翅上约有大小白斑 20 个，鞘翅基部密布黑色小颗粒，触角第 3～11 节每节基部有淡蓝色毛环。雄虫触角超过体长一倍，雌虫触角超过身体 1～2 节，前胸背板中瘤明显，两侧具尖锐粗大的侧刺突，小盾片及足的跗节披淡青色细毛。

② 卵。卵呈长椭圆形，长 5～6mm，阔 2.2～2.4mm，初产时白色，以后渐变为浅黄白色。

③ 幼虫。老熟幼虫体长 45～67mm，淡黄白色，前胸背板前方左右各有一个黄褐色飞鸟形斑纹，后方有一块黄褐色"凸"字形大斑纹，略呈隆起。

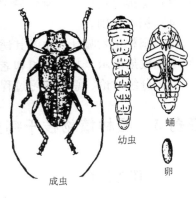

图 7-38　星天牛

④ 蛹。蛹呈纺锤形，长 30～38mm，初化时淡黄色，羽化前各部分逐渐变为黄褐色至黑色，翅芽超过腹部第三节后缘。

2）生活史及习性。每年发生一代，个别地区三年二代或二年一代，以老熟幼虫在树干或主根内越冬。4 月下旬或 5 月上旬成虫羽化，5～6 月为羽化盛期，羽化期很长，8～9 月还有成虫出现。成虫羽化后，飞向树冠，啃食细枝皮层，造成枯枝。5～8 月均有卵发生，以 5～6 月产卵最盛。卵多产于离地面 0.3～0.7m 的树干内，产卵处树皮常裂开、隆起，表面湿润，受害株常有木屑排出。幼虫孵出后，即从产卵处蛀入，向下蛀食于表皮和木质部之间，形成不规则的扁平虫道，虫道中充满虫粪。1 个月后开始向木质部蛀食，蛀至木质部 2～3cm 深度就转向上蛀，上蛀高度不一，蛀道加宽，并开有通气孔从中排出粪便。整个幼虫期长达 10 个月，虫道长 50～60cm，还有部分虫道在表层盘旋或环状蛀食，能使几米高的花木当年枯萎死亡。

（2）桑天牛　桑天牛在国内分布很广，我国南北各地均有发生。幼虫为害桑、榆、海棠、无花果、苹果、樱桃、杨、柳、紫薇、柑橘、枣、女贞、椿树、刺槐等多种园林植物。桑天牛如图 7-39 所示。

1）形态特征。

① 成虫。成虫体长 26～51mm，体和鞘翅黑色，翅面密布黄褐色短毛，头顶隆起，中央有纵沟，前胸背板有横皱纹，翅端部有刺状突出，基部密生颗粒状小黑点。

② 卵。卵长 5～7mm，呈长椭圆形，黄白色，略弯曲。

③ 幼虫。幼虫体长 45～60mm，圆筒形，乳白色，前胸特别发达，硬皮板后半部密生棕色颗粒小点，其中央有三对尖叶状凹皱纹。

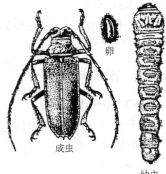

图 7-39　桑天牛

④ 蛹。蛹呈纺锤形，淡黄色，尾端较尖，轮生刚毛。

2）生活史及习性。在南方每年发生一代，江苏、浙江等省二年一代，在北方 2～3 年完成一代，以幼虫在树干孔道中越冬。2～3 年一代时，幼虫期长达二年，至第二年 6 月初化蛹，下旬羽化，7 月上、中旬开始产卵，下旬孵化。在广东、台湾等一年一代的地区，越冬幼虫 5 月上旬化蛹，下旬羽化，6 月上旬产卵，中旬孵化。

成虫一般晚间活动，有假死性，喜吃新枝树皮、嫩叶及嫩芽。被害伤痕呈不规则条块状，伤痕边缘残留绒毛状纤维物。若枝条四周皮层被害，即凋萎枯死。成虫在一年生枝条上产卵，咬破树皮和木质部，呈长方形伤口，然后产卵于槽中。成虫多在夜间产卵，每夜产 4～5 粒，一头雌虫一生产卵 100 多粒。半月后卵孵化，初孵幼虫蛀入木质部，逐渐蛀入内部，向下蛀食成直的孔道，每隔 5～6cm 向外咬一个排粪孔。老熟幼虫常在根部蛀食，化蛹时，头向上，以木屑填塞蛀道上、下两端。30d 左右，成虫咬圆形羽化孔飞出。成虫寿命一般在 80d 左右。

（3）天牛类害虫防治方法　加强抚育管理，使植株生长健壮，增强抗虫能力，选育抗虫品种。及时剪除及砍伐严重受害株，剪除被害枝梢，消灭幼虫，避免蛀入大枝为害，是防治天牛的关键措施。

1）人工捕杀虫卵。在天牛活动较弱的清晨，人工捕杀成虫。同时掌握天牛产卵部位及刻槽，用小刀刮卵。

2）捕杀幼虫。天牛幼虫尚未蛀入木质部，或仅在木质表层为害，或蛀道不深时，可用钢丝钩杀幼虫。

3）化学防治。用 80% 敌敌畏 500 倍液注射入蛀孔内或浸药棉塞孔（外用黏泥封孔），或用溴氰菊酯等农药做成毒签插入蛀孔内，毒杀幼虫，也可用磷化铝片剂，进行田间单株熏蒸，每棵用药 1 片，或挖坑密封熏蒸，用药 2 片/m²，死亡率均达 100%。

4）树干涂白。石灰 10kg + 硫磺 1kg + 盐 10g + 水 20～40kg，可以预防天牛产卵。

2. 象甲类

象甲类昆虫统称为象鼻虫，成虫头部前端延伸成象鼻状或鸟喙状，咀嚼式口器生在延伸部分的前端。幼虫肥胖弯曲，两端尖细，可取食叶部，钻蛀茎部、根部、果实、种子。象甲类昆虫的主要种类有臭椿沟眶象、北京枝瘿象甲、山杨卷叶象等。

臭椿沟眶象属于鞘翅目，象甲科，分布于天津、北京、西安、沈阳、合肥、山西、兰州、大连、山东等省、市，被害树种主要是臭椿。臭椿沟眶象如图 7-40 所示。

（1）形态特征

1）成虫。成虫体长 12mm，黑色，额部窄，前胸背板及鞘翅上密布粗大刻点，前胸前窄后阔，鞘翅坚厚，左右紧密相合，前胸背板、鞘翅肩部及端部 1/4 有白色小点，稀疏地掺杂红黄色鳞片，鳞片呈叶状。

2）卵。卵呈长圆形，黄白色。

3）幼虫。幼虫体长 15mm，乳白色，体背多皱纹。

4）蛹。蛹为黄白色。

（2）生活史及习性　我国北方一年一代，以成虫和幼虫在树干内或土中过冬。除越冬阶段外，在 4 月、6～7 月和 10 月间均可发现成虫交尾。成虫有假死性，受惊扰即卷缩坠落。成虫交尾多集中在臭椿上，产卵时，先用

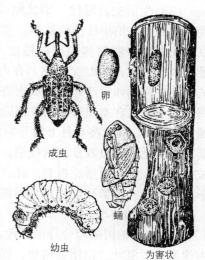

图 7-40　臭椿沟眶象

口器咬破韧皮部，产卵于其中，卵期约 8d。初孵幼虫先取食韧皮部，稍长大后蛀入木质部为害。老熟幼虫先在树干上咬一个圆形羽化孔，然后以蛀屑堵塞侵入孔，以头向下在蛹室内化蛹，蛹期为 10～15d。

（3）防治方法

1）幼虫初孵化时，于被害处涂抹50%杀螟松乳剂40～60倍液，或50%辛硫磷800～1000倍液。

2）利用成虫假死性，于清晨振落捕杀，并于成虫期喷施10%氯氰菊酯5000倍液。

3. 小蠹虫类

小蠹虫体小，呈圆柱形，色暗，头比前胸狭，象鼻部分短而不明显，触角短，呈锤状。小蠹虫常蛀食乔灌木的形成层或木质层。全世界已知小蠹3000多种，我国记载500种以上。为害园林树木的主要有柏肤小蠹、纵坑切梢小蠹等。

柏肤小蠹又名侧柏肤小蠹，属于鞘翅目，小蠹虫科，分布于山西、河北、河南、山东、陕西、甘肃、四川、台湾等省。成虫和幼虫蛀食为害侧柏、桧柏、龙柏、柳杉等。柏肤小蠹如图7-41所示。

（1）形态特征

1）成虫。成虫体长2～3mm，赤褐或褐色，无光泽。其头部小，藏于前胸下，触角的球棒部呈椭圆形，体密被刻点及灰黑色细毛，鞘翅上各具九条纵沟纹，鞘翅斜面具凹面，雄虫鞘翅斜面有栉齿状突起。

2）卵。卵为白色，圆球形。

3）幼虫。初孵幼虫乳白色，老熟幼虫头淡褐色，体弯曲。

4）蛹。蛹为乳白色，体长2.5～3mm。

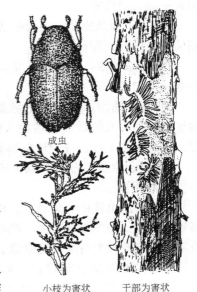

成虫

小枝为害状　　干部为害状

图7-41　柏肤小蠹

（2）生活史及习性　华北地区一年一代，少数一年二代，以成虫在柏树枝梢内越冬。翌年3～4月陆续飞出，雌虫寻找生长势弱的侧柏或桧柏蛀入皮下，侵入孔为圆形。雄虫跟踪进入，共蛀交配室，在内交尾。然后，雌虫蛀母坑道及在两侧卵室产卵，雄虫则将木屑清出侵入孔。雌虫一生可产卵20～100粒，卵期为1周左右。幼虫在木质部与韧皮部间筑细长而弯曲的孔道，5月中下旬老熟幼虫筑蛹室化蛹，蛹期约10d。成虫在6月上旬开始出现，羽化期一直延续到7月中旬，6月中下旬为羽化盛期。新羽化的成虫取食柏树枝梢，枝梢基部被蛀空后，遇风吹即折断，发生严重，使二年生枝叶脱落，影响树形、树势。此害虫为害特点是在成虫期补充营养时为害健康枝梢，影响树形及生长势；在繁殖期为害衰弱树干、树枝，造成柏树枯枝与死亡。

（3）防治方法

1）加强柏树的综合养护管理，适时合理修枝、间伐，改善林木的生理状况。对弱树和古树要及时复壮，以增强树势，提高抗虫害能力。

2）及时清理受害枝干、折断枝叶及间伐木以免造成成虫源地。

3）在发生区于春季（4月上旬至5月下旬）、夏季（6月中旬至8月下旬）设置饵木诱杀成虫。饵木为新伐侧柏枝干（直径大于2cm），5～10根成捆平放于背风向阳处，并在饵木上喷施菊酯类农药；也可利用柏树提取液，采取粘胶式诱捕器诱杀成虫。

4）利用土耳其扁谷盗、绿僵菌等进行防治。

4. 蝙蝠蛾类

蝙蝠蛾又称疣纹蝙蝠蛾、柳蝙蛾，属于鳞翅目，蝙蝠蛾科，分布于我国的辽宁、吉林、黑龙江等省，食性杂，为害丁香、银杏、柳、大丽花、百合、龙胆、葡萄、桃、槐树、糖槭、白桦等植物，以幼虫在枝干髓部钻蛀为害。蝙蝠蛾类如图7-42所示。

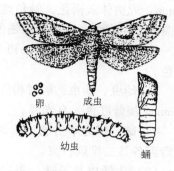

图7-42　蝙蝠蛾

（1）形态特征

1）成虫。成虫体长35~44mm，翅展66~70mm，腹部长大，触角丝状，短而细，前翅近三角形，较狭小。雄蛾后足腿节背面密生橙黄色刷状长毛，雌蛾则没有此种长毛。

2）卵。卵直径为0.6~0.7mm，呈球形，黑色，稍具光泽。

3）幼虫。幼虫呈圆筒形，老熟时平均体长50mm，体背具黄褐色硬化的毛斑。

4）蛹。蛹呈圆筒形，黄褐色，头顶深褐色。

（2）生活史及习性　多数为一年一代，少数为二年一代，以卵在地面越冬，或以幼虫在树干基部越冬。越冬卵于次年5月中旬开始孵化。以幼虫越冬的个体，次年7月下旬到8月初化蛹。

成虫白天不活动，多悬于树干、杂草上不动，夜间也很少活动，每天只是在日落后30min时间内飞翔。由于成虫只在黄昏活动，形态特征又似蝙蝠，故称为蝙蝠蛾。幼虫孵化后先取食枯枝落叶层下的腐殖质，后转移到树苗和大树上为害。幼虫钻入茎干为害后，很少转移，除非侵入的茎干较细，或枝干因风折断而被迫转移，才重新钻蛀侵入。

蝙蝠蛾的种群数量可受多重生物因素的影响，幼虫和蛹可遭受卵孢白僵菌的侵染而发病，幼虫还可遭受赤胸步甲的捕食。

（3）防治方法

1）苗木出圃前，应严格履行产地检疫，保证外出的苗木无虫。对调入的苗木，也应认真检查，以防将此虫带进。

2）初龄幼虫在地面活动尚未转移上树前，向地面和树干基部喷洒20%灭除威可湿性粉剂200倍液，或喷2%灭除威粉剂。每10d左右喷1次，连续2~3次。

3）当幼虫转入树干时期，可用10%二氯苯醚菊酯乳油，或50%敌敌畏乳油，或20%灭除威可湿性粉剂的10倍液，或25%亚胺硫磷乳油的50倍液，点注虫孔，杀死幼虫。

5. 木蠹蛾类

木蠹蛾属鳞翅目木蠹蛾总科，包括木蠹蛾科和豹蠹蛾科，为中至大型蛾类，二者最明显的区别在于豹蠹蛾的下唇须极短，不伸向额的上方。蠹蛾都以幼虫蛀害树干和树梢。为害园林植物的木蠹蛾，主要种类有相思木蠹蛾、六星黑点木蠹蛾、咖啡木蠹蛾、芳香木蠹蛾、柳干木蠹蛾等。

柳干木蠹蛾又名柳乌蠹蛾，属鳞翅目，木蠹蛾科，分布于东北、华北，华东的山东、江苏、上海、台湾等地，寄主植物有柳、榆、刺槐、金银花、丁香、山荆子等。柳干木蠹蛾如图7-43所示。

（1）形态特征

1）成虫。雌蛾体长25~28mm，翅展45~48mm，雄蛾体长16~22mm，翅展35~

44mm。成虫体灰褐色，触角丝状较长，前翅满布多条弯曲的黑色横纹，后翅较前翅色稍暗，横纹不明显。

2）卵。卵呈卵圆形，初产时乳白色，渐变成暗褐色。

3）幼虫。幼虫初孵时粉红色，老熟幼虫体长 25 ~ 40mm，淡紫红色，有光泽。

4）蛹。蛹为暗褐色，长 20 ~ 30mm，第 2 ~ 6 节腹节背面各具二排刺状突。

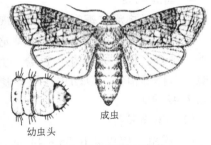

图 7-43　柳干木蠹蛾

（2）生活史及习性　每二年发生一代，少数一年一代，以幼虫在被害树干、枝内越冬。经过三次越冬的幼虫，于第三年 4 月间开始活动，继续钻蛀为害。5 月下旬、6 月上旬在原蛀道内陆续化蛹，6 月中下旬至 7 月底为成虫羽化期。成虫均在晚上活动，趋光性很强，寿命 3d 左右。卵成堆成块在较粗茎干的树皮缝隙内、伤口处，孵化后群集侵入内部，由韧皮层到边材，再继续蛀入，直达木质髓部。

（3）防治方法

1）成虫羽化期，用黑光灯诱杀成虫。

2）幼虫孵化期，尚集中未侵入枝干为害期前，喷洒 50% 磷胺或 50% 杀螟松乳油。

3）在幼虫侵入皮层或边材表层期间用 40% 乐果乳剂加柴油喷洒，有很好效果。

4）对已侵入木质部蛀道较深的幼虫，可用棉球蘸二硫化碳或 50% 敌敌畏乳油加水 10 倍液，塞入或蛀入虫孔、虫道内，用泥封口。

6. 透翅蛾类

透翅蛾属鳞翅目透翅蛾科。成虫最显著特征是前后翅大部分透明，无鳞片，很像胡蜂，透翅蛾白天活动，幼虫蛀食茎干、枝条，形成肿瘤。

透翅蛾科在鳞翅目中是一个数量较少的科，全世界已知 100 种以上，我国记载 10 余种，为害园林树木重要的有白杨透翅蛾、杨干透翅蛾、栗透翅蛾。

白杨透翅蛾又名杨透翅蛾，属鳞翅目，透翅蛾科，分布于河北、河南、北京、内蒙古、山西、陕西、江苏、浙江等省（自治区），为害杨、柳树，以银白杨、毛白杨被害最重，以幼虫钻蛀顶芽及树干，抑制顶芽生长。树干被害处组织增生，形成瘤状虫瘿，易枯萎或风折。白杨透翅蛾如图 7-44 所示。

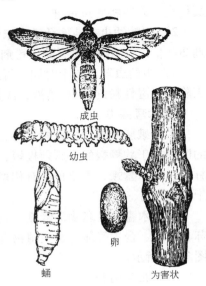

图 7-44　白杨透翅蛾

（1）形态特征

1）成虫。成虫体长 11 ~ 21mm，翅展 23 ~ 39mm，外形似胡蜂，头顶有一束黄褐色毛簇，前翅纵狭，覆赭色鳞片，后翅透明，缘毛灰褐色，腹部圆筒形，黑色，有五条橙黄色环带。

2）卵。卵呈椭圆形，黑色，上有灰白色不规则多角形刻纹。

3）幼虫。老熟幼虫体长 30mm，初孵幼虫淡红色，老熟时黄白色。胸足三对，腹足、臀足退化，仅留趾钩。

4）蛹。蛹长 12～23mm，褐色，呈纺锤形。

（2）生活史及习性　在华北地区多为一年一代，少部分有二代，以幼虫在枝干隧道内越冬。翌年 4 月初取食为害，4 月下旬幼虫开始化蛹，成虫 5 月上旬羽化，盛期在 6 月中到 7 月上旬，10 月中旬羽化结束。成虫喜光，昼出夜伏，飞翔力强。卵多产于叶腋、叶柄、伤口裂缝处。幼虫多从伤口旧孔道蛀入，10 月初停止取食，封闭孔道，吐丝作茧越冬。成虫羽化后，蛹壳仍留在羽化孔处，这是识别白杨透翅蛾的主要标志之一。

（3）防治方法

1）加强苗木检疫。对于引进或输出的杨树苗木和枝条，要经过严格检验。及时剪除虫瘿，防止传播。

2）幼虫进入枝干后，用 50% 杀螟松乳油，或 50% 磷胺乳油 20～60 倍液，在被害 1～2cm 范围内，用刷子涂抹环状药带，以毒杀幼虫。

3）用杀螟松 20 倍液涂抹排粪孔道，或从排粪孔注射 30 倍液的 80% 敌敌畏乳油，并用泥封闭虫孔。

7. 螟蛾类

螟蛾属鳞翅目，螟蛾科，是一个大类。为害园林植物的螟蛾除卷叶、缀叶的食叶性害虫外，还有许多钻蛀性害虫。

松梢螟又名钻心虫，属鳞翅目，螟蛾科，分布于东北、华北、华东、中南、西南的 10 多个省（自治区），主要为害马尾松、黑松、华山松、赤松、红松、油松、火炬松、云松等，是松林幼树的主要害虫。被害枝梢变黑、弯曲、枯死，还可为害大树的球果。松梢螟如图 7-45 所示。

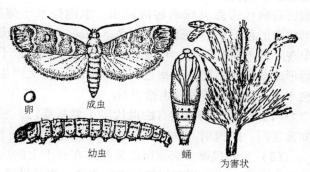

图 7-45　松梢螟

（1）形态特征

1）成虫。成虫体长 10～16mm，体灰褐色。前翅暗褐色，翅中央有一个灰白色肾形斑，并有三条灰白色波纹，后翅灰褐色，无斑纹。

2）卵。卵呈椭圆形，樱红色。

3）幼虫。幼虫体长 15～30mm，淡褐色。各节有毛疣四对，其上各生刚毛一根。

4）蛹。蛹为红褐色，长 11～15mm，腹末有钩状臀刺六根，中间二根较长。

（2）生活史及习性　此虫在吉林每年发生一代，辽宁、北京、海南每年二代，南京每年 2～3 代，广西每年三代，广东每年 4～5 代，以幼虫在枯梢内越冬。成虫有趋光性，夜晚活动。卵单产在嫩梢针叶或叶鞘基部。幼虫蛀食主梢，受害处流出白色松脂，形成主梢枯死，侧梢丛生，不能成材。

（3）防治方法

1）结合冬前养护，剪除被害梢，集中烧毁，以消灭越冬幼虫。

2）成虫产卵期至幼虫孵化期喷施 50% 杀螟松乳油 500 倍液。每隔 10d 1 次，连续喷 2～3 次，以毒杀成虫及初孵幼虫。

3）保护利用天敌，如释放赤眼蜂等。

（二）枝干病害

枝干病害对园林植物的为害性很大，不论是草木花卉的茎，还是木本花卉的枝条或主干，受病后往往直接引起枝枯或全株枯死，这不仅降低花木的观赏价值、影响景观，对某些名贵花卉和古树名木，还会造成不可挽回的损失。枝干病害的症状类型主要有腐烂、溃疡、枝枯、肿瘤、丛枝、带化、萎蔫、立木腐朽、流胶流脂等。不同症状类型的枝干病害，发展严重时，最终都能导致茎干的枯萎死亡。

1. 溃疡类

杨树溃疡病又称为水泡型溃疡病，是我国杨树上分布最广、为害最大的枝干病害，病害几乎遍及我国各杨树栽植区。该病除为害杨树外，还可侵染柳树、刺槐、油桐和苹果、杏、梅、海棠等多种果树。杨树溃疡病如图 7-46 所示。

树干上的水泡症状

病菌的分生孢子器及分生孢子

（1）症状　感病枝干上形成圆形溃疡病斑，小枝受害往往枯死。水泡型是最具有特征的病斑，即在皮层表面形成大小约 1cm 的圆形水泡，泡内充满树液，破后有褐色带腥臭味的树液流出。水泡失水干瘪后，形成圆形稍下陷的枯斑，灰褐色。枯斑型是在树皮上出现小的水渍状圆斑，稍隆起，手压有柔软感，干缩后形成微陷的圆斑，黑褐色。发病后期病斑上产生黑色小点，为病原菌的分生孢子器。

病害后期的溃疡斑

子囊腔及子囊孢子

图 7-46　杨树溃疡病

（2）病原　病原的有性世代属子囊菌亚门，腔菌纲，茶藨子葡萄腔菌；无性世代属半知菌亚门，腔孢纲，群生小穴壳菌。

（3）发病规律　病原菌以菌丝体在枝干上的病斑内越冬，条件适宜时产生分生孢子器和分生孢子，成为当年侵染的主要来源。孢子借风、雨传播，由植株的伤口和皮孔侵入。干旱瘠薄的立地条件是发病的重要诱因。起苗时大量伤根及苗木大量失水，是初栽幼树易发病的内在原因。

（4）防治方法

1）选用抗病树种。白杨派树种抗病，黑杨派树种中等抗病，青杨派树种多数感病。

2）加强栽培管理。减少起苗与定植的时间与距离，随起苗随定植，以减少苗木失水量。

3）药剂防治。发病前，喷施食用碱液 10 倍液，或代森铵液 100 倍液，或 40% 福美砷 100 倍液，或 50% 退菌特 100 倍液，都有抑制病害的作用。

2. 腐烂类

雪松根腐病是雪松的一种重要病害。该病主要为害植株的幼嫩小根，发病严重时，植株成片死亡。雪松根腐病如图 7-47 所示。

（1）症状　该病主要为害植株根部。发病初期，病根为浅褐色，以后逐渐变为深褐色，皮层组织水渍状坏死。为害严重时，针叶黄化脱落，甚至整株枯死。扦插苗从剪口开始，沿皮层向上，病组织呈褐色水渍状，输导组织被破坏，感病大树干基以上流脂，病部皮层组织水渍状腐烂，深褐色，老化后变硬开裂。

（2）病原　病原为樟疫霉、掘氏疫霉及寄生疫霉，属鞭毛菌亚门，卵菌纲，霜霉目。

（3）发病规律　地下水位较高或积水地段，病株较多，土壤黏重，含水率高或肥力不足，移植伤根，均易发病。流水与带菌土均能传播病害。

（4）防治方法

1）加强检疫，不用有病苗木栽植。

2）加强栽培管理。开沟排水，避免土壤过湿，增施速效肥，促进树木生长，以提高抗病力。1%~2% 尿素液浇灌根际有良好作用。

霉孢子囊

樟疫霉菌丝膨大体

寄生疫霉孢子囊

掘氏疫霉孢子囊

掘氏疫霉链网状膨大菌体

图 7-47　雪松根腐病

3）药剂防治。苗木保护可用 70% 敌克松 500 倍液，或 90% 乙磷铝 1000 倍液或 35% 瑞毒霉 1000 倍液，浇灌苗床。

3. 丛枝病类

泡桐丛枝病分布于华北、西北、华东、中南各地。感病幼苗及幼树严重者当年枯死，感病轻的苗木定植后继续发展，最后死亡。大树则影响生长，多年后才死亡。

（1）症状　泡桐丛枝病在枝、叶、干、根、花部均表现病状，常见为丛枝型。泡桐丛枝病病状表现为：隐芽大量萌发，侧枝丛生、纤弱，枝节间缩短，叶序紊乱，形成扫帚状，叶片小而薄、黄化，有时皱缩，花瓣变成叶状，花柄或柱头生出小枝，小枝上腋芽又生小枝，如此往复形成丛枝。

（2）病原　泡桐丛枝病的病原为支原体。

（3）发病规律　病原在植株体内越冬，可借嫁接传染，也可由病根带毒传染。刺吸式口器昆虫如烟草盲蝽、茶翅蝽是泡桐丛枝病的传毒昆虫。不同品种间发病程度差异很大，一般认为兰考泡桐、楸叶泡桐发病率较高；白花泡桐、川泡桐较抗病。

（4）防治方法

1）培育无病苗木。选择无病母株供采种和采根，推广种子繁殖，或从实生苗根部采根繁殖。

2）种根浸在 50℃ 温水中 15~20min，取出晾干 24h 后，再行栽植。

3）在病枝上进行环状剥皮，可阻止病原在树体内运行。其方法是在病枝基部或着生病枝的枝条中下部环状剥皮，宽度为环剥部位直径的 1/3~1/2（以不愈合为度）。

4）应用盐酸四环素治疗支原体病害。用 1 万国际单位/mL 盐酸四环素（选用 1% 稀盐酸溶解四环素粉末，配成 1 万国际单位）通过髓心注射及根吸方法治疗对丛枝病有疗效。

4. 枯萎病类

紫荆枯萎病除为害紫荆外，还为害菊花、翠菊、石竹、唐菖蒲等花卉，病菌侵害根和茎的维管束，很快造成植株枯黄死亡。

（1）症状　该病发生于植株的基部。感病植株从枝条尖端的叶片枯黄脱落，然后发展到全株枯黄而死。感病植株茎部皮下木质部表面有黄褐色纵条纹，横切则在髓部与皮层之间维管束部有黄褐色轮纹。该病往往一二根枝条先发病，逐渐发展，最后造成植株萎蔫死亡。

（2）病原　紫荆枯萎病的病原为一种镰刀菌，属半知菌亚门，丝孢纲，瘤座孢目，镰刀菌属。

（3）发病规律　该病为系统侵染性病害。病原菌以菌核及厚垣孢子在病残体及土壤中越冬，翌年春季产生分生孢子。分生孢子借风雨及地下害虫传播，自寄主根部侵入，顺根和茎的维管束往上蔓延。该病菌在土壤中可存活多年，土壤较湿，温度在28℃左右时，有利于病害的发生和发展，微酸性土壤利于病原菌的生长发育。

（4）防治方法

1）种植前进行土壤消毒。

2）加强肥水管理，增强植株的抗病力。

3）发现病株，重者拔除销毁，并用50%多菌灵可湿粉剂200～400倍液消毒土壤；轻者可浇灌50%代森铵溶液200～400倍液，用药量为2～4kg/m^2。

四、任务实施

1. 准备工作

1）课前预习相关知识部分。

2）教师准备相关案例，课堂围绕案例讲解。

3）班级学生自由组合（每组5～8人）为几个学习小组，各学习小组自行选出小组长。

4）组长召集组员利用课外时间收集资料，制定、讨论、修改实施方案。

5）调查场所：校园、公园、小区、植物园等。

6）材料用具：放大镜、捕虫网、修枝剪、笔记本及农药等，常见昆虫标本、常见病害标本。

2. 实施步骤

1）查阅资料（教材、期刊、网络），列出园林植物枝干病虫害种类。

2）以小组为单位野外观察记载：园林植物枝干病虫害危害状，园林植物枝干虫害形态特征，主要枝干病害的症状。

3）捕捉昆虫标本，采集病害标本。

4）标本识别。

5）园林植物枝干病虫害防治。

6）成果展示，其他小组和老师评分。

7）分组讨论、总结学习过程。

任务4　园林植物根部病虫害防治

一、任务描述

根部害虫又称为地下害虫，为害各种花木幼苗，猖獗时常造成严重缺苗现象，给育苗工作带来重大威胁；根部发病，在植物的地上部分也可反映出来，如叶色发黄、放叶迟缓、叶形变小、提早落叶、植株矮化等。学习的任务是了解园林植物根部病虫害种类，熟悉园林植物根部害虫的特征、根部病害的症状，掌握园林植物根部病虫害的防治方法，能识别主要的园林植物根部病虫，能够防治园林植物根部病虫害。

二、任务分析

根部害虫的发生与环境条件有密切的关系，土壤质地、含水量、酸碱度等对其分布和组成都有很大影响；根病的症状类型可分为根部及根颈部皮层腐烂、根部和根颈部出现瘤状突起、在维管束定植引起植株枯萎、根部或干基部腐朽并可见有大型子实体等。完成本任务要掌握的知识面有：园林植物根部病虫害的概念，园林植物根部主要虫害的形态特征、生活习性、根部主要病害的症状，园林植物根部病虫害防治方法等。

三、相关知识

（一）根部害虫

根部害虫常见的有蝼蛄、地老虎、蛴螬、蟋蟀、叩头虫等。在园林观赏植物中一般以地老虎、蛴螬发生最普遍。

1. 蝼蛄类

蝼蛄属直翅目，蝼蛄科。俗称土狗、地狗、拉拉蛄等，常见的有东方蝼蛄和华北蝼蛄。东方蝼蛄在全国大部分地区均有分布，以长江流域及南方较多。华北蝼蛄分布在东北及内蒙古、河北、河南、山西、陕西、山东、江苏北部等地。蝼蛄食性很杂，主要以成虫、若虫食害植物幼苗的根部和靠近地面的幼茎。同时成虫、若虫常在表土层活动，钻筑坑道，造成播种苗根土分离，干枯死亡，清晨在苗圃床面上可见大量不规则隧道，虚土隆起。华北蝼蛄如图7-48所示，东方蝼蛄如图7-49所示。

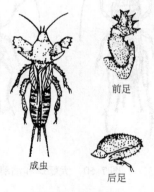

图7-48　华北蝼蛄

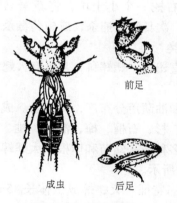

图7-49　东方蝼蛄

（1）形态特征　华北蝼蛄与东方蝼蛄形态特征见表7-2。

表7-2　华北蝼蛄与东方蝼蛄形态特征

虫　　期	特　　征	华北蝼蛄	东方蝼蛄
成虫	体长/mm	39～45	29～31
	腹部	近圆桶形	近纺锤形
	后足	胫节背侧内缘有1个棘或消失	有3～4个棘

（续）

虫　期	特　征	华 北 蝼 蛄	东 方 蝼 蛄
若虫	后足	5~6 龄以上同成虫	2~3 龄以上同成虫
	体色	黄褐	灰黑
	腹部	近圆桶形	近纺锤形
卵		卵色较浅，孵化前呈暗灰色	卵色较深，孵化前呈暗褐色或暗紫色

（2）生活史及习性　东方蝼蛄在南方一年完成一代，在北方二年完成一代，以成虫或六龄若虫越冬。翌年 3 月下旬开始上升至土表活动，4、5 月是为害盛期，5 月中旬开始产卵，5 月下旬至 6 月上旬为产卵盛期，6 月下旬为末期。产卵前先在腐殖质较多或未腐熟的厩肥土下筑土室并产卵其中，每个雌虫可产卵 60~70 粒。成虫昼伏夜出，有趋光性，对香甜物质特别嗜食，对马粪等有机物质有趋性，还有趋湿性。

华北蝼蛄三年完成一代。若虫达十三龄，以若虫及成虫在土中越冬。翌春 3 月开始活动为害，4 月中下旬为害最盛，6 月间交尾产卵。每个雌虫产卵 300~400 粒。成虫昼伏夜出，有趋光性，对粪肥臭味有趋性。

（3）防治方法

1）施用厩肥、堆肥等有机肥料要充分腐熟。

2）灯光诱杀成虫，特别在闷热天气，雨前的夜晚更有效，可在晚上 7~10 时点灯诱杀。

3）毒饵诱杀。用 90% 敌百虫 0.5kg 拌入 50kg 煮至半熟或炒香的饵料（麦麸、米糠等）作毒饵，傍晚均匀撒于苗床上。

4）新鲜马粪或鲜草诱杀。在苗床的步道上每隔 20m 左右挖一个小土坑，将新鲜马粪、鲜草放入坑内，次日清晨捕杀，或施药毒杀。

2. 蟋蟀类

蟋蟀属直翅目，蟋蟀科，常见有大蟋蟀和油葫芦。

大蟋蟀和油葫芦分布广，食性杂。成虫、若虫均为害松、杉、石榴、梅、泡桐、桃、梨、柑橘等苗木及多种花卉幼苗和球根。大蟋蟀和油葫芦如图 7-50 所示。

大蟋蟀　　　　　油葫芦

图 7-50　大蟋蟀和油葫芦

（1）形态特征　大蟋蟀成虫体长 45mm，黄褐色或暗褐色，头圆形较前胸宽，前胸背板中央有纵线。雄虫发音器在前翅近基部，听器在前足胫节。雌虫产卵器为管状。若虫与成虫相似，二龄后露翅芽。油葫芦成虫体长约 24mm，体黑褐或黑色，前胸背板两侧各有一个月牙形斑纹。雌虫产卵管长 22mm，卵呈长圆形。若虫无翅。

（2）生活史及习性　大蟋蟀一年发生一代，以若虫在土穴中越冬。越冬若虫于次年 3 月份活动。成虫和若虫在松土挖栖居室，多独居，白天静伏在穴内，晚上出来咬食植物幼嫩部分，并拖回穴内嚼食，有时也爬高咬食嫩茎与嫩芽。此虫常在秋冬干旱温暖的年份大发生。

油葫芦一年发生一代，以卵在土中越冬，次年4月开始孵化。若虫夜间出土觅食，共六龄。6~8月为成虫羽化期。成虫白天潜伏，一般以湿润而阴暗或潮湿疏松的土壤中栖息为多。成虫有趋光性，雄虫善鸣好斗，于8~9月交尾产卵，雌成虫多将卵产在杂草间的向阳土埂上、草堆旁土中。

（3）防治方法　参考其他地下害虫防治方法。

3. 地老虎类

地老虎属鳞翅目，夜蛾科。目前国内已知十余种，主要有小地老虎、大地老虎和黄地老虎。小地老虎分布比较普遍，其严重为害地区为长江流域、东南沿海各省，在北方分布在地势低洼、地下水位较高的地区。黄地老虎分布在淮河以北，主要为害区为甘肃、青海、新疆、内蒙古及东北北部地区。大地老虎只在局部地区造成为害。地老虎食性杂，幼虫为害寄主的幼苗，从地面截断植株或咬食未出土幼苗，也能咬食植物生长点，严重影响植株的正常生长。小地老虎如图7-51所示。

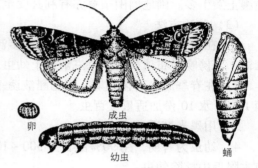

图7-51　小地老虎

（1）形态特征　在这三种地老虎中以小地老虎分布最广，为害最严重。下面以小地老虎为例说明。三种地老虎形态区别见表7-3。

表7-3　三种地老虎形态区别

		小地老虎	大地老虎	黄地老虎
成虫	体长/mm	18~24	20~30	15~18
	前翅	暗褐色，肾状纹外有一个尖长楔形斑，亚缘上也有二个尖端向里的楔形斑。三个斑尖端相对为主要特征	暗褐色，肾状纹和环状纹外为褐色边	黄褐色横线不明显，有肾状纹和环状纹，无楔形纹
	触角（雄）	分枝仅达1/2，其余为丝状	双栉齿状分枝逐渐短小几达末端	分枝达2/3处，其余为丝状
幼虫	体长/mm	37~50，灰褐色	41~60，黑褐色	33~34，黄色
	毛片	各节背板上的二对毛片，前面一对小于后面一对	大小约相等	各节二对毛片大约相等

（2）生活史及习性　小地老虎在全国各地年发生2~7代；在辽宁、甘肃、山西、内蒙古等地每年发生2~3代；山东、河北、河南、陕西等地发生3~4代；广东、广西、福建等地发生6~7代。至于小地老虎越冬虫态问题，至今尚未完全了解清楚，一般认为以蛹或老熟幼虫越冬。小地老虎发生期依地区及年度不同而异。一年中常以第一代幼虫在春季发生数量最多，造成为害最重。

小地老虎成虫羽化多在下午3时至晚上10时。白天栖息在阴暗处或潜伏在土缝中、枯叶下，晚间出来活动，以晚上7~10时为盛。成虫活动与温度关系极大。在春季傍晚气温达8℃度时即有活动，在适温范围内，气温越高，活动的数量越多；有风雨晚上活动减少。成虫对黑光灯有很强烈趋性，对糖、醋、蜜、酒等香、甜物质特别嗜好，故可设置糖醋液诱杀。成虫补充营养后 3～4d 交配产卵。卵散产于杂草或土块上，每头雌虫产卵 800～1000 粒。1～2 龄幼虫群集于幼苗顶心嫩叶处昼夜取食，三龄后即分散为害，白天潜伏于杂草附近的表土中、湿层之间，夜出咬断苗茎，尤以黎明前露水未干时更烈，把咬断的幼苗嫩茎拖入土穴内供食。当苗木木质化后，则改食嫩芽和叶片，也可把茎干端部咬断。如遇食料不足则迁移扩散为害，老熟后在土表 5～6cm 深处做土室化蛹。

对小地老虎发生的影响，主要是土壤湿度，以 15%～20% 土壤含水量最为适宜，故在长江流域因雨量充沛，常年土壤湿度大，发生严重。沙土地，重黏土发生少，砂壤土、壤土、黏壤土发生多。圃地周围杂草亦有利其发生。

（3）防治方法

1）在播种前或幼苗出土前，用幼嫩多汁的新鲜杂草 70 份与 2.5% 敌百虫粉 1 份配制成毒饵，于傍晚撒布地面，诱杀三龄以上幼虫。

2）在春季成虫羽化盛期，用糖醋液诱杀成虫。糖醋毒液配制比为糖 6 份、醋 3 份、白酒 1 份、水 10 份加适量敌百虫。

3）用黑光灯诱杀成虫。

4）幼虫为害期，用 90% 敌百虫 500～1000 倍液，毒杀为害苗木的初龄幼虫。在被咬断苗木附近中挖除幼虫。

4. 金龟子类

金龟子俗称白地蚕，属鞘翅目，金龟子总科，在全国分布，是苗圃、花圃、草坪、林果常见的害虫。蛴螬是金龟子幼虫的总称。为害园林植物的金龟子有 170 多种，其种类之多，食性之杂，为害之大，是其他地下害虫无法比的。蛴螬为害情况可归纳为：将根茎皮层环食，使苗木死亡；根茎部分被啃食，影响生长，提早落叶；有些成虫（金龟子）吃叶、芽、花蕾、花冠影响花卉及果品的产量；根茎被害后，造成土传病害侵染，致使苗木死亡。

（1）形态特征 常见金龟子形态与发生规律见表 7-4。

表 7-4 常见金龟子形态与发生规律

	华北大黑鳃金龟	铜绿丽金龟	黑绒金龟	毛黄金龟
成虫形态	体长 20mm 左右，长椭圆形，黑褐色，有光泽。每个鞘翅面有三条不明显纵隆起线和刻点，腹板生黄色绒毛	体长 18mm 左右，长椭圆形，铜绿色，有光泽。鞘翅面有明显的隆起带和刻点。腹板生褐色绒毛	体长 9mm 左右，卵圆形，黑或黑褐色，体表具有丝绒般的绒毛，每鞘翅上有 10 行细点隆起线。腹板不过翅	体长 15mm 左右，椭圆形，黄褐色，有光泽，鞘翅质地薄，无隆起带，密生细毛。腹部扁圆形，有细毛
主要发生规律	二年一代，以成虫、幼虫在土中越冬。5 月中旬至 7 月上旬为成虫活动盛期，趋光性强，白天潜伏，黄昏吃叶片。卵期 20d。幼虫为害期在 4～6 月；8～10 月，啃食多种苗木根茎。蛹期 15d，为害严重	一年一代，以幼虫越冬。5 月化蛹，蛹期 10d。6～7 月为成虫羽化与为害盛期，整夜啃食叶片，趋光性和假死性强。卵期约 10d。幼虫在清晨和黄昏时为害，为害期在 4～5 月和 7～10 月。10 月下移越冬	一年一代，以成虫越冬。4～7 月为成虫出土与为害期，趋光性不强，傍晚取食幼芽、嫩叶。卵期 8d 左右。5 月幼虫孵化，5～8 月为幼虫取食期。8 月老熟幼虫化蛹，蛹期 15d，成虫羽化后，一般不出土，等待越冬	一年一代，以成虫在土中越冬。4～5 月晚 7 时为成虫出土，交尾高峰。卵期 9d 左右。6～9 月是幼虫为害期，成片发生，为害严重，以 8 月为害最烈。10 月老熟幼虫下迁，化蛹。蛹期 15d。成虫羽化后原处越冬

1）成虫。成虫触角8~10节，鳃片状，前翅坚硬角质，不善飞行，用膜质后翅作短距离飞行，前足胫节有齿，有些种类腹部第八节背片形成外露的臀板。成虫体形、大小、颜色、斑纹、表皮外生物特征等常有很大的差异。

2）幼虫。幼虫体灰白色，呈圆筒形，臀部肥大，常弯曲成"C"字形，体背隆起多皱。胸足三对，无腹足。头部高度骨质化，上颚发达，显露。头部刚毛和腹部末节的毛序排列常是种类识别的重要依据。

（2）生活史及习性 有的一年发生一代，有的二年发生一代，有的数年发生一代。鳃金龟科种类多以成虫在土中越冬，丽金龟科、花金龟科种类多以幼虫在土中越冬。蛴螬常年生活于有机质多的土壤中，土壤湿度大、生茬地、豆茬地、厩肥施用较多的地块，蛴螬在深土层过冬或越夏。无论其生活史长短，蛴螬只有三龄。

铜绿丽金龟、华北大黑鳃金龟等成虫食性很杂，食量很大，多在夜间为害，以黄昏或清晨为害严重，白天在土缝中潜伏。成虫有强的趋光性。金龟子均有假死性，可多次交尾，卵散产于地中。由于种类不同，即同种在不同地区，其卵期、蛹期均有差异。铜绿丽金龟如图7-52所示，华北大黑鳃金龟如图7-53所示。

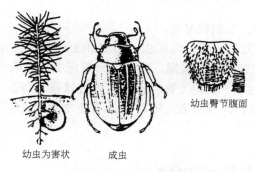

幼虫为害状　　成虫

图7-52　铜绿丽金龟

成虫　　幼虫

图7-53　华北大黑鳃金龟

（3）防治方法

1）在成虫出土、为害期，利用黑光灯诱杀铜绿丽金龟、华北大黑鳃金龟等成虫。尤其以闷热天气，诱杀效果最好。

2）利用金龟子的假死性人工捕杀。

3）生物防治。如大杜鹃、大山雀、黄鹂、红尾伯劳等益鸟。此外又如青蛙、刺猬、寄生蜂、寄主蝇、食虫虻、步行虫等天敌均应加强保护与利用。利用白僵菌、绿僵菌、乳状杆菌、性外激素等防治均有一定效果。

4）栽培技术。如使用腐熟的肥料，秋耕深翻土壤，冬灌冻水，中耕锄草等措施改变蛴螬生存环境条件。

5）土壤处理。在播种、扦插、埋条以及小苗移植地，均应进行土壤处理，方法是在翻地后整地前每公顷撒施5%辛硫磷颗粒剂60kg，或3%呋喃丹颗粒剂45~60kg，或5%西维因粉剂45kg，然后整地作畦。

5. 金针虫类

金针虫属鞘翅目叩甲科(叩头虫科)。由于幼虫多为黄褐色，体壁坚硬光滑，体形似针，故通称金针虫。成虫因有弹跳习性，故称叩头虫。成虫生活于土中或植物上，幼虫多生活于土中，为害种子、根、茎等。金针虫有十多种，在全国分布。

沟金针虫在东北、华北、西北、中南、华东等地均有发生，以幼虫咬食各种花木种子和根、茎成纤维状，也有钻入茎内，蛀入种内为害，造成缺苗断垄。成虫也能外出活动为害，咬食幼苗根茎。沟金针虫如图 7-54 所示。

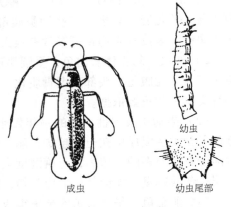

图 7-54　沟金针虫

（1）形态特征

1）成虫。成虫体长 14 ~ 18mm，体较扁，宽 4 ~ 5mm，深栗色，全身满布明显刻点，能作叩头状活动，前胸背板呈半球隆起，鞘翅长约为前胸的 4 倍。

2）卵。卵长约 0.7mm，乳白色，近椭圆形。

3）幼虫。幼虫体略扁平，黄褐色，长 20 ~ 30mm，生金色细毛，胸、腹部背板中央有一条纵沟，尾端分叉，稍向上弯曲。

4）蛹。蛹呈长椭圆形，腹末中央裂开，有刺状突起。

（2）生活史及习性　沟尖针虫约三年发生一代，以成虫、幼虫在土中越冬。在华北地区，越冬成虫于 3 月上旬开始活动，4 月上旬为活动盛期。成虫白天躲在麦田、草丛或土块下，夜出活动交配。雌虫不能飞翔，行动迟缓，无趋光性。雄虫飞翔力较强。卵在土中 3 ~ 7cm 深处。每雌虫可产卵 100 余粒。幼虫期长，直至第三年 8 ~ 9 月在土中化蛹，9 月初开始羽化为成虫，当年不出土越冬。

（3）防治方法

1）施用颗粒剂。撒施 5% 辛硫磷颗粒剂 30 ~ 45kg/hm^2。

2）药液灌根。若发生严重，可用 40% 乐果乳剂，或 50% 辛硫磷乳剂 1000 ~ 1500 倍液灌根。

3）药剂拌种。用种子重量 1% 的 25% 对硫磷微胶囊缓释剂拌种，或 25% 辛硫磷微胶囊缓释剂拌种。

6. 根蛆类

根蛆类的主要种类是种蝇，又名灰地种蝇，如图 7-55 所示。

灰地种蝇属双翅目，花蝇科，分布于全国各地，以幼虫为害播种的种子、幼苗的根、幼茎及插条的愈伤组织等。花圃、盆花均有发生。

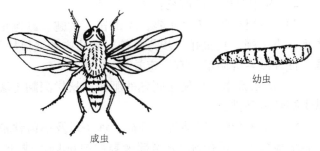

图 7-55　种蝇

（1）形态特征

1）成虫。雌虫体长约 5mm，全体灰色至灰黄，两复眼间的距离约为头宽的 1/3，腹部背面中央第 2 ~ 4 节直至第 5 节的前半部连接成一条隐约的褐色纵纹。雄虫体较雌虫略小，暗褐色，两复眼几乎相连接。胸部背面有三条明显的黑色纵纹；腹部背面中央有一条黑色纵纹，各复节间均有一条黑色横纹。

2）幼虫。幼虫乳白色而略带淡黄色，老熟幼虫长约7mm，尾节（从背面看）有肉质突起七对，第七对很小；第一、二对在同一水平线上，第五、六对等长。

3）卵。卵呈长椭圆形，稍弯，弯内有纵沟陷，乳白色，表面网状纹，长约1mm。

4）蛹。蛹长4～5mm，宽1.6mm，略呈椭圆形，红褐色或黄褐色。

（2）生活史及习性　一年发生三四代，以蛹或幼虫越冬。3～4月成虫出现（个别地区1月可见成虫）。成虫喜欢在干燥晴天活动，晚上静止，在较阴凉的阴天或多风天气，大多躲在土块缝隙或其他隐蔽场所，常聚集在肥料堆上或田间地表的人畜粪上，并产卵。第一代幼虫为害最重。种蝇喜欢生活在腐臭或发酸的环境中，对蜜露、腐烂有机质、糖醋液有趋性。

（3）防治方法

1）糖醋液诱杀。红糖2份、醋2份、水6份加适量敌百虫。

2）幼虫发生期用90%敌百虫1000倍液，或50%辛硫磷1000～2000倍液。灌浇根，杀幼虫。

3）成虫发生期，每隔1周喷1次，80%敌敌畏乳油1000～1500倍液，连续2～3次。

7. 白蚁类

白蚁属等翅目昆虫，分土栖、木栖和土木栖三大类。除为害房屋、桥梁、枕木、船只、仓库、堤坝等之外，还是园林树木的重要害虫。其主要分布在长江以南及西南各省。在南方，为害苗圃苗木的白蚁主要有家白蚁（属鼻白蚁科）、黑翅土白蚁和黄翅大白蚁（属白蚁科）。

家白蚁分布于广东、广西、福建、江西、湖北、湖南、四川、安徽、浙江、江苏及台湾等地，主要为害房屋建筑、桥梁、电杆及四旁绿化树种，是土、木两栖白蚁，如图7-56所示。

（1）形态特征　有翅成虫体长13.5～15mm，头背面深黄色，胸腹背面黄褐色，腹部腹面黄色，翅微具淡黄色，前翅鳞明显大于后翅鳞，翅面密布细小短毛。

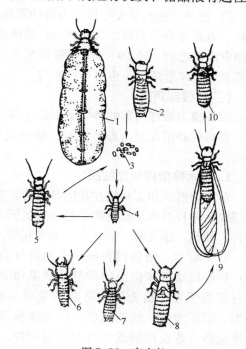

图7-56　家白蚁

1—蚁后　2—蚁王　3—蚁卵　4—幼蚁　5—补充
繁殖蚁　6—兵蚁　7—工蚁　8—长翅繁殖蚁若虫
9—长翅繁殖蚁　10—脱翅繁殖蚁

兵蚁体长5.3～5.9mm，头及触角浅黄色，上颚黑褐色，腹部乳白色，头部椭圆形，最宽处在头的中段，上颚镰刀形，左上颚基部有一个深凹刻，其前另有四个小突起，颚面的其他部分光滑无齿，前胸背板平坦，较头狭窄，前缘及后缘中央有缺刻。

（2）生活史及习性　家白蚁营群体生活，属土、木两栖白蚁，性喜阴暗潮湿，在室内或野外筑巢，巢的位置大多在树干内、夹墙内、屋梁上、猪圈内、锅灶下，也可筑巢于地下1.3～2m深的土壤内。其主要取食木材、木材加工品及树木。木材上顺木纹穿行，呈平行排列的沟纹。通常沿墙角、门框边缘蔓延。蚁道的标志是墙上有水湿痕迹，木材上油漆变色，沿途有一些针尖大小的透气孔，或木材表面的泥被。一般找到透气孔即已接近蚁巢。家白蚁繁殖飞翔季节4～6月，多在傍晚成群飞翔，尤其是在大雨前后闷热时更为显著。有翅成虫有强烈趋光性。此时可用灯光诱杀。

捕食白蚁的天敌有蝙蝠、青蛙、壁虎、蚂蚁等。在南方潮湿地区，家白蚁巢中常有一些螨类寄生在白蚁身上，另外有些真菌、细菌寄生于白蚁而导致其死亡。

（3）防治方法

1）喷药粉灭蚁。目前常用的有灭蚁灵、砷素剂。砷素剂的配方主要有两种：

① 亚砷酸80%，水杨酸10%，砒红5%。

② 亚砷酸80%，水杨酸10%，砒红5%，升汞5%。最好在主巢或白蚁很多的副巢施药，在白蚁严重为害部位，群飞孔或主蚁道施药亦可。可在冬季白蚁集中巢内时挖巢。

2）诱杀。在经常发生白蚁为害的圃地周围，投放白蚁喜食的饲料，如松木、蔗渣、桉树皮、木薯茎等作饲料，放在30cm^{2}的诱杀坑或诱杀箱中，并用淘米水淋湿。诱杀箱置于白蚁经常出没之处，经10~20d白蚁群集多时，用灭蚁灵或砷素剂灭蚁粉喷杀。只要药量和诱杀箱及坑的位置适当，也可全歼蚁群。

（二）根部病害

园林植物根部病害的种类虽不如叶部、枝部病害的种类多，但所造成的为害常是毁灭性的。染病的幼苗几天内即可枯死，幼树在一个生长季节可造成枯萎，大树延续几年后也可枯死。

1. 苗木猝倒病和立枯病

苗木猝倒病和立枯病在我国各地均有发生，可以为害100多种植物，其中以针叶树苗最易感病，柏科树木比较抗病。易感病的园林植物有洋槐、槭、海桐、紫荆、枫香、悬铃木、银杏、菊花、康乃馨、仙客来、大丽花等。杉苗猝倒病症状如图7-57所示。

（1）症状　根据侵害部位不同可分为三种类型：种子或幼芽未出土前即遭受侵染而腐烂，称为种芽腐烂型；出土后在茎基部呈现水渍腐烂、溢缩、组织溃解，幼苗倒伏，称为猝倒型；幼茎木质化后，造成根部或根颈部皮层腐烂，幼苗逐渐枯死，但不倒伏，称为立枯型。

（2）病原　引起本病的原因，可分为非侵染性和侵染性两类。非侵染性病原包括：圃地积水，造成根系窒息；土壤干旱，表土板结；地表温度过高，根颈灼伤。侵染性病原主要是真菌中的腐霉菌、丝核菌和镰刀菌。

（3）发生规律　病原以菌丝或菌核在土壤中越冬，土壤是主要侵染来源，幼苗出土10~20d左右受害最重，经过20d后，苗株茎部开始木质化，病害减轻。

（4）防治方法

1）育苗床土选用无病新土或消毒土壤。

2）土壤消毒。选用多菌灵配成药土垫床和覆种。其具体方法是：用10%可湿性粉剂75kg/hm^2，与细土混合，药与土的比例为1:200。

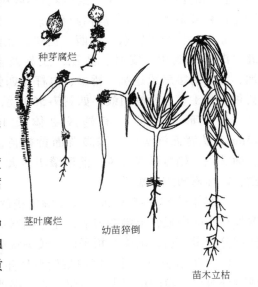

种芽腐烂

茎叶腐烂

幼苗猝倒

苗木立枯

图7-57　杉苗猝倒病症状

3）幼苗出土后，可喷洒多菌灵 50% 可湿性粉剂 500～1000 倍液，或喷 1∶1∶120 倍波尔多液，每隔 10～15d 喷洒 1 次。

2. 苗木茎腐病

苗木茎腐病在长江中、下游各省均有发生，为害池柏、银杏、杜仲、枫香、金钱松、水杉、柳杉、松、柏、桑、山核桃等园林植物的苗木。银杏茎腐病如图 7-58 所示。

（1）症状　病苗茎基部最初出现水渍状黑褐色病斑，很快延及茎基一圈，皮层臃肿皱缩坏死，叶片自上而下褪色萎垂，但不脱落。继而茎部皮层腐烂碎裂，皮层内或木质部上出现煤灰样的黑色小菌核，数量极多，用手拔苗时，皮层脱落，仅拔出木质部。

（2）病原　病原菌属半知菌亚门，炭疽菌属。在苗木上很少形成孢子，常产生小如针尖的菌核。

（3）发生规律　盛夏土温过高，苗木茎基部灼伤，造成伤口，为病菌的侵入创造了条件。因此，病害一般在梅雨季节结束后 15d 左右开始发生，以后发病率逐渐增加，至 9 月逐渐停止发展。病害的严重程度取决于 7～8 月的气温。

图 7-58　银杏茎腐病

（4）防治方法

1）加强苗木抚育管理，提高抗病能力，苗期施足厩肥或棉籽饼作基肥，可以降低 50% 的发病率。

2）夏季搭架阴棚。每日上午 10 时至下午 4 时遮阴，发病率减少 85% 左右。苗木行间覆草发病率也可减少 70%。

3）在时晴时雨、高温高湿的夏天，病害易流行。每周喷施 1 次 0.5%～1% 波尔多液，保护苗木，防止病菌侵入。

3. 苗木紫纹羽病

紫纹羽病分布广泛，长江流域均有发生，为害杨、柳、槐、桑、柏、松、杉、刺槐、栎、槭、苹果、梨等 100 多种植物，是一种严重的根部病害，使树干基部树皮腐烂，树木死亡。

（1）症状　病菌先侵染幼根，渐及粗大的主根、侧根。病根初期形成黄褐色块斑，以后变黑、腐烂，病易使皮层和木质部剥离。病部表面密生红紫色绒状菌丝层。雨季，菌丝可蔓延到地面或主干上 6～7cm 处。病根上常形成半球形菌核。

（2）病原　苗木紫纹羽病的病原为紫卷担子菌，属担子菌亚门，银耳目，卷担子属。子实体膜质，紫色或紫红色。

（3）发病规律　菌丝体和菌核残留在病根或土壤中，可以存活多年。春季土壤潮湿时，开始侵入幼根。靠水及土的移动传播，也随病苗的调运扩散。刺槐是紫纹羽病的重要寄主。

（4）防治方法

1）选用健康苗木栽植，对可疑苗进行消毒处理：在 1% 硫酸铜溶液中浸泡 3h，或在 20% 石灰水中浸泡 0.5h，处理后用清水冲洗后再栽植。

2）生长期间加强管理，肥水要适宜，促进苗木健壮成长。发现病株应及时挖除并烧毁，并用 1∶8 的石灰水或 3% 硫酸亚铁消毒树坑。

4. 苗木白绢病

苗木白绢病可为害多种花木,如兰花、君子兰、香石竹、凤仙、茉莉、万年青、楠木、瑞香、柑橘等,主要分布在长江流域以及广东、广西等地。白绢病如图7-59所示。

(1) 症状 感病植株基部发生黑色湿腐,接着在土表及植株基部发现白色绢丝状菌丝体,呈辐射状,逐渐扩展呈棉絮状菌丝层,后期产生形似油菜籽状的茶褐色菌核,遍及土面,被害植株衰弱死亡。

(2) 病原 病原菌属半知菌亚门小核菌属。

(3) 发生规律 菌丝和菌核丝从苗木根颈部或根部侵入,8~9月秋雨连绵时发病尤重。密植易传播蔓延,病菌随苗木、流水而传播。

(4) 防治方法

1) 更换无菌土壤或消毒土壤。用土重的0.2%五氯硝基苯与土壤搅拌后上盆使用。

2) 注意养护管理,及时排水。发现病株及时拔除后,用升汞:石灰:水(1:1.5:1500)浇灌病株周围土壤。

3) 发病初期喷50%多菌灵可湿性粉剂100倍液,或50%托布津可湿性粉剂500倍液。

5. 苗木根结线虫病

根结线虫,属于线形动物门线虫纲,分布广泛,在四川、湖南、广东、河南等地的苗圃中发生比较普遍。根瘤线虫可使1700多种植物致病,如杨、槐、柳、赤杨、核桃、朴、榆、桑、山楂、泡桐、大丽花、金鱼草、一串红等。被害植物根部受害后地上部分凋萎并枯死。

桂花根结线虫病如图7-60所示。

(1) 症状 在主根及侧根上形成大小不等、表面粗糙的圆形瘤状物,瘤中有白色粒状物,是线虫雌虫。染病植物大部分当年枯死,个别次年春季死亡。

(2) 病原 桂花根结线虫病的病原是一种细小的蠕虫动物,属于线形动物门线虫纲,分卵、幼虫、成虫三个阶段。卵主要存在于寄主根瘤部。幼虫无色透明,雌雄不易区分。成虫雌虫梨形,不经交配即可产卵,产卵量可达500多粒。卵可存活二年以上。雄虫呈线形。

(3) 发生规律 雌虫产卵于寄主植物病部瘿瘤内或土壤中。幼虫主要在浅层土中活动,常分布在10~30cm处,以10cm处居多。

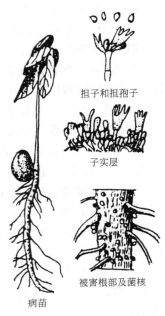

担子和担孢子

子实层

被害根部及菌核

病苗

图7-59 白绢病

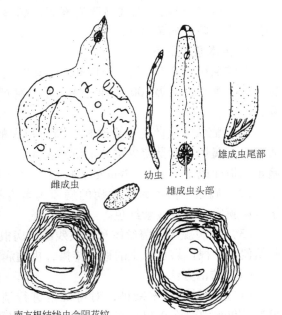

雄成虫尾部

雌成虫

幼虫

雄成虫头部

南方根结线虫会阴花纹

花生根结线虫会阴花纹

图7-60 桂花根结线虫病

土壤湿度10%~17%，温度20~27℃时，最适于线虫存活。幼虫从根皮侵入后在寄主植物内诱发巨型细胞，其分泌物刺激根部，产生小瘤状物。线虫主要靠种苗、肥料、农具、水流传播。

（4）防治方法

1）加强检疫，严格禁止有病苗木调出、调进。

2）在苗圃内进行轮作，选用无病床土育苗。

3）土壤消毒。用克线磷或灭克磷防治根结线虫效果较好，用量为30~45kg/hm² 颗粒剂，可以沟施也可加土撒施，施药后一定要翻盖。

6. 根癌病

根癌病又称为根瘤病，是多种苗木上的重要根部病害。我国各地都有分布，可为害桃、梨、榆、柳树、苹果、毛白杨等多种植物。杨树根癌病如图7-61所示。

（1）症状　其主要发生在根颈部，也发生于侧根和支根，嫁接处较为常见。根部被害形成癌瘤，初生时乳白色或略带红色，光滑，柔软，后逐渐变为褐色，表面粗糙或凹凸不平。苗木受害表现为发育不良、生长缓慢、植株矮小，成年树受害果实小、树龄缩短。

（2）病原　杨树根癌病的病原属土壤杆菌属细菌，发育温度10~34℃，最适为22℃，致死温度为51℃。

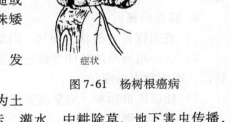

细菌个体

症状

图7-61　杨树根癌病

（3）发病规律　病原细菌在根瘤或土壤中越冬，为土壤习居菌，能在土壤中长期存活。病原菌随苗木的调运、灌水、中耕除草、地下害虫传播，由伤口侵入。土壤湿度大、微碱性，根部伤口多，发病严重。

（4）防治方法

1）加强苗木检疫，防止随苗传播。

2）移栽苗木时，淘汰重病苗，轻病苗剪除肿瘤，然后用1%硫酸铜溶液或50倍抗菌剂402溶液消毒切口，再外涂波尔多液浆保护。

3）用"根瘤宁"和"敌根瘤"浸泡、涂抹或浇根，也有较好的防治效果。

7. 球茎、鳞茎干腐病

唐菖蒲干腐病的症状、病原、发病规律、防治方法如下：

（1）症状　唐菖蒲干腐病主要发生于唐菖蒲球茎上。球茎受害后，染病部位产生水渍状不规则小斑，逐渐变成棕黄色或淡褐色斑。病斑凹陷，环状皱缩，病斑常扩展到整个球茎。植株受害后，幼嫩叶柄弯曲、皱缩，叶片过早变黄、干枯，花梗弯曲，严重时不能抽出花茎。

（2）病原　唐菖蒲干腐病的病原为唐菖蒲尖镰孢属半知菌亚门，丝孢纲，瘤座孢目。

（3）发病规律　病原存在于土壤和有病球茎上。条件适宜时，自植株伤口侵入。病原菌借水的流动、人为园艺操作等传播，可传播到整个植株，也能侵入新球茎和子球茎。栽植带病球茎，氮肥过多，雨天挖掘球茎等都会增加感染。

（4）防治方法

1）减少侵染来源，选用无病球茎，生长过程中及时除去病株。

2）种植前球茎处理。用抗菌剂 401 的 1000 倍液喷洒球茎表面，然后用清水冲洗，晾干后种植。

3）药剂防治。发病初期，喷施 50% 多菌灵可湿性粉剂 500~1000 倍液，或 75% 百菌清可湿性粉剂 800 倍液。

4）加强储藏期管理。贮藏前将球茎置于 30℃ 条件下处理 10~15d，促进伤口愈合。贮藏期间要求通风、干燥，防止受冻和高温。

四、任务实施

1. 准备工作

1）课前预习相关知识部分。

2）教师准备相关案例，课堂围绕案例讲解。

3）班级学生自由组合（每组 5~8 人）为几个学习小组，各学习小组自行选出小组长。

4）组长召集组员利用课外时间收集资料，制定、讨论、修改实施方案。

5）调查场所：校园、公园、小区、植物园等。

6）材料用具：放大镜、捕虫网、修枝剪、笔记本及农药等，常见昆虫标本、常见病害标本。

2. 实施步骤

1）查阅资料（教材、期刊、网络），列出园林植物根部病虫害种类。

2）以小组为单位野外观察记载：园林植物根部病虫害危害状，园林植物根部虫害形态特征，根部病害的症状。

3）捕捉昆虫标本，采集病害标本。

4）标本识别。

5）园林植物根部病虫害防治。

6）成果展示，其他小组和老师评分。

7）分组讨论、总结学习过程。

任务 5　草坪草病虫草害防治

一、任务描述

草坪草病虫草害为害草坪，使草坪草长势衰弱、枯萎，降低草坪的绿化效果。学习的任务是防治草坪草病虫草害，了解草坪草病虫草害种类，熟悉草坪草病虫草的特征、主要病虫草害的症状，掌握草坪草病虫草害的防治方法，能识别主要的草坪草病虫草害，能够防治草坪草病虫草害。

二、任务分析

草坪草害虫主要为夜蛾类，蝗虫类、蝼虫类和一些地下害虫；草坪草病害主要为锈病、枯萎病、叶枯病等；草坪杂草有近 450 种，分属 45 科，127 属。完成本任务要掌握的知识面有：草坪草病虫草害的概念，草坪草主要虫害的形态特征、生活习性、主要病害的症状，草坪杂草种类形态特征，草坪草病虫草害防治方法等。

三、相关知识

（一）草坪虫害

1. 夜蛾类

为害草坪的夜蛾类害虫主要是黏虫属于鳞翅目，夜蛾科，在全国分布，主要为害本特草、早熟禾、野牛早等草坪。幼虫蚕食叶片与嫩茎，发生严重时，把地面植物一扫而光，只留下光枝秃秆，是暴发成灾的害虫，严重影响草坪及地被植物的绿化效果。黏虫如图7-62所示。

（1）形态特征

1）成虫。成虫体长18mm左右，黄褐色。翅面上的环纹、肾纹淡黄褐色，其周围与翅面有黑色细点，后翅内半部淡褐色，外半部黑褐色。

2）卵。卵呈馒头形，有光泽，卵粒排列成行或重叠成堆。

3）幼虫。幼虫头部褐色，有网纹。体色多

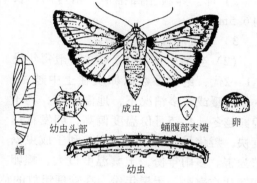

图7-62 黏虫

变，有褐色、绿色等，背中线黄色，较细，两侧有红褐色、灰色、黄色、白色带纹。老熟幼虫38mm左右。

4）蛹。蛹体长约20mm，红褐色。

（2）生活史及习性　我国由南至北每年发生2～8代，以幼虫或蛹在植物根茎、杂草中越冬。在南部地区可以终年繁殖为害，无冬季休眠。春季以后逐渐向北方迁飞，在北方则不能越冬，自夏季以后又自北方回迁南方。6月上旬，江淮流域成虫向北迁飞到河北、山西、西北、东北各地。成虫飞翔力极强，白天潜伏在草丛、建筑物阴暗处等，夜间活动。黏虫有趋光性，有强烈的趋化性，以酸甜食物为补充营养，多在枯黄叶尖、叶鞘处产卵，每雌蛾可产卵1000多粒。温度在20～22℃，相对湿度70%以上最适合此虫发生。

幼虫六龄，四龄后进入暴食期，三龄后抗药力明显增强。食性很杂，但最喜食禾木科植物。幼虫有假死性，有成群结队迁移为害特性。

（3）防治方法

1）诱杀成虫。利用糖醋液诱杀（糖：醋：酒：水＝3：4：1：2），再加少许胃毒剂。

2）药剂防治。幼虫在三龄以前是防治适期。

① 喷粉。2.5%敌百虫粉剂、3.5%甲敌粉，22.5～30kg/hm²。

② 喷雾。50%辛硫磷乳剂、50%杀螟松乳剂1000倍液，或2.5%溴氰菊酯2000～3000倍液效果较好。

③ 用"77-21"苏云金杆菌、"灭幼脲1号"防治效果也很好。

2. 蝗虫类

蝗虫类属直翅目，蝗总科。蝗虫食性很广，可取食多种植物，但较嗜好禾本科和莎草科植物，喜食草坪禾本科杂草。成虫和若虫蚕食草叶和嫩茎，大发生时可将草全部吃光。其主要种类有中华蚱蜢、短额负蝗、笨蝗、黄胫小车蝗、中华稻蝗和东亚飞蝗。

（1）形态特征　东亚飞蝗如图7-63所示。

1）成虫。雄成虫体长35.5~41.5mm；雌成虫体长39.5~51.2mm。颜面垂直，触角淡黄色。前胸背板中隆线发达，从侧面看，散居型略呈弧形，群居型微凹，两侧常有暗色斑纹。

2）卵。卵粒呈圆锥形，稍弯曲，长约6.5mm。

3）若虫。若虫共五龄。

（2）生活史及习性　蝗虫一般每年发生1~2代，绝大多数以卵块在土中越冬。一般冬暖或雪多情况下，地温较高，利于蝗卵越冬。4~5月份温度偏高，卵发育速度快，孵化早。秋季气温高，利于成虫繁殖为害。多雨年份，土壤温度过大，蝗卵和蝻死亡率高。干旱年份，在管理粗放的草坪上，土蝗、飞蝗则混合发生为害。

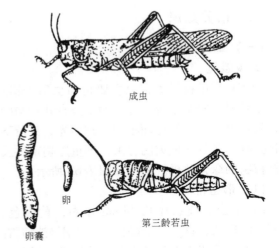

图7-63　东亚飞蝗

（3）防治方法

1）药剂防治。发生量较多时可采用药剂防治，常用药剂有2.5%敌百虫粉剂、3.5%甲敌粉剂30kg/hm²、50%马拉硫磷乳剂、75%杀虫双乳剂1000~1500倍液，喷雾。

2）毒饵防治。用麦麸100份+水100份+1.5%敌百虫粉剂2份混合拌匀，22.5kg/hm²，也可用鲜草100份切碎加水30份拌入上述药量，112.5kg/hm²。随配随撒，不要过夜。

3. 螟虫类

螟虫类属鳞翅目，螟蛾科，为害草坪的螟虫常见种类有草地螟、稻纵卷叶螟、二化螟等。草地螟主要分布于我国北方，食性杂。初孵幼虫取食嫩叶，三龄后食量大增，可将叶片吃成缺刻、孔洞，仅留叶脉，造成草坪出现褐色的斑块。草地螟如图7-64所示。

（1）形态特征

1）成虫。成虫体长9~12mm，翅展24~30mm，灰褐色。触角丝状，前翅中央稍近前缘有一个近似长方形的淡黄色或淡褐色斑，后翅沿外缘有两条平行的黑色波状条纹。

2）卵。卵呈椭圆形，乳白色，有光泽。

3）幼虫。幼虫灰黑或淡绿色，前胸盾片黑色，有三条黄色纵纹。幼虫五龄，各龄幼虫的体色有变化。

4）蛹。蛹长8~15mm，黄色至黄褐色。蛹外有口袋形的茧。

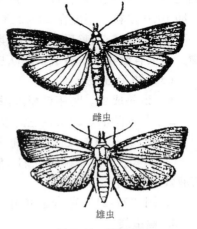

图7-64　草地螟

（2）生活史及习性　我国北方每年发生2~4代，以老熟幼虫在土表内结茧越冬。越冬成虫5月中旬至6月中旬盛发，6月中旬至7月中旬幼虫为害草皮。成虫昼伏夜出，趋光性强，喜产卵在光滑的叶面，以离地面2~8cm茎叶处较多。成虫具群集性。初龄幼虫集中于嫩叶上，结网潜藏，取食叶肉，残留表皮，三龄后食量大增，可使叶片仅存叶脉。末龄幼虫停止取食后，筑土室吐丝作茧化蛹。

（3）防治方法

1）人工防治。利用成虫白天不远飞的习性，用拉网法捕捉。拉网用纱网做成，网口宽3m，高1m，深4~5m，网底用白布。一般在羽化后5~7d拉第一次网，以后每隔5d拉网一次。

2）药剂防治。用2.5%敌百虫粉剂喷粉22.5~30kg/hm²，或90%敌百虫结晶1000倍液，或50%辛硫磷乳油1000倍液。还可用每克菌粉含100亿活孢子的杀螟杆菌菌粉，或青虫菌菌粉2000~3000倍液，喷雾。

危害草坪的蝼蛄类、地老虎类、金龟子类参见园林植物的根部害虫，蚜虫类见园林植物的吸汁性害虫。

（二）草坪病害

1. 锈病

锈病是草坪禾本科杂草上的一类重要病害，分布广，为害重。禾本科杂草感病后，叶绿素被破坏，光合作用降低，呼吸作用失调，蒸腾作用增强，大量失水，叶片变黄枯死，草坪稀疏、瘦弱，景观被破坏。

（1）症状　锈菌主要为害叶片、叶鞘或茎秆。在感病部位生成黄色至铁锈色的夏孢子堆和黑色冬孢子堆。被锈菌侵染的草坪远看为黄色。秆锈病主要侵害植株的茎秆、叶鞘及叶片，形成大型、深褐色、长椭圆形至长方形夏孢子堆。叶两面均形成且背面大，叶表皮大片撕裂，呈窗口状向两侧翻卷。冬孢子堆为大型、长椭圆形到狭长形，黑色，散生，使叶表皮开裂卷起。条锈病主要为害植株的叶、叶鞘，茎有时亦受害，产生的夏孢子堆小型，鲜黄色，卵圆形至长椭圆形，在叶上成排排列，虚线状，叶表皮开裂不明显。冬孢子堆小型，狭长形，黑色，成排排列，叶表皮不开裂。

（2）病原　秆锈菌引起秆锈病，条锈菌引起条锈病，均属担子菌亚门，冬孢菌纲，锈菌目真菌。

（3）发病规律　在禾本科杂草全年存活地区，锈菌以菌丝体和夏孢子在禾本科杂草病部越冬。在禾本科杂草全年不能存活地区，锈菌不能越冬。翌年春季只能由越冬地区随气流传播来的夏孢子引起新的侵染。夏孢子可以远距离传播，在发病地区内夏孢子随气流、雨水飞溅、人畜机械携带等途径在草坪内和草坪间传播。在适宜温度下，叶片必须有水膜时夏孢子才能萌发，由气孔或直接穿透表皮侵入。不同品种的植物抗病程度不同。温度、降雨（特别是夏孢子萌发和侵染所必需的叶面湿度）、蔽荫、草坪密度、水肥、修剪等均影响病害的发生。

（4）防治方法

1）减少侵染来源。发病后适时剪草，最好在夏孢子形成释放之前进行修剪，去掉发病叶片，修剪的残叶要及时收集烧毁。

2）加强栽培管理。增施磷、钾肥，适量施用氮肥。合理灌水，降低田间湿度。适当减少草坪周围的树木和灌木，保证通风透光。

3）化学防治。目前，三唑类杀菌剂是防治锈病的特效药剂。其防治效果好，持效期长，常见品种有粉锈宁、羟锈宁、特普唑（速保利）、立克锈等。具体适用技术有两种：一是新建草坪播种时药剂拌种，每100kg种子用三唑类纯药0.02～0.03g拌种；二是成坪草坪喷雾，在发病早期（以封锁发病中心为重点时期），用25%三唑酮可湿性粉剂1000～2500倍液，或12.5%速保利（特普唑）可湿性粉剂2000倍液，喷雾。

4）种植抗病草种和品种，并进行合理的混合种植。

2. 枯萎病

腐霉枯萎病又称为油斑病、絮状疫病，是一种毁灭性病害。它既能在冷湿环境中侵染为害，也能在天气炎热潮湿时猖獗流行。当夏季高温高湿时，能在一夜之间毁坏大面积的草皮。

（1）症状　腐霉病可侵染草坪的各个部位及各个时期。种子萌发和出土过程中被侵染，出现芽腐、苗腐和幼苗猝倒。幼根近尖端部分表现典型的褐色湿腐。成株受害，一般自叶尖向下枯萎或自叶鞘基部向上呈水渍状枯萎，病斑青灰色，后期有的边缘变棕红色。根部受害可表现不同症状，有的根部产生褐色腐烂斑，根系发育不良，全株生长迟缓，分蘖减少，但次生根的吸水功能已被破坏，高温炎热时病株失水死亡，整块草坪在短短数日内就可完全被毁坏。

（2）病原　腐毒病的病原为腐霉属真菌，主要品种是瓜果腐霉，其次有终极腐霉，隶属鞭毛菌亚门，卵菌纲，霜腐科，腐霉属。

（3）发病规律　病原菌以菌丝体和卵孢子在土壤和病残体中越冬。在适宜的条件下，卵孢子萌发产生游动孢子囊和游动孢子，游动孢子萌发产生芽管和侵染菌丝，侵入禾本科杂草的各个部位；菌丝体主要在寄主细胞间扩展，以后病株又可产生大量菌丝体以及游动孢子囊，进行再侵染。游动孢子可在植株和土壤表面自由水中游动传播，灌溉和雨水也能短距离传播孢子囊和卵孢子。菌丝体、带菌植物残片、带菌土壤则可随工具、人和动物远距离传播。高温高湿利于发病。高氮肥下生长茂盛、稠密的草坪易感病。碱性土壤比酸性土壤发病重。

（4）防治方法

1）加强栽培管理。草坪建植之前要平整土地，改良黏重土壤或含沙量高的土壤。设置良好的排水设施，避免雨后积水，降低地面水位。避免草坪周围环境郁闭，保证空气流通。合理灌水；合理修剪、施肥，清洁草坪。

2）提倡不同草种或不同品种混合建植。

3）药剂防治。药剂拌种、种子包衣或土壤处理：可选用代森锰锌、杀毒矾、灭霉灵、消毒灵等。叶面消毒：高温高湿季节要及时使用杀菌剂控制病害。代森锰锌、甲霜灵、乙磷铝、杀毒矾等都具有较好的防病效果。使用浓度、次数和间隔时间视病情而定。一般使用浓度500～1000倍或更低，间隔为10～14d。

3. 叶枯病

叶枯病是草坪上的常见病害之一，主要有三种类型：德氏霉叶枯病，主要引起多种草坪禾本科杂草发生叶斑、叶枯、根腐和茎基腐；离蠕孢叶枯病，是一类由多种离蠕孢病原真菌引起的病害的总称，主要为害叶、叶鞘、根、根颈等，造成严重叶枯、根腐、颈腐，导致植株死亡，草坪稀疏，形成枯草斑或枯草区；喙孢霉叶枯病，主要为害马铃薯、早熟禾、黑麦草、结缕草等，多为害幼苗的叶片和叶鞘，造成叶片干枯死亡，出现秃斑，影响草坪景观。

结缕草叶枯病症状、病原、发病规律、防治方法如下：

（1）症状　发病初期，接近地面的叶片和叶鞘上产生水渍状、黄褐色小斑，以后病部逐渐扩大，叶片迅速干枯，病害有时延及茎部，并使其变黑腐烂。空气潮湿时在草坪的病株处，可看到白色丝状物。

（2）病原　结缕草叶枯病的病原属半知菌亚门，丝孢纲，无孢目。

（3）发病规律　病原菌可在土壤中长期生存，也可在病株残体上越冬。其主要借雨水、灌溉水及肥料等传播，多在春季发病，植株的幼嫩组织受害严重。

（4）防治方法

1）减少侵染来源。在草坪中发现病株，应立即彻底剪除病叶并销毁。

2）加强栽培管理。植草前，地面应耙平整，消除坑洼，以免积水而诱发病害。施用堆肥、垃圾肥等均应充分腐熟，以免带菌病残体传播病害。

3）药剂防治。发病初期，喷施 50% 退菌特可湿性粉剂 500 倍液，或 75% 百菌清可湿性粉剂 600 ~ 800 倍液，并适当向地面喷洒，从而兼顾对土壤的消毒，可收到较好的防治效果。

（三）草坪草害

1. 常见草坪杂草的种类

中国草坪杂草有近 450 种，分属 45 科，127 属。南方草坪主要杂草有：看麦娘、蒲公英、酸模、有刺灌木、加拿大蓬、大叶草、辣蓼、马唐、早熟禾、鹅观草、狗尾草、狗牙根、白茅、艾蒿、小飞蓬、茅草、白头翁、酢浆草、猪殃殃、大巢草、毒麦等。北方主要草坪杂草有马唐、稗、苜蓿、铁苋菜、附地菜、莎草、蒿、刺儿菜、鳢肠、泥胡菜、旋复花、苦菜、苦苣菜、蒲公英、藜、反枝苋、独行菜、荠菜、田旋花、车前、酢浆草、苣荬菜、繁缕、鸭跖草、牛筋草、牛毛毡、虎尾草等。

（1）稗　别名芒稗、野稗、稗子。识别要点是成株，一年生草本，秆直立或斜升。叶带状，无叶耳、叶舌。圆锥花序，小穗有二朵小花，其一发育，外稃有芒；另一不育，仅存内外稃。花、果期为夏、秋。幼苗第一片真叶带状披针形，具 15 条平行叶脉，无叶耳、叶舌，第二片叶与前者相似。

（2）看麦娘　别名棒槌草、麦陀陀。识别要点是成株，一年生草本。秆基部膝曲，叶带状，圆锥花序，柱状，小穗含一朵小花，雄蕊二枚，花药黄色。花、果期为春、夏。幼苗第一片真叶具三条平行脉，叶舌常 2 ~ 3 裂。全株无毛。

（3）早熟禾　别名小鸡草、冷草。识别要点是成株，越年或一年生草本。秆直立，叶带状披针形，质软，叶鞘中部以下闭合。圆锥花序，小穗第一颖一条脉，第二颖五条脉，内含 3 ~ 5 朵小花，雄蕊二枚。花、果期为春、夏。幼苗第一片真叶带状披针形，具三条平行叶脉，叶鞘中下部闭合。

（4）狗牙根　别名拌草根、行仪草。识别要点是成株，多年生草本。具发达的匍匐茎。叶带状，叶舌纤毛状。穗状花序 3 ~ 6 枚，排成指状，小穗两行复瓦状排于穗轴一侧，两颖等长，内含一朵小花，外稃无芒，三条脉。花、果期为夏、秋。幼苗第一片真叶带状，具五条平行叶脉，叶舌膜质环状。第二片叶具九条平行叶脉。

（5）马唐　别名抓地龙、鸡爪草。识别要点是成株，一年生草本，秆基部倾斜或横卧。叶带状披针形，叶鞘基部及鞘口有毛。指状花序，小穗成对着生于穗轴一侧，一有柄，另一无柄或具短柄。花、果期为夏、秋。幼苗第一片真叶卵状披针形，具十九条平行叶脉，叶舌微小，顶端齿裂，叶鞘密被长柔毛。第二片叶带状披针形，叶舌三角形，幼苗全株被毛。

（6）异型莎草　别名球穗莎草、红头草。识别要点是成株，一年生草本，秆扁三菱形，丛生。叶带状短于秆。叶状总苞2～3片，小穗集成球形，一小穗含8～12朵小花，小花基部有一个近圆形鳞片，雄蕊二枚，小坚果三棱状，倒卵形。花、果期为夏、秋。幼苗第一片真叶线状披针形，三条平行叶脉，叶片横剖面呈三角形，其中有二个大气腔。

（7）牛毛毡　别名牛毛草、猫毛草。识别要点是成株，多年生草本。根茎细长，秆丛生，叶鳞片状。小穗，单一顶生，小穗含一朵小花，鳞片矩圆形，球抱花基部，小坚果狭长圆形。花、果期为夏、秋。幼苗第一片真叶针状，无脉，横剖面呈圆形，其中有二个大气腔，全株无毛。

（8）苣荬菜　别名匍茎苦菜小蓟。识别要点是成株，多年生草本。体内有乳汁，具匍状根茎，地上茎直立，叶长圆状披针形，叶缘疏缺刻或羽状浅裂，边缘有尖齿。头状花序排成伞房状，总苞多层，全是舌状花，黄色。瘦果椭圆形。花、果期为夏、秋。幼苗子叶阔卵形。初生叶阔卵形，叶缘有疏细齿。第二至第三后生叶呈倒卵形。叶缘具刺状齿，两面密被串珠毛。体内有乳汁。

（9）猪殃殃　别名拉拉藤、粘粘草。识别要点是成株，一年生草本。有依附物时成攀缘性。茎方形，被倒钩刺。叶轮生，叶片带状披针形。聚伞花序，花萼、花冠皆四裂，浅黄色，下位子房，分果半球形。果皮密生钩刺。花、果期为夏、秋。幼苗子叶阔卵形，先端微凹。上胚轴四菱形，并有刺状毛，初生叶阔卵形，四片轮生，后生叶与前叶相似。幼根呈橘黄色。

（10）大巢菜　别名野绿豆。识别要点是成株，越年或一年生草本。茎有棱。由4～8对小叶组成羽状复叶，顶小叶成卷须，托叶戟形，中央有一个红腺点。碟形花，红色，荚果条形。花、果期为夏、秋。幼苗初生叶鳞片状，第一对复叶的小叶带状，椭圆形，托叶戟形。侧枝上叶为倒卵形，小叶组成羽状复叶。

2. 草坪杂草的化学防除

早春草坪草未恢复前的杂草，可用百草枯处理，草坪恢复后出现的阔叶杂草，用百草枯 $0.2～0.61kg/hm^2$ 可控制阔叶幼苗杂草，一年处理2次，基本控制杂草。

对于禾本科杂草，可用乙丁氟氮颗粒剂 $1.5～21kg/hm^2$，用药后灌水，或地散鳞 $2～61kg/hm^2$，恶草灵（早熟禾和黑麦草草坪，对翦股颖和羊茅有毒）颗粒剂 $2～5kg/hm^2$，环已隆 $2～7kg/hm^2$，治理马唐、稗、狗尾草，这些药要在杂草未出土前，拌土后成为颗粒剂用，按土壤水分状况，5月和6月各进行1次，基本控制杂草发生。

小　结

本项目主要介绍了园林植物叶部病虫害防治，园林植物吸汁害虫及其诱发的病害防治，园林植物枝干病虫害防治，园林植物根部病虫害防治，草坪草病虫草害。本项目具体内容见下表。

任　　务	基本内容	基本概念	基本技能
园林植物叶部病虫害防治	叶部病虫害概念、防治方法　叶部虫害生活史及习性　叶部病害为害症状	叶甲类　斑蛾类　袋蛾类　舟蛾类　毒蛾类　灯蛾类　尺蛾类　天蛾类　枯叶蛾类　螟蛾类　蝶类　叶蜂类　霜霉病害　白粉病类　锈病类　炭疽病类　灰霉病类　叶斑病类	识别园林植物叶部病虫害　能够防治园林植物叶部病虫害
园林植物吸汁害虫及其诱发的病害防治	吸汁害虫及其诱发的病害概念　防治方法　吸汁害虫生活史及习性　诱发的病害为害症状	蚜虫　介壳虫　粉虱　木虱　叶蝉　蓟马　网蝽　肓蜡和螨类　煤污病	识别园林植物吸汁病虫害　能够防治园林植物叶部病虫害
园林植物枝干病虫害防治	枝干病虫害概念　防治方法　枝干虫害生活史及习性　枝干病害为害症状	天牛类　象甲类　小蠹虫类　蝙蝠蛾类　木蠹蛾类　透翅蛾类　螟蛾类　溃疡病类　腐烂病类　丛枝病类　枯萎病类	识别园林植物枝干病虫害　能够防治园林植物枝干病虫害
园林植物根部病虫害防治	根部病虫害概念　防治方法　根部虫害生活史及习性　枝干病害为害症状	蝼蛄　地老虎　蛴螬　蟋蟀　叩头虫　苗木猝倒病　苗木茎腐病　苗木紫纹羽病　苗木白绢病　苗木根结线虫病	识别园林植物根部病虫害　能够防治园林植物根部虫害
草坪草病虫草害防治	草坪病虫草害概念　防治方法　虫害生活史及习性　病害为害症状　草害为害情况	蝼蛄　地老虎　金龟子　黏虫　蝗虫　锈病　枯萎病　叶枯病　稗　看麦娘　早熟禾　狗牙根　马唐　异型莎草　牛毛毡　苣荬菜　猪殃殃　大巢菜	了解草坪草病虫草害及防治方法

复习思考题

1. 比较当地刺蛾的为害特点、生活习性和发生条件。

2. 简述马尾松针毛虫的生活史及主要防治方法。

3. 针对本地区常发生的舟蛾、天蛾、夜蛾、毒蛾、螟蛾等种类的生活史及习性，谈谈如何开展防治工作。

4. 简述月季锈病的侵染循环与主要防治方法。

5. 概述仙客来病毒病的症状特点及防治途径。

6. 蚜虫危害有什么特点？在防治上应抓住什么时机？适宜采用什么防治方法？

7. 蚧虫危害有什么特点？在防治上应抓住什么时机？适宜采用什么防治方法？

8. 粉虱、木虱危害有什么特点？在防治上应抓住什么时机？适宜采用什么防治方法？

9. 蓟马危害有什么特点？在防治上应抓住什么时机？适宜采用什么防治方法？

10. 螨类危害有什么特点？在防治上应抓住什么时机？适宜采用什么防治方法？

11. 列表比较当地主要天牛种类的为害特点、生活史及习性，并拟定其综合防治方法。

12. 简述柳干木蠹蛾的生活史与为害特点。

13. 概述松梢螟的为害特点、生活史及习性和防治措施。

14. 简述杨树溃疡病的症状特点、侵染循环及发病条件。

15. 简述泡桐丛枝病的症状特点及防治方法。

16. 怎样区别华北蝼蛄与东方蝼蛄？

17. 列表比较大地老虎、小地老虎、黄地老虎的形态特征、生活史与发生条件。

18. 本地区经常造成危害的金龟子是哪几种？根据其生活习性和发生规律设计合理的防治方案。

19. 简述银杏茎腐病的症状特点、发病条件及防治方法。

20. 简述黏虫的为害特点、生活习性及防治方法。

21. 比较草地螟、二化螟和稻纵卷叶螟的为害习性、发生条件及防治措施。

22. 简述草坪杂草防除的基本途径。

参 考 文 献

[1] 方彦，何国生. 园林植物[M]. 北京：高等教育出版社，2005.

[2] 成海钟. 园林植物栽培养护[M]. 北京：高等教育出版社，2002.

[3] 方栋龙. 苗木生产技术[M]. 北京：高等教育出版社，2005.

[4] 罗强. 花卉生产技术[M]. 北京：高等教育出版社，2005.

[5] 郝建华，陈耀华. 园林苗圃育苗技术[M]. 北京：化学工业出版社，2003.

[6] 张明菊. 园林植物遗传育种[M]. 北京：中国农业出版社，2001.

[7] 郭学望，包满珠. 园林树木栽植养护学[M]. 2版. 北京：中国林业出版社，2004.

[8] 蔡冬元. 果树栽培[M]. 北京：中国农业出版社，2001.

[9] 包满珠. 园林植物育种学[M]. 北京：中国农业出版社，2004.

[10] 魏岩. 园林植物栽培与养护[M]. 北京：中国科学技术出版社，2003.

[11] 张东林. 高级园林绿化与育苗工培训考试教程[M]. 北京：中国林业出版社，2006.

[12] 古润泽. 高级花卉工培训考试教程[M]. 北京：中国林业出版社，2006.

[13] 何国生. 园林树木学[M]. 北京：机械工业出版社，2008.

[14] 胡长龙. 园林规划设计[M]. 2版. 北京：中国农业出版社，2002.

[15] 成海钟. 园林植物栽培养护[M]. 北京：高等教育出版社，2005.

[16] 唐蓉，李瑞昌. 园林植物栽培与养护[M]. 北京：科学出版社，2014.

[17] 王奎玲. 花卉学[M]. 北京：化学工业出版社，2016.

[18] 乌菲伦. 水景设计[M]. 南京：江苏人民出版社，2011.

[19] 柳振亮. 观赏树木栽培养护技术[M]. 北京：气象出版社，2010.

[20] 金雅琴. 园林植物栽培学[M]. 上海：上海交通大学出版社，2012.

[21] 吴亚芹. 园林植物栽培养护[M]. 北京：化学工业出版社，2005.

[22] 宋清洲. 园林大苗培育教材[M]. 北京：金盾出版社，2005.

[23] 熊运海. 植物造景[M]. 北京：化学工业出版社，2009.

[24] 曹春英. 花卉栽培[M]. 北京：中国农业出版社，2001.

[25] 张志国，李德伟. 现代草坪管理学[M]. 北京：中国林业出版社，2003.

[26] 彭春生，李淑萍. 盆景学[M]. 2版. 北京：中国林业出版社，2002.

[27] 郑进，孙丹萍. 园林植物病虫害防治[M]. 北京：中国科学技术出版社，2003.

[28] 王善龙. 园林植物病虫害防治[M]. 北京：中国农业出版社，2001.

[29] 薛光. 草坪杂草原色图鉴及防除指南[M]. 北京：中国农业出版社，2008.

[30] 朱庆竖. 绿化养护技术[M]. 北京：机械工业出版社，2013.